计算机视觉
丛书

3D 计算机视觉

原理、算法及应用

章毓晋　编著

U0299829

电子工业出版社

Publishing House of Electronics Industry

北京·BEIJING

内 容 简 介

本书主要内容围绕 3D 计算机视觉展开，介绍了相关的基础概念、基本原理、典型算法、实用技术和应用成果。本书可在学过其姊妹篇《2D 计算机视觉：原理、算法及应用》后学习。

本书将从客观场景出发到最后对场景进行理解的全过程分为 5 个部分进行介绍。第 1 部分是图像采集，介绍了摄像机标定和 3D 图像采集技术；第 2 部分是视频运动，介绍了视频图像和运动信息，以及对运动目标进行检测和跟踪的技术；第 3 部分是物体重建，介绍了双目立体视觉和单目图像恢复技术；第 4 部分是物体分析，介绍了 3D 目标表达和广义匹配；第 5 部分是高层理解，介绍了知识和场景解释及时空行为理解。本书除提供大量示例外，还针对每章的内容提供了自我检测题（含提示并附有答案），并且给出了相关的参考文献和术语索引（包括英文）。

本书既可作为计算机视觉、信号与信息处理、通信与信息系统、电子与通信工程、模式识别与智能系统等学科的教材，也可供计算机科学与技术、信息与通信工程、电子科学与技术、测控技术与仪器、机器人自动化、生物医学工程、光学、电子医疗设备研制、遥感、测绘和军事侦察等领域的研究人员参考。

图书在版编目（CIP）数据

3D 计算机视觉：原理、算法及应用 / 章毓晋编著. —北京：电子工业出版社，2021.9
（计算机视觉丛书）
ISBN 978-7-121-41950-8

Ⅰ. ①3… Ⅱ. ①章… Ⅲ. ①计算机视觉 Ⅳ. ①TP302.7

中国版本图书馆 CIP 数据核字（2021）第 183665 号

责任编辑：朱雨萌　　　文字编辑：王　群
印　　刷：北京虎彩文化传播有限公司
装　　订：北京虎彩文化传播有限公司
出版发行：电子工业出版社
　　　　　北京市海淀区万寿路 173 信箱　　邮编：100036
开　　本：720×1000　1/16　印张：25.5　　字数：500 千字
版　　次：2021 年 9 月第 1 版
印　　次：2022 年 10 月第 3 次印刷
定　　价：149.00 元

凡所购买电子工业出版社图书有缺损问题，请向购买书店调换。若书店售缺，请与本社发行部联系，联系及邮购电话：(010) 88254888，88258888。

质量投诉请发邮件至 zlts@phei.com.cn，盗版侵权举报请发邮件至 dbqq@phei.com.cn。

本书咨询联系方式：wangq@phei.com.cn，910797032（QQ）。

前言

Preface

本书是一本介绍 3D 计算机视觉基本原理、典型算法和实用技术的专业图书，建议读者在学习《2D 计算机视觉：原理、算法及应用》后使用本书。

本书在选材上主要覆盖了计算机视觉的进阶级内容，自成体系，主要针对信息类相关专业，同时兼顾了具有不同专业背景的学习者及自学读者的需求。读者可据此开展科研工作并解决实际应用中一些具有一定难度的问题。

本书在编写上比较注重实用性，没有过多强调理论体系，尽量减少公式推导，着重介绍常用的方法。书中有较多的示例，能通过直观的解释帮助读者理解抽象的概念。书末附有术语索引（文中标为黑体），给出了对应的英文，方便读者查阅及搜索相关资料。

本书提供了大量的自我检测题（包括提示和答案）。从目的来说，一方面，这便于自学者判断自己是否掌握了重点内容；另一方面，这便于教师开展网络教学，在授课时加强师生互动。题目类型为选择题，可用计算机方便地判断正误。从内容来看，很多题把基本概念换一种说法进行表达，补充了正文，使学习者能加深理解；有些题列出了一些相似但不相同（甚至含义相反）的描述，通过正反辩证思考，使学习者能深入领会本质。所有自我检测题都附有提示，读者可获得更多的信息以进一步理解题目的含义。同时，在有提示的基础上，如果读者能在看到提示后完成自我检测题，则表明基本掌握了学习内容；如果不看提示就能完成自我检测题，则表明内容掌握得比较好。

本书从结构上看，包括 12 章正文、1 个附录及自我检测题、自我检测题答案、参考文献和术语索引。在这 17 个一级标题下，共有 66 个二级标题（节），再之下有 135 个三级标题（小节）。全书共有文字（包括图片、绘图、表格、公式等）50 万字，共有编了号的图 228 个、表格 22 个、公式 565 个。为便于教学和理解，本书给出示例 68 个、自我检测题 157 道（全部附有提示和答案）。另外，书末列出了直接相关的 100 多篇参考文献和用于索引的 500 多个术语（中英文对照）。

本书的先修课程知识涉及三个方面。一是数学，包括线性代数和矩阵理论，以及有关统计学、概率论和随机建模的基础知识；二是计算机科学，包括对计算机软件技术的掌握、对计算机结构体系的理解，以及对计算机编程方法的应用；三是电子学，包括电子设备的特性原理及电路设计等内容。

感谢电子工业出版社编辑的精心组稿、认真审阅和细心修改。

最后，作者感谢妻子何芸、女儿章荷铭在各方面的理解和支持。

章毓晋

2020 年暑假于书房

通信：清华大学电子工程系（100084）

邮箱：zhang-yj@tsinghua.edu.cn

目录
Contents

计算机视觉概述

计算机视觉是一门借助计算机实现人类视觉功能的学科。本书主要介绍计算机视觉的高层内容，可以作为深入学习计算机视觉的专业图书，读者可在学习《2D计算机视觉：原理、算法及应用》后阅读本书。

人类视觉过程可看作一个复杂的从感觉（感受到的是对 3D 世界进行 2D 投影得到的图像）到知觉（由 2D 图像认知 3D 世界的内容和含义）的过程。视觉的最终目的从狭义上说是要对场景做出对观察者有意义的解释和描述，从广义上讲，还要基于这些解释和描述，根据周围环境和观察者的意愿做出行为规划。**计算机视觉**是人工视觉或人造视觉，用计算机实现人的视觉功能，希望能根据感知到的图像对实际的目标和场景做出有意义的判断。

本章各节安排如下。

1.1 节介绍人类视觉的特点及视觉的亮度特性、空间特性、时间特性，并针对视知觉给出一些讨论。

1.2 节讨论计算机视觉的研究目的、任务、方法，比较详细地介绍马尔提出的视觉计算理论，并综合讨论一些改进思路。

1.3 节概括介绍获取 3D 空间信息、实现场景理解的 3D 视觉系统，对计算机视觉和图像技术的层次进行对比讨论，引出本书的主要内容。

1.4 节介绍本书结构框架和内容概况。

1.1 人类视觉及特性

计算机视觉（也有人称之为人工视觉或人造视觉）是在人类视觉的基础上发展起来的。这里有两层含义，一层是计算机视觉要实现人类视觉的功能，所以可以/需要模仿人类视觉的系统构造和功能模块；另一层是计算机视觉要扩展人类视觉的功能，所以也可以/需要借助人类视觉的特性来提升所实现的功能的效率和效果。

下面先对人类视觉的特点进行概括介绍，再讨论重要的亮度、空间和时间特性，最后对视知觉进行简单介绍。

1.1.1 视觉特点

先将**视觉**与一些相关概念进行比较。

1．视觉和其他感觉

一般认为，人类有视觉、听觉、嗅觉、味觉和触觉这五种感受客观世界的感觉能力及相应的感觉器官。其中，视觉为人类提供了大部分数据，或者说，人类在认识世界时对视觉比对其他感觉更为依赖。例如，人类通过眼睛获得的输入信息量常达几百万比特，在连续观看时的数据率可以超过几千百万比特/秒。人类大脑拥有超过 100 亿个细胞/神经元，其中一些神经元与其他神经元的连接（或突触）数量超过 1 万个。据估计，大脑通过眼睛接收的视觉信息量比通过其他感官获得的所有信息量至少大两个数量级。

2．视觉和计算机视觉

虽然计算机视觉要实现人类视觉的功能，但人类视觉和计算机视觉还是有不同之处的。人类视觉先通过视觉系统的感觉器官（眼睛）接收外界环境中一定波长范围内的光刺激（到视网膜上），然后利用视觉系统的感知器官（大脑或大脑视觉皮层）进行编码加工以获得主观感觉。所以视觉不仅涉及物理、化学原理或理论，还涉及心理、生理学原理或理论。计算机视觉主要依靠光电转换进行图像采集，通过处理分析获得客观数据，并据此进行较严格的推理判断。

3．视觉和机器视觉

早期，计算机视觉更多地强调对视觉科学和设计系统与软件的研究，而**机器视觉**不仅考虑设计系统与软件，还考虑硬件环境、图像采集技术及视觉系统的集成。所以，从视觉系统集成的角度考虑，机器视觉系统与人类视觉系统更有可比性。不过，随着电子技术和计算机技术的发展，在独立 PC 上已可实现真实和实时的应用程序。另外，由于相关领域知识的增多，机器视觉和计算机视觉的区别已显著弱化，而更多地互替使用。

4．视觉和图像生成

视觉可看作基于物体图像，借助图像的形成规律获得对物体的描述解释的过程；图形学中的图像生成则可看作基于物体的抽象描述，借助图像的形成规律生成图像的过程。虽然它们有相似之处，有时被认为互为逆过程，但它们的复杂程度大不相同。图像生成过程是完全确定且可以预测的，而视觉过程不仅要提供所有可能的解释清单，还要提供最可能的解释，这个搜索过程是一对多的，而且可能伴随组合爆炸。所以视觉在本质上比图形学中的图像生成复杂得多。

1.1.2 视觉的亮度特性

视觉的亮度对应人眼感受到的物体的光强度。与亮度密切相关的一个心理学名词是**主观亮度**，主观亮度指人眼依据视网膜感受到的光刺激的强弱判断出的被观察物体的亮度。三个典型的视觉亮度特性如下。

1. 同时对比度

从物体表面感受到的主观亮度不仅与表面自身亮度有关，也与表面和周围环境（背景）亮度之间的相对关系有关。如果两个自身亮度不同的物体与各自的背景有类似的亮度相对关系（比值），则它们可能看起来有相同的亮度。此时，人们感知到的主观亮度与物体自身亮度的绝对值无关。反之，同一个物体表面，如果放在较暗的背景里就会显得比较亮，而放在较亮的背景里就会显得比较暗。这种现象称为**同时对比度**，也称为**条件对比度**。

❏ **例 1-1 同时对比度示例**

在图 1-1 中，所有位于中心的小正方形都有完全一样的亮度（自身亮度）。但是，当它处在暗背景中时看起来要亮些，而当它处在亮背景中时看起来要暗些。所以，感觉上这 4 幅图像从左向右，中心的小正方形逐渐变暗。

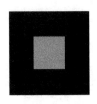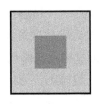

图 1-1　同时对比度示例　　　❏

2. 马赫带效应

在物体亮度不同的区域边界处，人类视觉有可能过高或过低地估计亮度值。换句话说，从一个物体表面感受到的主观亮度并不是物体所受照度的简单比例函数。这个现象由马赫发现，所以称为**马赫带效应**。

❑ **例 1-2　马赫带效应示例**

图 1-2(a)是一个**马赫带**图形，包括三个部分：左侧是均匀的低亮度区，右侧是均匀的高亮度区，中间是从低亮度向高亮度逐渐过渡的区域。图 1-2(b)给出从左到右的实际亮度分布（三段直线）。人们用眼睛观察图 1-2(a)可以发现：在左侧区和中间区的交界处有一条比左侧区更暗的暗带，在中间区和右侧区的交界处有一条比右侧区更亮的亮带，即有如图 1-2(c)所示的主观亮度。事实上，暗带和亮带在客观上都不存在，它们只是主观亮度的感受结果。

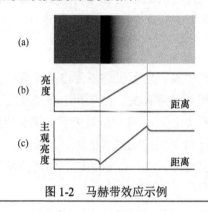

图 1-2　马赫带效应示例　　　　　❑

3. 对比敏感度

对比敏感度（也称为**对比感受性**）反映人眼区分亮度差别的能力，受观察时间和被观察目标的大小影响。如果用由粗细不同、对比度不同的线条组成的栅格进行测试，人眼所觉察到的栅格亮暗线条之间的对比度与原测试栅格亮暗线条之间的对比度越接近，就认为对比敏感度越大。在理想条件下，视力好的人能够分辨 0.01 的亮度对比，即对比敏感度最大可达 100。

如果用横坐标代表测试栅格亮暗线条的粗细程度，用纵坐标代表对比敏感度，则实测结果给出视觉系统的调制传递函数，即给出人的视觉系统将测试图像准确转换成光学图像的能力。这里测试栅格亮暗线条的粗细程度可用**空间频率**表示，其单位为每度视角中包含的周数（线条数目），即周/度（CPD）。

对比敏感度可用光的调制系数 M 来规范，设 $L_{\max}$、$L_{\min}$ 和 L_{av} 分别代表最大、最小和平均亮度值，则有

$$M = \frac{L_{\max} - L_{\min}}{L_{av}} \tag{1-1}$$

1.1.3　视觉的空间特性

视觉首先（且主要）是对空间的感受，所以视觉的空间特性对视觉效果影响很大。

1. 空间累积效应

视觉在空间上有累积效应。人眼可感受的光刺激强度的范围可达约 13 个数量级。如果用光照度来描述，最低的绝对刺激阈值为 10^{-6} lx（勒[克斯]），而最高的绝对刺激阈值超过 10^7 lx。在最佳条件下，视网膜边缘区域中的每个光量子都会被一个柱细胞吸收，此时仅需要几个光量子即可引起视觉响应。这被认为有了完全的空间累积作用，并可用光强度和面积的反比定律来描述。这个定律可写成

$$E_c = kAL \tag{1-2}$$

其中，E_c 是视觉的绝对阈值，为 50% 觉察概率所需的临界光能量（在多次试验中，每两次试验中有一次观察到光刺激时的光能量）；A 为累积面积；L 为光亮度；k 为常数，与 E_c、A、L 所用的单位有关。注意，能使上述定律成立的累积面积 A 有一个临界值 A_c（对应直径约为 0.3 rad 的圆立体角），即当 $A < A_c$ 时，上述定律成立，否则上述定律不成立。

由此可见，**空间累积效应**可以理解为当小而弱的光点单独呈现时，其可能无法被看见（不能引起视觉响应），但是当多个这样的光点连在一起作为一个大光点同时呈现时，其便能被看见。它的机能意义在于，很大的物体在较暗的环境中，即使轮廓模糊也可能被看见。

2. 空间频率

空间频率对应视觉影像在空间中的变化速度。这可用亮度按空间呈正弦变化的条纹来进行测试，亮度函数为 $Y(x, y) = B(1+m\cos 2\pi fx)$。其中，$B$ 为基本亮度；m 为振幅（对应黑白对比度）；f 为条纹频率（对应条纹宽度）。空间分辨能力可在 f 为固定值时，通过改变 m 值来进行测试。显然，m 值越大，空间分辨能力越强。在实际应用中，测试不同角度频率下可分辨亮暗条纹的最小 m 值，可定义 $1/m$ 分（′）为对比敏感度。

人眼对空间频率的感觉相当于一个带通滤波器（对中间粗细的条纹较敏感），最敏感为 2～5 个 CPD，空间截止频率为 30 个 CPD。

当人观察一段静止影像时，眼球并不会停留在某处，通常在停留于一处几百毫秒并完成取像后会移到别处取像，如此持续不断，这称为**跳跃性运动**。研究表明，跳跃性运动可以增大对比敏感度，但敏感度峰值会降低。

3. 视敏度/视锐度

视敏度/视锐度又称为视力，通常定义为人眼在一定条件下能够分辨的最小细节所对应的视角值的倒数，视角越小，视敏度越大。如果用 V 表示视敏度，则 $V=$ 1/视角值。它反映人眼正确分辨物体细节和轮廓的能力。视敏度为 1 对应当视角为 1° 时在标准距离下的分辨能力。人眼实际的分辨视角是 $30''\sim60''$（与约 0.004 mm 的锥细胞直径基本吻合），即最好的视力可达 2.0。

视敏度受许多因素的影响，包括以下几点。

（1）距离：当物体与观察者之间的距离增加时，人眼的视敏度随之下降，这种现象在 10 m 左右时最明显，超过一定的距离限度，则再也无法识别物体的细节。

（2）亮度：增加物体亮度（或增大瞳孔）可提高视敏度。视敏度与亮度 I 的关系为

$$V = a \log I + b \tag{1-3}$$

其中，a、b 为常数。视敏度随亮度增加而对数提高，当亮度增加到一定程度时，视敏度趋于饱和，不再提高。

（3）物体与背景的对比度：对比度加大则视敏度提高，对比度减小则视敏度降低。

（4）视网膜部位：视网膜上不同部位的视敏度不同。**中央凹**附近感受细胞密度最大，视敏度也最大；离中央凹越远的部位，其视敏度越低。

人在观察物体时，最好的视敏度是在物体位于人眼前 0.25 m 处、照度为 500 lx（相当于将一个 60 W 的白炽灯放在距人眼 0.4 m 处）时得到的。此时，人眼可以区分的两点之间的（最小）距离约为 0.00016 m。

1.1.4　视觉的时间特性

在视觉感知中，时间因素也非常重要，这可从三个方面解释：

（1）大多数视觉刺激是随时间变化的，或者说是顺序产生的；

（2）人眼一般是不停运动的，这使得大脑获取的信息不断变化；

（3）感知本身并不是一个瞬间的过程，因为信息处理总是需要时间的。

另外，在视觉感知中，一个接一个快速到来的光刺激有可能互相影响。例如，后一个到来的光刺激有可能降低前一个光刺激的感知敏感度，这种现象常称为**视觉屏蔽**，它使感知到的反差减小，从而降低感知的视敏度。

1．随时间变化的视觉现象

有些视觉现象是随时间变化的，下面给出两个比较明显的例子。

1）亮度适应

人眼对外界亮度敏感的范围很大，从暗视觉门限到眩目极限，约为 10^{-6}～10^{7} cd/m^2（坎[德拉]每平方米）。不过，人眼并不能同时在这么大的范围内工作，它靠改变具体的敏感度范围来实现**亮度适应**。参见图 1-3，在一定条件下，人眼当前的敏感度称为亮度适应级。人眼在某一时刻所能感受到的亮度范围（主观亮度范围）是以此亮度适应级为中心的一个小区段。

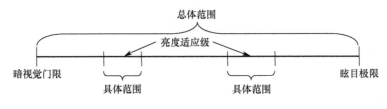

图 1-3　人眼敏感的亮度范围

在实际场景中的任何时刻，人眼感受到的最大亮度和最小亮度之比很少会超过 100。最小亮度和最大亮度在光亮的房间中分别为 1cd/m^2 和 100cd/m^2，在室外场景中分别为 10cd/m^2 和 1000cd/m^2，而在晚上（无照明）分别为 0.01cd/m^2 和 1cd/m^2。注意，当眼睛遍历图像时，平均背景的变化会导致各适应级上不同的增量变化，其结果是眼睛有能力区分比各实体场景中能区分的亮度级高许多的总亮度级。

当人眼遇到亮度突然变化的情况时，会暂时停止工作（看不见）以尽快适应新的亮度。人眼对亮光的适应比对暗光的适应要快。例如，当人离开电影院走到阳光下时，正常的视觉能很快恢复，但人从阳光下进入电影院，则需要相当长的时间才能把所有东西都看清楚。定量地说，人眼对亮光的适应只需要几秒（s），而对暗光的完全适应则需要 35～45 min（其中约有 10 min 是要让锥细胞达到最大敏感度，其余时间则是要让柱细胞达到最大敏感度）。

2）眼睛的时间分辨率

很多实验表明，人眼能感知到两种不同步的亮度现象，只要能在时间上将它们分开。其中，一般需要 60～80μs（微秒）的时间来有把握地区分它们，另外需要 20～40μs 的时间来确定哪个亮度现象先出现。从绝对时间上讲，这个间隔不长，但与其他感知过程相比还是相当长的，如听觉系统的时间分辨率只有几μs。

另外，当入射光的强度变化频率不太高时，视觉系统能感知到入射光强的变化，其效果就像让人看到了间断的"闪烁"（Flicker）。而在变化频率增加且超过临界（Critical）频率（其值依赖光的强度）后，这种效果就消失了，人们好像观察到连续平稳的光。对于中等强度的光，上述临界频率约为 10Hz，但对于强光，这个频率可以达到 1000Hz。

2. 时间累积效应

视觉在时间上也有累积效应。当对一般亮度（光刺激不太大）的物体进行观察时，接收光的总能量 E 与物体可见面积 A、表面亮度 L 和时距（观察时间长度）T 都成正比，如令 E_c 表示以 50%的概率觉察到所需的临界光能量，则有

$$E_c = ALT \tag{1-4}$$

式（1-4）成立的条件是 $T < T_c$，T_c 为临界时距。式（1-4）表明，在小于 T_c 的时间范围内，人眼受刺激的程度和刺激的时距成正比；若时距超过 T_c，则不再有时间累积效应。

3. 时间频率

时间频率对应视觉影像随时间变化的速度，可用亮度按时间呈正弦变化的条纹来测试，亮度函数为 $Y(t) = B(1+m\cos2\pi ft)$。其中，B 为基本亮度；m 为振幅（对应黑白对比度）；f 为条纹频率（对应条纹宽度）。时间分辨能力可在 f 为固定值时，通过改变 m 值来进行测试，从而确定**对比敏感度**。

实验表明，时间频率响应还和平均亮度有关。在一般室内光强下，人眼对时间频率的响应近似一个带通滤波器。人眼对 15～20Hz 的信号最敏感，会有很强的闪烁感，当时间频率大于 75Hz 时，响应为 0，闪烁感消失。恰好使闪烁感消失的频率称为**临界闪烁频率/临界融合频率**（CFF）。在较暗的环境下，响应多呈现低通特性，CFF 降低，这时人眼对 5Hz 的信号最敏感，当时间频率大于 25Hz 时，闪烁基本消失。例如，电影院环境很暗，放映机的刷新率只要达到 24Hz 就不会使观众感到闪烁，这样可以减少胶卷用量和降低机器的转速。而计算机显示器亮度较高，刷新率需要达到 75Hz，闪烁感才会消失。在闪烁消失后，亮度感知等于亮度的时间平均值。

这种低通特性也可以解释为视觉暂留特性，即当影像消失/变化时，大脑内的影像不会立刻消失，而会短暂地保留一段时间。生活中的动态模糊、运动残像也与此有关。

1.1.5 视知觉

视觉是人类了解世界的重要功能。视觉包括"视"和"觉"，所以也可进一步

分为视感觉和视知觉。在很多情况下，常把视感觉称为视觉，但实际上视知觉更重要也更复杂。

1. 视知觉与视感觉

人们不仅需要从外界获得信息，还需要对信息进行加工才能做出判断和决策。所以，人的视觉、听觉、嗅觉、味觉、触觉等功能都可分为感觉和知觉两个层次。感觉是较低层次的，主要接收外部刺激；知觉则处于较高层次，要将外部刺激转化为有意义的内容。一般来说，感觉对外部刺激基本不加区别地完全接收，而知觉则要确定外部刺激的哪些部分可组合成所关心的"目标"或对外部刺激的源的性质进行分析并做出判断。

视感觉主要从分子的观点来理解光（可见辐射）的基本性质（如亮度、颜色），涉及物理学、化学等。其主要研究的内容有：①光的物理特性，如光量子、光波、光谱等；②光刺激视觉感受器官的程度，如光度学、眼睛构造、视觉适应、视觉的强度和灵敏度、视觉的时空特性等；③在光作用于视网膜并经视觉系统加工后产生的感觉，如明亮程度、色调等。

视知觉主要研究人在从客观世界接收视觉刺激后如何反应及反应采用的方式和获得的结果。它研究如何通过视觉形成关于外在世界的表象，所以兼有心理因素。视知觉是在神经中枢内进行的一组活动，对视野中一些分散的刺激加以组织，形成具有一定形状和结构的整体，并据此认识世界。早在两千多年前，亚里士多德就将视知觉的任务定义为确定"什么东西在什么地方"（What is where）。近年来，其内涵和外延都有所扩展。

人们知觉的客观事物具有多种特性，对于不同的光刺激，视觉系统会产生不同形式的反应，所以视知觉又可分成亮（明）度知觉、颜色知觉、形状知觉、空间知觉、运动知觉等。需要注意的是，在各种知觉中，有些知觉依照刺激物理量的变化而变化，如亮度依赖光的强度，颜色依赖光的波长，但有些知觉（如空间、时间和运动知觉）与刺激物理量之间没有确切的对应关系。具有确切对应关系的知觉比较容易分析，而没有确切对应关系的知觉则要结合其他知识综合考虑。

2. 视知觉的复杂性

视觉过程包括三个子过程：光学过程、化学过程和神经处理过程（可参见《2D计算机视觉：原理、算法及应用》一书）。在光学过程中，人眼接收到的辐射能量会经过人眼内的折光系统（包括晶状体、瞳孔、角膜、房水、玻璃体等），按照几何规律最终在视网膜上成像。在视网膜上形成的视觉图案可称为视网膜图像，这个纯光学图像之后由视网膜上的化学系统转化为完全不同的形式/类型。注意，视网膜图像只是视觉系统对光进行加工的过程中的一个中间结果，可看作视感觉和视知觉的分界。与在其他场合中使用的"图像"不同，人们并不能看到自己的视网膜图像，只有使用特殊装置的眼科专家等可以看到。视网膜图像与人工图像最明显的区别是，视网膜图像仅聚焦于中心，而人工图像（用来表现一个移动眼睛的视域）则均匀聚焦。

视知觉是一个复杂的过程，在很多情况下，只依靠视网膜图像和已知的眼睛/神经系统的工作机制难以把全部（知觉）过程解释清楚。这里用两个有关感知的例子来说明这个问题。

1）视觉边缘的感知

视觉边缘指从一个视点观察到的两个不同亮度的表面间的边界，这里亮度的差异可以有许多原因，如光照不同、反射性质不同等。视觉边缘可能会随视点的变化而改变位置，则对被观察物体的认知影响可能随观察位置的不同而不同。对视觉边缘的感知既受客观因素的影响，也受主观因素的影响。

2）亮度对比的感知

视觉系统主要感知的是亮度的变化而不是亮度本身，一个物体表面的心理亮度是由它与周围环境亮度（特别是背景）的关系决定的。如果两个物体与各自的背景有相似的亮度比例，那么它们看起来有相近的亮度，这和它们自身的绝对亮度没有关系。反过来，同一个物体如果放在较暗的背景中，会显得比放在较亮的背景中更亮。

视觉系统可将对亮度的感知与对视觉边缘的感知联系起来。对于两个可视表面的亮度，仅当它们可看作处在同一个视觉平面上时可利用感知进行比较。如果它们与眼睛之间有不同的距离，要比较它们的相对亮度就很困难。类似地，当一个视觉边缘是在一个表面上由于照明不同而产生的（边缘两侧分别为有光照射区域和阴影区域），那么边缘两边的亮度差会加强。

1.2 计算机视觉理论和框架

计算机视觉是指利用计算机实现人的视觉功能，即对客观世界进行 3D 场景的感知、识别和理解。

1.2.1 计算机视觉的研究目的、任务和方法

计算机视觉研究的原始目的是理解和把握与场景有关的图像，辨识和定位其中的目标，确定目标的结构、空间排列分布及目标之间的相互关系等。

计算机视觉的主要研究任务可归纳成两个，它们互相联系又互相补充。第一个研究任务是建成计算机视觉系统以完成各种视觉任务。换句话说，要使计算机能借助各种视觉传感器（如 CCD、CMOS 摄像器件等）获取场景图像，进而感知和恢复 3D 环境中物体的几何性质、姿态结构、运动情况、相互位置等，并对客观场景进行识别、描述、解释，最终做出判断。这里主要研究的是技术机理。目前这方面的工作集中在搭建各种专用系统，完成在各种实际场景中提出的专门的视觉任务等方面，而从长远来说，则要建成通用的系统。第二个研究任务是把研究作为探索人类视觉工作机理的手段，进一步加深对人脑视觉的理解（如计算神经科学）。这里主要研究的是生物学机理。长期以来，研究人员已从生理、心理、神经、认知等方面对人类视觉系统进行了大量的研究，但远未揭开视觉过程的全部奥秘，可以说对视觉机理的研究还远落后于对视觉信息处理的研究。需要指出的是，对人类视觉的充分理解也将促进计算机视觉的深入研究。本书主要考虑第一个研究任务。

由上可见，计算机视觉要用计算机实现人的视觉功能，同时其研究又从人类视觉中得到许多启发。计算机视觉的许多重要研究都是通过理解人类视觉系统而实现的，如将金字塔作为一种有效的数据结构，利用局部朝向的概念分析物体形状，以及通过滤波技术检测运动等。另外，对人类视觉系统巨大理解能力的研究可帮助人们开发新的图像理解和计算机视觉算法。

计算机视觉的研究方法主要有两种：一种是仿生学的方法，参照人类视觉系统的结构原理，建立相应的处理模块以完成类似的功能和工作；另一种是工程学的方法，从分析人类视觉过程的功能入手，并不刻意模拟人类视觉系统内部结构，而仅考虑系统的输入和输出，并采用现有的可行手段实现系统功能。本书主要讨论第二种方法。

1.2.2 视觉计算理论

有关计算机视觉的研究在早期并没有一个全面的理论框架，20 世纪 70 年代，关于目标识别和场景理解的研究基本上都是先检测线状边缘并将其作为物体的基元，然后再将它们组合起来构成更复杂的物体结构。但在实际应用中，全面的基元检测很困难且不稳定，所以视觉系统只能输入简单的线和角点，组成所谓的"积

木世界"。

马尔于 1982 年出版的《视觉》（*Vision*）一书总结了他和同事对人类视觉的一系列研究成果，提出了**视觉计算理论**，给出了一个理解视觉信息的框架。该框架既全面又精炼，是使视觉信息理解的研究变得严密并把视觉研究从描述水平提高到数理科学水平的关键。马尔的理论指出，要先理解视觉的目的，再理解其中的细节，这对各种信息处理任务都是适用的。该理论的要点如下。

1. 视觉是一个复杂的信息加工过程

马尔认为，视觉是一个远比人的想象更为复杂的信息加工任务和过程，而且其难度常不被人们正视。这里一个主要的原因是，虽然用计算机理解图像很难，但对人而言这常常是轻而易举的。

为了理解视觉这个复杂的过程，首先要解决两个问题。一个是视觉信息的表达问题，另一个是视觉信息的加工问题。这里"表达"指的是一种能把某些实体或某几类信息表示清楚的形式化系统（如阿拉伯数制、二进制数制）及说明该系统如何工作的若干规则。在表达中，某些信息是突出的、明确的，另一些信息则是隐藏的、模糊的。表达对其后信息加工的难易有很大影响。"加工"则指通过对信息的不断处理、分析、理解，将不同的表达形式进行转换并逐步抽象。

解决视觉信息的表达问题和加工问题实际上就是解决可计算性问题。一个任务要用计算机完成，则它应该是可被计算的，这就是可计算性问题。一般来说，对于某个特定的问题，如果存在一个程序且这个程序对于给定的输入都能在有限步骤内给出输出，那么这个问题就是可计算的。

2. 视觉信息加工三要素

要完整地理解和解释视觉信息，需要同时把握三个要素，即计算理论、表达和算法、硬件实现。

首先，视觉信息理解的最高层次是抽象的计算理论。对于视觉是否可用现代计算机计算的问题，需要用计算理论来回答，但至今尚无明确的答案。视觉是一个感觉加知觉的过程。从微观的解剖知识和客观的视觉心理知识来看，人们对人类视觉功能的机理的掌握还很欠缺，所以对视觉可计算性的讨论目前还比较有限，主要集中在以现有计算机所具备的数字和符号加工能力完成某些具体视觉任务等方面。

其次，如今计算机运算的对象为离散的数字或符号，计算机的存储容量也有一定的限制，因而在有了计算理论后，还必须考虑算法的实现，为此需要给加工所操作的实体选择一种合适的表达。这里一方面要选择加工的输入和输出表达，另一方面要确定完成表达转换的算法。表达和算法是互相制约的，需要注意三点：①在一般情况下，可以有许多可选的表达；②算法的确定常取决于所选的表达；③给定一种表达，可有多种完成任务的算法。一般将用来进行加工的指令和规则称为算法。

最后，如何在物理上实现算法也是必须考虑的。特别是随着实时性要求的不断提高，专用硬件实现的问题常被提出。需要注意的是，算法的确定通常依赖在物理上实现算法的硬件的特点，而同一个算法可通过不同的技术途径实现。

将上述讨论归纳后可得到如表 1-1 所示的内容。

表 1-1 视觉信息加工三要素的含义

要素序号	名　称	含义和解决的问题
1	计算理论	什么是计算目标，为什么要这样计算
2	表达和算法	怎样实现计算理论，什么是输入和输出表达，用什么算法实现表达间的转换
3	硬件实现	怎样在物理上实现表达和算法，什么是计算结构的具体细节

上述三个要素之间有一定的逻辑因果联系，但无绝对的依赖关系。事实上，对于每个要素，均有多种不同的选择方案。在许多情况下，解释任意一个要素所涉及的问题与其他两个要素基本无关（各要素相对独立），或者说，可仅从其中一个或两个要素入手来解释某些视觉现象。上述三个要素有时也被称为视觉信息加工的三个层次，不同的问题需要在不同层次上进行解释。三者之间的关系常用图 1-4 来表示（实际上看成两个层次更恰当），其中箭头正向表示带有指导的含义，反过来则有作为基础的含义。注意，一旦有了计算理论，表达和算法、硬件实现是互相影响的。

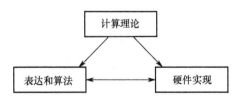

图 1-4 视觉信息加工三要素的联系

3. 视觉信息的三级内部表达

根据视觉可计算性的定义，视觉信息加工过程可分解成多个由一种表达到另一种表达的转换步骤。表达是视觉信息加工的关键，一个进行计算机视觉信息理解和研究的基本理论框架主要由视觉加工所建立、维持并予以解释的可见世界的三级内部表达结构组成。对多数哲学家来说，什么是视觉表达的本质、它们如何与感知相联系、它们如何支持行动，都可以有不同的解释。不过，他们一致认可的是这些问题的解答都与**表达**这个概念有关。

1）基素表达

基素表达是一种 2D 表达，是图像特征的集合，描述了物体表面属性发生变化的轮廓部分。基素表达提供了图像中各物体轮廓的信息，是对 3D 目标一种素描形式的表达。这种表达方式可以在人类的视觉过程中得到证明，人在观察场景时总会先注意到其中变化剧烈的部分，所以基素表达是人类视觉过程的一个阶段。

2）2.5D 表达

2.5D 表达完全是为了适应计算机的运算功能而提出的。它根据一定的采样密度将目标按**正交投影**的原则进行分解，物体的可见表面被分解成许多具有一定大小和几何形状的面元，每个面元有自己的朝向。用一个个法线向量代表其所在面元的朝向并组成针状图（将向量用箭头表示），就构成 2.5D 表达图（也称为针图），在这类图中，各法线的朝向以观察者为中心。获取 2.5D 表达图的具体步骤如下：①将物体可见表面的正交投影分解成面元集合；②用法线代表面元的朝向；③将各法线向量画出，叠加于物体轮廓内的可见表面上。图 1-5 给出一个示例。

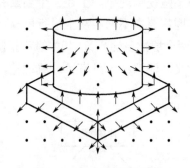

图 1-5　2.5D 表达图示例

2.5D 表达图实际上是一种本征图像（见 3.2 节），因为它表示了物体表面面元的朝向，从而给出了表面形状的信息。表面朝向是一种本征特性，深度也是一种本征特性，可将 2.5D 表达图转化成（相对）深度图。

3）3D 表达

3D 表达是以物体为中心（也包括物体的不可见部分）的表达形式。它在以物体为中心的坐标系中描述 3D 物体的形状及其空间组织，一些基本的 3D 实体表达方式可参考第 9 章的内容。

现在再看视觉可计算性问题。从计算机或信息加工的角度来说，可将视觉可计算性问题分解成几个步骤，步骤之间是某种表达形式，而每个步骤都是把前后两种表达形式联系起来的计算/加工方法（见图 1-6）。

图 1-6　马尔框架的三级表达分解

根据上述三级表达观点，视觉可计算性要解决的问题是，如何由原始图像的像素表达出发，通过基素表达图和 2.5D 表达图，最后得到 3D 表达图，如表 1-2 所示。

表 1-2　视觉可计算性问题的表达框架

名　称	目　的	基　元
图像	表达场景的亮度或物体的照度	像素（值）
基素图	表达图像中亮度变化位置、物体轮廓的几何分布和组织结构	零交叉点、端点、角点、拐点、边缘段、边界等
2.5D 表达图	在以观察者为中心的坐标系中，表达物体可见表面的朝向、深度、轮廓等性质	局部表面朝向（"针"基元）、表面朝向不连续点、深度、深度不连续点等
3D 表达图	在以物体为中心的坐标系中，用体元或面元集合描述形状和形状的空间组织形式	3D 模型，以轴线为骨架，将体元或面元附在轴线上

4. 将视觉信息理解按功能模块形式组织

"视觉信息系统是由一组相对独立的功能模块组成的"的思想，不仅有计算方面的进化论和认识论的论据支持，而且某些功能模块已经能用实验的方法分离出来。

另外，心理学研究表明，人通过使用多种线索或利用线索的结合来获得各种本征视觉信息。这启示我们，视觉信息系统应该包括许多模块，每个模块获取特定的视觉线索并进行一定的加工，从而可以根据环境，用不同的加权系数组合不同的模块来完成视觉信息理解任务。根据这个观点，复杂的处理可用一些简单的独立功能模块来完成，从而可以简化研究方法，降低具体实现难度，这从工程角度来看也很重要。

5. 计算理论的形式化表示必须考虑约束条件

在图像采集和获取过程中，原始场景中的信息会发生多种变化。

（1）当 3D 场景被投影为 2D 图像时，丢失了物体深度和不可见部分的信息。

（2）图像总是从特定视角获取的，对同一物体从不同视角获取的图像不同，另外，物体互相遮挡或物体各部分相互遮挡也会导致信息丢失。

（3）成像投影使得照明、物体几何形状和表面反射特性、摄像机特性、光源与物体及摄像机之间的空间关系等都被综合成单一的图像灰度值，很难区分。

（4）在成像过程中，不可避免地会引入噪声和畸变。

对一个问题来说，如果它的解是存在的、唯一的、连续地依赖初始数据的，则它是适定的；若有任意一条不满足，则它是不适定（欠定）的。上述几类信息变化使得将视觉问题作为光学成像过程的逆问题来求解的方法成为不适定问题（病态问题），求解很困难。为解决这个问题，需要根据外部客观世界的一般特性找出有关问题的约束条件，并把它们变成精密的假设，从而得出确凿的、经得起考验的结论。约束条件一般是借助先验知识获得的，利用约束条件可改变病态问题，这是因为给计算加上约束条件可使其含义明确，从而使问题得以解决。

1.2.3 框架问题和改进

马尔的视觉计算理论是第一个对视觉研究影响较大的理论。该理论积极推动了这一领域的研究，对图像理解和计算机视觉的研究发展起了重要的促进作用。

该理论也有不足之处，其中四个有关整体框架（见图 1-6）的问题如下。

（1）输入是被动的，输入什么图像，系统就加工什么图像。

（2）加工目的不会改变，总是恢复场景中物体的位置和形状等。

（3）缺乏（或者说未足够重视）高层知识的指导。

（4）整个信息加工过程基本自下而上，单向流动，没有反馈。

针对上述问题，近年来人们提出了一系列改进思路，对应图 1-6，改进的视觉计算框架如图 1-7 所示。

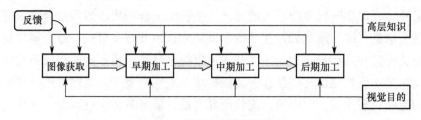

图 1-7　改进的视觉计算框架

下面结合图 1-7，具体讨论四个方面的改进。

1．人类视觉具有主动性

人会根据需要改变视线或视角以更好地进行观察和认知。**主动视觉**指视觉系统可以根据已有的分析结果和视觉任务的当前要求，决定摄像机的运动以从合适的位置和视角获取相应的图像。人类的视觉具有选择性，可以注目凝视（以较高分辨率观察感兴趣区域），也可以对场景中某些部分视而不见。**选择性视觉**指视觉系统可以根据已有的分析结果和视觉任务的当前要求，决定摄像机的注意点以获取相应的图像。考虑到这些因素，在改进框架中增加了图像获取模块，与其他模块一起考虑。该模块要根据视觉目的选择图像采集方式。

主动视觉和选择性视觉也可看作主动视觉的两种形式：一种是移动摄像机以聚焦当前环境中感兴趣的特定目标，另一种是关注图像中一个特定区域并动态地与之交互以获得解释。尽管这两种形式看起来很相似，但在第一种形式中，主动性主要体现在摄像机的观察上；在第二种形式中，主动性主要体现在加工层次和策略上。虽然在两种形式中都有交互，即视觉都有主动性，但是在移动摄像机的方式中，对完整场景进行记录和存储，成本较高，而且得到的整体解释并不一定都会被使用。仅收集场景中当前最有用的部分，缩小范围并增强质量以获取有用的解释则模仿了人类解释场景的过程。

2．人类视觉可以根据不同目的进行调整

有目的视觉指视觉系统根据视觉目的进行决策，如是完整地全面恢复场景中物体的位置和形状等信息，还是仅检测场景中是否有某种物体存在。它有可能对视觉问题给出较简单的解。这里的关键问题是确定任务的目的，因此在改进框架中增加了视觉目的模块，可根据所理解的不同目的来确定是进行定性分析还是进行定量分析（在实际应用中，有相当多的场合仅需要定性结果，并不需要复杂性较高的定量结果），但目前定性分析还缺少完备的数学工具。有目的视觉的动机是仅将需要的部分信息明确化，例如，自主车的碰撞避免就不需要精确的形状描述，一些定性的结果就足够了。这种思路目前还没有坚实的理论基础，但生物视觉系统的相关研究为此提供了许多实例。

与有目的视觉密切相关的**定性视觉**寻求对目标或场景的定性描述，它的动机是不表达定性（非几何）任务或决策不需要的几何信息。定性信息的优点是对各种不显著的改变（如稍微变化一点视角）或噪声比定量信息更不敏感。定性或不变性允许在不同的复杂层次中方便地解释观察到的事件。

3．人类有能力在从图像中获取部分信息的情况下完全解决视觉问题

人类有这种能力是因为隐含地使用了各种知识。例如，借助 CAD 设计资料获取物体形状信息（使用物体模型库），可帮助克服由单幅图像恢复物体形状的困难。利用高层知识可解决低层信息不足的问题，所以在改进框架中增加了高层知识模块。

4．人类视觉中各加工步骤之间是有交互性的

人类视觉过程在时间上有一定的顺序，在含义上也有不同的层次，各步骤之间有一定的交互联系。尽管目前对这种交互性的机理了解得还不够充分，但高层知识和后期结果的反馈信息对早期加工的重要作用已得到广泛认可。从这个角度出发，在改进框架中增加了反馈控制流向，利用已有的结果和高层知识来提升视觉的效能。

1.3 3D 视觉系统和图像技术

在实际应用中，为完成视觉任务，需要构建相应的视觉系统，其中要用到各种图像技术。

1.3.1 3D 视觉系统流程

在很多情况下，人们仅能直接获得对 3D 物体进行 2D 投影而得到的图像，但客观世界本身是 3D 的，要准确地了解客观世界，需要把握物体的 3D 空间信息。所以，需要研究和使用 3D 视觉系统。

要获得 3D 空间信息，既可以直接获取，也可以借助 2D 图像间接得到。从这两个方面分别考虑，就有了两类获取 3D 空间信息的方案。一类是利用特殊的设备直接采集 3D 图像，这将在第 3 章中讨论；另一类是先采集一幅或一系列 2D 图像，再尝试从中获得 3D 空间信息（对客观物体进行重建恢复）。后一类方法涉及两条技术路线。一条是采集相关联的多幅 2D 图像，根据它们的关联性来获取这些图像中的 3D 空间信息，相关的典型方法将在第 6 章和第 7 章中进行介绍；另一条是仅采集单幅 2D 图像，借助相关的先验知识从中获取隐含的 3D 空间信息，相关的典型方法将在第 8 章中进行介绍。

3D 空间信息的获得为完成视觉任务打下了基础，在此（感知的）基础上，计算机视觉还要根据感知到的图像对实际的目标和场景做出有意义的解释和判断，从而做出决策和采取行动。这属于高层次的工作，需要通过学习、推理、与模型

的匹配等解释场景的内容、特性、变化、态势或趋向等。

场景解释是非常复杂的过程，其困难主要来源于两个方面：一是要处理大量、多方面的数据，二是缺乏利用已知的低层像素矩阵获得所需的高层结果（对包含场景信息的图像内容的细节把握）的基本工具。由于没有对非结构化图像进行理解的通用工具，所以需要在两者之间进行折中，即一方面需要对问题的一般性加以限制，另一方面需要将人类知识引入理解过程。对问题的一般性加以限制是比较直接的，人们可以限制问题中的未知条件或限制期望结果的范围或精度，而人类知识的引入则比较困难，值得认真研究。

结合上面的讨论，可以给出如图 1-8 所示的 3D 视觉系统流程。这里图像采集要考虑 3D 图像或包含 3D 信息的 2D 图像；运动信息获取是为了更全面地获得客观世界的信息；3D 重建是指恢复客观世界的本来面貌，再通过对目标的客观分析实现对场景的解释和理解，从而做出应对环境、改造世界的决策和行动。

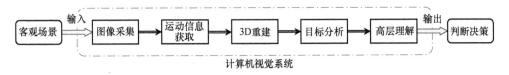

图 1-8　3D 视觉系统流程

1.3.2　计算机视觉和图像技术层次

为实现视觉系统的功能，需要使用一系列的技术。计算机视觉技术经过多年发展已有很大进展，种类很多。对于这些技术，有一些分类方法，但目前看来还不太稳定和一致。例如，不同的研究者均将计算机视觉技术分成 3 层，但 3 层的具体内容并不统一。如有人将计算机视觉分为低层视觉、中层视觉、3D 视觉，也有人将计算机视觉分为早期视觉（又分为单幅图像和多幅图像两种情况）、中层视觉、高层视觉（又分为几何方法、概率和推论方法）。

在图像工程（一门系统研究各种图像理论、技术和应用的交叉学科）中，对图像技术的一种分类方法在近 20 多年来一直比较稳定。该方法将各种图像技术分别放在图像处理、图像分析和图像理解三个层次中，如图 1-9 所示，每个层次在操作对象和数据量、语义层次和抽象性方面各有特点。

图像处理（IP）处于低层，重点关注图像之间的转换，意图改善图像的视觉效果并为后续工作打好基础；主要对像素进行处理，需要处理的数据量非常大。

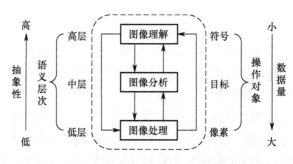

图 1-9　图像工程三层次示意

图像分析（IA）处于中层，主要考虑对图像中感兴趣目标的检测和测量，获得目标的客观信息，从而建立对图像的描述，涉及图像分割和特征提取等操作。

图像理解（IU）处于高层，着重强调对图像内容的理解及对客观场景的解释，操作对象是从图像描述中抽象出的符号，与人类的思维推理有许多类似之处。

由图 1-9 可见，随着抽象程度的提高，数据量是逐渐减少的。具体来说，原始图像数据在经过一系列的处理后逐步转化，变得更有组织性并被更抽象地表达。在这个过程中，语义不断引入，操作对象发生变化，数据量得到了压缩。另外，高层操作对低层操作有指导作用，能提高低层操作的效能。

1.3.3　图像技术类别

根据最新的对图像工程文献进行统计分类的综述，图像处理、图像分析和图像理解三个层次中图像技术的分类情况如表 1-3 所示。需要注意的是，除了这三个层次的 16 个小类，图像工程还包括各种技术应用等，所以共有 23 个小类。

表 1-3　图像处理、图像分析和图像理解三个层次中图像技术的分类情况

层　　次	图像技术
图像处理	**图像获取**（各种成像方法，图像采集、表达及存储，以及摄像机标定等）
	图像重建（从投影等重建图像、间接成像等）
	图像增强/恢复（变换、滤波、复原、修补、置换、校正、视觉质量评价等）
	图像/视频压缩编码（算法研究、相关国际标准的实现及改进等）
	图像信息安全（数字水印、信息隐藏、图像认证取证等）
	图像多分辨率处理（超分辨率重建、图像分解和插值、分辨率转换等）
图像分析	图像分割和基元检测（边缘、角点、控制点、感兴趣点检测等）
	目标表达、目标描述、特征测量（二值图像形态分析等）
	目标特性提取分析（颜色、纹理、形状、空间、结构、运动、显著性、属性等的提取分析）
	目标检测和目标识别（目标 2D 定位、追踪、提取、鉴别和分类等）
	人体生物特征提取和验证（人体、人脸和器官等的检测、定位与识别等）

（续表）

层　　次	图像技术
图像理解	**图像匹配和图像融合**（序列、立体图的配准、镶嵌等）
	场景恢复（3D 物体表达、建模、重构或重建等）
	图像感知和图像解释（语义描述、场景模型、机器学习、认知推理等）
	基于内容的图像/视频检索（相应的标注、语义描述、场景分类等）
	时空技术（高维运动分析、目标 3D 姿态检测、时空跟踪，以及举止判断和行为理解等）

本书涉及三个层次中的一些内容。在图像处理技术中，主要讨论 3D 图像获取；在图像分析技术中，主要讨论将一些 2D 分析技术推广到 3D 空间中；本书重点为图像理解技术，主要涉及图像匹配和图像融合、场景恢复、图像感知和图像解释、时空技术。用粗宋体表示（同时也是术语）。

在图像工程的三个层次中，图像理解层次与当前计算机视觉技术的关系最密切，这有许多历史渊源。在建立图像/视觉信息系统并用计算机协助人类完成各种视觉任务方面，图像理解和计算机视觉都需要用到投影几何学、概率论与随机过程、人工智能等方面的理论。例如，它们都要借助两类智能活动：感知，如感知场景中可见部分的距离、朝向、形状、运动速度、相互关系等；思维，如根据场景结构分析物体的行为，推断场景的发展变化，决定和规划主体行动等。

计算机视觉最初是被看作一个人工智能问题来研究的，因此也常被称为图像理解。事实上，图像理解和计算机视觉这两个名词也常混合使用。本质上，它们互相联系，在很多情况下覆盖面和内容交叉重合，在概念上或实用中并没有绝对的界限。在许多场合和情况下，它们虽各有侧重，但常常是互为补充的，所以将它们看作专业和背景不同的人习惯使用的不同术语更为恰当，在本书中也不会刻意区分二者。

1.4　本书结构框架和内容概况

本书主要介绍计算机视觉中的 3D 部分，对应图像工程中高层的基本概念、基础理论和实用技术。通过综合使用这些理论和技术可构建各种计算机视觉系统，探索实际应用问题的解决方法。另外，通过对图像工程高层次内容的介绍，还可帮助读者在利用通过图像工程低层和中层技术得到的结果的基础上获得更多信息，将各层次的技术结合起来，融会贯通。

1.4.1 结构框架和主要内容

根据图 1-8，本书的结构框架和主要内容如图 1-10 所示。

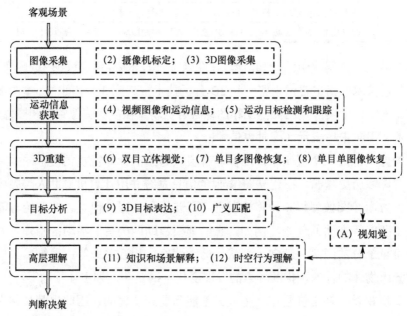

注：括号内数字对应具体章号。

图 1-10   本书结构框架和主要内容

1.4.2 各章概况

本书主要内容共有 12 章和 1 个附录。

第 1 章介绍人类视觉的基本概念和知识。先讨论了视觉的一些重要特点和特性，接着结合视感觉对视知觉进行了介绍。在此基础上，引入了计算机视觉的概况讨论和本书主要内容。

第 2 章讨论摄像机标定方案，分别讨论了基本的线性摄像机模型和典型的非线性摄像机模型，还介绍了一种传统的摄像机标定方法和一种简单的基于主动视觉的标定方法。

第 3 章介绍 3D 图像采集，特别是深度图的采集。其中，既介绍了直接采集深度图的方法，也介绍了参考人类视觉的双摄像机立体成像方法。

第 4 章介绍的视频图像是另一种形式的 3D 图像（2D 空间加 1D 时间），其中含有运动信息。该章分析了视频图像的特点，讨论了运动信息分类、检测和滤波的原理及方法。

第 5 章讨论视频中运动目标的检测和跟踪技术，从简到繁包括逐像素差分、背景建模、光流估计，以及几种典型的运动目标跟踪方法。

第 6 章介绍双目立体视觉，包括立体视觉各模块的功能、基于区域的双目立体匹配和基于特征的双目立体匹配技术，以及一种视差图误差检测与校正方法。

第 7 章介绍利用单目多幅图像进行物体恢复的两类方法：基于光度立体学的方法和基于光流场从运动中求取物体结构的方法。

第 8 章介绍利用单目单幅图像进行物体恢复的两类方法：由物体表面影调变化恢复物体形状的方法和由物体表面纹理变化恢复表面朝向的方法。

第 9 章介绍对实际 3D 目标进行表达的典型方法，包括 3D 表面表达方法、等值面的构造和表达方法，以及对 2D 并行轮廓进行插值以获取 3D 表面的方法和直接对 3D 实体进行表达的方法。

第 10 章介绍不同层次的匹配技术，包括比较具体的目标匹配和动态模式匹配方法，以及比较抽象的利用图同构进行关系匹配的方法和借助线条图标记实现物体模型匹配的方法。

第 11 章结合场景知识和学习推理介绍场景解释的问题，包括逻辑系统和模糊推理，还讨论了两种在场景分类中广泛使用的模型：词袋/特征包模型和概率隐语义分析模型（pLSA 模型）。

第 12 章介绍对时空行为的理解，包括对时空技术和时空兴趣点的介绍，并介绍了对动态轨迹进行学习和分析的方法及对动作进行分类和识别的方法。

附录 A 介绍视知觉，比较详细地介绍了形状知觉、空间知觉和运动知觉的特点、规律等。

在各章和附录后均有"各节要点和进一步参考"，一方面归纳各节的中心内容，另一方面介绍可深入学习的参考文献。除附录外，各章均附有自我检测题（含提示和答案）。

1.5　各节要点和进一步参考

以下结合各节的主要内容介绍一些可以进一步查阅的参考文献。

1．人类视觉及特性

对大脑通过眼睛接收到的信息量的估计可参见文献[1]。心理学中有关主观亮度的讨论可参见文献[2]。对随时间变化的视觉现象的讨论可参见文献[3]。有关视感觉的讨论可参见文献[4]。视知觉兼有心理因素，可参见文献[5]。更多亮度对比感知的例子可参见文献[6]。

2．计算机视觉理论和框架

关于计算机视觉研究目标的讨论可参见文献[7]。计算机视觉研究的长远目标是建成通用的系统，可参见文献[8]。有关视觉计算理论的原始阐述可参见文献[9]。对视觉表达本质的分析可参见文献[10]。将主动视觉和选择性视觉看作主动视觉的两种形式的观点可参见文献[11]。将有目的视觉引入视觉系统的相关内容可参见文献[12]。将高层知识引入视觉系统的相关内容可参见文献[13]。

3．3D 视觉系统和图像技术

对计算机视觉的分层讨论可参见文献[1]及文献[14]、文献[15]等。对图像技术的分层次介绍可参见文献[16]～文献[18]。对图像技术的完整介绍可参见文献[19]。对 27 年来图像技术的分层次分类情况总结在每年一次的综述（文献[20]～文献[47]）中。对相关名词的简明定义可参见文献[48]～文献[50]。

4．本书结构框架和内容概况

本书主要介绍计算机视觉高层内容的原理和技术，在具体实现各种算法时，可借助不同的编程语言，如使用 MATLAB 的内容可参见文献[51]和文献[52]。对于学习中的可能遇到各类问题，详细的分析和解答可参见文献[53]。

第2章

摄像机标定

摄像机（相机）是获取图像最常用的设备。**摄像机标定**也称为摄像机定标、摄像机校准、摄像机校正，其目的是利用给定的 3D 物体的特征点坐标(X, Y, Z)与其 2D 图像坐标(x, y)计算摄像机的内、外参数，从而建立客观物体与所采集的图像的定量联系。

摄像机标定是机器视觉技术和摄影测量学非常重要的组成部分，机器视觉技术和摄影测量学的本质就是从摄像机拍摄的图像中获得 3D 物体的几何信息，也可以说，摄像机标定是机器视觉技术和摄影测量学的基础。摄像机标定的过程就是获取摄像机内、外参数的过程。其中，内参数包括摄像机的焦距等，外参数则包括摄像机本身在世界坐标系中的位置信息等。世界坐标系和图像坐标系间的投影关系就是通过这些摄像机的内、外参数确定的。

本章各节安排如下。

2.1 节介绍基本的线性摄像机模型，给出一个典型的标定程序，并对摄像机内、外参数进行具体讨论。

2.2 节讨论典型的非线性摄像机模型，对各种畸变类型进行详细分析，并总结对标定方法进行分类的准则和结果。

2.3 节介绍传统的摄像机标定方法，对一种典型的两级标定法进行描述并对一种改进方法进行分析。

2.4 节介绍自标定方法（包括基于主动视觉的标定方法），除了分析其优点和缺点，还具体介绍一种简单的标定方法。

2.1 线性摄像机模型

摄像机模型表现了物体在世界坐标系中的坐标与其在图像坐标系中的坐标之

间的关系，即给出了物点（空间点）和像点之间的投影关系。

线性模型又称为**针孔模型**，在这类模型中，认为 3D 空间中的任意一点在图像坐标系上所成的像是通过小孔成像原理形成的。

2.1.1　完整成像模型

《2D 计算机视觉：原理、算法及应用》讨论了一般成像模型，在实际应用中，完整的成像模型还要考虑两个因素：①摄像机坐标系不仅与世界坐标系是分开的，其与图像坐标系也是分开的；②成像的最终目标是用于计算机加工，所以需要建立世界坐标系与计算机图像坐标系的联系。由于计算机中使用的图像坐标单位是存储器中离散像素的个数，所以需要对像平面上的坐标进行取整转换。也有人认为，图像坐标系包括图像物理坐标系和图像像素坐标系两部分，前者对应像平面上的坐标，而后者对应计算机中的坐标。

考虑上文讨论的两个因素，一个完整的成像过程共涉及 4 个不重合坐标系之间的 3 步转换，如图 2-1 所示。

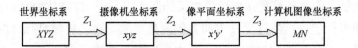

图 2-1　线性摄像机模型下从 3D 世界坐标系到计算机图像坐标系转换示意

（1）从世界坐标系 *XYZ* 到摄像机坐标系 *xyz* 的转换 Z_1，可表示为

$$\begin{bmatrix} x \\ y \\ z \end{bmatrix} = \boldsymbol{R} \begin{bmatrix} X \\ Y \\ Z \end{bmatrix} + \boldsymbol{T} \tag{2-1}$$

其中，$\boldsymbol{R}$ 和 $\boldsymbol{T}$ 分别为 3×3 旋转矩阵（实际上是两个坐标系的三组对应坐标轴轴间夹角的函数）和 1×3 平移矩阵：

$$\boldsymbol{R} \equiv \begin{bmatrix} r_1 & r_2 & r_3 \\ r_4 & r_5 & r_6 \\ r_7 & r_8 & r_9 \end{bmatrix} \tag{2-2}$$

$$\boldsymbol{T} \equiv \begin{bmatrix} T_x & T_y & T_z \end{bmatrix}^{\mathrm{T}} \tag{2-3}$$

（2）从摄像机坐标系 *xyz* 到像平面坐标系 *x'y'* 的转换 Z_2，可表示为

$$x' = \lambda \frac{x}{z} \tag{2-4}$$

$$y' = \lambda \frac{y}{z} \tag{2-5}$$

（3）从像平面坐标系 $x'y'$ 到计算机图像坐标系 MN 的转换 Z_3，可表示为

$$M = \mu \frac{x'M_x}{S_x L_x} + O_m \tag{2-6}$$

$$N = \frac{y'}{S_y} + O_n \tag{2-7}$$

其中，M 和 N 分别为计算机存储器中像素的总行数和总列数（计算机坐标）；O_m 和 O_n 分别为计算机存储器中心像素所在的行数和列数；S_x 为沿 x 方向（扫描线方向）两相邻传感器中心间的距离，S_y 为沿 y 方向两相邻传感器中心间的距离；L_x 为 x 方向传感器元素的个数；M_x 为计算机在一行内的采样数（像素个数）；μ 为一个取决于摄像机的不确定性图像尺度因子。根据传感器的工作原理，在逐行扫描时，图像获取硬件和摄像机扫描硬件间的时间差或摄像机扫描本身在时间上的不精确性会引入某些不确定性因素。这些不确定性因素可通过引入**不确定性图像尺度因子μ**来描述，建立受不确定性图像尺度因子影响的像平面坐标系 $x'y'$ 与计算机图像坐标系 MN 之间的联系。

2.1.2 基本标定程序

根据在《2D 计算机视觉：原理、算法及应用》中讨论的一般成像模型，如果对空间点的齐次坐标 W_h 进行一系列变换（$PRTW_h$），就可把世界坐标系与摄像机坐标系重合起来。这里，P 是成像投影变换矩阵，R 是摄像机旋转矩阵，T 是摄像机平移矩阵。令 $A = PRT$，A 中的元素包括摄像机平移、旋转和投影参数，则有图像坐标的齐次表达：$C_h = AW_h$。如果在齐次表达中令 $k = 1$（k 是齐次坐标表达中不为零的常数），可得到

$$\begin{bmatrix} C_{h1} \\ C_{h2} \\ C_{h3} \\ C_{h4} \end{bmatrix} = \begin{bmatrix} a_{11} & a_{12} & a_{13} & a_{14} \\ a_{21} & a_{22} & a_{23} & a_{24} \\ a_{31} & a_{32} & a_{33} & a_{34} \\ a_{41} & a_{42} & a_{43} & a_{44} \end{bmatrix} \begin{bmatrix} X \\ Y \\ Z \\ 1 \end{bmatrix} \tag{2-8}$$

根据齐次坐标的定义，笛卡儿形式的摄像机坐标（像平面坐标，x 与 x'、y 与 y' 分别重合，统一用 x、y 表示）为

$$x = \frac{C_{h1}}{C_{h4}} \tag{2-9}$$

$$y = \frac{C_{h2}}{C_{h4}} \tag{2-10}$$

将式（2-9）和式（2-10）代入式（2-8）并展开矩阵积得到

$$xC_{h4} = a_{11}X + a_{12}Y + a_{13}Z + a_{14} \qquad (2\text{-}11)$$

$$yC_{h4} = a_{21}X + a_{22}Y + a_{23}Z + a_{24} \qquad (2\text{-}12)$$

$$C_{h4} = a_{41}X + a_{42}Y + a_{43}Z + a_{44} \qquad (2\text{-}13)$$

其中，C_{h3} 的展开式因与 z 相关而略去。

将 C_{h4} 代入式（2-11）和式（2-12），可得到共有 12 个未知量的两个方程：

$$(a_{11} - a_{41}x)X + (a_{12} - a_{42}x)Y + (a_{13} - a_{43}x)Z + (a_{14} - a_{44}x) = 0 \qquad (2\text{-}14)$$

$$(a_{21} - a_{41}y)X + (a_{22} - a_{42}y)Y + (a_{23} - a_{43}y)Z + (a_{24} - a_{44}y) = 0 \qquad (2\text{-}15)$$

由此可见，一个标定程序应该包括：①获得 $M \geqslant 6$ 个具有已知世界坐标(X_i, Y_i, Z_i)，$i = 1, 2, \cdots, M$ 的空间点（在实际应用中，常取 25 个以上的点，再借助最小二乘法拟合来减小误差）；②用摄像机在给定位置拍摄这些点以得到它们对应的像平面坐标(x_i, y_i)，$i = 1, 2, \cdots, M$；③把这些坐标代入式（2-14）和式（2-15），解出未知系数。

为实现上述标定程序，需要获得具有对应关系的空间点和像点。为精确地确定这些点，需要使用标定物（也称为标定靶，即标准参照物），其上有固定的标记点（参考点）图案。最常用的 2D 标定物上有一系列规则排列的正方形图案（类似国际象棋棋盘），这些正方形的顶点（十字线交点）可作为标定的参考点。如果采用共平面参考点标定算法，则标定物对应一个平面；如果采用非共平面参考点标定算法，则标定物一般对应两个正交的平面。

2.1.3　内、外参数

摄像机标定涉及的标定参数可分成外参数（在摄像机外部）和内参数（在摄像机内部）两类。

1. 外参数

图 2-1 中的第 1 步转换是从 3D 世界坐标系变换到中心位于摄像机光学中心的 3D 摄像机坐标系，其变换参数称为**外参数**，也称为**摄像机姿态参数**。旋转矩阵 $\boldsymbol{R}$ 一共有 9 个元素，但实际上只有 3 个自由度，可借助刚体转动的 3 个欧拉角来表示。欧拉角示意如图 2-2 所示（这里视线逆 X 轴），其中 XY 平面和 xy 平面的交线 AB 称为节线，AB 和 x 轴间的夹角 θ 是第 1 个欧拉角，称为自转角（也称为偏转角），是绕 z 轴旋转的角；AB 和 X 轴间的夹角 ψ 是第 2 个欧拉角，称为进动角（也称为倾斜角），是绕 Z 轴旋转的角；Z 轴和 z 轴间的夹角 ϕ 是第 3 个欧拉角，称为章动角（也称为俯仰角），是绕节线旋转的角。

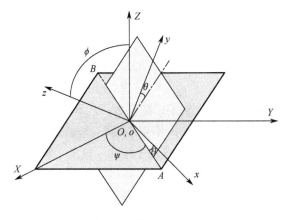

图 2-2　欧拉角示意

利用欧拉角可将旋转矩阵表示成 θ、ϕ、ψ 的函数：

$$\boldsymbol{R} = \begin{bmatrix} \cos\psi\cos\theta & \sin\psi\cos\theta & -\sin\theta \\ -\sin\psi\cos\phi+\cos\psi\sin\theta\sin\phi & \cos\psi\cos\phi+\sin\psi\sin\theta\sin\phi & \cos\theta\sin\phi \\ \sin\psi\sin\phi+\cos\psi\sin\theta\cos\phi & -\cos\psi\sin\phi+\sin\psi\sin\theta\cos\phi & \cos\theta\cos\phi \end{bmatrix} \quad (2\text{-}16)$$

可见，旋转矩阵有 3 个自由度。另外，平移矩阵也有 3 个自由度（3 个方向的平移系数）。这样摄像机共有 6 个独立的外参数，即 $\boldsymbol{R}$ 中的 3 个欧拉角 θ、ϕ、ψ 和 $\boldsymbol{T}$ 中的 3 个元素 T_x、T_y、T_z。

2. 内参数

图 2-1 中的后 2 步转换是从 3D 摄像机坐标系变换到 2D 计算机图像坐标系，其变换参数称为**内参数**，也称为**摄像机内部参数**。一共有 4 个内参数：焦距 λ、不确定性图像尺度因子 μ、像平面原点的计算机图像坐标 O_m 和 O_n。

区分外参数和内参数的主要意义是，当用一个摄像机在不同位置和方向获取多幅图像时，各幅图像所对应的摄像机外参数可能是不同的，但内参数不会变化，所以移动摄像机后只需重新标定外参数而不必再标定内参数。

❑　**例 2-1　摄像机标定中的内、外参数**

摄像机标定就是要将摄像机坐标系与世界坐标系对齐。从这个观点出发，另一种描述摄像机标定中内、外参数的方式如下。

将一个完整的摄像机标定变换矩阵 $\boldsymbol{C}$ 分解为内参数矩阵 $\boldsymbol{C}_i$ 和外参数矩阵 $\boldsymbol{C}_e$ 的乘积：

$$C = C_i C_e \quad (2\text{-}17)$$

C_i 在通用情况下是一个 4×4 的矩阵，但一般可简化成一个 3×3 的矩阵：

$$C_i = \begin{bmatrix} S_x & P_x & T_x \\ P_y & S_y & T_y \\ 0 & 0 & 1/\lambda \end{bmatrix} \tag{2-18}$$

其中，S_x 和 S_y 分别是沿 x 轴和 y 轴的缩放系数；P_x 和 P_y 分别是沿 x 轴和 y 轴的偏斜系数（源自实际摄像机光轴的非严格正交性，反映在图像上就是像素的行和列之间不是严格的 $90°$）；T_x 和 T_y 分别是沿 x 轴和 y 轴的平移系数（将摄像机的投影中心移到合适的位置）；λ 是镜头的焦距。

C_e 的通用形式也是一个 4×4 的矩阵，可写成

$$C_e = \begin{bmatrix} R_1 & R_1 \cdot T \\ R_2 & R_2 \cdot T \\ R_3 & R_3 \cdot T \\ 0 & 1 \end{bmatrix} \tag{2-19}$$

其中，R_1、R_2、R_3 分别是 3×3 旋转矩阵（只有 3 个自由度）的 3 个行矢量；T 是 3D 平移矩阵（列矢量）；0 是一个 1×3 的矢量。

由上可见，矩阵 C_i 有 7 个内参数，而矩阵 C_e 有 6 个外参数，但两个矩阵都有旋转参数，所以可将内参数矩阵的旋转参数归入外参数矩阵。因为旋转是缩放和偏斜的组合，将旋转从内参数矩阵中除去后，P_x 和 P_y 就相同了（$P_x = P_y = P$）。在考虑线性摄像机模型时，$P = 0$。所以内参数矩阵中只有 5 个参数，即 λ、S_x、S_y、T_x、T_y。这样一来，两个矩阵共有 11 个需要标定的参数，可根据基本标定程序来进行标定。在特殊情况下，如果摄像机很精确，则 $S_x = S_y = S = 1$，此时内参数只有 3 个。进一步，如果将摄像机对齐，则 $T_x = T_y = 0$。这样就只剩 1 个内参数 λ。❑

2.2 非线性摄像机模型

在实际情况中，摄像机通常是通过镜头（常包含多个透镜）成像的，基于当前的透镜加工技术及摄像机制造技术，摄像机的投影关系并不能简单地描述成针孔模型。换句话说，由于透镜加工、安装等多方面因素的影响，摄像机的投影关系不是线性投影关系，即线性模型并不能准确地描述摄像机的成像几何关系。

真实的光学系统并不是精确地按照理想化的小孔成像原理工作的，而是存在**透镜畸变**。由于受到多种畸变（失真）因素的影响，3D 空间点投影到 2D 像平面上的真实位置与无畸变的理想像点位置之间存在偏差，光学畸变误差在接近透镜

边缘的区域更为明显。尤其在使用广角镜头时，在像平面远离中心处往往有很大的畸变。这样就会使测量得到的坐标存在偏差，降低了所求得的世界坐标的精度。所以必须使用考虑了畸变的非线性摄像机模型来进行摄像机标定。

2.2.1　畸变类型

由于各种畸变因素的影响，在将 3D 空间点投影到 2D 像平面上时，实际得到的坐标(x_a, y_a)与无畸变的理想坐标(x_i, y_i)之间存在偏差，可表示为

$$x_a = x_i + d_x \qquad (2\text{-}20)$$

$$y_a = y_i + d_y \qquad (2\text{-}21)$$

其中，d_x 和 d_y 分别是 x 和 y 方向上的总非线性畸变偏差值。常见的基本畸变类型有两种：**径向畸变和切向畸变**（见图 2-3），其中 d_r 表示由径向畸变导致的偏差而 d_t 表示由切向畸变导致的偏差。其他畸变多是这两种基本畸变的组合，最典型的组合畸变是**偏心畸变（离心畸变）**和**薄棱镜畸变**。

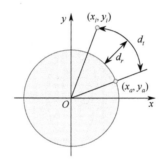

图 2-3　径向畸变和切向畸变示意

1. 径向畸变

径向畸变主要是由镜头形状的不规则（表面曲率误差）引起的，它导致的偏差一般是关于摄像机镜头的主光轴对称的，而且沿镜头半径方向在远离光轴处更明显。一般称正向的径向畸变为枕形畸变，称负向的径向畸变为桶形畸变，如图 2-4 所示。其数学模型为

$$d_{xr} = x_i(k_1 r^2 + k_2 r^4 + \cdots) \qquad (2\text{-}22)$$

$$d_{yr} = y_i(k_1 r^2 + k_2 r^4 + \cdots) \qquad (2\text{-}23)$$

其中，$r = (x_i^2 + y_i^2)^{1/2}$ 为像点到图像中心的距离；k_1、k_2 等为径向畸变系数。

图 2-4　枕形畸变和桶形畸变示意

2．切向畸变

切向畸变主要是由透镜片组光心不共线引起的，导致实际像点在像平面上发生切向移动。切向畸变在空间内有一定的朝向，所以在一定方向上有畸变最大轴，在与该方向垂直的方向上有畸变最小轴，如图 2-5 所示，其中实线代表没有畸变的情况，虚线代表切向畸变导致的结果。一般切向畸变的影响比较小，单独建模的情况比较少。

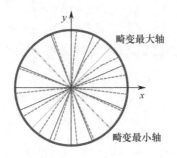

图 2-5　切向畸变示意

3．偏心畸变

偏心畸变是由光学系统光心与几何中心不一致造成的，即镜头器件的光学中心没有严格共线。其数学模型为

$$d_{xt} = l_1(2x_i^2 + r^2) + 2l_2x_iy_i + \cdots \tag{2-24}$$

$$d_{yt} = 2l_1x_iy_i + l_2(2y_i^2 + r^2) + \cdots \tag{2-25}$$

其中，$r = (x_i^2 + y_i^2)^{1/2}$ 为像点到图像中心的距离；l_1、l_2 等为偏心畸变系数。

4．薄棱镜畸变

薄棱镜畸变是由镜头的设计及装配不当导致的。这类畸变相当于在光学系

统中附加了一个薄棱镜，这不仅会引起径向偏差，还会引起切向偏差。其数学模型为

$$d_{xp} = m_1(x_i^2 + y_i^2) + \cdots \tag{2-26}$$

$$d_{yp} = m_2(x_i^2 + y_i^2) + \cdots \tag{2-27}$$

其中，m_1、m_2 等为薄棱镜畸变系数。

综合考虑径向畸变、偏心畸变和薄棱镜畸变的总畸变偏差 d_x、d_y 为

$$d_x = d_{xr} + d_{xt} + d_{xp} \tag{2-28}$$

$$d_y = d_{yr} + d_{yt} + d_{yp} \tag{2-29}$$

如果忽略高于 3 阶的项，并令 $n_1 = l_1 + m_1$、$n_2 = l_2 + m_2$、$n_3 = 2l_1$、$n_4 = 2l_2$，则

$$d_x = k_1 x r^2 + (n_1 + n_3)x^2 + n_4 xy + n_1 y^2 \tag{2-30}$$

$$d_y = k_1 y r^2 + n_2 x^2 + n_3 xy + (n_2 + n_4) y^2 \tag{2-31}$$

2.2.2　标定步骤

在实际应用中，摄像机镜头径向畸变的影响往往比较大，径向畸变常与图像中一点与该点到镜头光轴点之间的距离成正比。从无畸变的像平面坐标(x', y')到受镜头径向畸变影响而偏移的实际像平面坐标(x^*, y^*)的变换为

$$x^* = x' - R_x \tag{2-32}$$

$$y^* = y' - R_y \tag{2-33}$$

其中，R_x 和 R_y 代表镜头的径向畸变。参见式（2-22）和式（2-23），可得

$$R_x = x^*(k_1 r^2 + k_2 r^4 + \cdots) \approx x^* k r^2 \tag{2-34}$$

$$R_y = y^*(k_1 r^2 + k_2 r^4 + \cdots) \approx y^* k r^2 \tag{2-35}$$

这里仅引入单个镜头径向畸变系数 k 以近似简化，一方面是由于实际中 r 的高次项可以忽略，另一方面考虑了径向畸变关于摄像机镜头的主光轴常是对称的这一因素。

考虑到从(x', y')到 (x^*, y^*)的转换，此时根据非线性摄像机模型实现的从 3D 世界坐标系到计算机图像坐标系的转换示意如图 2-6 所示。原来的转换 Z_3 现在被分解为两个转换（Z_{31} 和 Z_{32}），而且式（2-6）和式（2-7）仍可用来定义 Z_{32}（只需将 x' 和 y' 用 x^* 和 y^* 替换）。

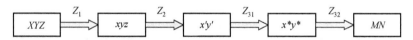

图 2-6　根据非线性摄像机模型实现的从 3D 世界坐标系到计算机图像坐标系的转换示意

虽然式（2-32）和式（2-33）仅考虑了径向畸变，但式（2-30）和式（2-31）的形式实际上对各种畸变都适用。从这个意义上说，图 2-6 的流程适用于有任何畸变的情况，只要根据畸变的类型选择相应的 Z_{31} 即可。将图 2-6 与图 2-1 比较，"非线性"性质体现在从 $x'y'$ 到 $x*y*$ 的转换上。

2.2.3 标定方法分类

摄像机标定方法很多，按照不同的依据有不同的分类方法。例如，根据摄像机模型特点，可分为线性方法和非线性方法；根据是否需要标定物，可分为传统摄像机标定方法、摄像机自标定方法和基于主动视觉的标定方法（也有人将后两种方法合为一类）；在使用标定物时，根据标定物维数的不同，还可分为使用 2D 平面靶标的方法和使用 3D 立体靶标的方法；根据求解参数的结果，可分为显式方法和隐式方法；根据摄像机内参数是否可变，可分为可变内参数的方法和不可变内参数的方法；根据摄像机的运动方式，可分为限定运动方式的方法和不限定运动方式的方法；根据视觉系统所用的摄像机个数，可分为单摄像机标定方法和多摄像机标定方法。标定方法分类表如表 2-1 所示，其中列举了一些分类准则、类别和典型方法。

表 2-1 标定方法分类表

分类准则	类 别	典型方法
摄像机模型特点	线性	两级标定法
	非线性	LM 优化方法
		牛顿·拉夫森（NR，Newton Raphson）优化方法
		对参数进行标定的非线性优化方法
		假定只存在径向畸变的方法
是否需要标定物	传统摄像机标定方法	利用最优化算法的方法
		利用摄像机变换矩阵的方法
		考虑畸变补偿的两步法
		采用摄像机成像模型的双平面方法
		直接线性变换（DLT）法
		利用径向校准约束（RAC）的方法
	摄像机自标定方法	直接求解 Kruppa 方程的方法
		分层逐步的方法
		利用绝对二次曲线的方法
		基于二次曲面的方法

（续表）

分类准则	类　　别	典型方法
是否需要 标定物	基于主动视觉的标定方法	基于两组三正交运动的线性方法 基于四组和五组平面正交运动的方法 基于平面单应矩阵的正交运动方法 基于外极点的正交运动方法
标定物维数	使用 2D 平面靶标	使用黑白相间棋盘标定靶（取网格交点为标定点）的方法 使用网格状排列圆点（取圆点中心为标定点）的方法
	使用 3D 立体靶标	使用尺寸和形状已知的 3D 物体的方法
求解参数的 结果	显式	考虑具有直接物理意义的标定参数（如畸变系数）的方法
	隐式	直接线性变换（DLT）的方法，可标定几何参数
摄像机内参数 是否可变	可变内参数	—
	不可变内参数	—
摄像机的运动 方式	限定运动方式	针对摄像机只有纯旋转运动的方法 针对摄像机存在正交平移运动的方法
	不限定运动方式	
视觉系统所用 的摄像机个数	单摄像机（单目视觉）标定	—
	多摄像机标定	对多个摄像机采用 1D 标定物（具有 3 个及以上距离已知的 共线点）进行标定，并使用最大似然准则对线性算法进行精化 的方法

在表 2-1 中，非线性方法一般较复杂，速度慢还需要一个良好的初值，并且非线性搜索不能保证参数收敛到全局最优解。隐式方法以转换矩阵元素为标定参数，以一个转换矩阵表示 3D 空间物点与 2D 平面像点之间的对应关系，因参数本身不具有明确的物理意义，所以也称为隐参数方法。由于隐参数方法只需求解线性方程，故当精度要求不是很高时，此方法可获得较高的效率。DLT 法以线性模型为对象，用一个 3×4 矩阵表示 3D 空间物点与 2D 平面像点的对应关系，忽略了中间的成像过程（或者说，综合考虑过程中的因素）。多摄像机标定方法中最常见的是双摄像机标定方法，与单摄像机标定相比，双摄像机标定不仅需要知道每台摄像机自身的内、外参数，还需要通过标定来测量两个摄像机之间的相对位置和方向。

2.3　传统标定方法

传统的摄像机标定需要借助已知的标定物（数据已知的 2D 标定板或 3D 标定块），即需要知道标定物的尺寸和形状（标定点的位置和分布），然后通过建立标定物上的点与拍摄所得图像上的对应点之间的对应关系来确定摄像机的内、外参数。其优点是理论清晰明了、求解简单、标定精度高，缺点是标定的过程相对复杂，对标定物的精度要求较高。

2.3.1　基本步骤和参数

标定可以沿着从 3D 世界坐标到计算机图像坐标的转换方向进行。如图 2-7 所示，从世界坐标系到计算机图像坐标系的转换共有 4 步，每步都有需要标定的参数。

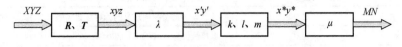

图 2-7　沿坐标转换方向进行摄像机标定

第 1 步：需要标定的参数是旋转矩阵 R 和平移矩阵 T。

第 2 步：需要标定的参数是镜头焦距 λ。

第 3 步：需要标定的参数是镜头径向畸变系数 k、偏心畸变系数 l、薄棱镜畸变系数 m。

第 4 步：需要标定的参数是不确定性图像尺度因子 μ。

2.3.2　两级标定法

两级标定法是一种典型的传统标定方法，因标定分 2 步而得名：第 1 步是计算摄像机的外参数（但先不考虑沿摄像机光轴方向的平移），第 2 步是计算摄像机的其他参数。由于该方法利用了**径向校准约束**（RAC），所以也称为 RAC 法。其计算过程中的大部分方程属于线性方程，所以求解参数的过程比较简单。该方法已广泛应用于工业视觉系统，3D 测量的平均精度可达 1/4000，深度方向上的精度可达 1/8000。

标定可分为两种情况。

（1）如果 μ 已知，在标定时只需使用一幅含有一组共面基准点的图像。此时第 1 步计算 R、T_x、T_y，第 2 步计算 λ、k、T_z。这里因为 k 是镜头的径向畸变系数，所以对 R 的计算可不考虑 k，同样，对 T_x 和 T_y 的计算也可不考虑 k，但对 T_z 的计算需要考虑 k（T_z 变化对图像的影响与 k 的影响类似），所以放在第 2 步。

（2）如果 μ 未知，在标定时需要用一幅含有一组不共面基准点的图像。此时第 1 步计算 R、T_x、T_y、μ，第 2 步仍计算 λ、k、T_z。

具体的标定过程是先计算一组参数 s_i ($i = 1, 2, 3, 4, 5$) 或 $s = [s_1 \quad s_2 \quad s_3 \quad s_4 \quad s_5]^{\mathrm{T}}$，借助这组参数可进一步算出摄像机的外参数。设给定 M ($M \geqslant 5$) 个已知世界坐标

(X_i, Y_i, Z_i)和对应的像平面坐标(x_i, y_i)的点，其中 $i = 1, 2, \cdots, M$，可构建矩阵 $\boldsymbol{A}$，其中的行向量 $\boldsymbol{a}_i$ 可表示如下：

$$\boldsymbol{a}_i = [\, y_i X_i \quad y_i Y_i \quad -x_i X_i \quad -x_i Y_i \quad y_i \,] \tag{2-36}$$

再设 s_i 与旋转参数 r_1、r_2、r_4、r_5 及平移参数 T_x、T_y 有如下关系：

$$s_1 = \frac{r_1}{T_y} \quad s_2 = \frac{r_2}{T_y} \quad s_3 = \frac{r_4}{T_y} \quad s_4 = \frac{r_5}{T_y} \quad s_5 = \frac{T_x}{T_y} \tag{2-37}$$

设矢量 $\boldsymbol{u} = [x_1 \quad x_2 \quad \cdots \quad x_M]^{\mathrm{T}}$，则由如式（2-38）所示的线性方程组可解出 $\boldsymbol{s}$。

$$\boldsymbol{A}\boldsymbol{s} = \boldsymbol{u} \tag{2-38}$$

然后可根据下列步骤计算各旋转和平移参数。

（1）设 $S = s_1^2 + s_2^2 + s_3^2 + s_4^2$，计算

$$T_y^2 = \begin{cases} \dfrac{S - \sqrt{[S^2 - 4(s_1 s_4 - s_2 s_3)^2]}}{4(s_1 s_4 - s_2 s_3)^2}, & (s_1 s_4 - s_2 s_3) \neq 0 \\[3mm] \dfrac{1}{s_1^2 + s_2^2}, & s_1^2 + s_2^2 \neq 0 \\[3mm] \dfrac{1}{s_3^2 + s_4^2}, & s_3^2 + s_4^2 \neq 0 \end{cases} \tag{2-39}$$

（2）设 $T_y = (T_y^2)^{1/2}$，即取正的平方根，计算

$$r_1 = s_1 T_y \quad r_2 = s_2 T_y \quad r_4 = s_3 T_y \quad r_5 = s_4 T_y \quad T_x = s_5 T_y \tag{2-40}$$

（3）选一个世界坐标为(X, Y, Z)的点，要求其像平面坐标(x, y)离图像中心较远，计算

$$p_X = r_1 X + r_2 Y + T_x \tag{2-41}$$

$$p_Y = r_4 X + r_5 Y + T_y \tag{2-42}$$

这相当于将算出的旋转参数应用于点(X, Y, Z)的 X 和 Y。如果 p_X 和 x 的符号一致，且 p_Y 和 y 的符号一致，则说明 T_y 已有正确的符号，否则需要将 T_y 取负。

（4）计算其他旋转参数。

$$r_3 = \sqrt{1 - r_1^2 - r_2^2} \quad r_6 = \sqrt{1 - r_4^2 - r_5^2} \quad r_7 = \frac{1 - r_1^2 - r_2 r_4}{r_3} \quad r_8 = \frac{1 - r_2 r_4 - r_5^2}{r_6}$$

$$r_9 = \sqrt{1 - r_3 r_7 - r_6 r_8}$$

注意，如果 $r_1 r_4 + r_2 r_5$ 的符号为正，则 r_6 要取负，而 r_7 和 r_8 的符号要在计算完焦距 λ 后调整。

（5）建立另一组线性方程来计算焦距 λ 和 z 方向的平移参数 T_z。可先构建一个矩阵 $\boldsymbol{B}$，其中的行向量 $\boldsymbol{b}_i$ 可表示为

$$b_i = \left\lfloor r_4 X_i + r_5 Y_i + T_y \;\; y_i \right\rfloor \tag{2-43}$$

其中，$\lfloor \cdot \rfloor$ 表示向下取整。

设矢量 v 的行 v_i 可表示为

$$v_i = (r_7 X_i + r_8 Y_i) y_i \tag{2-44}$$

则由如式（2-45）所示的线性方程组可解出 $t = [\lambda \;\; T_z]^{\mathrm{T}}$。注意，这里得到的仅是对 t 的估计。

$$Bt = v \tag{2-45}$$

（6）如果 $\lambda < 0$，要使用右手坐标系，须将 r_3、r_6、r_7、r_8、λ、T_z 取负。

（7）利用对 t 的估计计算镜头径向畸变系数 k，并调整对 λ 和 T_z 的取值。这里使用包含畸变的透视投影方程，可得到如下非线性方程：

$$\left\{ y_i(1 + kr^2) = \lambda \frac{r_4 X_i + r_5 Y_i + r_6 Z_i + T_y}{r_7 X_i + r_8 Y_i + r_9 Z_i + T_z} \right\} \quad i = 1, 2, \cdots, M \tag{2-46}$$

用非线性回归方法解上述方程即可得到 k、λ、T_z 的值。

❑ **例 2-2　摄像机外参数标定示例**

5 个基准点的世界坐标值（已知）和对应的图像坐标值如表 2-2 所示。

表 2-2　5 个基准点的世界坐标值（已知）和对应的图像坐标值

i	X_i	Y_i	Z_i	x_i	y_i
1	0	5.00	0	−0.58	0
2	10.00	7.50	0	1.73	1.00
3	10.00	5.00	0	1.73	0
4	5.00	10.00	0	0	1.00
5	5.00	0	0	0	−1.00

如图 2-8 所示，图 2-8(a)为上述 5 个基准点在世界坐标系中的位置示意，图 2-8(b)为它们在像平面坐标系中的位置示意。

根据表 2-2 中的数据和式（2-36），可得到矩阵 A 和矢量 u：

$$A = \begin{bmatrix} 0 & 0 & 0 & 2.89 & 0 \\ 10.00 & 7.50 & -17.32 & -12.99 & 1.00 \\ 0 & 0.00 & -17.32 & -8.66 & 0 \\ 5.00 & 10.00 & 0 & 0 & 1.00 \\ -5.00 & 0 & 0 & 0 & -1.00 \end{bmatrix}$$

$$u = \begin{bmatrix} -0.58 & 1.73 & 1.73 & 0 & 0 \end{bmatrix}^{\mathrm{T}}$$

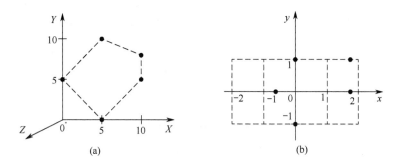

图 2-8　5 个基准点在世界坐标系和像平面坐标系里的位置示意

由式（2-38）可得

$$s = \begin{bmatrix} -0.17 & 0 & 0 & -0.20 & 0.87 \end{bmatrix}^{\mathrm{T}}$$

其他计算步骤如下。

（1）因为 $S = s_1^2 + s_2^2 + s_3^2 + s_4^2 = 0.07$，所以由式（2-39）可得

$$T_y^2 = \frac{S - \left[S^2 - 4(s_1 s_4 - s_2 s_3)^2 \right]^{1/2}}{2(s_1 s_4 - s_2 s_3)^2} = 25.00 \text{。}$$

（2）取 $T_y = 5.00$，分别得到 $r_1 = s_1 T_y = -0.87$，$r_2 = s_2 T_y = 0$，$r_4 = s_3 T_y = 0$，$r_5 = s_4 T_y = -1.00$，$T_x = s_5 T_y = 4.33$。

（3）选取与图像中心距离最远的、世界坐标为(10.0, 7.5, 0.0)的点，其像平面坐标为(1.73, 1.00)，计算得到 $p_X = r_1 X + r_2 Y + T_x = -4.33$，$p_Y = r_4 X + r_5 Y + T_y = -2.50$。

由于 p_X 和 p_Y 的符号与 x 和 y 的符号不一致，因此对 T_y 取负，再回到步骤（2），得到 $r_1 = s_1 T_y = 0.87$，$r_2 = s_2 T_y = 0$，$r_4 = s_3 T_y = 0$，$r_5 = s_4 T_y = 1.00$，$T_x = s_5 T_y = -4.33$。

（4）继续计算其他几个参数，可依次得到 $r_3 = \left(1 - r_1^2 - r_2^2\right)^{1/2} = 0.50$，$r_6 = \left(1 - r_4^2 - r_5^2\right)^{1/2} = 0$，$r_7 = \dfrac{1 - r_1^2 - r_2 r_4}{r_3} = 0.50$，$r_8 = \dfrac{1 - r_2 r_4 - r_5^2}{r_6} = 0$，$r_9 = \left(1 - r_3 r_7 - r_6 r_8\right)^{1/2} = 0.87$。因为 $r_1 r_4 + r_2 r_5 = 0$，不为正，所以 r_6 不需要取负。

（5）建立第 2 组线性方程，由式（2-43）和式（2-44）可得

$$\boldsymbol{B} = \begin{bmatrix} 0 & 0 \\ 2.50 & -1.00 \\ 0 & 0 \\ 5.00 & -1.00 \\ -5.00 & 1.00 \end{bmatrix}$$

$$\boldsymbol{v} = \begin{bmatrix} 0 & 5.00 & 0 & 2.50 & -2.50 \end{bmatrix}^{\mathrm{T}}$$

解线性方程组，由式（2-45），得 $t = [\lambda \quad T_z]^T = [-1.0 \quad -7.5]^T$。

（6）由于 λ 为负，表明不是右手坐标系，为反转 Z 坐标轴，须将 r_3、r_6、r_7、r_8、λ、T_Z 取负，最后得到 $\lambda = 1$，以及如下结果：

$$R = \begin{bmatrix} 0.87 & 0 & -0.50 \\ 0 & 1.00 & 0 \\ -0.50 & 0 & 0.87 \end{bmatrix}$$

$$T = \begin{bmatrix} -4.33 & -5.00 & 7.50 \end{bmatrix}^T$$

（7）本例没有考虑镜头径向畸变系数 k，所以上述结果即最终结果。 ❑

2.3.3　精度提升

上述的两级标定法仅考虑了摄像机镜头的径向畸变，如果在此基础上进一步考虑镜头的切向畸变，则有可能进一步提高摄像机标定的精度。

根据式（2-28）和式（2-29），考虑径向畸变和切向畸变的总畸变偏差 d_x、d_y 为

$$d_x = d_{xr} + d_{xt} \tag{2-47}$$

$$d_y = d_{yr} + d_{yt} \tag{2-48}$$

对径向畸变考虑到 4 阶项，对切向畸变考虑到 2 阶项，则有

$$d_x = x_i(k_1 r^2 + k_2 r^4) + l_1(3x_i^2 + y_i^2) + 2l_2 x_i y_i \tag{2-49}$$

$$d_y = y_i(k_1 r^2 + k_2 r^4) + 2l_1 x_i y_i + l_2(x_i^2 + 3y_i^2) \tag{2-50}$$

对摄像机的标定可分如下两步进行。

（1）设镜头畸变系数 k_1、k_2、l_1、l_2 的初始值均为 0，计算 R、T、λ 的值。

参照式（2-4）和式（2-5），并参考对式（2-46）的推导，可以得到

$$x = \lambda \frac{X}{Z} = \lambda \frac{r_1 X + r_2 Y + r_3 Z + T_x}{r_7 X + r_8 Y + r_9 Z + T_z} \tag{2-51}$$

$$y = \lambda \frac{Y}{Z} = \lambda \frac{r_4 X + r_5 Y + r_6 Z + T_y}{r_7 X + r_8 Y + r_9 Z + T_z} \tag{2-52}$$

由式（2-51）和式（2-52）得到

$$\frac{x}{y} = \frac{r_1 X + r_2 Y + r_3 Z + T_x}{r_4 X + r_5 Y + r_6 Z + T_y} \tag{2-53}$$

式（2-53）对所有基准点都成立，即利用每个基准点的 3D 世界坐标和 2D 图像坐标都可建立一个方程。式（2-53）中有 8 个未知数，所以如果有 8 个基准点，就可构建含 8 个方程的方程组，进而算出 r_1、r_2、r_3、r_4、r_5、r_6 及 T_x、T_y 的值。因

为 R 是一个正交矩阵，所以根据其正交性可算出 r_7、r_8、r_9 的值。将算出的值代入式（2-51）和式（2-52），再任取两个基准点的 3D 世界坐标和 2D 图像坐标，就可算得 T_z 和 λ 的值。

（2）计算镜头畸变系数 k_1、k_2、l_1、l_2 的值。

根据式（2-20）和式（2-21）、式（2-47）～式（2-50），可以得到

$$\lambda \frac{X}{Z} = x = x_i + x_i(k_1 r^2 + k_2 r^4) + l_1(3x_i^2 + y_i^2) + 2l_2 x_i y_i \tag{2-54}$$

$$\lambda \frac{Y}{Z} = y = y_i + y_i(k_1 r^2 + k_2 r^4) + 2l_1 x_i y_i + l_2(x_i^2 + 3y_i^2) \tag{2-55}$$

借助已经得到的 R 和 T，可利用式（2-53）算出 (X, Y, Z)，再代入式（2-54）和式（2-55），就得到

$$\lambda \frac{X_j}{Z_j} = x_{ij} + x_{ij}(k_1 r^2 + k_2 r^4) + l_1(3x_{ij}^2 + y_{ij}^2) + 2l_2 x_{ij} y_{ij} \tag{2-56}$$

$$\lambda \frac{Y_j}{Z_j} = y_{ij} + y_{ij}(k_1 r^2 + k_2 r^4) + 2l_1 x_{ij} y_{ij} + l_2(x_{ij}^2 + 3y_{ij}^2) \tag{2-57}$$

其中，$j = 1, 2, \cdots, N$，N 为基准点个数。用 $2N$ 个线性方程，通过最小二乘法求解，就可求得 4 个畸变系数 k_1、k_2、l_1、l_2 的值。

2.4 自标定方法

摄像机**自标定**方法在 20 世纪 90 年代初被提出。摄像机自标定可以不借助精度很高的标定物，而由从图像序列中获得的几何约束关系计算实时的、在线的摄像机模型参数，这对经常需要移动的摄像机尤为适用。由于所有的自标定方法都只与摄像机内参数有关，与外部环境和摄像机的运动无关，所以自标定方法比传统标定方法更为灵活。但目前已有的自标定方法精度还不太高，鲁棒性也不太强。

基本的自标定方法的思路为，首先，通过绝对二次曲线建立关于摄像机内参数矩阵的约束方程，称为 Kruppa 方程；然后，求解 Kruppa 方程以确定矩阵 C（$C = K^T K^{-1}$，K 为内参数矩阵）；最后，通过 Cholesky 分解得到矩阵 K。

自标定方法可借助主动视觉技术来实现，不过也有研究者把基于主动视觉的标定方法单独提出来，自成一类。主动视觉系统是指该系统能控制摄像机在运动中获得多幅图像，然后利用摄像机的运动轨迹及获得的图像之间的对应关系来标定摄像机。**基于主动视觉的标定**方法一般用于摄像机在世界坐标系中的运动参数

已知的情况，通常能线性求解且获得的结果有很高的鲁棒性。

在实际应用中，基于主动视觉的标定方法一般将摄像机精确地安装在可控平台上，并主动控制平台进行特殊运动以获得多幅图像，进而利用图像之间的对应关系和摄像机运动参数来确定摄像机参数。不过，如果摄像机运动参数未知或在摄像机运动无法控制的场合中，则不能使用该方法。另外，该方法所需的运动平台精度较高，成本也较高。

下面详细介绍一种典型的自标定方法（基于主动视觉的标定方法）。如图 2-9 所示，摄像机光心从 O_1 平移到 O_2，所成两幅图像分别为 I_1 和 I_2（其坐标原点分别为 o_1 和 o_2）。空间一点 P 在 I_1 上成像为 p_1 点，在 I_2 上成像为 p_2 点，p_1 和 p_2 构成一对对应点。如果根据 p_2 点在 I_2 上的坐标值在 I_1 上标出一点 p_2'，则称 p_2' 和 p_1 之间的连线为 I_1 上对应点的连线。可以证明，当摄像机做纯平移运动时，所有空间点在 I_1 上的对应点的连线都交于同一点 e，而且 $\overrightarrow{O_1e}$ 为摄像机的运动方向（这里 e 在 O_1 和 O_2 的连线上，O_1O_2 为平移运动轨迹）。

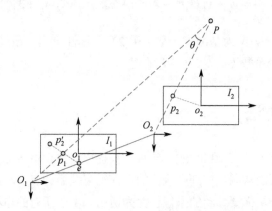

图 2-9 摄像机平移所成像之间的几何联系

根据对图 2-9 的分析可知，通过确定对应点连线的交点，可以获得在摄像机坐标系下的摄像机平移运动方向。这样，通过在标定中控制摄像机分别沿 3 个方向进行平移运动，并在每次运动前后利用对应点连线计算相应的交点 $e_i (i = 1,2,3)$，可获得 3 次平移运动的方向 $\overrightarrow{O_1e_i}$。

参考式（2-6）和式（2-7），考虑 μ 为 1 的理想情况，在 x 方向上，在传感器每行内采样 1 个像素，则式（2-6）和式（2-7）可改写为

$$M = \frac{x'}{S_x} + O_m \tag{2-58}$$

$$N = \frac{y'}{S_y} + O_n \qquad (2\text{-}59)$$

式（2-58）和式（2-59）建立了以物理单位（如 mm）表示的像平面坐标系 $x'y'$ 与以像素为单位的计算机图像坐标系 MN 的转换关系。根据图 2-9 中交点 e_i（$i=$ 1,2,3）在 I_1 上的坐标 (x_i, y_i)，由式（2-58）和式（2-59）可知，e_i 在摄像机坐标系下的坐标为

$$e_i = \left[(x_i - O_m)S_x \ (y_i - O_n)S_y \ \lambda \right]^{\mathrm{T}} \qquad (2\text{-}60)$$

如果让摄像机平移 3 次，并且使这 3 次的运动方向正交，就可得到 $e_i^{\mathrm{T}} e_j = 0$ （$i \neq j$），进而得到

$$(x_1 - O_m)(x_2 - O_m)S_x^2 + (y_1 - O_n)(y_2 - O_n)S_y^2 + \lambda^2 = 0 \qquad (2\text{-}61)$$

$$(x_1 - O_m)(x_3 - O_m)S_x^2 + (y_1 - O_n)(y_3 - O_n)S_y^2 + \lambda^2 = 0 \qquad (2\text{-}62)$$

$$(x_2 - O_m)(x_3 - O_m)S_x^2 + (y_2 - O_n)(y_3 - O_n)S_y^2 + \lambda^2 = 0 \qquad (2\text{-}63)$$

将式（2-61）、式（2-62）和式（2-63）进一步改写为

$$(x_1 - O_m)(x_2 - O_m) + (y_1 - O_n)(y_2 - O_n)\left(\frac{S_y}{S_x}\right)^2 + \left(\frac{\lambda}{S_x}\right)^2 = 0 \qquad (2\text{-}64)$$

$$(x_1 - O_m)(x_3 - O_m) + (y_1 - O_n)(y_3 - O_n)\left(\frac{S_y}{S_x}\right)^2 + \left(\frac{\lambda}{S_x}\right)^2 = 0 \qquad (2\text{-}65)$$

$$(x_2 - O_m)(x_3 - O_m) + (y_2 - O_n)(y_3 - O_n)\left(\frac{S_y}{S_x}\right)^2 + \left(\frac{\lambda}{S_x}\right)^2 = 0 \qquad (2\text{-}66)$$

定义两个中间变量：

$$Q_1 = \left(\frac{S_y}{S_x}\right)^2 \qquad (2\text{-}67)$$

$$Q_2 = \left(\frac{\lambda}{S_x}\right)^2 \qquad (2\text{-}68)$$

则式（2-64）、式（2-65）和式（2-66）就成为包含 O_m、O_n、Q_1、Q_2 共 4 个未知量的 3 个方程。这些方程是非线性的，如果用式（2-64）分别减去式（2-65）和式（2-66），就可得到两个线性方程：

$$x_1(x_2 - x_3) = (x_2 - x_3)O_m + (y_2 - y_3)O_n Q_1 - y_1(y_2 - y_3)Q_1 \qquad (2\text{-}69)$$

$$x_2(x_1 - x_3) = (x_1 - x_3)O_m + (y_1 - y_3)O_n Q_1 - y_2(y_1 - y_3)Q_1 \qquad (2\text{-}70)$$

将式（2-69）和式（2-70）中的 $O_n Q_1$ 用中间变量 Q_3 表示：

$$Q_3 = O_n Q_1 \qquad\qquad (2\text{-}71)$$

则式（2-69）和式（2-70）成为包含 O_m、Q_1、Q_3 共 3 个未知量的 2 个线性方程。由于 2 个方程有 3 个未知量，所以式（2-69）和式（2-70）的解一般不唯一。为获得唯一解，可将摄像机沿另外 3 个正交方向做 3 次平移运动，获得另外 3 个交点 e_i ($i = 4,5,6$)。如果这 3 次平移运动与之前 3 次平移运动具有不同的方向，则又可以获得类似式（2-69）和式（2-70）的两个方程。这样就一共获得了 4 个方程，可取其中任意 3 个方程或采用最小二乘法从 4 个方程中解出 O_m、Q_1、Q_3。接下来，由式（2-71）解得 O_n，再将 O_m、O_n、Q_1 代入式（2-66）解得 Q_2。这样，通过控制摄像机进行两组三正交的平移运动就可获得摄像机的所有内参数。

2.5　各节要点和进一步参考

以下结合各节的主要内容介绍一些可以进一步查阅的参考文献。

1．线性摄像机模型

线性摄像机模型是一种基于小孔成像的理想化模型，可以用于许多场合，也有许多书籍对其进行了介绍，如可参见文献[1]。

2．非线性摄像机模型

非线性摄像机模型有很多种，其基本要素可参见文献[2]。

3．传统标定方法

两级标定法是一种典型的传统标定方法，具体内容可参见文献[3]和文献[4]。

4．自标定方法

早期的自标定方法可参见文献[5]，对摄像机进行纯平移运动时的性质证明可参见文献[6]。

3D 图像采集

利用一般的成像方式获得的图像是源自 3D 物理空间的 2D 图像，其中，与摄像机光轴垂直的平面上的信息被保留在图像中，但沿摄像机光轴方向的深度信息丢失了。3D 计算机视觉常需要获得客观世界的 3D 信息或更高维的全面信息，为此，需要进行 **3D 图像采集**，其既包括直接采集 3D 图像的方式，也包括采集包含（隐含）3D 信息的图像并在后续加工中将 3D 信息提取出来的方式。

具体说来，有多种方法可以获得（或恢复）深度信息，包括参照人类双目视觉系统来观察世界的立体视觉技术、利用特定设备和装置直接获取距离信息的方法、借助移动聚焦平面逐层获取 3D 信息的手段等。

本章各节安排如下。

3.1 节介绍一般化的具有 5 个变量的高维图像 $f(x, y, z, t, \lambda)$，并给出几个典型示例。

3.2 节结合深度图和灰度图像的对比，介绍更为一般的本征图像和非本征图像的对比；另外，列举几种深度成像方式。

3.3 节介绍典型的直接深度成像方法，包括飞行时间法、结构光法、莫尔等高条纹法，以及能同时采集深度图和亮度图像的例子。

3.4 节介绍立体视觉成像的几种典型模式，包括双目横向模式、双目会聚横向模式、双目轴向模式。

3.1 高维图像

客观世界是高维的，相应的图像也可以是高维的。这里的"高维"既可指图像所在的空间高维，也可指图像的属性高维。相比于最基本的 2D 静止灰度图像 $f(x, y)$，一般化的**高维图像**应是一个具有 5 个变量的矢量函数 $f(x, y, z, t, \lambda)$，其中 f

代表图像所反映的客观性质，x、y、z 是空间变量，t 是时间变量，λ 是频谱变量（波长）。本节先概括地介绍一下高维图像的种类及一些相应的图像采集方式。

（1）将 $f(x, y)$ 看作反映物体表面辐射的图像：如果能将物体沿采集方向分成多片（多个剖面），对每片分别成像，结合起来就可获得物体完整的 3D 信息（包括物体内部），也就是采集到了 3D 图像 $f(x, y, z)$。例如，CT 和 MRI 等都是通过移动成像面实现逐层扫描而获得 3D 图像 $f(x, y, z)$ 的。

（2）将 $f(x, y)$ 看作在某个给定时刻获取的静止图像：这里将图像采集的过程看作一个瞬时的过程，如果沿着时间轴连续采集多幅图像，就可获得一段时间内的完整信息（包括动态信息）。视频（及其他序列图像）给出的就是一类 3D 图像 $f(x, y, t)$。

（3）将 $f(x, y)$ 看作仅对某个波长的电磁辐射（或者对某个波段的辐射的平均值）响应而得到的图像：事实上，利用不同的波长辐射可获得反映场景不同性质（对应物体表面对不同波长 λ 的反射和吸收特性）的图像。利用各种波长辐射在同样的时空采集到的图像集合能全面反映场景的频谱信息，这其中的每幅图像都可以是 3D 图像 $f(x, y, \lambda)$ 或 4D 图像 $f(x, y, t, \lambda)$，如多光谱图像，其中的每幅图像对应不同的波段，但都对应同样的时空。

（4）将 $f(x, y)$ 看作仅考虑了给定空间位置的某个性质而采集的图像：实际上，空间某个位置的场景可具有多种性质，或者说图像在点(x, y)处可以同时有多个属性值，此时可用矢量 f 来表示。例如，彩色图像可看作在每个像点同时具有红、绿、蓝 3 个值的图像，$f(x, y) = [f_r(x, y), f_g(x, y), f_b(x, y)]$。另外，上面提到的利用各种波长辐射在同样的时空得到的图像集合也可看作矢量图像 $f(x, y) = [\, f_{\lambda_1}(x, y), f_{\lambda_2}(x, y), \cdots]$ 或 $f(x, y) = [\, f_{t_1\lambda_1}(x, y), f_{t_1\lambda_2}(x, y), \cdots, f_{t_2\lambda_1}(x, y), f_{t_2\lambda_2}(x, y), \cdots]$。

（5）将 $f(x, y)$ 看作把 3D 场景投影到 2D 平面上而采集到的图像：在这个过程中，丢失了深度（或距离）信息（有信息损失）。例如，结合对同一个场景在不同视点采集的两幅图像（见第 6 章）就可能获得该场景的完整信息（包括深度信息）。图像性质为深度的图像称为**深度图**，可以表示成 $z = f(x, y)$。由深度图可进一步获得 3D 图像 $f(x, y, z)$。

上面所述各种对图像 $f(x, y)$ 的扩展方法也可结合起来使用，这样就可得到各种高维的图像 $f(x, y, z, t, \lambda)$。

3.2 深度图

计算机视觉技术基于客观场景的图像，获取客观世界的完整信息是非常重要的。前文提到，在将 3D 场景向 2D 平面投影时，深度（或距离）信息会丢失（有信息损失）。为了获得场景的完整信息，需要恢复深度信息。

3.2.1　深度图和灰度图像

在**深度图**的表示中，$z = f(x, y)$不仅反映了物体的深度信息 z，也反映了在各深度上的平面信息(x, y)。利用深度图可方便地得到物体的几何形状和空间关系。

□　**例 3-1　深度图与灰度图像的区别**

考虑图 3-1 中物体上的一个剖面，可以分别采集该剖面的灰度图像和深度图。对于灰度图像，其属性值对应(x, y)处的灰度（亮度）；对于深度图，其属性值对应(x, y)处与成像设备之间的距离（深度）。

灰度图像和深度图相比，有如下两个区别：

（1）在深度图中，对应物体上同一外平面（该平面相对于像平面倾斜）的像素值按一定的变化率变化，随物体形状和朝向变化，但与外部光照条件无关；在灰度图像中，对应的像素值既取决于表面的照度（不仅与物体形状和朝向有关，还与外部光照条件有关），也取决于表面的反射系数。

（2）深度图中的边界线有两种，一种是物体和背景之间（距离上）的**阶跃边缘**（深度不连续），另一种是物体内部各区域相交处的**屋脊状边缘**（对应极值，深度是连续的）；灰度图像中的边界线则均为阶跃边缘，如图 3-1 亮度曲线中的两个台阶所示。

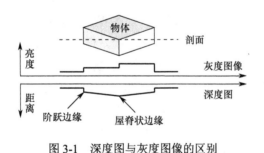

图 3-1　深度图与灰度图像的区别　　　　　　□

3.2.2　本征图像和非本征图像

进一步分析和对比灰度图像和深度图，可知它们是两类图像的典型代表。这两类图像就是**本征图像**和非本征图像，这是根据图像所描述的客观场景的性质来区分的。

　　图像是由观察者或采集器获取的关于场景的影像。场景和物体具有一些与观察者和采集器本身性质无关且客观存在的特性，如场景中各物体的表面反射率、透明度、表面指向、运动速度及各物体之间的相对距离、在空间中的方位等，这些特性称为（场景的）**本征特性**，表示这些本征特性的图像称为本征图像。本征图像的种类很多，一个本征图像可以仅表示场景的一种本征特性，不掺杂其他特性的影响。本征图像对于正确解释图像所代表的场景非常有用。例如，深度图就是一种最常用的本征图像，其中每个像素值都代表该像素所表示的空间点与摄像机之间的距离（深度，也称为物体的高程），这些像素值实际上直接反映了物体可见表面的形状（本征性质）；第 4 章介绍了图像的运动矢量场表达方法，如果将那些运动矢量的值直接转化为幅度值，得到的就是表示物体运动速度的本征图像。

　　非本征图像所表示的物理量不仅与场景自身有关，而且与观察者/采集器的性质、图像采集的条件或周围环境等有关。非本征图像的一个典型代表是常见的强度图或幅度图（亮度图或照度图），一般表示为灰度图像。强度图是反映观察处接收到的辐射强度的图，其强度值常常是辐射源的强度、辐射方式/方位、物体表面的反射性质、采集器的位置性能等多个因素综合作用的结果（进一步讨论可见第 7 章）。

　　在计算机视觉中，许多采集到的图像是非本征图像，而要感知世界，就需要场景的本征特性。换句话说，需要先获得本征图像才可以进一步解释场景。为从非本征图像中恢复场景的本征性质和结构，常常需要用到各种图像（预）处理手段。例如，在灰度图像的成像过程中，许多有关场景的物理信息混合集成在像素灰度中，所以成像过程可看作一个退化变换。但这些有关场景的物理信息在混入灰度图像后并没有完全丢失，利用各种预处理技术（如滤波、边缘检测、距离变换等），可借助图像中的冗余信息消除成像过程中的退化（也就是对成像过程的变换求"逆"），从而把图像转换成反映场景空间性质的本征图像。

　　从图像采集的角度来说，要获得本征图像有两种方法：一种是先采集含有本征信息的非本征图像，再通过图像处理手段恢复本征特性；另一种是直接采集含有本征信息的本征图像。以获得深度图为例，可以用特定的设备直接采集深度图（如 3.3 节的直接深度成像），也可以先采集含有立体信息的灰度图像，再从中获取深度信息（如 3.4 节的双目立体成像）。对于前一种方法，需要使用一些特定的图像采集设备（成像装置）；而对于后一种方法，需要考虑采用一些特定的图像采集方式（成像方式）和使用一些有针对性的图像技术。

3.2.3　深度成像方式

要获得含有本征特性的深度图，可从两个方面着手，一方面可使用具有相应能力的采集装置，另一方面可采用特定的采集方法和方式。

深度成像的方式很多，主要由光源、采集器和物体三者的相互位置和运动情况决定。常见成像方式的特点如表 3-1 中所示，其概括了一些常见的深度成像方式中光源、采集器和物体的特点。

表 3-1　常见成像方式的特点

成像方式	光　源	采集器	物　体	参　见
单目成像	固定	固定	固定	《2D 计算机视觉：原理、算法及应用》
双目（立体）成像	固定	两个固定位置	固定	第 6 章
多目（立体）成像	固定	多个固定位置	固定	第 6 章
视频/序列成像	固定/运动	固定/运动	运动/固定	第 4 章
光度立体（光移）成像	移动	固定	固定	第 7 章
主动视觉成像	固定	运动	固定	第 2 章
主动视觉自运动成像	固定	运动	运动	第 2 章
结构光成像	固定/转动	固定/转动	转动/固定	第 2 章

最基本的成像方式是单目成像，即用一个采集器在固定位置获取场景图像。虽然如《2D 计算机视觉：原理、算法及应用》第 2 章中讨论的那样，由像点 (x, y) 并不能唯一确定 3D 点的 Z 坐标，即有关物体的深度信息没有直接反映在图像中，但这些信息其实隐含在所成图像的几何畸变、明暗度（阴影）、纹理变化、表面轮廓等因素中（第 7 章和第 8 章将介绍如何从这样的图像中恢复深度信息）。

如果用两个采集器分别在不同位置对同一个场景取像（也可用一个采集器在两个位置先后对同一场景取像或用一个采集器借助光学成像系统获得两幅图像），就是双目成像（见 2.4 节和第 6 章）。此时两幅图像间（类似人眼）的视差可用来求取采集器与物体之间的距离。如果用多于两个的采集器在不同位置对同一场景取像（也可用一个采集器在多个位置先后对同一场景取像），就是多目成像。单目、双目或多目成像方式除可以获得静止图像外，也可以通过连续拍摄获得序列图像。单目成像与双目成像相比，采集设备简单，但从中获取深度信息要更复杂；反之，双目成像提高了采集设备的复杂度，但可降低获取深度信息的复杂性。

在以上讨论中，我们认为几种成像方式中的光源都是固定的。如果使采集器相对于物体固定而使光源绕物体移动，这种成像方式就称为光度立体成像（也称为光移成像）。由于同一物体表面在不同光照情况下亮度不同，所以由多幅这样的图像就可求得物体的表面朝向，但不能得到绝对的深度信息。如果保持光源固定而让采集器运动跟踪物体或让采集器和物体同时运动，就构成主动视觉成像（参照人类视觉的主动性，即人会根据观察的需要移动身体或头部以改变视角并有选择地对部分物体特别关注），其中后一种又称为主动视觉自运动成像。

另外，如果用可控的光源照射物体，通过采集到的投影模式来解释物体的表面形状，就是结构光成像（见 3.3 节）。在这种方式中，可以将光源和采集器固定而使物体转动，也可以将物体固定而将光源和采集器一起绕着物体转动。

3.3　直接深度成像

借助一些特殊的成像设备可直接采集深度图，常用的方法有飞行时间法（飞点测距法）、结构光法、莫尔（Moiré）等高条纹法、全息干涉测量法、几何光学聚焦法、激光雷达法（包括扫描成像和非扫描成像）、Fresnel 衍射技术等。几种常用的深度图采集方法可能达到的测距精度和最大工作距离如表 3-2 所示。

表 3-2　几种常用的深度图采集方法可能达到的测距精度和最大工作距离

直接深度成像方法	飞行时间法	结构光法	莫尔等高条纹法	全息干涉测量法
可能达到的测距精度	0.1mm	1μm	1μm	0.1μm
最大工作距离	100km	100m	10m	100μm

注：全息干涉测量法作为参考，本书不对其进行详细介绍。

3.3.1　飞行时间法

飞行时间法采用雷达测距的原理，通过测量光波从光源发出并经被测物体反射后回到传感器所需的时间，就可以获得距离信息。一般将光源和传感器安装在相同的位置，这样传播时间 t 与被测距离 d 的关系为

$$d = \frac{1}{2}ct \qquad (3\text{-}1)$$

其中，c 为光速（在真空中为 3×10^8 m/s）。

基于飞行时间的深度图获取方法是一种典型的通过测量光波传播时间获得距离信息的方法。因为一般使用点光源，所以也称为飞点测距法。要获得 2D 图像，需要利用光束进行 2D 扫描或使被测物体进行 2D 运动。这种方法测距的关键是精确地测量时间，光速按 3×10^8 m/s 计算，如果要求空间距离分辨率为 0.001m（能够区分空间上相距 0.001m 的两个点或两条线），则时间分辨率需要达到 6.6×10^{-12} s。

1．脉冲间隔测量法

这种方法利用**脉冲间隔**测量时间，通过测量脉冲波的时间差实现，其基本原理框图如图 3-2 所示。脉冲激光源发射的特定频率激光经光学透镜和光束扫描镜射向前方，在接触物体后反射，反射光被另一光学透镜接收，并经光电转换后进入时差测量模块。时差测量模块同时接收脉冲激光源直接发射的激光，并测量发射脉冲和接收脉冲的时间差。根据时间差，利用式（3-1）就可算得待测距离。这里要注意，激光的起始脉冲和回波脉冲在工作距离范围内不能有重叠。

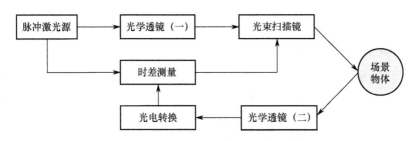

图 3-2　脉冲间隔测量法基本原理框图

利用上述原理，将脉冲激光源换成超声波也可进行测距。超声波不仅可在自然光照下工作，也可在水中工作。因为声波的传播速度较慢，所以对时间测量的精度要求相对较低；但由于介质对声波的吸收一般较大，所以对接收器的灵敏度要求较高。另外，由于声波的发散较大，所以不能得到分辨率很高的距离信息。

2．幅度调制的相位测量法

时间差的测量也可借助测量相位差进行。一种典型方法是幅度调制的相位测量法，其基本原理框图如图 3-3 所示。对连续激光源发射的激光以一定频率的光强进行**幅度调制**，并将其分两路发出。一路经光学扫描系统射向前方，在接触物体后反射，反射光经过滤波取出相位；另一路进入相位差测量模块与反射光进行相位比较。因为相位以 2π 为周期，测得的相位差范围为 $0\sim2\pi$，所以深度测量值 d 为

$$d = \frac{1}{2}\left\{ \frac{c}{2\pi f_{\text{mod}}}\theta + k\frac{c}{f_{\text{mod}}} \right\} = \frac{1}{2}\left\{ \frac{r}{2\pi}\theta + kr \right\} \tag{3-2}$$

其中，c 为光速；f_{mod} 为调制频率；θ 为相位差（单位是 rad）；k 为整数。

对测量深度范围加以限制（限定 k 的取值），就可克服深度测量值可能存在的多义性。式（3-2）中引入的 r 可称为测量尺度，r 越小，距离测量精度越高。为获

得较小的 r，应采用较高的 f_{mod}。

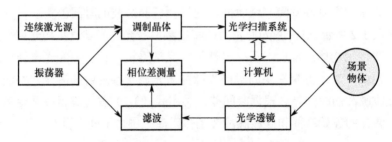

图 3-3　幅度调制的相位测量法基本原理框图

3. 频率调制的相干测量法

对于连续激光源发射的激光，可以用一定频率的线性波形进行**频率调制**。设激光频率为 F，调制频率为 f_{mod}，调制后的激光频率在 $F\pm\Delta F/2$ 之间呈现线性周期变化（其中，ΔF 为激光频率在受调制后的频率变化）。将调制激光的一部分作为参考光，另一部分投向被测物体，光在接触物体后反射再被接收器接收。两个光信号相干产生拍频信号 f_{B}，它等于激光频率变化的斜率与传播时间的乘积：

$$f_{\text{B}} = \frac{\Delta F}{1/(2f_{\text{mod}})}t \tag{3-3}$$

将式（3-1）代入式（3-3）并求解 d 得到

$$d = \frac{c}{f_{\text{mod}}\Delta F}f_{\text{B}} \tag{3-4}$$

再借助发出光波和返回光波的相位变化

$$\Delta\theta = 2\pi\Delta Ft = \frac{4\pi\Delta Fd}{c} \tag{3-5}$$

又得到

$$d = \frac{c}{2\Delta F}\frac{\Delta\theta}{2\pi} \tag{3-6}$$

比较式（3-4）和式（3-6），得到相干条纹数 N（也是调制频率半周期中的拍频信号过零数）：

$$N = \frac{\Delta\theta}{2\pi} = \frac{f_{\text{B}}}{2f_{\text{mod}}} \tag{3-7}$$

在实际应用中，可通过标定，即根据准确的参考距离 d_{ref} 和测得的参考相干条纹数 N_{ref}，利用式（3-8）计算实际距离（通过对实际相干条纹数进行计数）：

$$d = \frac{d_{\text{ref}}}{N_{\text{ref}}} N \qquad\qquad (3\text{-}8)$$

3.3.2　结构光法

结构光法是一类常用的主动传感、直接获取深度图的方法，其基本思想是利用照明中的几何信息来提取物体的几何信息。结构光测距成像系统主要由摄像机和光源两部分构成，它们与被观察物体排成一个三角形。光源产生一系列点/线激光并照射到物体表面上，由对光敏感的摄像机将照亮部分记录下来，再通过三角计算来获得深度信息，所以结构光法也称为主动三角测距法。结构光法的测距精度可达微米（μm）级，而可测量的深度场范围可达到米（m）级。

利用结构光成像的具体方式很多，包括光条法、栅格法、圆形光条法、交叉线法、厚光条法、空间编码模板法、彩色编码条法、密度比例法等。由于它们所用的投射光束的几何结构不同，所以摄像机的拍摄方式和深度的计算方法也不同，但共同点是都利用了摄像机和光源之间的几何结构关系。

在基本的光条法中，使用单个光平面依次照射物体各部分，使物体上出现一个光条，并且使此光条部分仅可被摄像机检测到。这样每次照射都可得到一个 2D 的光平面图，再通过计算摄像机视线与光平面的交点，就可以得到光条上可见像点所对应空间点的第三维（距离）信息。

1．结构光成像

在利用结构光成像时，摄像机和光源要先标定好。图 3-4 所示为结构光几何成像示意，这里给出镜头所在的与光源垂直的 *XZ* 平面（*Y* 轴由纸内向外，光源是沿 *Y* 轴的条）。通过窄缝发射的激光从世界坐标系原点 *O* 照射到空间点 *W*（在物体表面）上产生线状投影，摄像机光轴与激光束相交，这样摄像机可采集线状投影，从而获取点 *W* 处的距离信息。

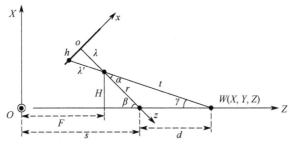

图 3-4　结构光几何成像示意

在图 3-4 中，F 和 H 确定了镜头中心在世界坐标系中的位置，α 是光轴与投影线的夹角，β 是 z 轴和 Z 轴间的夹角，γ 是投影线与 Z 轴间的夹角，λ 为摄像机焦距，h 为成像高度（成像偏离摄像机光轴的距离），r 为镜头中心到 z 轴与 Z 轴交点的距离。由图 3-4 可见，光源与物体的距离 Z 为 s 与 d 之和，其中 s 由系统决定，d 可由式（3-9）求得

$$d = r\frac{\sin\alpha}{\sin\gamma} = \frac{r\sin\alpha}{\cos\alpha\sin\beta - \sin\alpha\cos\beta} = \frac{r\tan\alpha}{\sin\beta(1 - \tan\alpha\cot\beta)} \tag{3-9}$$

将 $\tan\alpha = h/\lambda$ 代入，可将 Z 表示为

$$Z = s + d = s + \frac{r\csc(\beta) \times (h/\lambda)}{1 - \cot(\beta) \times (h/\lambda)} \tag{3-10}$$

式（3-10）把 Z 与 h 联系起来（其余参数均为系统参数），提供了根据成像高度求距离的途径。由此可见，成像高度中包含了 3D 的深度信息，或者说深度是成像高度的函数。

2. 成像宽度

结构光成像不仅能给出空间点的距离 Z，同时也能给出沿 Y 方向的物体厚度。这时可借助从摄像机底部向上观察得到的顶视平面来分析成像宽度，如图 3-5 所示。

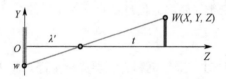

图 3-5　结构光成像时的顶视示意

图 3-5 给出由 Y 轴和镜头中心确定的平面，其中 w 为成像宽度：

$$w = \lambda'\frac{Y}{t} \tag{3-11}$$

其中，t 为镜头中心与 W 点在 Z 轴上的垂直投影之间的距离（参见图 3-4）：

$$t = \sqrt{(Z-f)^2 + H^2} \tag{3-12}$$

而 λ' 为镜头中心沿 z 轴到成像平面的距离（参见图 3-4）：

$$\lambda' = \sqrt{h^2 + \lambda^2} \tag{3-13}$$

将式（3-12）和式（3-13）代入式（3-11）得到

$$Y = \frac{wt}{\lambda'} = w\sqrt{\frac{(Z-F)^2 + H^2}{h^2 + \lambda^2}} \tag{3-14}$$

这样就将物体厚度 Y 与成像高度、系统参数和物距联系起来了。

3.3.3　莫尔等高条纹法

当两个光栅呈一定的倾角且有重叠时可以形成**莫尔等高条纹**，用一定方法获得的莫尔等高条纹的分布可包含物体表面的距离信息。

1. 基本原理

在利用投影光将光栅投影到物体表面上时，表面的起伏会改变投影像的分布。如果令这种变形的投影像在由物体表面反射后再经过另一个光栅，则可获得莫尔等高条纹。根据光信号的传递原理，上述过程可描述为光信号经过二次空间调制的结果。如果两个光栅均为线性正弦透视光栅，并且定义光栅周期变化的参量为 l，则观察到的输出光信号为

$$f(l) = f_1 \left\{ 1 + m_1 \cos\left[w_1 l + \theta_1(l) \right] \right\} f_2 \left\{ 1 + m_2 \cos\left[w_2 l + \theta_2(l) \right] \right\} \quad (3\text{-}15)$$

其中，f_i 为光强；m_i 为调制系数；θ_i（$i=1,2$）为由物体表面起伏变化导致的相位变化；w_i（$i=1,2$）为由光栅周期决定的空间频率。在式（3-15）中，$f_1 \left\{ 1 + m_1 \cos\left[w_1 l + \theta_1(l) \right] \right\}$ 对应光信号经过的第一个光栅的调制函数，$f_2 \left\{ 1 + m_2 \cos\left[w_2 l + \theta_2(l) \right] \right\}$ 对应光信号经过的第二个光栅的调制函数。

式（3-15）的输出信号 $f(l)$ 中有 4 个空间频率的周期变量，分别为 w_1、w_2、w_1+w_2、w_1-w_2。由于探测器的接收过程对空间频率起了低通滤波的作用，所以莫尔等高条纹的光强可表示为

$$T(l) = f_1 f_2 \left[1 + m_1 m_2 \cos(w_1 - w_2)l + \theta_1(l) - \theta_2(l) \right] \quad (3\text{-}16)$$

如果两个光栅的周期相同，则有

$$T(l) = f_1 f_2 \left\{ 1 + \left[1 + \theta_1(l) - \theta_2(l) \right] \right\} \quad (3\text{-}17)$$

可见，光源与物体表面的距离信息直接反映在莫尔等高条纹的相位变化中。

2. 基本方法

图 3-6 给出莫尔等高条纹法测距示意。光源和视点之间的距离为 D，它们到光栅 G 的距离相同，均为 H。光栅为黑白交替（周期为 R）的透射式线条光栅。按图 3-6 中的坐标系，光栅面在 XY 平面上，被测高度沿 Z 轴，具体坐标用 (x, y, z) 表示。

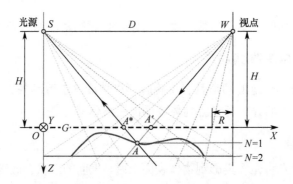

图 3-6　莫尔等高条纹法测距示意

考虑被测面上坐标为(x, y)的一点 A，光源通过光栅对它的照度是光源强度（光强）和光栅在 $A*$ 点的透射率的乘积。该点的光强分布为

$$T_1(x, y) = C_1\left[\frac{1}{2} + \frac{2}{\pi}\sum_{n=1}^{\infty}\frac{1}{n}\sin\left(\frac{2\pi n}{R}\frac{xH}{z+H}\right)\right] \tag{3-18}$$

其中，n 为奇数；C_1 为与强度有关的常量。T 再一次通过光栅 G 相当于又经过一次在点 A' 处的透射调制，A' 处的光强分布为

$$T_2(x, y) = C_2\left[\frac{1}{2} + \frac{2}{\pi}\sum_{m=1}^{\infty}\frac{1}{m}\sin\left(\frac{2\pi m}{R}\frac{xH + Dz}{z+H}\right)\right] \tag{3-19}$$

其中，m 为奇数；C_2 为与强度有关的常量。最后在视点接收到的光强是两个分布的乘积：

$$T(x, y) = T_1(x, y)T_2(x, y) \tag{3-20}$$

将式（3-20）用多项式展开，经过接收系统的低通滤波，可得到一个只含有变量 z 的部分和：

$$T(z) = B + S\sum_{n=1}^{\infty}\left(\frac{1}{n}\right)^2\cos\left(\frac{2\pi n}{R}\frac{Dz}{z+H}\right) \tag{3-21}$$

其中，n 为奇数；B 为莫尔等高条纹的背景强度；S 为条纹对比度。式（3-21）给出了莫尔等高条纹的数学描述。一般只取 $n = 1$ 的基频项即可近似描述莫尔等高条纹的分布情况，即式（3-21）可简化为

$$T(z) = B + S\cos\left(\frac{2\pi}{R}\frac{Dz}{z+H}\right) \tag{3-22}$$

由式（3-22）可知：

（1）亮条纹位于相位项等于 2π 整数倍的地方，即

$$Z_N = \frac{NRH}{D - NR} \qquad N \in \mathbf{I} \tag{3-23}$$

（2）任意两亮条纹间的高度差不相等，所以不能用条纹数来确定高度，只能计算相邻两亮条纹间的高度差；

（3）如果能得到相位项 θ 的分布，则可得到被测物表面的高度分布：

$$Z = \frac{RH\theta}{2\pi D - R\theta} \tag{3-24}$$

3．改进方法

上述基本方法需要使用与被测物体大小相当的光栅（如图 3-6 中的 G），这给光栅使用和制造带来不便。一种改进的方法是将光栅装在光源的投影系统中，利用光学系统的放大能力获得大光栅的效果。具体来说，就是将两个光栅分别安放在接近光源和视点的位置，光源通过光栅将光束透射出去，而视点在光栅后成像。这样，光栅的尺寸就只需与相机镜头的尺寸相近就可以了。

在实际应用中，利用投影原理的莫尔等高条纹法测距示意如图 3-7 所示。其中使用了两套参数相同的成像系统，它们的光轴平行，以相同的成像距离分别对两个间距相同的光栅进行几何成像，并使两个光栅的投影像重合。

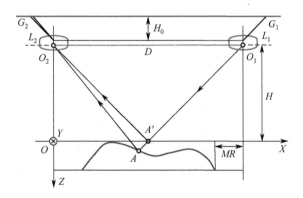

图 3-7　利用投影原理的莫尔等高条纹法测距示意

设在光栅 G_2 后面观察莫尔等高条纹，用 G_1 做投影光栅，则投影系统 L_1 的投射中心 O_1 和接收系统 L_2 的会聚中心 O_2 分别等效于基本方法中的光源点 S 和视点 W。这样，只要用 MR 取代式（3-22）和式（3-24）中的 R（$M = H/H_0$，为光路的成像放大率），就可如上描述莫尔等高条纹的分布，并计算被测物表面的高度分布情况。

在实际应用中，投影系统 L_1 前的光栅可以省掉，而用计算机软件来实现它的功能，此时包含被测物表面深度信息的投影光栅图像直接被摄像机接收。

由式（3-24）可知，如果能得到相位项 θ 的分布，就可得到被测物表面高度 Z 的分布。而相位的分布可利用多幅有一定相移的莫尔图像获得，这种方法常简称为相移法。以用 3 幅图像为例，在获得第 1 幅图像后，将投影光栅水平运动 $R/3$ 距离，然后获取第 2 幅图像，再将投影光栅水平运动 $R/3$ 距离，然后获取第 3 幅图像。参照式（3-22），这 3 幅图像可表示为

$$\begin{cases} T_1(z) = A'' + C'' \cos \theta \\ T_2(z) = A'' + C'' \cos\left(\theta + \dfrac{2\pi}{3} \right) \\ T_3(z) = A'' + C'' \cos\left(\theta + \dfrac{4\pi}{3} \right) \end{cases} \tag{3-25}$$

联立解得

$$\theta = \arctan \frac{\sqrt{3}\left(T_3 - T_2 \right)}{2T_1\left(T_2 + T_3 \right)} \tag{3-26}$$

这样就可以逐点计算得到 θ。

3.3.4 同时采集深度和亮度图像

有的成像系统可以同时获取场景中的深度信息和亮度信息，一个例子是使用 **LIDAR**，如图 3-8 所示。由安放在可以进行**仰俯**运动和水平**扫视**运动的平台（云台）上的装置发射与接收幅度调制的激光波（参见 3.3.1 节的飞行时间法），对于 3D 物体表面上的每个点，比较发射到该点的波与从该点发射并被接收的波以获取信息。该点的空间坐标 X、Y 与平台的仰俯运动和水平运动有关，其深度 Z 则与相位差密切相关，而该点对于给定波长激光的反射特性可借助波的幅度差来确定。这样 LIDAR 就可同时获得两幅配准了的图像，一幅是深度图，另一幅是亮度图像。注意深度图的深度范围与激光波的调制周期有关，设调制周期为 λ，则每隔 $\lambda/2$ 又会算得相同的深度，所以需要对深度测量范围进行限制。LIDAR 的工作方式与雷达相似，都可以测量传感器与场景中特定点之间的距离，只是雷达反射的是电磁波。

与 CCD 采集设备相比，由于要针对每个 3D 表面点计算相位，因此 LIDAR 的采集速度是比较慢的。另外，由于对机械装置的要求比较高（需要导引激光束），所以 LIDAR 的成本也较高。但在采矿机器人上或在探测太阳系其他星球的机器人

时使用 LIDAR 是值得的[7]。

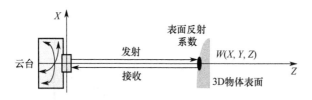

图 3-8　同时采集深度和亮度图像示例

3.4　立体视觉成像

立体视觉是人类视觉功能之一，主要指人通过双眼观察获得深度信息。在计算机视觉中，利用双目成像可获得同一场景的两幅视点不同的图像（类似人眼），从而可进一步获得深度信息。**双目成像模型**可看作由两个单目成像模型组合而成的模型。在实际成像时，既可用两个单目系统同时采集，也可用一个单目系统先后在两个位姿状态下分别采集（这时一般设被摄物和光源没有运动变化）。另外，还可以利用多个摄像机构成多目成像系统，但其基本原理与双目成像系统类似，下面仅讨论双目成像。

根据两个摄像机相对位姿的不同，双目成像可有多种模式，下面介绍几种典型的情况。

3.4.1　双目横向模式

图 3-9 给出**双目横向模式**成像示意。两个镜头（可能包含多个透镜）的焦距均为 λ，其中心之间的连线称为系统的基线 B。两个摄像机坐标系的各对应轴是完全平行（X 轴重合）的，两个像平面均与世界坐标系的 XY 平面平行。一个 3D 空间点 W 的 Z 坐标在两个摄像机坐标系下是一样的。

1. 视差与深度

由图 3-9 可见，同一个 3D 空间点分别成像在两个像平面上，这两个像点（与各自坐标参考点）之间的位置差称为**视差**。下面借助图 3-10 讨论双目横向模式中视差与深度（物距）之间的关系，这里给出两个镜头连线所在平面（XZ 平面）的示意图。其中，世界坐标系与第一个摄像机坐标系重合，与第二个摄像机坐标系仅在 X 轴方向上有一个平移量 B。

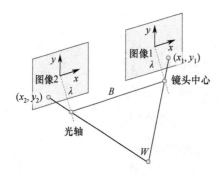

图 3-9　双目横向模式成像示意

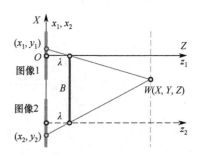

图 3-10　双目横向成像中的视差

考虑 3D 空间点 W 的坐标 X 与在第一个像平面上投影点坐标 x_1 间的几何关系可得

$$\frac{|X|}{Z-\lambda} = \frac{x_1}{\lambda} \tag{3-27}$$

再考虑 3D 空间点 W 的坐标 X 与在第二个像平面上投影点坐标 x_2 间的几何关系可得

$$\frac{B-|X|}{Z-\lambda} = \frac{|x_2|-B}{\lambda} \tag{3-28}$$

两式联立，消去 X，得到视差：

$$d = x_1 + |x_2| - B = \frac{\lambda B}{Z-\lambda} \tag{3-29}$$

从中解出 Z 为

$$Z = \lambda\left(1+\frac{B}{d}\right) \tag{3-30}$$

式（3-30）把物体与像平面的距离 Z（3D 信息中的深度）同视差 d 直接联系起来。反过来也表明视差的大小与深度有关，即视差中包含了 3D 物体的空间信息。根据式（3-30），当已知基线和焦距时，在确定视差 d 后计算点 W 的 Z 坐标是很简单的。另外，在 Z 坐标确定后，点 W 的世界坐标 X 和 Y 可用 (x_1, y_1) 或 (x_2, y_2) 参照式（3-27）或式（3-28）算得。

❏　**例 3-2　相对深度的测量误差**

式（3-30）给出了绝对深度与视差的关系表达。借助微分，可知深度变化与视差变化的关系为

$$\frac{\Delta Z}{\Delta d} = \frac{-B\lambda}{d^2} \qquad (3\text{-}31)$$

两边同乘以 $1/Z$，则

$$\frac{(1/Z)\Delta Z}{\Delta d} = \frac{-1}{d} = \frac{-Z}{B\lambda} \qquad (3\text{-}32)$$

所以，

$$\left|\frac{\Delta Z}{Z}\right| = \frac{|\Delta d|Z}{B\lambda} = \left(\frac{\Delta d}{d}\right)\left(\frac{d}{\lambda}\right)\left(\frac{Z}{B}\right) \qquad (3\text{-}33)$$

如果视差与视差变化均以像素为单位测量，则可知在场景中对相对深度的测量误差①正比于像素尺寸，②正比于深度 Z，③反比于摄像机间基线 B 的长度。

另外，还可由式（3-32）得到

$$\frac{\Delta Z}{Z} = \frac{-\Delta d}{d} \qquad (3\text{-}34)$$

可见相对深度的测量误差和相对视差的测量误差在数值上是相等的。　　□

□ **例 3-3　两个摄像机的测量误差**

假设用两个摄像机观察一个具有局部半径为 r 的圆形截面的圆柱形物体，如图 3-11 所示。两个摄像机视线的交点与圆形截面边界点之间有一定的距离，这就是误差 δ，现在要获得计算误差 δ 的公式。

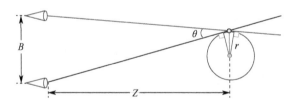

图 3-11　计算测量误差的几何结构示意

为简化计算，假设边界点在连接两个摄像机投影中心的正交平分线处。简化后的几何结构如图 3-12(a)所示，误差的细节图如图 3-12(b)所示。

由图 3-12 可得，$d = r\sec(\theta/2) - r$，$\tan(\theta/2) = B/2Z$，把 θ 替换掉，得到

$$\delta = \sqrt{r\left[1 + \left(\frac{B}{2Z}\right)^2\right]} - r \approx \frac{rB^2}{8Z^2}$$

可见，误差正比于 r 和 Z^{-2}。

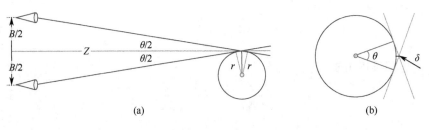

图 3-12　简化后的计算测量误差的几何结构示意　❑

2．角度扫描成像

在双目横向模式中，为确定 3D 空间点的信息，需要保证该点处于两个摄像机的公共视场内。如果让两个摄像机（绕 X 轴）旋转，可增加公共视场并采集全景图像。这可称为用**角度扫描摄像机**进行**立体镜成像**，即**双目角度扫描模式**，其中成像点的坐标是由摄像机的方位角和仰角确定的。在图 3-13 中，θ_1 和 θ_2 为方位角（对应绕由纸面向外的 Y 轴的扫视运动），仰角 ϕ 为 XZ 平面与由两个光心与点 W 确定的平面间的夹角。

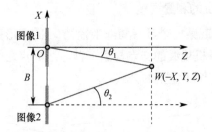

图 3-13　角度扫描摄像机进行立体镜成像

一般可借助镜头的方位角来表示物像之间的空间距离。利用如图 3-13 所示的坐标系，有

$$\tan \theta_1 = \frac{|X|}{Z} \tag{3-35}$$

$$\tan \theta_2 = \frac{B - |X|}{Z} \tag{3-36}$$

联立消去 X，得点 W 的 Z 坐标为

$$Z = \frac{B}{\tan \theta_1 + \tan \theta_2} \tag{3-37}$$

式（3-37）实际上将物体和像平面之间的距离 Z（3D 信息中的深度）与两个

方位角的正切值直接联系了起来。对比式（3-37）和式（3-30）可见，这里视差和焦距的影响都隐含在方位角中。根据空间点 W 的 Z 坐标，还可分别得到其 X 和 Y 坐标：

$$X = Z \tan \theta_1 \tag{3-38}$$

$$Y = Z \tan \phi \tag{3-39}$$

3.4.2　双目会聚横向模式

为了获得更大的**视场**重合，可以将两个摄像机并排放置但使两光轴会聚。这种**双目会聚横向模式**可看作双目横向模式的推广（此时双目之间的**聚散度**不为零）。

1. 视差与深度

仅考虑如图 3-14 所示的情况，它是将图 3-10 中的两个单目系统围绕各自中心相向旋转得到的。图 3-14 给出两镜头连线所在的平面（XZ 平面）。两镜头中心间的距离（基线长度）是 B。两光轴在 XZ 平面相交于点$(0, 0, Z)$，交角为 2θ。如果已知两个像平面坐标点(x_1, y_1)和(x_2, y_2)，应如何求取 3D 空间点 W 的坐标(X, Y, Z)？

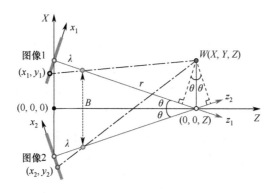

图 3-14　双目会聚横向模式中的视差

首先观察由两世界坐标轴及摄像机光轴围成的三角形，可知

$$Z = \frac{B}{2}\frac{\cos \theta}{\sin \theta} + \lambda \cos \theta \tag{3-40}$$

现从点 W 分别向两摄像机光轴做垂线，因为这两垂线与 X 轴的夹角都是 θ，所以根据相似三角形的关系可得

$$\frac{|x_1|}{\lambda} = \frac{X\cos\theta}{r - X\sin\theta} \tag{3-41}$$

$$\frac{|x_2|}{\lambda} = \frac{X\cos\theta}{r + X\sin\theta} \tag{3-42}$$

其中，r 为从（任一）镜头中心到两光轴会聚点的距离。

将式（3-41）和式（3-42）联立并消去 r 和 X 得到（参照图 3-14）

$$\lambda\cos\theta = \frac{2|x_1||x_2|\sin\theta}{|x_1| - |x_2|} = \frac{2|x_1||x_2|\sin\theta}{d} \tag{3-43}$$

将式（3-43）代入式（3-40）可得

$$Z = \frac{B\cos\theta}{2\sin\theta} = \frac{2|x_1||x_2|\sin\theta}{d} \tag{3-44}$$

式（3-44）与式（3-30）一样把物体和像平面之间的距离 Z 与视差 d 直接联系了起来。另外，由图 3-14 可以得到

$$r = \frac{B}{2\sin\theta} \tag{3-45}$$

代入式（3-41）或式（3-42）可得到点 W 的 X 坐标的绝对值：

$$|X| = \frac{B}{2\sin\theta}\frac{|x_1|}{\lambda\cos\theta + |x_1|\sin\theta} = \frac{B}{2\sin\theta}\frac{|x_2|}{\lambda\cos\theta - |x_2|\sin\theta} \tag{3-46}$$

2. 图像矫正

双目会聚的情况也可转换为双目平行的情况。**图像矫正**就是对由光轴会聚的摄像机获得的图像进行几何变换以得到用光轴平行的摄像机获得的图像的过程。考虑图 3-15 中矫正前后的图像，从目标点 W 来的光线在矫正前后分别与左图像交于 (x, y) 和 (X, Y)。在矫正前，图像上的各点都可连线到镜头中心并扩展为与矫正后的图像相交，所以对于矫正前图像上的各点，可以确定其在矫正后图像上的对应点。矫正前后点的坐标通过投影变换联系（a_1 到 a_8 为投影变换矩阵的系数）：

$$x = \frac{a_1 X + a_2 Y + a_3}{a_4 X + a_5 Y + 1} \tag{3-47}$$

$$y = \frac{a_6 X + a_7 Y + a_8}{a_4 X + a_5 Y + 1} \tag{3-48}$$

式（3-47）和式（3-48）中的 8 个系数可借助矫正前后图像上的 4 组对应点来确定。这里可考虑借助水平极线（由基线和场景中一点构成的平面与成像平面的交线，见 6.2 节）进行，为此需要在矫正前的图像中选择两条极线并将它们映射到矫正后图像中的两条水平线上，如图 3-16 所示。对应关系为

$$X_1 = x_1 \quad X_2 = x_2 \quad X_3 = x_3 \quad X_4 = x_4 \tag{3-49}$$

$$Y_1 = Y_2 = \frac{y_1 + y_2}{2} \quad Y_3 = Y_4 = \frac{y_3 + y_4}{2} \tag{3-50}$$

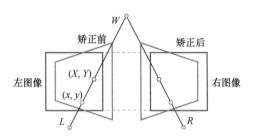

图 3-15 利用投影变换矫正用光轴会聚的两个摄像机获得的图像

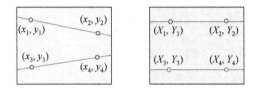

图 3-16 矫正前后图像示意

上述对应关系能保持图像矫正前后的宽度，但在垂直方向上（为了将非水平的极线映射为水平的极线）会产生尺度变化。对于矫正后图像上的每个点(X, Y)，需要用式（3-47）和式（3-48）在矫正前图像上找到对应的点(x, y)，而且，要把点(x, y)处的灰度值赋给点(X, Y)。

上述过程对右图像也要进行。为了保证在矫正后的左图像和右图像上的对应极线代表相同的扫描线，需要将矫正前图像上的对应极线映射到矫正后图像上的同一条扫描线上，所以在矫正左图像和右图像时都要使用式（3-50）中的Y坐标。

3.4.3 双目轴向模式

在使用双目横向模式或双目会聚横向模式时，都需要根据三角形法来计算，所以基线不能太短，否则会影响深度计算的精度。但当基线较长时，视场不重合带来的问题会较严重。为避免基线选择的困难，可考虑采用**双目轴向模式**，也称为**双目纵向模式**，即将两个摄像机沿着光轴线依次排列。这种情况也可看作使摄像机沿光轴方向运动，在比采集第 1 幅图像更接近被摄物处采集第 2 幅图像，如图 3-17 所示。图 3-17 仅画出了 XZ 平面，Y 轴由纸内向外，获取第 1 幅图像和第 2 幅图像的两个摄像机坐标系的原点只在 Z 方向上相差 B，B 也是两个摄像机光心间的距离（这种模式下的基线）。

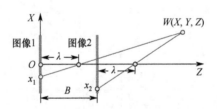

图 3-17 双目轴向模式成像

根据图 3-17 中的几何关系，有

$$\frac{X}{Z-\lambda}=\frac{|x_1|}{\lambda} \tag{3-51}$$

$$\frac{X}{Z-\lambda-B}=\frac{|x_2|}{\lambda} \tag{3-52}$$

联立式（3-51）和式（3-52）可得（仅考虑 X，Y 的情况与此类似）

$$X=\frac{B}{\lambda}\frac{|x_1||x_2|}{|x_2|-|x_1|}=\frac{B}{\lambda}\frac{|x_1||x_2|}{d} \tag{3-53}$$

$$Z=\lambda+\frac{B|x_2|}{|x_2|-|x_1|}=\lambda+\frac{B|x_2|}{d} \tag{3-54}$$

与双目横向模式相比，双目轴向模式的两个摄像机的公共视场就是前一个摄像机（图 3-17 中获取第 2 幅图像的那个摄像机）的视场，所以公共视场的边界很容易确定，并且可基本避免由遮挡造成的 3D 空间点仅被一个摄像机看到的问题。不过，由于此时两个摄像机基本上从同一个角度观察物体，所以加长基线对深度计算精度的好处不能完全体现。另外，视差及深度计算的精度均与 3D 空间点距摄像机光轴的距离 [如在式（3-54）中，深度 Z 与 $|x_2|$ 的距离] 有关，这是与双目横向模式不同的。

❑ **例 3-4 相对高度的测量**

可以在飞机上利用携带的相机在空中对目标拍摄两幅图像以获得地物的相对高度。在图 3-18 中，W 为相机移动的距离，H 为相机高度，h 为两个测量点 A 和 B 之间的相对高度差，(d_1-d_2) 为两幅图像中 A 和 B 之间的视差。在 d_1 和 d_2 远小于 W 且 h 远小于 H 的情况下，h 可通过如下方式简化计算：

$$h=\frac{H}{W}(d_1-d_2) \tag{3-55}$$

如果上述条件不满足，则图像中的 x 和 y 坐标需要进行如下校正：

$$x' = x\frac{H-h}{H} \tag{3-56}$$

$$y' = y\frac{H-h}{H} \tag{3-57}$$

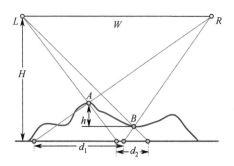

图 3-18　用立体视觉测量相对高度

在目标相距较近时，可以通过转动目标来获得两幅图像。如图 3-19(a)所示，其中 δ 代表给定的旋转角度。此时两个目标点 A 和 B 之间的水平距离在两幅图像中不同，分别为 d_1 和 d_2，如图 3-19(b)所示。它们之间的连接角度 θ 和高度差 h 为

$$\theta = \arctan\frac{\cos\delta - d_2/d_1}{\sin\delta} \tag{3-58}$$

$$h = |h_1 - h_2| = \left|\frac{d_1\cos\delta - d_2}{\sin\delta} - \frac{d_1 - d_2\cos\delta}{\sin\delta}\right| = (d_1 + d_2)\frac{1-\cos\delta}{\sin\delta} \tag{3-59}$$

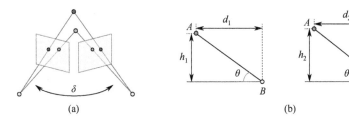

(a)　　　　　　　　　　　　　(b)

图 3-19　转动目标获得两幅图像以测量相对高度　❑

3.5　各节要点和进一步参考

以下结合各节的主要内容介绍一些可以进一步查阅的参考文献。

1. 高维图像

这里高维图像泛指各种无法仅用 $f(x, y)$ 描述的图像。在实际应用中，除列举的几个例子外，还有多种其他图像。例如，在对心血管疾病的诊断中需要使用图像 $f(x, y, z, t)$ 以测量主动脉的血管壁厚度和血流速度，可参见文献[1]。

2. 深度图

图像可以反映客观世界中的许多种信息，深度图反映了将 3D 场景投影为 2D 图像所丢失的信息，在 3D 计算机视觉中得到广泛关注，可参见文献[2]和文献[3]等。关于本征图像和非本征图像的早期讨论可参见文献[4]。对阶跃边缘和屋脊状边缘的描述可参见《2D 计算机视觉：原理、算法及应用》一书。一些典型的基于立体视觉的多目成像方式可参见文献[5]。

3. 直接深度成像

从式（3-20）到式（3-21）的推导可参见文献[6]。有关 LIDAR 的更多讨论可参见文献[7]，其中还有 LIDAR 的更多应用。

4. 立体视觉成像

立体视觉成像不仅可以使用双目，也可以使用各种形式的多目，可参见文献[5]。对图像矫正的更多讨论可参见文献[8]。用图像上的 4 组对应点来确定式（3-47）和式（3-48）中的 8 个系数可参见《2D 计算机视觉：原理、算法及应用》一书。

第 4 章

视频图像和运动信息

视频或视频图像代表一类特殊的序列图像，描述了在一段时间内，将 3D 场景投影到 2D 像平面上且由 3 个分离的传感器获得的场景辐射强度。目前一般将视频看作彩色的、每秒变换超过 25 幅（有连续动感的）、间隔规律的序列图像。

数字视频可借助使用具有 CCD 传感器等的数字摄像机来获取。数字摄像机的输出在时间上分成离散的帧，而每帧在空间上分成离散的行和列（与静止图像类似），所以是 3D 的。每帧图像的基本单元仍用像素表示，如果考虑时间，视频的基本单元类似于体素。本章主要讨论数字视频图像，在不引起混淆的情况下均称其为**视频图像**或视频。

从学习图像技术的角度来看，视频可看作对（静止）图像的扩展。事实上，静止图像是时间给定（为常量）的视频。除了原来图像的一些概念和定义仍然保留，为表示视频，还需要一些新的概念和定义。视频相比于图像最明显的一个区别就是含有场景中的运动信息，这也是使用视频的一个主要目的。针对含有运动信息的视频的特点，原来的图像处理技术也需要进行相应的推广。

本章各节安排如下。

4.1 节介绍视频的基本内容，包括视频的表达、模型、显示和格式等，并对彩色电视制式中的彩色模型和分辨率进行介绍。

4.2 节讨论视频中相比于静止图像多出来的运动信息的分类和表达问题。

4.3 节讨论运动信息的检测问题，分别介绍利用图像差的运动检测方法、在频域中的运动检测原理，以及运动方向的检测问题。

4.4 节从视频预处理出发，讨论结合视频特点且考虑运动信息的滤波方法，包括基于运动检测的滤波和基于运动补偿的滤波。

4.1 视频基础

要讨论视频处理，首先要讨论其表达、模型及显示和格式等。

4.1.1 视频表达和模型

视频可看作对（静止）图像沿时间轴的扩展。视频是由在有规律的间隔下拍摄得到的图像组成的序列，所以视频相对于图像在时间上有了扩展。在讨论视频时，一般均认为视频是彩色的，所以还要考虑从灰度到彩色的扩展。由于人类视觉对亮度分量和彩色分量的敏感度不同，在采集和表达视频时也常使用不同的分辨率。

1. 视频表达函数

如果用函数 $f(x, y)$ 表示图像，则考虑到视频在时间上的扩展，可用函数 $f(x, y, t)$ 表示视频，它描述了在给定时间 t 投影到像平面 XY 上的 3D 场景的某种性质（如辐射强度）。换句话说，视频表示在空间和时间上都有变化的某种物理性质，或者说表示在时间 t 投影到像平面 (x, y) 上的时空中的某种物理性质。进一步，如果用函数 $f(x, y)$ 表示彩色图像，则考虑到从灰度到彩色的扩展，可用函数 $f(x, y, t)$ 表示视频，它描述了在特定时间和空间下的视频的颜色性质。实际使用的视频总具有一个有限的时间和空间范围，性质值也是有限的。空间范围取决于摄像机的观测区域，时间范围取决于拍摄时间，而颜色性质取决于场景或物体的特性。

在理想情况下，由于各种彩色模型都是 3D 的，所以彩色视频都应该用 3个函数（它们组成一个矢量函数）表示，每个函数描述一个彩色分量。这种格式的视频称为**分量视频**，只在专业的视频设备中使用，这是因为分量视频的质量较高，但其数据量也比较大。实际中常使用各种**复合视频**格式，其中的 3 个彩色信号被复用成一个单独的信号。在构造复合视频时要考虑这样一个事实：色度信号具有比亮度分量小得多的带宽。通过将每个色度分量调制到一个位于亮度分量高端的频率上，并把调制后的色度分量加到原始亮度信号中，就可产生一个包含亮度和色度信息的复合视频。复合视频格式数据量小但质量较差。为平衡数据量和质量，可采用 S-video 格式，其中包括一个亮度分量和一个由两个原始色度信号复合成的色度分量。复合信号的带宽比两个分量信号带宽的总和要小，因此能被更有效地传输或存储。不过，由于色度和亮度分量会发生串扰，所以有可能出现伪影。

2. 视频彩色模型

视频中常用的一种**彩色模型**是 **YC$_B$C$_R$ 彩色模型**，其中，Y 代表亮度分量；C_B 和 C_R 代表色度分量。亮度分量可借助彩色的 RGB 分量来获得：

$$Y = rR + gG + bB \tag{4-1}$$

其中，r、g、b 为比例系数。色度分量 C_B 表示蓝色分量与亮度值的差，而色度分量 C_R 表示红色分量与亮度值的差（所以 C_B 和 C_R 也称为色差分量）：

$$\begin{aligned} C_B &= B - Y \\ C_R &= R - Y \end{aligned} \tag{4-2}$$

另外，还可以定义色度分量 $C_G = G - Y$，不过 C_G 可由 C_B 和 C_R 得到，所以不单独使用。由 Y、C_B、C_R 到 R、G、B 的反变换可表示为

$$\begin{bmatrix} R \\ G \\ B \end{bmatrix} = \begin{bmatrix} 1.0 & -0.00001 & 1.40200 \\ 1.0 & -0.34413 & -0.71414 \\ 1.0 & 1.77200 & 0.00004 \end{bmatrix} \begin{bmatrix} Y \\ C_B \\ C_R \end{bmatrix} \tag{4-3}$$

在实际应用的 YC$_B$C$_R$ 彩色坐标系中，Y 的取值范围为 [16, 235]，C_B 和 C_R 的取值范围均为 [16, 240]。C_B 的最大值对应蓝色（$C_B = 240$ 或 $R = G = 0$，$B = 255$），最小值对应黄色（$C_B = 16$ 或 $R = G = 255$，$B = 0$）；C_R 的最大值对应红色（$C_R = 240$ 或 $R = 255$，$G = B = 0$），最小值对应蓝绿色（$C_B = 16$ 或 $R = 0$，$G = B = 255$）。

3. 视频空间采样率

彩色视频的**空间采样率**指的是亮度分量 Y 的采样率，色度分量 C_B 和 C_R 的采样率通常只有亮度分量采样率的二分之一。这样做的好处是可使每行的像素数减半（采样率减半），但每帧的行数不变。这种格式称为 4∶2∶2，即每 4 个 Y 采样点对应 2 个 C_B 采样点和 2 个 C_R 采样点。比这种格式数据量更低的是 4∶1∶1 格式，即每 4 个 Y 采样点对应 1 个 C_B 采样点和 1 个 C_R 采样点，不过在这种格式中水平方向和垂直方向的分辨率不对称。另一种数据量与 4∶1∶1 格式相同的格式是 4∶2∶0 格式，仍然是每 4 个 Y 采样点对应 1 个 C_B 采样点和 1 个 C_R 采样点，但对 C_B 和 C_R 均在水平方向和垂直方向取二分之一的采样率。最后，对于需要高分辨率的应用，还定义了 4∶4∶4 格式，即色度分量 C_B 和 C_R 的采样率与亮度分量 Y 的采样率相同。上述 4 种格式中亮度和色度采样点的对应关系如图 4-1 所示。

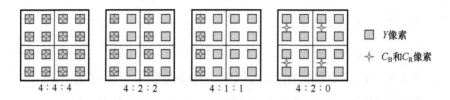

图 4-1 4 种采样格式中亮度和色度采样点的对应关系（两个相邻行属于两个不同的场）

4.1.2 视频显示和格式

视频可以不同的形式和格式显示。

1. 视频显示

视频显示器的宽高比主要有 4∶3 和 16∶9 两种。另外，在显示时有两种光栅扫描方式可选，分别为逐行扫描和隔行扫描。**逐行扫描**以帧为单位，在显示时从左上角逐行扫描到右下角；**隔行扫描**以场为单位（一帧分为两场：顶场和底场，顶场包含所有奇数行，底场包含所有偶数行），垂直分辨率是帧分辨率的一半，在显示时顶场和底场交替，借助人类视觉系统的视觉暂留特性使人感知到一幅完整图像。逐行扫描的清晰度高，但数据量大；隔行扫描数据量减少一半，但有些模糊。各种标准电视制式，如 NTSC、PAL、SECAM，以及许多高清电视系统都采用隔行扫描。

视频在显示时还需要有一定的帧率，根据人眼的视觉暂留特性，帧率需要不低于 25 帧/秒，否则会出现闪烁和不连续的情况。

2. 视频码率

视频的数据量由视频的时间分辨率、空间分辨率和幅度分辨率共同决定。设视频的帧率为 L（时间采样间隔为 $1/L$），空间分辨率为 $M \times N$，幅度分辨率为 G（$G = 2^k$，对于黑白视频，$k = 8$；对于彩色视频，$k = 24$），则存储 1s 的视频所需的位数 b（也称为**视频码率**，单位是 bps）为

$$b = LMNk \tag{4-4}$$

视频的数据量也可由行数 f_y、每行样本数 f_x、帧频 f_t 定义。这样，水平采样间隔 $\Delta_x =$ 像素宽 $/f_x$，垂直采样间隔 $\Delta_y =$ 像素高 $/f_y$，时间采样间隔 $\Delta_t = 1/f_t$。如果用 k 表示视频中一个像素值的比特数（它对于单色视频为 8 而对于彩色视频为 24），则视频码率也可表示成

$$b = f_x f_y f_t k \tag{4-5}$$

3. 视频格式

由于格式发展的原因和应用领域的不同，实际使用的视频有许多不同的格式。一些常用的**视频格式**如表 4-1 所示，在帧率一列中，P 表示逐行，I 表示隔行（普通电视制式见 4.1.3 节）。

表 4-1 一些常用的视频格式

应用及格式	名　　称	Y 尺寸/像素	采样格式	帧　　率	原始码率/Mbps
地面、有线、卫星 HDTV， MPEG-2，20M～45Mbps	SMPTE 296 M	1280×720	4∶2∶0	24P/30P/60P	265/332/664
	SMPTE 296 M	1920×1080	4∶2∶0	24P/30P/60I	597/746/746
视频制作， MPEG-2，15M～50Mbps	BT.601	720×480/576	4∶4∶4	60I/50I	249
	BT.601	720×480/576	4∶2∶0	60I/50I	166
高质量视频发布（DVD、 SDTV），MPEG-2， 4M～8Mbps	BT.601	720×480/576	4∶2∶0	60I/50I	124
中质量视频发布（VCD、 WWW），MPEG-1，1.5Mbps	SIF	352×240/288	4∶2∶0	30P/25P	30
ISDN/互联网视频会议， H.261/H.263，128k～384kbps	CIF	352×288	4∶2∶0	30P	37
有线/无线调制解调可视电 话，H.263，20k～64kbps	QCIF	176×144	4∶2∶0	30P	9.1

❑ 例 4-1 BT.601 标准格式

国际电信联盟的无线电部（ITU-R）制定的 BT.601 标准（原称为 CCIR601）给出了宽高比为 4∶3 和 16∶9 的两种视频格式。在 4∶3 格式中，采样频率定为 13.5MHz。对应 NTSC 制式的称为 525/60 系统，对应 PAL/SECAM 制式的称为 625/50 系统。525/60 系统中有 525 行，每行的像素数为 858。625/50 系统中有 625 行，每行的像素数为 864。在实际应用中，考虑到需要一些用于消隐的行，525/60 系统中的有效行数为 480，625/50 系统中的有效行数为 576，两种系统的每行有效像素数均为 720，其余为落在无效区域内的回扫点，分别如图 4-2(a)和图 4-2(b)所示。

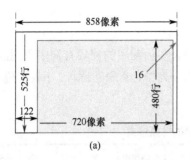
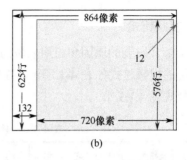

图 4-2   BT.601 标准中的 4∶3 格式

4.1.3　彩色电视制式

彩色电视可看作一类特殊的视频。常用的**彩色电视制式**包括 NTSC（由美国开发，应用于美国和日本等）、PAL（由德国开发，应用于德国和中国等）、SECAM（由法国开发，应用于法国和俄罗斯等）。

彩色电视系统采用的颜色模型也基于 R、G、B 的不同组合，同时借助了面向视觉感知的彩色模型的相关概念。

在 PAL 制和 SECAM 制系统中使用的是 **YUV 模型**，其中 Y 代表亮度分量，U 和 V 分别正比于色差（$B-Y$）和（$R-Y$），称为色度分量（或色差分量）。Y、U、V 可由 PAL 制系统中（经过伽马校正的）归一化的 R'、G'、B' 经过如下计算得到（$R'=G'=B'=1$ 对应基准白色）：

$$\begin{bmatrix} Y \\ U \\ V \end{bmatrix} = \begin{bmatrix} 0.299 & 0.587 & 0.114 \\ -0.147 & -0.289 & 0.436 \\ 0.615 & -0.515 & -0.100 \end{bmatrix} \begin{bmatrix} R' \\ G' \\ B' \end{bmatrix} \tag{4-6}$$

由 Y、U、V 得到 R'、G'、B' 的反变换为

$$\begin{bmatrix} R' \\ G' \\ B' \end{bmatrix} = \begin{bmatrix} 1.000 & 0.000 & 1.140 \\ 1.000 & -0.395 & -0.581 \\ 1.000 & 2.032 & 0.001 \end{bmatrix} \begin{bmatrix} Y \\ U \\ V \end{bmatrix} \tag{4-7}$$

在 NTSC 制系统中使用的是 **YIQ 模型**，其中 Y 仍代表亮度分量，I 和 Q 分别是 U 和 V 旋转 33° 后的结果。经旋转后，I 对应橙色和青色间的彩色，而 Q 对应绿色和紫色间的彩色。因为人眼对绿色和紫色间的彩色变化不如对橙色和青色间的彩色变化敏感，所以在量化时，Q 分量所需的比特数可比 I 分量的少，而在传输时 Q 分量所需的带宽可比 I 分量的窄。Y、I、Q 可由 NTSC 制系统中（经过伽马校正的）归一化的 R'、G'、B' 经过如下计算得到（$R'=G'=B'=1$ 对应基准白色）：

$$\begin{bmatrix} Y \\ I \\ Q \end{bmatrix} = \begin{bmatrix} 0.299 & 0.587 & 0.114 \\ 0.596 & -0.275 & -0.321 \\ 0.212 & -0.523 & 0.311 \end{bmatrix} \begin{bmatrix} R' \\ G' \\ B' \end{bmatrix} \tag{4-8}$$

由 Y、I、Q 得到 R'、G'、B' 的反变换为

$$\begin{bmatrix} R' \\ G' \\ B' \end{bmatrix} = \begin{bmatrix} 1.000 & 0.956 & 0.620 \\ 1.000 & -0.272 & -0.647 \\ 1.000 & -1.108 & 1.700 \end{bmatrix} \begin{bmatrix} Y \\ I \\ Q \end{bmatrix} \tag{4-9}$$

需要指出的是，PAL 制系统中的基准白色与 NTSC 制系统中的基准白色略有不同。借助 NTSC 制系统中的 R'、G'、B'，还可以得到

$$\begin{bmatrix} Y \\ C_B \\ C_R \end{bmatrix} = \begin{bmatrix} 0.257 & 0.504 & 0.098 \\ -0.148 & -0.291 & 0.439 \\ 0.439 & -0.368 & -0.071 \end{bmatrix} \begin{bmatrix} R' \\ G' \\ B' \end{bmatrix} + \begin{bmatrix} 16 \\ 128 \\ 128 \end{bmatrix} \tag{4-10}$$

由于人眼对色度信号的分辨能力较低，所以在普通电视制式中色度信号的空间采样率均比亮度信号的空间采样率低，这样可以减少视频数据量而又不会太影响视觉效果。普通电视制式的空间采样率如表 4-2 所示。

表 4-2　普通电视制式的空间采样率

电视制式	亮度分量		色度分量		$Y:U:V$
	行　数	每行像素数	行　数	每行像素数	
NTSC	480	720	240	360	4∶2∶2
PAL	576	720	288	360	4∶2∶2
SECAM	576	720	288	360	4∶2∶2

4.2　运动分类和表达

视频可以记录不同物体的各种运动情况。运动信息是视频特有的，其对运动情况的分类和表达有自身特点。

4.2.1　运动分类

在对图像的研究和应用中，人们常把图像分为前景（目标）和背景。同样在对视频的研究和应用中，也可把其每帧分为前景和背景两部分。这样在视频中，就需要区分前景运动和背景运动。**前景运动**指目标在场景中的自身运动，它导致图像部分像素的变化，所以又称为**局部运动**；**背景运动**主要是由进行拍摄的摄

像机自身运动造成的图像内所有像素的整体移动，所以又称为**全局运动**或**摄像机运动**。

上述两类运动各有特点。全局运动一般具有整体性强、比较规律的特点。在许多情况下，全局运动仅用一些特征或一组含若干参数的模型就可以表达。局部运动常比较复杂，特别是在运动目标（部件）比较多的时候，各目标可做不同的运动。目标的运动仅在较小的空间范围内表现出一定的一致性，需要采用比较精细的方法才能够准确地表达。

在图像中，前景和背景的运动或静止可能有 4 种组合情况，即两者均运动或均静止，以及其中一者静止而另一者运动。由于可对全局运动建立模型，所以在两者均运动的情况下，局部运动可看作与全局运动模型不相符合的部分。

4.2.2　运动矢量场表达

由于运动既可能包括全局运动又可能包括局部运动，所以对整个运动场的表达不能仅采用全局模型的方法（虽然此时可能只需要很少的几个模型参数）。在极端情况下，可以考虑分别描述每个像素的运动，但这样需要在每个像素位置计算一个矢量（运动既有大小又有方向）且结果并不一定满足实际物体的物理约束。一种综合折中的考虑精确性和复杂性的**运动矢量场表达**方法是将整幅图像分成许多固定大小的块。在块尺寸的选择上，需要考虑应用的要求。如果块尺寸比较小，则块中的运动可用单个模型来表示，并且有较高的精确度，但计算量会比较大；如果块尺寸比较大，则运动检测的整体复杂度会比较小，每个块有一个运动细节被平均了的综合运动。在图像编码的国际标准 H.264/AVC 中，使用了从 4×4 到 16×16 的块。

对于图像块的运动，既要考虑大小也要考虑方向，所以须用矢量表示。为表示瞬时运动矢量场，在实际应用中，常将每个运动矢量用（有起点）无箭头的线段（线段长度与矢量大小，即运动速度成正比）表示，并叠加在原始图像上。这里不使用箭头只是为了使表达简洁，减少箭头叠加对图像的影响。由于起点是确定的，所以虽然没有箭头，但方向仍是明确的。

❑　**例 4-2　运动矢量场表达示例**

如图 4-3 所示，基于一幅足球比赛的场景图，对运动矢量场的计算采用了先对图像分块（均匀分布），然后计算各图像块综合运动矢量的方法。由每块图像获得一个运动矢量，并用一条由起点（起点在块的中心位置）射出的线段表示，将这些线段叠加在场景图上就得到运动矢量场的表达图。

图 4-3　运动矢量场表达示例

图 4-3 仅显示了全局运动的情况。由图中大部分运动矢量线段的方向和大小可见，图中右下方的运动速度较快。这是由于摄像机在拍摄时具有以守门员所在的左上方为中心、以球门为起点的逐步变焦（缩小镜头，大部分运动矢量的方向是远离球门）的运动。 　　　　　　　　　　　　　　　　　　　　　　　　　　　　❑

4.2.3　运动直方图表达

局部运动主要对应场景中目标的运动。目标的运动情况常比摄像机的运动情况更不规范。虽然同一刚性目标上各点的运动常具有一致性，但不同目标间还可以有相对运动，所以局部运动矢量场常比全局运动矢量场复杂。

由摄像机造成的全局运动延续的时间常常比目标运动变化的时间间隔长，利用这个关系，可用一个全局运动矢量场代表一段时间内的视频。而为表示目标运动的复杂多变性，需要获得连续的短时段的稠密局部运动矢量场。这带来的问题是数据量会相当大，需要更紧凑的方式来表达局部运动矢量场。

1. 运动矢量方向直方图

运动矢量方向直方图（MDH）是一种紧凑的运动表达方式。其基本思路是仅保留运动方向信息以减少数据量，依据是人们在分辨不同运动时首先考虑运动方向，而运动幅度的大小则需要较多的注意力才能区分，所以可认为运动方向是最基本的运动信息。运动矢量方向直方图通过对运动矢量场中的数据进行统计，提取场中的运动方向分布，从而表达视频中目标的主要运动情况。在实际表达时，可将 0°~360°的方向划分成若干间隔，把运动矢量场上每个点的数据归到与它的运动方向最接近的间隔中。最后的统计结果就是运动矢量方向直方图，一个示例如图 4-4 所示。

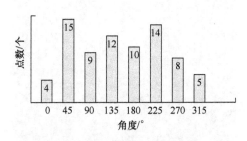

图 4-4　运动矢量方向直方图示例

在具体计算时，考虑到局部运动矢量场中可能存在很多静止或基本静止的点，在这些位置上计算的运动方向通常是随机的，并不一定能够代表该点的实际运动方向。为避免错误数据影响直方图的分布，在统计运动矢量方向直方图前，可先对矢量大小取一个最低幅度阈值，不把小于最低幅度阈值的像素计入运动矢量方向直方图。

2. 运动区域类型直方图

运动区域类型直方图（MRTH）是另一种紧凑的运动表达方式。当目标运动时，根据局部运动矢量场可实现对目标的分割，并得到具有不同仿射参数模型的运动区域。这些仿射参数可看作表达运动区域的一组运动特征，从而可借助对运动区域仿射参数模型的表示来表达运动矢量场中各种运动的信息。具体就是对运动区域仿射参数模型进行分类，统计各运动区域中满足不同仿射参数模型的像素数量。运动区域类型直方图示例如图 4-5 所示（区域面积以像素个数统计）。对每个运动区域用一个仿射参数模型来表达，既比较符合人们主观理解的局部运动，又能够减少描述运动信息所需的数据量。

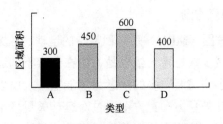

图 4-5　运动区域类型直方图示例

　　运动区域仿射参数模型分类就是根据运动矢量将模型分为不同的类型。例如，一个运动区域仿射参数模型有 6 个参数，对它的分类也就是对 6D 参数空间的一个划分，这种划分可以采用矢量量化的方法。具体来说，先根据每个运动区域的仿射参数模型，用矢量量化器找到对应的仿射参数模型类型，然后统计满足该模型类型的运动区域的面积值，这样得到的统计直方图表示了每个运动类型所覆盖的面积。不同的局部运动类型不仅可以表示不同的平移运动，还可以表示不同的旋转运动、不同的运动幅度等，因此相比于运动矢量方向直方图，运动区域类型直方图的描述能力更强。

4.2.4　运动轨迹描述

　　目标的运动轨迹给出了目标在运动过程中的位置信息，当在一定环境或条件下对动作和行为进行高层解释时，可以使用运动轨迹。国际标准 MPEG-7 推荐了一种专门的描述符以描述目标的运动轨迹，这种**运动轨迹描述符**由一系列关键点和一组在这些关键点之间进行插值的函数构成。根据需要，关键点可用 2D 或 3D 坐标空间中的坐标值表达，而插值函数则分别对应各坐标轴，$x(t)$对应水平方向的轨迹，$y(t)$对应垂直方向的轨迹，$z(t)$对应深度方向的轨迹。如图 4-6 所示，以 $x(t)$ 为例，图中有 4 个关键点 t_0、t_1、t_2、t_3，在两两关键点之间共有 3 个不同的插值函数。

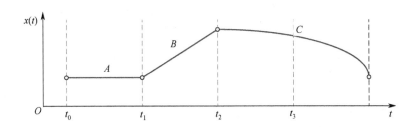

图 4-6　运动轨迹描述中关键点和插值函数示意

　　插值函数的一般形式是二阶多项式：

$$f(t) = f_p(t) + v_p(t - t_p) + \frac{a_p(t - t_p)^2}{2} \tag{4-11}$$

其中，p 代表时间轴上一点；v_p 代表运动速度；a_p 代表运动加速度。对应图 4-6 中 3 段轨迹的插值函数分别为零次函数、一次函数和二次函数，A 段是 $x(t) = x(t_0)$，B 段是 $x(t) = x(t_1) + v(t_1)(t - t_1)$，$C$ 段是 $x(t) = x(t_2) + v(t_2)(t - t_2) + 0.5 \times a(t_2)(t - t_2)^2$。

根据轨迹中的关键点坐标和插值函数形式，可以确定目标沿特定方向的运动情况。综合沿三个方向的运动轨迹，可确定目标随时间变化在空间中的运动情况。注意两个关键点之间的水平轨迹、垂直轨迹和深度轨迹插值函数可以是不同阶次的函数。这种描述符是紧凑且可扩展的，而且根据关键点的数量，可以确定描述符的粒度，既可描述时间间隔短的细腻运动，也可粗略地描述大时间范围内的运动。在最极端的情况下，可以仅保留关键点而不使用插值函数，因为关键点序列已经是对轨迹的一个基本描述。

4.3　运动信息检测

相对于静止图像，运动变化是视频特有的。检测视频中的运动信息（确定是否有运动、哪些像素和区域有运动、运动的速度和方向情况如何）是许多视频图像处理和分析工作的基础。

在视频运动检测中，需要区分前景运动和背景运动。本节先讨论全局运动检测，第 5 章再讨论局部运动检测。

4.3.1　基于摄像机模型的运动检测

因为由**摄像机运动**导致的场景整体运动变化是比较有规律的，所以可借助摄像机运动模型来进行检测。该模型主要用来建立相邻帧之间的联系，即摄像机运动前后的像素空间坐标之间的联系。在对模型参数进行估计时，首先从相邻帧中选取足够多的观测点，接着用一定的匹配算法求出这些点的观测运动矢量，最后用参数拟合的方法估计模型参数。

1. 摄像机运动类型

摄像机的运动有多种类型，可参考图 4-7。假设将摄像机放置在 3D 空间坐标系的原点处，镜头光轴沿 Z 轴，空间点 $P(X, Y, Z)$ 成像在像平面点 $p(x, y)$ 处。摄像机可以有分别沿 3 个坐标轴的平移运动，其中沿 X 轴的运动称为平移/跟踪运动，沿 Y 轴的运动称为升降运动，沿 Z 轴的运动称为**进退/推拉**运动；摄像机还可以有分别绕 3 个坐标轴的**旋转**运动，其中绕 X 轴的旋转运动称为**倾斜**运动，绕 Y 轴的运动称为扫视运动，绕 Z 轴的运动称为（绕光轴）旋转运动。另外，摄像机镜头焦距的变化也会导致视场的变化，称为**变焦**运动或缩放运动。缩放运动可以划分为两种类型，一种是**放大镜头**，用于将摄像机对准/聚焦感兴趣的目标；另一种是

缩小镜头，用于给出一个场景逐步由细到粗的全景展开过程。

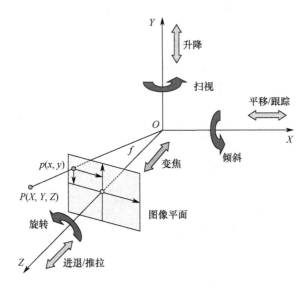

图 4-7　摄像机运动的类型

　　总结一下，摄像机的运动共有 6 种类型：①扫视，即摄像机水平旋转；②倾斜，即摄像机垂直旋转；③变焦，即摄像机改变焦距；④平移/跟踪，即摄像机水平（横向）移动；⑤升降，即摄像机垂直（竖向）移动；⑥进退/推拉，即摄像机前后（水平）移动。这 6 种运动类型可以综合构成 3 类操作：平移操作、旋转操作、缩放操作。

　　要描述由这些类型的摄像机运动导致的空间坐标变化，需要建立仿射变换模型。对于一般的应用，常采用线性的 **6 参数仿射模型**：

$$\begin{cases} u = k_0 x + k_1 y + k_2 \\ v = k_3 x + k_4 y + k_5 \end{cases} \tag{4-12}$$

　　仿射模型属于线性多项式参数模型，在数学上比较容易处理。为了提高全局运动模型的描述能力，还可以在 6 参数仿射模型的基础上进行一些扩展，如在模型的多项式中加入二次项 xy，则可得到 **8 参数双线性模型**：

$$\begin{cases} u = k_0 xy + k_1 x + k_2 y + k_3 \\ v = k_4 xy + k_5 x + k_6 y + k_7 \end{cases} \tag{4-13}$$

　　基于双线性模型的全局运动矢量检测可如下进行。要对双线性模型的 8 个参数做出估计，需要求出一组（大于 4 个）运动矢量观测值（这样可得 8 个方程）。在获取运动矢量观测值时，考虑到全局运动中的运动矢量值常比较大，可以将整幅图像划分为一些正方形小块(如 16×16)，然后用**块匹配**法求取块中的运动矢量，并用 4.2 节中讨论的运动矢量场表达来显示。

❑ **例 4-3　基于双线性模型的运动信息检测**

如图 4-8 所示，这里在原始图像上叠加了用块匹配法得到的运动矢量（起点在块的中心处），以此来表达各块的运动情况。

图 4-8　基于双线性模型的运动信息检测示例

由图 4-8 可见，因为原始图像中存在一些局部目标的运动，并且运动幅度比较大，所以在有局部运动的位置（如图中各足球运动员所在位置附近），用块匹配法计算的运动矢量比全局运动矢量要大很多。另外，块匹配法在图像的低纹理区域可能会产生随机的误差数据，如在图中背景处（接近看台处）也有一些较大的运动矢量。由于这些原因，图中比较规律的全局运动幅度都相对比较小（但其方向和相对大小分布与图 4-3 有一些类似之处）。　　　　　　❑

2. 运动摄像机

从视频中还可以获得深度信息。当使用一个摄像机先后以多个位姿采集一系列图像时，同一个 3D 空间点会分别对应不同帧像平面上的坐标点而产生**视差**。这里，可将摄像机的运动轨迹看作基线，如果匹配先后采集到的两幅图像中的特征，就有可能获得深度信息。这种方式也称为**运动立体**。

当摄像机运动时（这也相当于主动视觉中的情况），目标点横向移动的距离既依赖 X 又依赖 Y。为简化问题，可使用目标点到摄像机光轴的径向距离 R（$R^2 = X^2 + Y^2$）来表示。

要利用摄像机运动计算视差，可参见图 4-9，其中图 4-9(b)是图 4-9(a)的一个剖面。

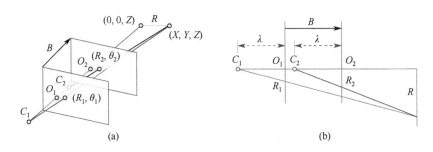

(a)　　　　　　　　　　　　(b)

图 4-9　利用摄像机运动计算视差示例

两幅图像中的像点径向距离分别为

$$R_1 = \frac{R\lambda}{Z_1} \qquad R_2 = \frac{R\lambda}{Z_2} \qquad (4\text{-}14)$$

则视差为

$$d = R_2 - R_1 = R\lambda\left(\frac{1}{Z_2} - \frac{1}{Z_1}\right) \qquad (4\text{-}15)$$

令基线 $B = Z_1 - Z_2$，并假设 $B \ll Z_1$，$B \ll Z_2$，则可得到（取 $Z^2 = Z_1 Z_2$）

$$d = \frac{RB\lambda}{Z^2} \qquad (4\text{-}16)$$

令 $R_0 \approx (R_1 + R_2)/2$，可借助 $R/Z = R_0/\lambda$ 得到

$$d = \frac{BR_0}{Z} \qquad (4\text{-}17)$$

最终可推出目标点的深度为

$$Z = \frac{BR_0}{d} = \frac{BR_0}{(R_2 - R_1)} \qquad (4\text{-}18)$$

可将式（4-17）与式（3-29）进行比较，这里视差依赖像点与摄像机光轴间的（平均）径向距离 R_0，而在式（3-29）表示的情况中，视差是独立于径向距离的。再将式（4-18）与式（3-30）进行比较，这里无法给出光轴上目标点的深度信息，而对于其他目标点，深度信息的准确性依赖径向距离的大小。

现在再看一下测距精度。由式（3-30）可知，深度信息与视差相关，而视差又与成像坐标有关。设 x_1 产生了偏差 e，即 $x_{1e} = x_1 + e$，则有 $d_{1e} = x_1 + e + |x_2| - B = d + e$，距离偏差为

$$\Delta Z = Z - Z_{1e} = \lambda\left(1 + \frac{B}{d}\right) - \lambda\left(1 + \frac{B}{d_{1e}}\right) = \frac{\lambda Be}{d(d+e)} \tag{4-19}$$

将式（3-29）代入式（4-19）得到

$$\Delta Z = \frac{e(Z-\lambda)^2}{\lambda B + e(Z-\lambda)} \approx \frac{eZ^2}{\lambda B + eZ} \tag{4-20}$$

最后一步是考虑一般情况下当 $Z \gg \lambda$ 时的简化。由式（4-10）可见，测距精度与摄像机焦距、摄像机间的基线长度、物距都有关系。焦距越长，基线越长，精度就越高；物距越大，精度就越低。在实际应用中，等效基线一般很短，因为系列图像中的目标几乎都是从相同的视角拍摄的。

4.3.2 频域运动检测

前述建模方法能够在图像空间中检测各种运动的综合变化。借助傅里叶变换可把对运动的检测工作转到频域中进行。**频域运动检测**的好处是可以较方便地分别处理平移、旋转和尺度变化。

1. 对平移的检测

假设在时刻 t_k 像素的位置为 (x, y)，在时刻 t_{k+1} 像素的位置移动到 $(x + \mathrm{d}x, y + \mathrm{d}y)$。一般假设在这段时间内像素自身灰度保持不变，则可得到

$$f(x + \mathrm{d}x, y + \mathrm{d}y, t_{k+1}) = f(x, y, t_k) \tag{4-21}$$

根据傅里叶变换的性质，有

$$F_k(u,v) = f(x, y, t_k) \tag{4-22}$$

$$F_{k+1}(u,v) = f(x + \mathrm{d}x, y + \mathrm{d}y, t_{k+1}) \tag{4-23}$$

借助平移性质可得到

$$F_{k+1}(u,v) = F_k(u,v)\exp[\mathrm{j}2\pi(u\mathrm{d}x + v\mathrm{d}y)] \tag{4-24}$$

式（4-24）表明两幅图像的傅里叶变换的相位角之差为

$$\mathrm{d}\theta(u,v) = 2\pi(u\mathrm{d}x, v\mathrm{d}y) \tag{4-25}$$

考虑到傅里叶变换的分离性，可由式（4-25）分别得到

$$\mathrm{d}x = \frac{\mathrm{d}\theta_x(u)}{2\pi u} \tag{4-26}$$

$$\mathrm{d}y = \frac{\mathrm{d}\theta_y(v)}{2\pi v} \tag{4-27}$$

在式（4-26）和式（4-27）中，$\mathrm{d}\theta_x(u)$ 和 $\mathrm{d}\theta_y(v)$ 分别为 $f(x, y, t_k)$ 和 $f(x, y, t_{k+1})$ 在 X 轴和 Y 轴上投影的傅里叶变换的相位角之差。由于相位角的不唯一性，在计算

$\mathrm{d}\theta_x(u)$ 和 $\mathrm{d}\theta_y(v)$ 时，可采用下列方法。设 $\mathrm{d}x$ 的变化范围满足

$$\left|\frac{\mathrm{d}x}{L_x}\right| < \frac{1}{2K} \tag{4-28}$$

其中，K 为正常数；L_x 为 X 方向上的像素数。将 $u = K/L_x$ 代入式（4-9），对 $\mathrm{d}\theta_x(u)$ 取绝对值，由式（4-28）得到

$$\left|\mathrm{d}\theta_x\left(\frac{K}{L_x}\right)\right| = 2\pi\frac{K}{L_x}|\mathrm{d}x| < \pi \tag{4-29}$$

在式（4-29）的限制条件下，将 $f(x, y, t_k)$ 和 $f(x, y, t_{k+1})$ 在 X 轴和 Y 轴上投影的傅里叶变换的相位角各加上 2π 的整数倍，就可得到 $\mathrm{d}\theta_x(u)$ 的唯一值。

2．对旋转的检测

对旋转的检测可借助傅里叶变换后得到的功率谱进行，因为图像中的直线模式（如直的边缘）在傅里叶变换后的功率谱中对应过频谱原点的直线模式，而旋转前后的两个直线模式是相交的。

具体来说，可对 $f(x, y, t_k)$ 和 $f(x, y, t_{k+1})$ 分别进行傅里叶变换，并计算它们的功率谱：

$$P_k(u, v) = |F_k(u, v)|^2 \tag{4-30}$$

$$P_{k+1}(u, v) = |F_{k+1}(u, v)|^2 \tag{4-31}$$

进一步，在 $P_k(u, v)$ 和 $P_{k+1}(u, v)$ 中分别搜索对应的过原点的直线模式，如 L_k 和 L_{k+1}。将 L_k 投影到 $P_{k+1}(u, v)$ 上，这个投影与 L_k 的夹角就是目标旋转的角度。

3．对尺度变化的检测

对尺度变化的检测也可借助傅里叶变换后得到的功率谱进行。图像空间的尺度变化对应傅里叶变换域中频率高低的变化。当图像空间中目标的尺寸变大时，频域中功率谱的低频分量会增加；当图像空间中目标的尺寸变小时，频域中功率谱的高频分量会增加。

具体来说，就是先获得 $f(x, y, t_k)$ 和 $f(x, y, t_{k+1})$ 傅里叶变换后的功率谱，然后在 $P_k(u, v)$ 和 $P_{k+1}(u, v)$ 中分别搜索方向相同的直线模式 L_k 和 L_{k+1}，并将 L_k 投影到 $P_{k+1}(u, v)$ 上，得到 L_k'。测量 L_k' 和 L_{k+1} 的长度，分别为 $|L_k'|$ 和 $|L_{k+1}|$。尺度变化可用下式表示：

$$S = \left|\frac{L_k'}{L_{k+1}}\right| \tag{4-32}$$

如果 $S < 1$，表明从时刻 t_k 到 t_{k+1}，目标图像尺寸增大为原始尺寸的 S 倍；如果 $S > 1$，表明从时刻 t_k 到 t_{k+1}，目标图像尺寸减小为原始尺寸的 $1/S$。

4.3.3 运动方向检测

在很多应用中，需要确定某些特定的**运动模式**，此时可结合使用基于图像的信息和基于运动的信息。运动信息可通过确定先后采集的图像之间的特定偏差来获得。为提高精度和充分利用空间分布信息，通常先将图像分块，然后基于具有时间差的两个移动图像块（一个在时刻 t 采集，另一个在时刻 $t+dt$ 采集）进行计算。

运动的方向可借助下面 4 种差图像计算：

$$U = |f_t - f_{t+dt\uparrow}|$$
$$D = |f_t - f_{t+dt\downarrow}|$$
$$L = |f_t - f_{t+dt\leftarrow}| \tag{4-33}$$
$$R = |f_t - f_{t+dt\rightarrow}|$$

其中，箭头代表图像移动的方向，如 $\downarrow$ 代表 I_{t+dt} 是 I_t 向下移动的结果。

运动的幅度可借助对图像块区域求和得到，求和可借助积分图像快速计算。

积分图像（常称为积分图）是图像全局信息的一种矩阵表达方法。在积分图中，(x, y) 处的 $I(x, y)$ 值表示原始图像 $f(x, y)$ 中该位置左上方所有像素值的总和：

$$f(x, y) = \sum_{p \leq x, q \leq y} f(p, q) \tag{4-34}$$

借助循环，仅对图像扫描一次就可完成积分图的构建：

（1）令 $s(x, y)$ 代表一行像素的累积和，$s(x, -1) = 0$；

（2）令 $I(x, y)$ 是一幅积分图，$I(-1, y) = 0$；

（3）对整幅图像进行逐行扫描，借助循环对每个像素 (x, y) 计算该像素所在行的 $s(x, y)$ 及 $I(x, y)$：

$$s(x, y) = s(x, y - 1) + f(x, y) \tag{4-35}$$

$$I(x, y) = I(x - 1, y) + s(x, y) \tag{4-36}$$

（4）在完成对整幅图像的一次逐行扫描（到达右下角的像素）后，积分图 $I(x, y)$ 就构建好了。

如图 4-10 所示，利用积分图，任意矩形的和都可借助 4 个参考数组来计算。对于矩形 D，计算公式如下：

$$D_{\text{sum}} = I(\delta) + I(\alpha) - [I(\beta) + I(\gamma)] \tag{4-37}$$

其中，$I(\alpha)$ 是积分图在点 α 的值，即矩形 A 中像素值的和；$I(\beta)$ 是矩形 A 和 B 中像素值的和；$I(\gamma)$ 是矩形 A 和 C 中像素值的和；$I(\delta)$ 是矩形 A、B、C、D 中像素值的

和。所以，两个矩形之间差的计算需要 8 个参考数组。在实际应用中可建立查找表，借助查表完成计算。

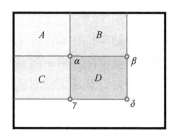

图 4-10　积分图计算示意

在目标检测和跟踪中常会用到 Haar 矩形特征，如图 4-11 所示，可借助积分图通过将有阴影矩形从无阴影矩形中减去的方式实现快速计算。如对于图 4-11(a)和图 4-11(b)，只需查表 6 次；对于图 4-11(c)，只需查表 8 次；对于图 4-11(d)，只需查表 9 次。

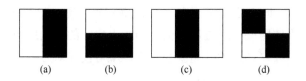

图 4-11　积分图计算中的 Haar 矩形特征

4.4　基于运动的滤波

为实现对视频中的运动信息的有效检测，通常需要先对视频进行一些预处理，以消除各种干扰影响，改善图像质量。滤波在这里代表多种预处理过程和手段（可以用于增强、恢复、消除噪声等）。由于视频既包括空间变量又包括时间变量，所以视频滤波常是时空滤波。相对于静止图像滤波，视频滤波可考虑借助运动信息完成。基于运动检测的滤波和基于运动补偿的滤波都是常见的方式。

4.4.1　基于运动检测的滤波

视频比静止图像多了随时间变化的运动信息，所以视频滤波可在静止图像滤波的基础上考虑运动带来的问题。而从另一个角度考虑，也可通过对运动的检测来有效地进行视频滤波。换句话说，**基于运动检测的滤波**需要在运动检测的基础上进行。

1. 直接滤波

最简单的**直接滤波**方法是使用**帧平均**技术，通过将不同帧中同一个位置的多个样本进行平均，可在不影响帧图像空间分辨率的情况下消除噪声。可以证明，对于加性高斯噪声，帧平均技术对应计算最大似然估计，并且可将噪声方差降为 $1/N$（N 是参与平均的帧数）。这种方法对场景中的固定部分很有效。

帧平均在本质上进行的是沿时间轴的 1D 滤波，即进行时域平均，所以可看作一种时间滤波方法，而时间滤波器是时空滤波器的一种特殊类型。原则上，使用时间滤波器可以避免空间上的模糊。不过与空域平均操作会导致空域模糊类似，时域平均操作在场景中有突然随时间变化的位置也会导致时域模糊。这里可采用与空域中的边缘保持滤波（常沿边缘方向进行）相对应的运动适应滤波，利用相邻帧之间的运动信息来确定滤波方向。运动适应滤波器可参照空域中的边缘保持滤波器来构建。例如，在某一帧的一个特定像素处，可假设接下来有 5 种可能的运动趋势：无运动、向 X 正方向运动、向 X 负方向运动、向 Y 正方向运动、向 Y 负方向运动。如果使用最小均方误差估计判断出实际的运动趋势，将运动造成的沿时间轴的变化与噪声导致的变化区别开来，就可仅在对应的运动方向上进行滤波，从而取得总体较好的滤波效果。

2. 利用运动检测信息

可借助对运动的检测确定滤波器中的参数，从而使设计的滤波器适应运动的具体情况。滤波器可以是**有限脉冲响应（FIR）滤波器**或**无限脉冲响应（IIR）滤波器**，即

$$f_{\text{FIR}}(x,y,t) = (1-\beta)f(x,y,t) + \beta f(x,y,t-1) \tag{4-38}$$

$$f_{\text{IIR}}(x,y,t) = (1-\beta)f(x,y,t) + \beta f_{\text{IIR}}(x,y,t-1) \tag{4-39}$$

其中，

$$\beta = \max\left\{0, \frac{1}{2} - \alpha\left|g(x,y,t) - g(x,y,t-1)\right|\right\} \tag{4-40}$$

β 是对运动进行检测得到的信号，而 α 是一个标量常数。这些滤波器都会在运动幅度很大（右边第 2 项会小于零）时关掉（β 取 0），从而避免产生人为误差。

由式（4-38）可知，FIR 滤波器是一个线性系统，对于输入信号的响应最终趋于 0（是有限的）。由式（4-39）可知，IIR 滤波器中存在反馈回路，因此对于脉冲

输入信号的响应是无限延续的。相对来说，FIR 滤波器具有有限的噪声消除能力，特别在仅进行时域滤波且参与滤波的帧数较少时。IIR 滤波器具有更强的噪声消除能力，但其脉冲响应为无限长，会导致在输入信号为有限长时，输出信号变成无限长。FIR 滤波器比 IIR 滤波器更稳定、更容易优化，但设计更难。

4.4.2　基于运动补偿的滤波

当**运动补偿**滤波器作用于运动轨迹时，需要利用运动轨迹上每个像素处的准确信息。运动补偿的基本假设是像素灰度在确定的运动轨迹上保持不变。

1．运动轨迹和时空频谱

像平面上的运动对应空间场景点在投影后的 2D 移动。在各帧里，场景中的点都在世界坐标系空间里沿曲线运动，该曲线称为**运动轨迹**。运动轨迹可以用一个矢量函数 $M(t; x, y, t_0)$ 来描述，它表示 t_0 时刻的参考点(x, y)在 t 时刻的水平和垂直坐标。一个解释性的示意如图 4-12 所示，其中在 t'时刻，$M(t'; x, y, t_0) = (x', y')$。

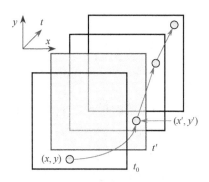

图 4-12　运动轨迹示意

给定场景中点的运动轨迹 $M(t; x, y, t_0)$，在 t'时刻(x', y')处沿轨迹的速度定义为

$$s(x', y', t') = \frac{\mathrm{d}M}{\mathrm{d}t}(t; x, y, t_0)\bigg|_{t=t'} \tag{4-41}$$

下面考虑视频中仅有匀速全局运动的情况。当像平面上有(s_x, s_y)的匀速运动时，帧-帧间的灰度变化可表示为

$$f_M(x, y, t) = f_M(x - s_x t, y - s_y t, 0) \approx f_0(x - s_x t, y - s_y t) \tag{4-42}$$

其中，s_x 和 s_y 是运动矢量的两个分量，参考帧选在 $t_0 = 0$ 时，$f_0(x, y)$表示参考帧内的灰度分布。

为了推导这种视频的**时空频谱**，先定义任意一个时空函数的傅里叶变换为

$$F_M(u,v,w) = \iiint f_M(x,y,t)\exp[-j2\pi(ux+vy+wt)]\mathrm{d}x\mathrm{d}y\mathrm{d}t \qquad (4\text{-}33)$$

再将式（4-42）代入式（4-43），得到

$$F_M(u,v,w) = \iiint f_0(x-s_x t, y-s_y t)\exp[-j2\pi(ux+vy+wt)]\mathrm{d}x\mathrm{d}y\mathrm{d}t$$

$$= F_0(u,v)\delta(us_x + vs_y + w) \qquad (4\text{-}44)$$

式（4-44）中的德尔塔函数 $\delta(\cdot)$ 表明，时空频谱的定义域（支撑集）是满足式（4-38）的过原点平面（见图 4-13）：

$$us_x + vs_y + w = 0 \qquad (4\text{-}45)$$

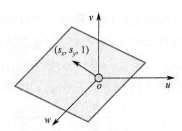

图 4-13　匀速全局运动的定义域

2. 沿运动轨迹的滤波

沿运动轨迹的滤波指沿运动轨迹的每帧上的每个点的滤波。先考虑沿任意运动轨迹的情况。定义 (x, y, t) 处的滤波器的输出为

$$g(x,y,t) = \mathcal{F}\{f_1[q; M(q;x,y,t)]\} \qquad (4\text{-}46)$$

其中，$f_1[q; M(q; x, y, t)] = f_M[M(q; x, y, t), q]$，表示沿过 (x, y, t) 的运动轨迹在输入图像中的 1D 信号；$\mathcal{F}$ 代表沿运动轨迹的 1D 滤波器（可以是线性的，也可以是非线性的）。

沿一个匀速运动轨迹的线性、空间不变滤波可表示为

$$g(x,y,t) = \iiint h_1(q)\delta(z_1 - s_x q, z_2 - s_y q)f_M(x-z_1, y-z_2, t-q)\mathrm{d}z_1\mathrm{d}z_2\mathrm{d}q$$

$$= \int h_1(q)f_M(x-s_x q, y-s_y q, t-q)\mathrm{d}q = \int h_1(q)f_1(t-q; x,y,t)\mathrm{d}q \qquad (4\text{-}47)$$

其中，$h_1(q)$ 是沿运动轨迹所使用的 1D 滤波器的脉冲响应。上述时空滤波器的脉冲响应也可表示为

$$h(x,y,t) = h_1(t)\delta(x-s_x t, y-s_y t) \qquad (4\text{-}48)$$

对式（4-48）进行 3D 傅里叶变换，就可得到运动补偿滤波器的频率响应：

$$H(u,v,w) = \iiint h_1(t)\delta(x - s_x t, y - s_y t)\exp[-j2\pi(ux + vy + wt)]\mathrm{d}x\mathrm{d}y\mathrm{d}t \qquad (4\text{-}49)$$
$$= \int h_1(t)\exp[-j2\pi(us_x + vs_y + w)t]\mathrm{d}t = H_1(us_x + vs_y + w)$$

将运动补偿滤波器频率响应的定义域投影到 uw 平面上，如图 4-14 中阴影部分所示，图中斜线代表运动轨迹。图 4-14(a)对应 $s_x = 0$，即没有运动补偿的纯时间滤波情况；图 4-14(b)代表有运动补偿且补偿正确的情况，此时 s_x 与输入视频中的速度相匹配。

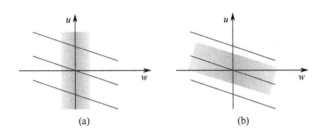

图 4-14　运动补偿滤波器频率响应的定义域

3．运动补偿滤波器

假设在沿运动轨迹 $M(q; x, y, t)$ 的路径上，像素灰度的变化主要源于噪声。由于采用的运动估计方法不同、滤波器的定义域不同（如空域或时空域）、滤波器结构不同（如 FIR 或 IIR），**运动补偿滤波器**可有多种类型。

在时空域的采样序列中对运动轨迹进行估计，以 5 帧图像为例，如图 4-15 所示。假设要使用 N 帧图像来对第 k 帧图像进行滤波，这 N 帧图像可记为 $k-M,\cdots,k-1,k,k+1,\cdots,k+M$，其中 $N = 2M+1$。

在第 k 帧图像的(x, y)处估计离散运动轨迹 $M(l; x, y, t)$，$l = k-M,\cdots,k-1,k,k+1,\cdots,k+M$。函数 $M(l; x, y, t)$是一个连续的矢量函数，给出与第 k 帧图像中(x, y)处的像素对应的第 l 帧图像中的像素坐标。图 4-15 中的实线箭头表示运动轨迹。在估计轨迹时，要参考第 k 帧图像来估计偏移矢量，如虚线箭头所示。

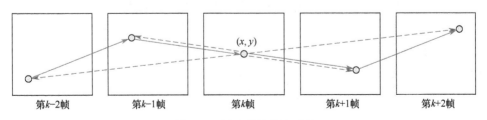

| 第k−2帧 | 第k−1帧 | 第k帧 | 第k+1帧 | 第k+2帧 |

图 4-15　运动轨迹估计示意

考虑噪声为零均值、加性时空噪声的情况，此时需要进行滤波的有噪声视频为

$$g(x, y, t) = f(x, y, t) + n(x, y, t) \qquad (4\text{-}50)$$

如果噪声在时空上是白色的，则它的频谱是均匀分布的。根据式（4-45），视频的定义域是一个平面，设计一个恰当的运动补偿滤波器就能有效地消除平面外的所有噪声能量而不产生模糊。等价地，在时空域中，只要沿着正确的运动轨迹，就能将具有零均值的白噪声完全清除。

在确定了运动补偿滤波器的定义域后，可使用各种滤波方式进行滤波，下面介绍两种基本方式。

4. 时空自适应线性最小均方误差滤波

时空自适应**线性最小均方误差**（LMMSE）滤波可如下进行。(x, y, t) 处的像素估计值为

$$f_e(x, y, t) = \frac{\sigma_f^2(x, y, t)}{\sigma_f^2(x, y, t) + \sigma_n^2(x, y, t)} \Big[g(x, y, t) - \mu_g(x, y, t) \Big] + \mu_f(x, y, t) \quad (4\text{-}51)$$

其中，$\mu_f(x, y, t)$ 和 $\sigma_f^2(x, y, t)$ 分别对应无噪声图像的均值和方差；$\mu_g(x, y, t)$ 代表有噪声图像的均值；$\sigma_n^2(x, y, t)$ 代表噪声的方差。考虑平稳噪声，还可得到

$$f_e(x, y, t) = \frac{\sigma_f^2(x, y, t)}{\sigma_f^2(x, y, t) + \sigma_n^2(x, y, t)} g(x, y, t) + \frac{\sigma_n^2(x, y, t)}{\sigma_f^2(x, y, t) + \sigma_n^2(x, y, t)} \mu_g(x, y, t) \quad (4\text{-}52)$$

由式（4-52）可看出滤波器的自适应能力：当时空信号的方差远小于噪声方差时，$\sigma_f^2(x, y, t) \approx 0$，上述估计逼近时空均值，$\mu_g = \mu_f$；而在另一种极端情况下，当时空信号的方差远大于噪声方差时，$\sigma_f^2(x, y, t) >> \sigma_n^2(x, y, t)$，上述估计将逼近有噪声图像值以避免模糊。

5. 自适应加权平均滤波

自适应加权平均（AWA）滤波在时空中沿运动轨迹计算图像值的加权平均。权重通过优化一个准则函数来确定，其值依赖对运动估计的准确性和围绕运动轨迹区域的空间均匀性。当对运动的估计足够准确时，权重趋向一致，AWA 滤波器进行直接的时空平均。当时空中一个像素的值与要滤波像素的值之间的差大于一个给定阈值时，该像素的权重下降而加强其他像素的作用。因此，AWA 滤波器特别适用于如快速变焦或摄像机视角变化造成的同一图像区域中包含不同场景内容时的滤波，此时其效果比时空自适应线性最小均方误差滤波器的效果要好。

AWA 滤波器可定义为

$$\hat{f}(x,y,t) = \sum_{(r,c,k)\in(x,y,t)} w(r,c,k)g(r,c,k) \qquad (4\text{-}53)$$

其中，

$$w(r,c,k) = \frac{K(x,y,t)}{1 + \alpha \max\left\{\varepsilon^2, \left[g(x,y,t) - g(r,c,k)\right]^2\right\}} \qquad (4\text{-}54)$$

$w(r,c,k)$是权重，$K(x,y,t)$是归一化常数：

$$K(r,c,k) = \left\{\sum_{(r,c,k)\in(x,y,t)} \frac{1}{1 + \alpha \max\left\{\varepsilon^2, \left[g(x,y,t) - g(r,c,k)\right]^2\right\}}\right\}^{-1} \qquad (4\text{-}55)$$

在式（4-53）和式（4-54）中，α（$\alpha > 0$）和ε都是滤波器的参数，它们根据如下原则确定。

（1）当时空区域中像素的灰度差主要由噪声导致时，最好将加权平均转化为直接平均，这可通过恰当地选择ε^2来实现。事实上，当差的平方小于ε^2时，所有的权重都取相同的值$K/(1+ \alpha\varepsilon^2) = 1/L$，并且$\hat{f}(x,y,t)$退化成为直接平均。所以，可将$\varepsilon^2$的值设为两倍的噪声方差。

（2）当$g(x, y, t)$和$g(r, c, k)$之间的差大于ε^2时，$g(r, c, k)$的贡献由$w(r, c, k) < w(x, y, t) = K/(1+ \alpha\varepsilon^2)$来加权。参数$\alpha$起"惩罚"项的作用，它决定了权重对平方差$[g(x, y, t) - g(r, c, k)]^2$的敏感程度，一般可将其设为 1。此时，各帧之间灰度差大于$\pm\varepsilon$的像素才会参加平均。

4.5　各节要点和进一步参考

以下结合各节的主要内容介绍一些可以进一步查阅的参考文献。

1. 视频基础

有关视频基本概念的更多介绍可参见文献[1]和文献[2]。

2. 运动分类和表达

运动矢量方向直方图和运动区域类型直方图的应用可参见文献[3]。国际标准 MPEG-7 推荐的运动轨迹描述符可参见文献[4]和文献[5]。

3．运动信息检测

对积分图的详细介绍可参见文献[6]。

4．基于运动的滤波

借助帧平均消除噪声的原理可参见《2D 计算机视觉：原理、算法及应用》一书。

第 5 章

运动目标检测和跟踪

在分析图像中的变化信息或检测运动目标时，需要使用**图像序列**（也称为动态图像）。图像序列是由一系列在时间上连续的 2D 图像组成的，或者说是一类特殊的 3D 图像，可表示为 $f(x, y, t)$。这里相比于静止图像 $f(x, y)$，增加了时间变量 t。当 t 取某个特定值时，就得到序列中的一帧图像。一般认为视频是按时间规律变化（一般每秒采集 25～30 次）的图像序列。

与单帧图像不同，连续采集的图像序列能反映物体的运动和场景的变化。另外，客观事物总是在不断运动的，运动是绝对的，静止是相对的。图像是图像序列的特例。场景的变化和物体的运动在图像序列中表现得比较明显。

对图像序列中运动的分析，既建立在对静止图像中目标的分析基础之上，也需要在技术上有所扩展、在手段上有所变化、在目的上有所拓宽。

本章各节安排如下。

5.1 节介绍基本的利用逐像素差分检测变化信息的方法，其中累积差图像可较好地消除随机噪声的影响。

5.2 节讨论一些基本的背景建模方法，并进行效果比较，包括基于单高斯模型的方法、基于视频初始化的方法、基于高斯混合模型的方法和基于码本的方法。

5.3 节先介绍光流方程的推导和最小二乘法光流估计，在此基础上，分析运动中的光流，给出基于亮度梯度的稠密光流算法。

5.4 节介绍几种典型的运动目标跟踪方法，包括卡尔曼滤波器、粒子滤波器，以及均移和核跟踪技术。

5.1 差分图像

场景中物体的运动变化会导致视频中目标的变化，这种变化一般对应局部区域。最简单的运动目标检测就是检测局部区域的变化。

在视频中，通过逐像素比较可直接求取前后两帧图像之间的差别，得到的图像称为**差分图像**，也称为**差图像**。假设照明条件在多帧图像之间基本没有变化，那么差图像中"值不为 0"表明该处的像素可能发生了移动（后一帧图像中原来在此位置的像素移走了，旁边的像素占据了这个位置，导致灰度差发生了变化）。需要注意的是，差图像中"值为 0"处的像素也可能发生了移动（移过来的新像素与原像素有相同的灰度）。换句话说，一般对时间上相邻的两帧图像求差可以将图像中运动目标的位置和形状变化显现出来。

5.1.1 差图像的计算

参见图 5-1(a)，设目标的灰度比背景的灰度浅，借助差分计算，可以得到图像中在运动方向前方为正值的区域和在运动方向后方为负值的区域。这样可以获得目标的运动情况，也可得到目标某些部分的形状。如果对一系列图像两两求差，并把差图像中值为正（或负）的区域逻辑"与"起来就可以得到整个目标的形状。图 5-1(b)给出一个示例，将长方形区域向下移动，依次覆盖椭圆目标的不同部分，将各次结果组合起来，就得到完整的椭圆目标。

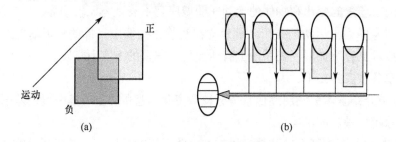

图 5-1 利用差图像提取目标

如果在图像采集装置和被摄场景间有相对运动的情况下采集一系列图像，则可根据其中存在的运动信息来确定图像中有变化的像素。设在时刻 t_i 和 t_j 采集到两帧图像 $f(x, y, t_i)$ 和 $f(x, y, t_j)$，则据此可得到差图像：

$$d_{ij}(x,y)=\begin{cases}1, & \left|f(x,y,t_i)-f(x,y,t_j)\right|>T_g \\ 0, & \text{其他}\end{cases} \tag{5-1}$$

其中，T_g 为灰度阈值。差图像中值为 0 的像素对应在前后两个时刻间没有发生（由于运动而产生的）变化的位置。差图像中值为 1 的像素对应两帧图像之间发生变化的位置，这常是由目标运动导致的。不过差图像中值为 1 的像素也可能源于其他情况，如 $f(x, y, t_i)$ 是一个运动目标的像素，而 $f(x, y, t_j)$ 是一个背景像素（或反过来）；也可能 $f(x, y, t_i)$ 是一个运动目标的像素，而 $f(x, y, t_j)$ 是另一个运动目标的像素或同一个运动目标不同位置的像素（可能灰度不同）。

式(5-1)中的阈值 T_g 用来确定两个时刻的图像灰度是否存在比较明显的差异。另一种灰度差异显著性的判别方法是使用如下似然比：

$$\frac{\left[\dfrac{\sigma_i + \sigma_j}{2} + \left(\dfrac{\mu_i - \mu_j}{2}\right)^2\right]^2}{\sigma_i \sigma_j} > T_s \tag{5-2}$$

其中，各 μ 和 σ 分别是在时刻 t_i 和 t_j 采集到的两帧图像的均值和方差；T_s 是显著性阈值。

在实际情况中，由于随机噪声的影响，没有发生像素移动的位置也会出现差图像值不为 0 的情况。为把噪声的影响与像素的移动区别开来，可对差图像取较大的阈值，即当差别大于特定的阈值时才认为像素发生了移动。另外，在差图像中，由噪声导致的值为 1 的像素一般比较孤立，所以也可利用连通性分析将它们除去，但这种操作有时也会将慢运动和尺寸较小的目标除去。

5.1.2　累积差图像的计算

为解决上述随机噪声的问题，可以考虑利用多帧图像计算差图像。如果某个位置的变化偶尔出现，就可将其判断为噪声。设有一系列图像 $f(x, y, t_1), f(x, y, t_2), \cdots,$ $f(x, y, t_n)$，取第一幅图像 $f(x, y, t_1)$ 作为参考图像。通过将参考图像与其后的每幅图像进行比较就可得到**累积差图像**（ADI）。这里设该图像中各位置的值是在每次比较中发生变化的次数总和。

如图 5-2 所示，图 5-2(a)表示在 t_1 时刻采集的图像，其中有一个方形目标，设它每单位时间向右水平移动 1 个像素；图 5-2(b)和图 5-2(c)分别为接下来在 t_2 和 t_3 时刻采集的图像；图 5-2(d)和图 5-2(e)分别给出与 t_2 和 t_3 时刻对应的图像累积差值。图 5-2(d)中的累积差是前面讨论的普通差（因为这时只累加了一次），左边标为 1 的方形表示图 5-2(a)中的目标后沿与图 5-2(b)中的背景之间的灰度差（为一个单位），右边标为 1 的方形对应图 5-2(a)中的背景与图 5-2(b)中的目标前沿之间的灰度差（也为一个单位）。图 5-2(e)可由图 5-2(a)与图 5-2(c)的灰度差（为一个单位）加上图 5-2(d)得到（两次累加），其中 0～1 之间的灰度差为两个单位，2～3 之间的灰度差也为两个单位。

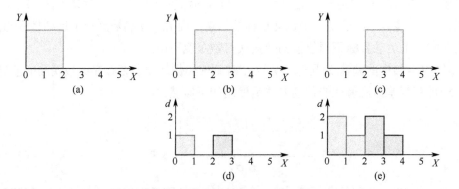

图 5-2   利用 ADI 确定目标的移动

由上述示例可知，ADI 有三个功能。

（1）ADI 中相邻像素值间的梯度关系可用来估计目标移动的速度矢量，这里梯度的方向就是速度的方向，梯度的大小与速度成正比。

（2）ADI 中像素的值可用来确定运动目标的尺寸和移动的距离。

（3）ADI 包含了有关目标运动的全部信息，可用于检测慢运动和尺寸较小的目标的运动。

在实际应用中，还可进一步区分三种 ADI：绝对 ADI，记为 $A_k(x,y)$；正 ADI，记为 $P_k(x,y)$；负 ADI，记为 $N_k(x,y)$。假设运动目标的灰度值大于背景灰度值，则对于 $k>1$，可得到如下三种 ADI 定义（取 $f(x,y,t_1)$ 为参考图像）：

$$A_k(x,y)=\begin{cases} A_{k-1}(x,y)+1, & \left|f(x,y,t_1)-f(x,y,t_k)\right|>T_g \\ A_{k-1}(x,y), & \text{其他} \end{cases} \tag{5-3}$$

$$P_k(x,y)=\begin{cases} P_{k-1}(x,y)+1, & [f(x,y,t_1)-f(x,y,t_k)]>T_g \\ P_{k-1}(x,y), & \text{其他} \end{cases} \tag{5-4}$$

$$N_k(x,y)=\begin{cases} N_{k-1}(x,y)+1, & [f(x,y,t_1)-f(x,y,t_k)]<-T_g \\ N_{k-1}(x,y), & \text{其他} \end{cases} \tag{5-5}$$

上述三种 ADI 的值都是对像素进行计数的结果，初始值均为 0。由此可获得如下信息。

（1）正 ADI 中非零区域的面积等于运动目标的面积。

（2）正 ADI 中对应运动目标的位置也就是运动目标在参考图像中的位置。

（3）当正 ADI 中的运动目标在移动后与参考图像中的运动目标不重合时，正 ADI 停止计数。

（4）绝对 ADI 包含正 ADI 和负 ADI 中的所有目标区域。

（5）运动目标的运动方向和速度可根据绝对 ADI 和负 ADI 来确定。

5.2　背景建模

背景建模是一种进行运动检测的思路，可用不同技术实现，有广泛的应用。

5.2.1　基本原理

5.1 节介绍的差图像计算是一种简单快速的运动检测方法，但在很多实际应用中效果不够好。这是因为在计算差图像时会将所有环境变化（有背景杂波）、光照改变、摄像机晃动等与目标运动的效果混在一起并同时全部检测出来（在总将第一帧作为参考帧时，该问题尤为严重），所以只有在受到严格控制的场合（如环境和背景均不变）中，该方法才能将真正的目标运动分离出来。

比较合理的运动检测思路是，不将背景看成是完全不变的，而计算和保持一个动态（满足某种模型）的背景帧，这就是**背景建模**的基本思路。背景建模是一个训练-测试的过程。先利用视频中前面一部分图像训练一个背景模型，然后将这个模型用于之后的图像的测试，根据当前图像与背景模型的差异来检测运动。

一种简单的背景建模方法是在当前图像的检测中使用之前 N 帧图像的均值或中值，以在 N 帧图像的周期中确定和更新每个像素的值。一种具体算法主要包括如下步骤。

（1）获取前 N 帧图像，在每个像素处，确定这 N 帧图像的中值，作为当前的背景值。

（2）获取第 $N+1$ 帧图像，计算其与当前背景在各像素处的差（可对差进行阈值化以消除或减少噪声）。

（3）使用平滑或形态学操作的组合来消除差图像中非常小的区域并填充大区域中的孔，被保留的区域代表场景中的运动目标。

（4）结合第 $N+1$ 帧图像更新中值。

（5）返回步骤（2），考虑当前帧的下一帧图像。

这种基础的利用中值维护背景的方法比较简单，计算量较小，但当场景中同时有多个目标或目标运动很慢时效果不太好。

5.2.2 典型实用方法

下面介绍几种典型的基本背景建模方法，它们都将运动前景提取分为模型训练和实际检测两步，通过训练对背景建立数学模型，而在检测中利用所建模型消除背景以获得前景。

1. 基于单高斯模型的方法

基于**单高斯模型**的方法认为，像素的值在视频中服从高斯分布。具体操作是，针对每个固定的像素位置，计算在 N 帧训练序列中该位置像素值的均值 μ 和方差 σ，从而唯一地确定一个单高斯背景模型。在运动检测时，利用背景相减的方法计算当前帧中像素的值 f 与背景模型的差，再将差值与阈值 T（常取 3 倍的方差 σ）比较，根据 $|f-\mu| \leqslant 3\sigma$ 的条件就可以判断该像素为前景/背景。

这种模型比较简单，缺点是对光照强度的变化比较敏感，当均值和方差都变化时，模型可能不成立；一般要求在较长时间内光照强度无明显变化，同时检测期间运动前景在背景中的阴影较小。另外，当场景中有运动前景时，由于只有一个模型，所以不能将运动前景与静止背景分离，有可能造成较高的虚警率。

2. 基于视频初始化的方法

在训练序列中，一般要求背景是静止的，如果训练序列中还有运动前景，就可能产生问题。此时，如果能将各像素的背景值先提取出来，将静止背景与运动前景分离，然后再进行背景建模，就有可能解决该问题。这个过程也可看作在对背景建模前先对训练视频进行初始化，从而消除运动前景对背景建模的影响。

视频初始化具体可按如下步骤进行。对于 N 帧含运动前景的训练图像，先设定一个最小长度阈值 T_l，对于每个像素位置，从 N 帧图像中截取像素值相对稳定、长度大于 T_l 的若干子序列 $\{L_k\}$，$k = 1, 2, \cdots$。从中进一步选取长度较长且方差较小的序列作为背景序列。

通过这个初始化步骤，可以把训练序列中背景静止但有运动前景的情况转化为训练序列中背景静止且没有运动前景的情况。在把静止背景下有运动前景的背景建模问题转化为静止背景下无运动前景的背景建模问题后，仍可使用前述基于单高斯模型的方法来进行背景建模。

3. 基于高斯混合模型的方法

如果训练序列中的背景也在运动，则基于单高斯模型的方法无法获得较好的效果。此时更鲁棒、更有效的方法是针对各像素分别用混合的高斯分布建模，即引入**高斯混合模型**（GMM），对背景的多个状态分别建模，根据数据属于哪个状态来更新相应状态的模型参数，从而解决运动背景下的背景建模问题。

基于高斯混合模型的方法的基本操作是，依次读取各帧训练图像，每次都对各像素进行迭代建模。设一个像素在某个时刻可用多个高斯分布的加权来（混合）建模，在训练开始时设置一个初始标准差。在读入一幅新图像后，用它的像素值来更新原有的背景模型。将各像素值与此时的高斯函数值比较，如果该像素值落在高斯函数均值的 2.5 倍方差范围内，就认为二者是匹配的，即认为这个像素与该模型相适应，可用它的像素值更新高斯混合模型的均值和方差。如果当前像素模型的个数少于预期，则对这个像素建立一个新的模型；如果有多个匹配出现，可以选最好的。

如果没有找到匹配，将对应最低权重的高斯分布用一个具有新均值的新高斯分布替换。相对于其他高斯分布，新高斯分布此时具有较高的方差和较低的权重，有可能成为局部背景的一部分。如果已经判断了各模型的情况，并且它们都不符合条件，则将权重最小的模型替换为新的模型，新模型均值即为该像素的值，这时再设定一个初始标准差。如此进行，直到把所有训练图像都训练一次。

4．基于码本的方法

在基于**码本**的方法中，将每个像素用一个码本表示，一个码本可包含一个或多个码字，每个码字代表一个状态。码本最初是借助对一组训练图像进行学习而生成的。这里对训练图像的内容没有限制，可以包含运动前景或运动背景。接下来，利用一个时域滤波器滤除码本中代表运动前景的码字，保留代表背景的码字；再利用一个空域滤波器将那些被时域滤波器错误滤除的码字（代表较少出现的背景）恢复到码本中，减少在背景区域中出现零星前景的虚警。这样的码本代表了一段视频的背景模型的压缩形式。根据码本可构建背景模型。

5.2.3　效果示例

对上述 4 种背景建模方法的一些测试结果如下。除了可直观看出的效果，还可通过统计检测率（检测出的前景像素数与真实前景像素数的比值）和虚警率（检测出的本不属于前景的像素数与所有被检测为前景的像素数的比值）的平均值来进行定量比较。

1. 静止背景中无运动前景

先考虑最简单的情况，训练序列中的背景是静止的，没有运动前景，实验结果如图 5-3 所示。在所用的序列中，初始场景里只有静止背景，要检测的是其后进入场景的人。图 5-3(a)是人进入后的一个场景，图 5-3(b)给出对应的参考结果，图 5-3(c)给出用基于单高斯模型的方法得到的检测结果。由图 5-3(c)可见，人体中部和头部有很多像素（均处于灰度较低且比较一致的区域）没有被检测出来，背景上也有一些零星的误检点。

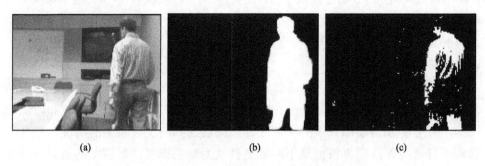

(a)   (b)   (c)

图 5-3　静止背景中无运动前景的实验结果

2. 静止背景中有运动前景

考虑稍复杂的情况，训练序列中的背景是静止的，但有运动前景，实验结果如图 5-4 所示。在所用的序列中，初始场景里有人，后来离去，要检测的是离开场景的人。图 5-4(a)是人还没有离开时的一个场景，图 5-4(b)给出对应的参考结果，图 5-4(c)给出用基于视频初始化的方法得到的结果，图 5-4(d)给出用基于码本的方法得到的结果。

(a)   (b)

图 5-4　静止背景中有运动前景的实验结果

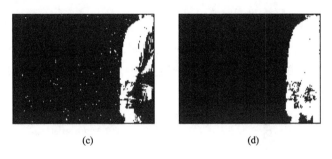

(c)　　　　　　　　　　　　　(d)

图 5-4　静止背景中有运动前景的实验结果（续）

比较两种方法，基于码本的方法比基于视频初始化的方法检测率高而虚警率低。这是由于基于码本的方法针对每个像素建立了多个码字，从而提高了检测率；同时，检测过程中所用的空域滤波器降低了虚警率。

3．运动背景中有运动前景

考虑更复杂的情况，训练序列中的背景是运动的，而且有运动前景，实验结果如图 5-5 所示。在所用的序列中，初始场景里的树在晃动，要检测的是进入场景的人。图 5-5(a)是人进入后的一个场景，图 5-5(b)给出对应的参考结果，图 5-5(c)给出用基于高斯混合模型的方法得到的结果，图 5-5(d)给出用基于码本的方法得到的结果。

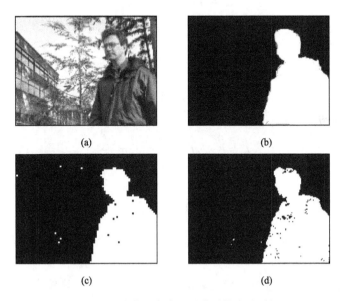

(a)　　　　　　　　　　　　　(b)

(c)　　　　　　　　　　　　　(d)

图 5-5　运动背景中有运动前景的实验结果

比较两种方法，基于高斯混合模型的方法和基于码本的方法都针对背景运动设计了较多的模型，因而都有较高的检测率（前者的检测率比后者稍高）。由于前者没有与后者的空域滤波器相对应的处理步骤，因此前者的虚警率比后者稍高。

5.3 光流场与运动

场景中物体的运动会导致在运动期间获得的视频中的物体处在不同的相对位置上，这种位置上的差别可称为**视差**，它对应物体运动反映在视频中的位移矢量（包括大小和方向）。如果用视差除以时差，就得到速度矢量（也有人称之为瞬时位移矢量）。每帧图像中的所有速度矢量（可能各不相同）构成一个矢量场，在很多情况下也可称为**光流场**。

5.3.1 光流方程

设在时刻 t，某个特定的像点在(x, y)处，在时刻 $t+dt$，该像点移动到$(x+dx, y+dy)$处。如果时间间隔 dt 很小，则可以期望（或假设）该像点的灰度保持不变，换句话说，有

$$f(x, y, t) = f(x+dx, y+dy, t+dt) \tag{5-6}$$

将式（5-6）右边用泰勒级数展开，令 $dt \to 0$，取极限并略去高阶项可得到

$$-\frac{\partial f}{\partial t} = \frac{\partial f}{\partial x}\frac{dx}{dt} + \frac{\partial f}{\partial y}\frac{dy}{dt} = \frac{\partial f}{\partial x}u + \frac{\partial f}{\partial y}v = 0 \tag{5-7}$$

其中，u 和 v 分别为像点在 X 方向和 Y 方向上的移动速度，它们构成一个速度矢量的两个分量的两个分量。记

$$f_x = \frac{\partial f}{\partial x} \quad f_y = \frac{\partial f}{\partial y} \quad f_t = \frac{\partial f}{\partial t} \tag{5-8}$$

得到光流方程：

$$\left[f_x, \ f_y\right] [u, v]^{\mathrm{T}} = -f_t \tag{5-9}$$

光流方程表明，运动图像中某一点的灰度时间变化率是该点灰度空间变化率与空间运动速度的乘积。

在实际应用中，灰度时间变化率可用沿时间方向的一阶差分平均值来估计：

$$f_t \approx \frac{1}{4}\left[f(x,y,t+1) + f(x+1,y,t+1) + f(x,y+1,t+1) + f(x+1,y+1,t+1)\right] -$$
$$\frac{1}{4}\left[f(x,y,t) + f(x+1,y,t) + f(x,y+1,t) + f(x+1,y+1,t)\right] \tag{5-10}$$

灰度空间变化率可分别用沿 X 方向和 Y 方向的一阶差分平均值来估计：

$$f_x \approx \frac{1}{4}\left[f(x+1,y,t) + f(x+1,y+1,t) + f(x+1,y,t+1) + f(x+1,y+1,t+1)\right] -$$
$$\frac{1}{4}\left[f(x,y,t) + f(x,y+1,t) + f(x,y,t+1) + f(x,y+1,t+1)\right] \tag{5-11}$$

$$f_y \approx \frac{1}{4}\left[f(x,y+1,t) + f(x+1,y+1,t) + f(x,y+1,t+1) + f(x+1,y+1,t+1)\right] -$$
$$\frac{1}{4}\left[f(x,y,t) + f(x+1,y,t) + f(x,y,t+1) + f(x+1,y,t+1)\right] \tag{5-12}$$

5.3.2　最小二乘法光流估计

在将式（5-10）～式（5-12）代入式（5-9）后，可用最小二乘法估计光流分量 u 和 v。在连续两帧图像 $f(x,y,t)$ 和 $f(x,y,t+1)$ 上，取具有相同 u 和 v 的同一个目标上的 N 个不同位置的像素，以 $\hat{f}_t^{(k)}$、$\hat{f}_x^{(k)}$、$\hat{f}_y^{(k)}$ 分别表示在第 k 个位置上对 f_t、f_x、f_y 的估计（$k = 1, 2, \cdots, N$），记

$$\boldsymbol{f}_t = \begin{bmatrix} -\hat{f}_t^{(1)} \\ -\hat{f}_t^{(2)} \\ \vdots \\ -\hat{f}_t^{(N)} \end{bmatrix} \qquad \boldsymbol{F}_{xy} = \begin{bmatrix} \hat{f}_x^{(1)} & \hat{f}_y^{(1)} \\ \hat{f}_x^{(2)} & \hat{f}_y^{(2)} \\ \vdots & \vdots \\ \hat{f}_x^{(N)} & \hat{f}_y^{(N)} \end{bmatrix} \tag{5-13}$$

则对 u 和 v 的最小二乘估计为

$$[u,v]^{\mathrm{T}} = (\boldsymbol{F}_{xy}^{\mathrm{T}}\boldsymbol{F}_{xy})^{-1}\boldsymbol{F}_{xy}^{\mathrm{T}}\boldsymbol{f}_t \tag{5-14}$$

❑　例 5-1　光流检测示例

在图 5-6 中，图 5-6(a) 为一个带有图案球体的侧面图像，图 5-6(b) 为将该球体（绕垂直轴）向右旋转一个小角度得到的侧面图像。球体在 3D 空间里的运动反映到 2D 平面上基本是平移运动，所以在如图 5-6(c) 所示的检测到的光流中，大部分光流沿经线分布，反映了垂直边缘水平移动的结果。

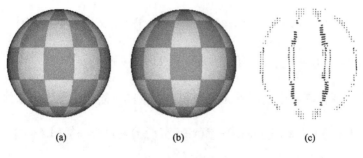

(a)   (b)   (c)

图 5-6   光流检测示例   ❏

5.3.3   运动分析中的光流

利用图像差可以获得运动轨迹，而利用光流虽不能获得运动轨迹，但可获得对图像解释有用的信息。光流分析可用于解决各种运动问题——摄像机静止而目标运动、摄像机运动而目标静止、两者都运动等。

动态图像中的运动可以看作如下 4 种基本运动的组合，利用光流对它们进行检测和识别的操作可借助一些简单的算子基于其特点进行。

（1）与摄像机的距离为常数的平动（可有不同方向）：构成一组平行的运动矢量，如图 5-7(a)所示。

（2）相对于摄像机在深度方向上沿视线的平动（各方向对称）：构成一组具有相同**扩展焦点**（FOE）的矢量，如图 5-7(b)所示。

（3）围绕视线等距离的转动：给出一组同心的运动矢量，如图 5-7(c)所示。

（4）与视线正交的平面目标的转动：构成一组或多组从线段出发的矢量，如图 5-7(d)所示。

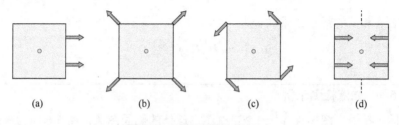

(a)   (b)   (c)   (d)

图 5-7   运动形式的识别示意

❏   **例 5-2   对光流场的解释**

光流场反映了场景中的运动情况。在图 5-8 中，箭头长度对应运动速度的大小。在图 5-8(a)中，仅有一个目标向右移动。图 5-8(b)对应摄像机向前（进入纸内）运动的情况，此时场景中静止的目标看起来是从扩展焦点出发向外发散的；另外，还有一个水平运动的目标有自己的扩展焦点。图 5-8(c)对应一个目标向着固定的摄像机方向运动的情况，它的扩展焦点在其轮廓中［如果目标远离摄像机运动，则看起来是离开各**收缩焦点**（FOC）的，收缩焦点与扩展焦点对立］。图 5-8(d)对应一个目标绕摄像机视线旋转的情况。图 5-8(e)对应一个目标绕与视线正交的一根水平轴旋转的情况，目标上的特征点看起来在上下运动。

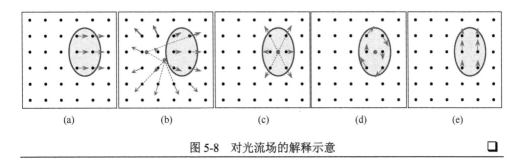

图 5-8　对光流场的解释示意　❏

利用光流对运动进行分析还可获得很多信息，如互速度、扩展焦点、碰撞距离。

1．互速度

利用光流表达可以确定摄像机和目标间的**互速度 T**。令在世界坐标系 X、Y、Z 方向上的互速度分别为 $T_X = u$，$T_Y = v$，$T_Z = w$，其中，Z 给出关于深度的信息（$Z > 0$ 代表点在像平面前方）。如果在 $t_0 = 0$ 时，一个目标点的坐标为(X_0, Y_0, Z_0)，则该点的图像坐标（设光学系统的焦距为 1 且目标运动速度是常数）在时刻 t 为

$$(x, y) = \left(\frac{X_0 + ut}{Z_0 + wt}, \frac{Y_0 + vt}{Z_0 + wt} \right) \tag{5-15}$$

2．扩展焦点

可借助光流确定 2D 图像的**扩展焦点**（FOE）。假设运动是朝向摄像机的，当 $t \to -\infty$ 时，可以获得从离摄像机无穷远处开始的运动。该运动沿直线向着摄像机进行，像平面上的开始点为

$$(x, y)_{\text{FOE}} = \left(\frac{u}{w}, \frac{v}{w} \right) \tag{5-16}$$

注意，这也适用于 $t \to \infty$ 的情况，此时运动处在相反的方向上。任何运动方向的改变都会导致速度 u、v、w 的变化，以及扩展焦点在图像上的位置变化。

3. 碰撞距离

假设图像坐标的原点沿方向 $\boldsymbol{S} = (u/w, v/w, 1)$ 运动，并且在世界坐标系中的轨迹为一条直线，即

$$(X, Y, Z) = t\boldsymbol{S} = t\left(\frac{u}{w}, \frac{v}{w}, 1\right) \tag{5-17}$$

其中，t 代表时间。令 $\boldsymbol{X}$ 代表 (X, Y, Z)，摄像机最靠近世界点 $\boldsymbol{X}$ 的位置是

$$\boldsymbol{X}_{\mathrm{c}} = \frac{\boldsymbol{S}(\boldsymbol{SX})}{\boldsymbol{SS}} \tag{5-18}$$

而在摄像机运动时，其与世界点 $\boldsymbol{X}$ 的最小距离为

$$d_{\min} = \sqrt{(\boldsymbol{XX}) - \frac{(\boldsymbol{SX})^2}{\boldsymbol{SS}}} \tag{5-19}$$

这样，当一个点状摄像机与一个点状目标之间的距离小于 $d_{\min}$ 时，二者就会发生碰撞。

5.3.4 稠密光流算法

为了准确计算局部运动矢量场，可以采用**基于亮度梯度的稠密光流算法**（也称为 Horn-Schunck 算法），它通过迭代的方式逐渐逼近相邻帧之间各像素的运动矢量。

1. 求解光流方程

稠密光流算法是基于光流方程的，由式（5-9）可见，对应每个像素，有一个方程但有两个未知量（u 和 v），所以求解光流方程是一个病态问题，需要加入额外的约束条件来将其转化为一个可以求解的问题。可以通过引入光流误差和速度场梯度误差，将光流方程求解问题转化成一个最优化问题。首先，定义光流误差 e_{of} 为运动矢量场中不符合光流方程的部分，即

$$e_{\mathrm{of}} = \frac{\partial f}{\partial x}u + \frac{\partial f}{\partial y}v + \frac{\partial f}{\partial t} \tag{5-20}$$

求运动矢量场就是要使 e_{of} 在整帧图像内的平方和达到最小，即最小化 e_{of} 的含义是使计算出的运动矢量尽可能符合光流方程的约束。然后，定义速度场梯度

误差 e_s^2 为

$$e_s^2 = \left(\frac{\partial u}{\partial x}\right)^2 + \left(\frac{\partial u}{\partial y}\right)^2 + \left(\frac{\partial v}{\partial x}\right)^2 + \left(\frac{\partial v}{\partial y}\right)^2 \tag{5-21}$$

误差 e_s^2 描述了光流场的平滑性，e_s^2 越小，说明光流场越趋于平滑，所以最小化 e_s^2 的含义是使整个运动矢量场尽可能平滑。稠密光流算法同时考虑两种约束，希望求得使两种误差在整帧图像内的加权和最小的光流场 (u, v)，即

$$\min_{\substack{u(x,y) \\ v(x,y)}} = \int_A \left[e_{of}^2(u,v) + w^2 e_s^2(u,v) \right] \mathrm{d}x\mathrm{d}y \tag{5-22}$$

其中，A 代表图像区域；w 是光流误差和平滑误差的相对权重，用来在计算中增强或减弱平滑性约束的影响。

当场景中的运动比较剧烈、运动矢量幅度较大时，光流误差也会较大，导致根据式（5-22）优化的结果也有较大误差。此时，一种改进是用位移帧差项

$$f\left(x + \bar{u}_n, y + \bar{v}_n, t+1\right) - f(x,y,t) \tag{5-23}$$

来代替光流误差项 e_{of}，并用平均梯度项

$$f_x = \frac{1}{2}\left[\frac{\partial f}{\partial x}(x + \bar{u}_n, y + \bar{v}_n, t+1) + \frac{\partial f}{\partial x}(x,y,t) \right] \tag{5-24}$$

$$f_y = \frac{1}{2}\left[\frac{\partial f}{\partial y}(x + \bar{u}_n, y + \bar{v}_n, t+1) + \frac{\partial f}{\partial y}(x,y,t) \right] \tag{5-25}$$

分别代替偏导数 $\partial f/\partial x$、$\partial f/\partial y$，这样可以更好地逼近较大幅度的运动矢量。

利用式（5-23）～式（5-25）定义的位移帧差项和平均梯度项，可以将计算第 $n+1$ 次迭代中的运动矢量的增量 $[\Delta u(x, y, t)_{n+1}, \Delta v(x, y, t)_{n+1}]$ 表示为

$$\Delta u(x,y,t)_{n+1} = -f_x \frac{\left[f(x + \bar{u}_n, y + \bar{v}_n, t+1) - f(x,y,t) \right]}{w^2 + f_x^2 + f_y^2} \tag{5-26}$$

$$\Delta v(x,y,t)_{n+1} = -f_y \frac{\left[f(x + \bar{u}_n, y + \bar{v}_n, t+1) - f(x,y,t) \right]}{w^2 + f_x^2 + f_y^2} \tag{5-27}$$

最后，由于稠密光流算法利用了全局平滑性约束，因此位于运动物体边界处的运动矢量会被平滑成渐变的过渡，从而使运动边界发生模糊。下面讨论如何利用全局运动信息进行运动补偿以获得由局部物体引起的运动矢量的问题。

2. 全局运动补偿

在已经求得由摄像机运动导致的全局运动的参数的基础上，可以根据运动参

数恢复全局运动矢量，从而在稠密光流算法中先对全局运动矢量进行补偿，再利用迭代逐渐逼近由局部物体引起的运动矢量。

在实际的计算过程中，先从估计的全局运动模型中计算出每个像素的**全局运动矢量**，再与当前的**局部运动矢量**合并，作为下一次迭代的初始输入值，具体步骤如下。

（1）设图像中所有像素的初始局部运动矢量$(u_l, v_l)_0$为 0。

（2）根据全局运动模型计算每个像素的全局运动矢量(u_g, v_g)。

（3）计算每个像素的实际运动矢量：

$$\left(\overline{u}_n, \overline{v}_n\right) = \left(\overline{u}_g, \overline{v}_g\right) + \left(\overline{u}_l, \overline{v}_l\right)_n \tag{5-28}$$

其中，$\left(\overline{u}_l, \overline{v}_l\right)_n$ 是第 n 次迭代后局部运动矢量在该像素邻域中的平均值。

（4）根据式（5-26）和式（5-27）计算该像素运动矢量的修正值$(\Delta u, \Delta v)_{n+1}$。

（5）如果$(\Delta u, \Delta v)_{n+1}$的幅度大于某一阈值 T，则令

$$\left(\overline{u}_l, \overline{v}_l\right)_{n+1} = \left(\overline{u}_l, \overline{v}_l\right)_n + (\Delta u, \Delta v)_{n+1} \tag{5-29}$$

并转到步骤（3），否则结束计算。

图 5-9 给出**块匹配法**（参见例 4-3）和改进稠密光流迭代算法计算结果的比较。对于相同的原始图像，图 5-9(a)在其上叠加了用块匹配法计算出的运动矢量场，图 5-9(b)在其上叠加了估计的全局运动矢量（全局平滑性约束导致运动边界不明显，运动矢量幅度较小），图 5-9(c)在其上叠加了用带全局运动补偿的稠密光流迭代算法计算出的局部运动矢量。可以看出，在块匹配法的结果中，全局运动的影响已经被有效地消除，同时低纹理背景区域中错误的运动矢量也被消除了，结果中的运动矢量都集中分布在正进行向上运动的运动员和球的对应区域中，这是比较符合场景中的局部运动内容的。

(a)　　　　　　　　　(b)　　　　　　　　　(c)

图 5-9　块匹配法和改进稠密光流迭代算法计算结果的比较

5.4　运动目标跟踪

对视频中的运动目标进行跟踪，就是要在各帧图像中检测和定位同一个目标。在实际应用中常常会遇到如下几个难点：①目标和背景有相似性，这时不容易捕捉到两者之间的差别；②目标自身的外观随时间变化，一方面，有些目标为非刚性，其外观必然随时间不断变化，另一方面，光照等外界条件随时间的变化也会导致目标的外观发生变化（无论目标是刚体还是非刚体）；③在跟踪过程中，背景和目标之间的空间位置改变会导致被跟踪目标被遮挡而得不到（完整的）目标信息。另外，跟踪还要兼顾目标定位的准确性和应用的实时性。

运动目标跟踪常将对目标的定位和表达（这是一个由底向上的过程，需要消除目标表观、朝向、照明和尺度变化等的影响）与轨迹滤波、数据融合（这是一个由顶向下的过程，需要考虑目标的运动特性、各种先验知识和运动模型的使用，以及对运动假设的推广和评价等）相结合。

运动目标跟踪可以使用多种不同的方法，主要包括基于轮廓的跟踪、基于区域的跟踪、基于模板的跟踪、基于特征的跟踪、基于运动信息的跟踪等。基于运动信息的跟踪还可分为利用运动信息连续性的跟踪、利用预测下一帧中目标位置的方法缩小搜索范围的跟踪两种。下面介绍几种常用的技术，其中卡尔曼滤波器和粒子滤波器都属于缩小搜索范围的方法。

5.4.1　卡尔曼滤波器

在对当前帧内的目标进行跟踪时，常常希望能够预测其在后续帧中的位置，这样可以最大限度地利用先前的信息并在后续帧中进行最少的搜索。另外，预测也对解决由短时遮挡带来的问题有帮助。为此，需要连续地更新被跟踪目标的位置和速度：

$$x_i = x_{i-1} + v_{i-1} \tag{5-30}$$

$$v_i = x_i - x_{i-1} \tag{5-31}$$

这里需要获取 3 个量：原始位置、观测前对应变量（模型参数）的最优估计值（加上角标 −）和观测后对应变量的最优估计值（加上角标+）。另外，还需要考虑噪声。如果用 m 表示位置测量的噪声，n 表示速度估计的噪声，则式（5-30）和式（5-31）式分别为

$$x_i^- = x_{i-1}^+ + v_{i-1} + m_{i-1} \tag{5-32}$$

$$v_i^- = v_{i-1}^+ + n_{i-1} \tag{5-33}$$

在速度为常数且噪声为高斯噪声时，最优解为

$$x_i^- = x_{i-1}^+ \tag{5-34}$$

$$\sigma_i^- = \sigma_{i-1}^+ \tag{5-35}$$

它们被称为**预测方程**，并且有

$$x_i^+ = \frac{x_i / \sigma_i^2 + (x_i^-) / (\sigma_i^-)^2}{1 / \sigma_i^2 + 1 / (\sigma_i^-)^2} \tag{5-36}$$

$$\sigma_i^+ = \left[\frac{1}{1 / \sigma_i^2 + 1 / (\sigma_i^-)^2} \right]^{\frac{1}{2}} \tag{5-37}$$

它们被称为**校正方程**，其中，$\sigma^\pm$ 是用对应模型估计 $x^\pm$ 得到的标准方差；σ 是原始测量 x 的标准方差。这里简单解释一下为什么式（5-37）中的方差不是以常见的相加方式结合的。如果有多个误差源作用在相同的数据上，这些方差需要加起来；如果各误差源都贡献相同量的误差，则方差需要乘以误差源的数量 M。在相反的情况下，如果有更多的数据而误差源没有变化，方差需要除以总的数据点个数 N，所以有一个自然的比例 M/N 控制总的误差。这里采用小尺度的相关方差来描述结果，所以方差以一种特殊的方式结合。

由上述方程可知，通过重复测量可以在每次迭代中改进对位置参数的估计及减少基于它们的误差。由于像对位置一样对噪声进行了模型化，这样早于 $i-1$ 的位置都可被忽略。事实上，可对很多位置值进行平均以提升最终估计的准确性，这将反映在 x_i^-、σ_i^-、x_i^+ 和 σ_i^+ 的值中。

上述算法称为**卡尔曼滤波器**，它是对噪声为零均值高斯噪声的线性系统的最优估计。不过，由于卡尔曼滤波器基于平均处理，所以当数据中有野点时就会产生较大误差。在大多数运动应用中都会有这个问题，所以需要对每个估计进行测试以确定它是否与实际相差太远。进一步，这个结果可以推广到多变量和变速度（甚至变加速度）的情况中。此时，定义一个包含位置、速度和加速度的状态矢量，并利用线性近似来进行估计。

5.4.2　粒子滤波器

卡尔曼滤波器要求状态方程是线性的，状态分布是高斯的，这些要求在实际应用中并不总能满足。**粒子滤波器**是解决非线性问题的有效方法，其基本思想是用在状态空间中传播的随机样本（称为"粒子"）逼近系统状态的后验概率分布（PDF），从而得到系统状态的估计值。粒子滤波器本身代表一种采样方法，借助

它可通过时间结构来逼近特定的分布。粒子滤波器也常被称为序列蒙特卡洛方法、引导滤波等，在图像技术的研究中，也被称为**条件密度扩散**（CONDENSATION）。

假设一个系统具有状态 $X_t = \{x_1, x_2, \cdots, x_t\}$，其中，下标代表时间。在时刻 t，可用概率密度函数表示 x_t 的可能情况，这可用一组粒子（一组采样状态）来表示，粒子的出现由其概率密度函数控制。另外，还有一系列与状态 X_t 概率相关的观察 $Z_t = \{z_1, z_2, \cdots, z_t\}$ 及一个马尔可夫假设，即 x_t 概率依赖前一个状态 x_{t-1}，这可表示为 $P(x_t | x_{t-1})$。

条件密度扩散是一个迭代的过程，在每步都保持一组 N 个具有权重 w_i 的采样 s_i，即

$$S_t = \{(s_{ti}, w_{ti})\} \quad i = 1, 2, \cdots, N \quad \sum_i w_i = 1 \qquad (5\text{-}38)$$

这些采样和权重合起来表达了在给定 Z_t 的情况下，状态 X_t 的概率密度函数。与卡尔曼滤波器不同，这里并不要求分布满足单模、高斯分布等限制，可以是多模的。下一步，需要从 S_{t-1} 推出 S_t。

粒子滤波器的具体步骤如下。

（1）设已知时刻 $t-1$ 的一组加权样本 $S_{t-1} = \{s_{(t-1)i}, w_{(t-1)i}\}$。令权重的累积概率为

$$\begin{aligned} c_0 &= 0 \\ c_i &= c_{i-1} + w_{(t-1)i} \quad i = 1, 2, \cdots, N \end{aligned} \qquad (5\text{-}39)$$

（2）在 [0,1] 的均匀分布中随机选一个数 r，确定 $j = \arg[\min_i(c_i > r)]$ 以计算 S_t 中的第 n 个样本。对 S_{t-1} 中的第 j 个样本进行扩散（这称为**重要性采样**），即对最有可能的样本加最大的权重。

（3）使用有关 x_t 的马尔可夫性质推导 s_{tn}。

（4）利用 Z_t 获得 $w_{tn} = p(z_t | x_t = s_{tn})$。

（5）返回步骤（2），迭代 N 次。

（6）对 $\{w_{ti}\}$ 归一化，使得 $\sum_i w_i = 1$。

（7）输出对 x_t 的最优估计：

$$x_t = \sum_{i=1}^{N} w_{ti} s_{ti} \qquad (5\text{-}40)$$

❏ **例 5-3　粒子滤波器迭代示例**

考虑 1D 的情况，此时 x_t 和 s_t 都只是标量实数。设在时刻 t，x_t 有一个位移 v_t，并且受到零均值高斯噪声 e 的影响，即有 $x_{t+1} = x_t + v_t + e_t$，$e_t \sim N(0, \sigma_1^2)$。进一步，

设 z_t 以 x 为中心呈高斯分布，方差为 σ_2^2。粒子滤波器要对 x_1 进行 N 次"猜测"，得到 $S_1 = \{s_{11}, s_{12}, \cdots, s_{1N}\}$。

接下来，生成 S_2。从 S_1 中选一个 s_j（不考虑 w_{1i} 的值），令 $s_{21} = s_j + v_1 + e$，其中，$e \sim N(0, \sigma_1^2)$。将上述过程重复 N 次以生成 $t=2$ 时的粒子。此时，$w_{2i} = \exp[(s_{2i}-z_2)^2/\sigma_2^2]$。重新归一化 w_{2i}，迭代结束。如此得到的对 x_2 的估计是 $\Sigma_i^N w_{2i}s_{2i}$。

❑

更详细的粒子滤波器可描述如下。粒子滤波器是一种递归（迭代进行）的贝叶斯方法，在每个步骤中使用一组后验概率密度函数的采样。在有大量采样（粒子）的条件下，它会接近最优的贝叶斯估计。下面借助图 5-10 来讨论。

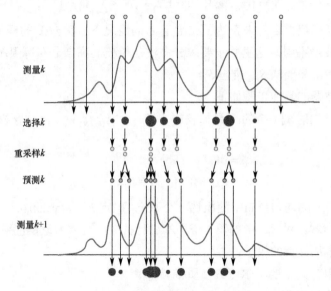

图 5-10　粒子滤波器全过程示意

考虑一个目标在连续帧中的观测 z_1 到 z_k，对应得到的目标状态为 x_1 到 x_k。在每个步骤中，需要估计目标最可能的状态。贝叶斯规则给出后验概率密度：

$$p(x_{k+1} \mid z_{1:k+1}) = \frac{p(z_{k+1} \mid x_{k+1})p(x_{k+1} \mid z_{1:k})}{p(z_{k+1} \mid z_{1:k})} \tag{5-41}$$

其中，归一化常数为

$$p(z_{k+1} \mid z_{1:k}) = \int p(z_{k+1} \mid x_{k+1})p(x_{k+1} \mid z_{1:k})\mathrm{d}x_{k+1} \tag{5-42}$$

从上一个时刻可得到先验概率密度：

$$p(\boldsymbol{x}_{k+1} \mid \boldsymbol{z}_{1:k}) = \int p(\boldsymbol{x}_{k+1} \mid \boldsymbol{x}_k) p(\boldsymbol{x}_k \mid \boldsymbol{z}_{1:k}) \mathrm{d}\boldsymbol{x}_k \tag{5-43}$$

采用贝叶斯分析中常见的马尔可夫假设,得到

$$p(\boldsymbol{x}_{k+1} \mid \boldsymbol{x}_k, \boldsymbol{z}_{1:k}) = p(\boldsymbol{x}_{k+1} \mid \boldsymbol{x}_k) \tag{5-44}$$

即更新 $\boldsymbol{x}_k \rightarrow \boldsymbol{x}_{k+1}$ 所需的转移概率仅间接地依赖 $\boldsymbol{z}_{1:k}$。

对于上述方程,特别是式(5-41)和式(5-43),并没有通用解,但约束解是可能的。卡尔曼滤波器假设所有后验概率密度都是高斯的,如果高斯约束不成立,就需要使用粒子滤波器。

为使用这个方法,将后验概率密度写成德尔塔函数采样的和:

$$p(\boldsymbol{x}_k \mid \boldsymbol{z}_{1:k}) \approx \sum_{i=1}^{N} w_k^i \delta(\boldsymbol{x}_k - \boldsymbol{x}_k^i) \tag{5-45}$$

其中,权重进行如下归一化:

$$\sum_{i=1}^{N} w_k^i = 1 \tag{5-46}$$

代入式(5-41)~式(5-43),得到

$$p(\boldsymbol{x}_{k+1} \mid \boldsymbol{z}_{1:k+1}) \propto p(\boldsymbol{z}_{k+1} \mid \boldsymbol{x}_{k+1}) \sum_{i=1}^{N} w_k^i p(\boldsymbol{x}_{k+1} \mid \boldsymbol{x}_k^i) \tag{5-47}$$

虽然式(5-47)给出对真实后验概率密度的一个离散加权逼近,但对后验概率密度直接采样是很困难的。所以,该问题需要使用序列重要性采样(SIS),借助一个合适的"建议"密度函数 $q(\boldsymbol{x}_{0:k} \mid \boldsymbol{z}_{1:k})$ 来解决。重要性密度函数最好是可分解的:

$$q(\boldsymbol{x}_{0:k+1} \mid \boldsymbol{z}_{1:k+1}) = q(\boldsymbol{x}_{k+1} \mid \boldsymbol{x}_{0:k}, \boldsymbol{z}_{1:k+1}) q(\boldsymbol{x}_{0:k} \mid \boldsymbol{z}_{1:k}) \tag{5-48}$$

接下来,就可算得权重更新方程:

$$w_{k+1}^i = w_k^i \frac{p(\boldsymbol{z}_{k+1} \mid \boldsymbol{x}_{k+1}^i) p(\boldsymbol{x}_{k+1}^i \mid \boldsymbol{x}_k^i)}{q(\boldsymbol{x}_{k+1}^i \mid \boldsymbol{x}_{0:k}^i, \boldsymbol{z}_{1:k+1})} = w_k^i \frac{p(\boldsymbol{z}_{k+1} \mid \boldsymbol{x}_{k+1}^i) p(\boldsymbol{x}_{k+1}^i \mid \boldsymbol{x}_k^i)}{q(\boldsymbol{x}_{k+1}^i \mid \boldsymbol{x}_k^i, \boldsymbol{z}_{k+1})} \tag{5-49}$$

其中,消除了通路 $\boldsymbol{x}_{0:k}$ 和观测 $\boldsymbol{z}_{1:k}$,要想使粒子滤波器能够以可控制的方式迭代地进行跟踪,这是必须要做的。

仅根据序列重要性采样会在很少几次迭代后使得除一个粒子外的其他粒子的权重都变得很小。解决该问题的一个简单方法是重新采样以去除小的权重,并通过复制加倍来增强大的权重。而实现重新采样的一个基础算法是"系统化的重采样",它使用累积离散概率分布(CDF,对原始德尔塔函数进行采样并结合成一系

列的阶梯）并在[0,1]内进行切割以找出适合新采样的指标，如图 5-11 所示，这会消除小的样本，并加强大的样本。图中用规则间隔的水平线来指示发现适合新采样的指标（N）所需的切割。这些切割倾向于忽略 CDF 中的小阶梯并通过加倍来加强大的样本。

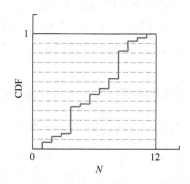

图 5-11　使用累积离散概率分布进行系统化的重采样

上述过程称为重要性重采样（SIR），对于产生稳定的样本集合很重要。在使用这种特殊的方法时，将先验概率密度作为重要性密度

$$q(\boldsymbol{x}_{k+1} \mid \boldsymbol{x}_k^i, \boldsymbol{z}_{k+1}) = p(\boldsymbol{x}_{k+1} \mid \boldsymbol{x}_k^i) \tag{5-50}$$

并代回到式（5-49）中，得到大大简化的权重更新方程：

$$w_{k+1}^i = w_k^i \, p(\boldsymbol{z}_{k+1} \mid \boldsymbol{x}_{k+1}^i) \tag{5-51}$$

更进一步，由于在每个时刻都进行重采样，所有的先前权重 w_k^i 都取值 $1/N$。式（5-51）可简化为

$$w_{k+1}^i \propto p(\boldsymbol{z}_{k+1} \mid \boldsymbol{x}_{k+1}^i) \tag{5-52}$$

5.4.3　均移和核跟踪

均移代表偏移的均值向量，是一种非参数技术，可用于分析复杂的多模特征空间并确定特征聚类。它假设聚类在其中心部分的分布较密，通过迭代计算密度核的均值（对应聚类重心，也是给定窗时的最频值）来达到目的。

下面借助图 5-12 来介绍均移方法的原理和步骤，其中各图中的圆点表示 2D 特征空间（可 3D 或更高维）中的特征点。首先，随机选择一个初始的感兴趣区域（初始窗）并确定其重心，如图 5-12(a)所示，也可看作以该点为中心、以给定半径画个球（在 2D 空间中画个圆）。该球或圆应能包含一定数量的数据点，但不能包

含所有数据点。接下来，搜索周围点密度更大的感兴趣区域并确定其重心（相当于移动球或圆的中心到一个新的位置，该位置是在这个半径范围内所有点的平均位置），然后将窗移动到该重心确定的位置，这里原重心和新重心间的位移矢量就对应均移，如图 5-12(b)所示。重复上面的过程，不断移动均值（结果就是球或圆会逐步向具有较大密度的区域移动）直到收敛，如图 5-12(c)所示。最后的重心位置确定了局部密度的极大值，即局部概率密度函数的最频值。

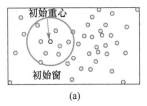 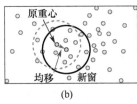 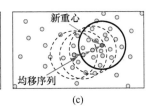

(a)　　　　　　　　　　(b)　　　　　　　　　　(c)

图 5-12　均移方法原理示意

均移也可用于运动目标跟踪，此时感兴趣区域对应跟踪窗口，而对于被跟踪目标，要建立特征模型。利用均移进行目标跟踪的基本思想是，不断将目标模型放在跟踪窗口内进行移动搜索，计算相关值最大的位置。这相当于在确定聚类中心时，将窗口移到与重心位置重合（收敛）处。

为从上一帧到当前帧连续跟踪目标，可将在上一帧中确定的目标模型先放在跟踪窗口局部坐标系的中心位置 x_c 处，而令当前帧中的候选目标在位置 y 处。对候选目标的特征描述可借助从当前帧数据中估计的概率密度函数 $p(y)$ 来刻画。目标模型 Q 和候选目标 $P(y)$ 的概率密度函数定义为

$$Q = \{q_v\} \quad \sum_{v=1}^{m} q_v = 1 \qquad (5\text{-}53)$$

$$P(y) = \{p_v(y)\} \quad \sum_{v=1}^{m} p_v = 1 \qquad (5\text{-}54)$$

其中，$v = 1, \cdots, m$，m 是特征数量。令 $S(y)$ 是 $P(y)$ 和 Q 之间的相似函数，即

$$S(y) = S\{P(y), Q\} \qquad (5\text{-}55)$$

对于一个目标跟踪任务，相似函数 $S(y)$ 就是上一帧中一个要跟踪的目标处在当前帧中位置 y 处的似然度。所以，$S(y)$ 的局部极值对应当前帧中目标的位置。

为定义相似函数，可以使用各向同性的核，其中特征空间的描述用核权重来表示，则 $S(y)$ 是 y 的一个光滑函数。如果令 n 为跟踪窗口内像素的总个数，x_i 为其中第 i 个像素的位置，则对候选窗口中候选目标特征向量 Q_v 的概率估计为

$$\hat{\boldsymbol{Q}}_v = C_q \sum_i^n K(\boldsymbol{x}_i - \boldsymbol{x}_c) \delta[b(\boldsymbol{x}_i) - q_v] \tag{5-56}$$

其中，$b(\boldsymbol{x}_i)$ 为目标的特征函数在像素 $\boldsymbol{x}_i$ 处的值；δ 函数的作用是判断 $\boldsymbol{x}_i$ 的值是否为特征向量 $\boldsymbol{Q}_v$ 的量化结果；$K(\boldsymbol{x})$ 为凸且单调下降的核函数；C_q 是归一化常数，有

$$C_q = \frac{1}{\sum_{i=1}^n K(\boldsymbol{x}_i - \boldsymbol{x}_c)} \tag{5-57}$$

类似地，对候选目标 $\boldsymbol{P}(\boldsymbol{y})$ 的特征模型向量 $\boldsymbol{P}_v$ 的概率估计为

$$\hat{\boldsymbol{P}}_v = C_p \sum_i^n K(\boldsymbol{x}_i - \boldsymbol{y}) \delta[b(\boldsymbol{x}_i) - p_v] \tag{5-58}$$

其中，C_p 是归一化常数（对给定的核函数可预先算出），有

$$C_p = \frac{1}{\sum_{i=1}^n K(\boldsymbol{x}_i - \boldsymbol{y})} \tag{5-59}$$

通常采用巴塔查里亚（Bhattacharya）系数来估计目标模板与候选区域密度之间的相似程度。两个密度的分布越相近，相似程度越大。目标中心位置为

$$\boldsymbol{y} = \frac{\sum_{i=1}^n \boldsymbol{x}_i w_i K(\boldsymbol{y} - \boldsymbol{x}_i)}{\sum_{i=1}^n w_i K(\boldsymbol{y} - \boldsymbol{x}_i)} \tag{5-60}$$

其中，w_i 是加权系数。注意，由式（5-60），得不到 $\boldsymbol{y}$ 的解析解，所以需要采用迭代方式求解。这个迭代过程对应一个寻找邻域内极大值的过程。**核跟踪**的特点是运行效率高，易于模块化，尤其对于运动有规律且速度不高的目标，可逐次获得新的目标中心位置，从而实现对目标的跟踪。

❑ **例 5-4　跟踪过程中的特征选择**

在对目标的跟踪中，除了跟踪策略和方法，选择什么样的目标特征也很重要。下面给出一个示例，在均移跟踪框架下分别利用颜色直方图和**边缘方向直方图**（EOH）进行跟踪，如图 5-13 所示。图 5-13(a)是一个视频中的一帧图像，其中要跟踪的目标（用白框标示）颜色与背景相近，此时用颜色直方图效果不好（见图 5-13(b)），而利用边缘方向直方图可以跟住目标（见图 5-13(c)）。图 5-13(d)是另一个视频中的一帧图像，其中要跟踪的目标边缘方向不明显，此时利用颜色直方图可以跟住目标（见图 5-13(e)），而利用边缘方向直方图效果不好（见图 5-13(f)）。可见，单独使用一种特征在特定情况下会导致跟踪失败。

颜色直方图主要反映了目标内部的信息，而边缘方向直方图主要反映了目标轮廓的信息。将两者结合起来，则可能获得更通用的效果。图 5-14 给出一个示例，

其中 4 帧图像依次为视频中（按时间顺序）的 4 帧图像。这里要跟踪的是一辆汽车。由于视频中有目标尺寸变化、观察视角变化和目标部分遮挡等情况，所以汽车的颜色或轮廓都随时间有一定变化。通过将颜色直方图和边缘方向直方图结合使用，补长取短，效果较好。

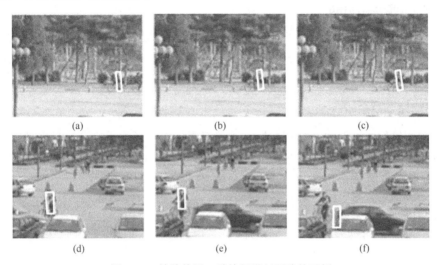

图 5-13　单独使用一种特征进行跟踪的示例

图 5-14　综合使用两种特征进行跟踪的示例 ❏

5.5　各节要点和进一步参考

以下结合各节的主要内容介绍一些可以进一步查阅的参考文献。

1．差分图像

差分运算是一种基本的算术运算，可参见《2D 计算机视觉：原理、算法及应用》一书。

2．背景建模

背景建模可看作一种借助自适应亚采样来减少建模计算量的方法，可参见文献[1]。

3．光流场与运动

关于光流场和运动场的区别和进一步讨论可见 7.3 节。对 Horn-Schunck 算法的更多讨论可参见文献[2]。关于在稠密光流算法中先补偿全局运动再计算局部运动的详细内容可参见文献[3]。

4．运动目标跟踪

在卡尔曼滤波器中，为解决短时遮挡问题使用的预测手段可参见文献[4]。有关粒子滤波器的具体步骤可参见文献[5]。均移技术中对各向同性核的更多讨论可参见文献[6]。在跟踪中选择目标特征的更多示例可参见文献[7]。

第 6 章

双目立体视觉

人类视觉系统是一个天然的立体视觉系统，通过双目成像获取 3D 信息。

在计算机视觉中，立体视觉主要研究如何借助（多图像）成像技术从（多幅）图像里获取场景中物体的距离（深度）信息，其开创性工作早在 20 世纪 60 年代中期就已开始。**立体视觉**从两个或多个视点观察同一场景，采集不同视角下的一组图像，然后通过三角测量原理获得不同图像中对应像素之间的**视差**（同一个 3D 点投影到两幅 2D 图像上时，其两个对应点在图像上位置的差），从中获得深度信息并进而计算场景中目标的形状及多个目标之间的空间位置关系等。立体视觉的工作过程与人类视觉系统的感知过程有许多类似之处。

基于电子设备和计算机的人工立体视觉可借助双目图像或三目及多目图像来实现，本章仅讨论双目立体视觉。

本章各节安排如下。

6.1 节介绍立体视觉的工作流程，并对流程中涉及的 6 个功能模块逐一进行分析。

6.2 节讨论基于区域的双目立体匹配，先介绍模板匹配的原理，然后着重对立体匹配中的各种约束进行详细分析。

6.3 节讨论基于特征的双目立体匹配，在介绍基本步骤和方法的基础上，对得到广泛应用的尺度不变特征变换（SIFT）进行详细描述，并讨论基于顺序性约束的动态规划匹配。

6.4 节讨论视差图误差检测与校正，重点介绍一种比较通用且快速的方法。

6.1 立体视觉流程和模块

立体视觉要将客观场景在计算机中进行重建，其流程和模块如图 6-1 所示。

完整的立体视觉系统可以分为 6 个功能模块，即为完成立体视觉任务需要进行 6 项工作。

图 6-1　立体视觉流程和模块

1. 摄像机标定

摄像机标定（相机标定）已在第 2 章进行了介绍，其目的是根据有效的成像模型，确定摄像机的内、外属性参数，以便正确建立空间坐标系中物点与像平面上像点之间的对应关系。在立体视觉中，常使用多个摄像机，此时要分别标定每个摄像机。在利用 2D 图像坐标推导 3D 信息时，如果摄像机是固定的，只需标定一次；如果摄像机是运动的，则可能需要标定多次。

2. 图像采集

图像采集涉及空间坐标和图像属性两个方面的问题，如第 3 章专门针对含有 3D 信息的高维图像获取进行了介绍（包括各种直接成像方式和立体视觉成像方式）。许多直接成像方式使用特定的设备，以在特定的环境或条件下获取 3D 空间信息。第 4 章介绍的视频图像也含有 3D 时空信息。

3. 特征提取

立体视觉借助视差求取 3D 信息（特别是深度信息），而判定同一目标在不同图像中的对应关系是一个关键问题。解决该问题的方法之一是选择合适的图像特征以进行多图像之间的匹配。这里**特征**是一个泛指的概念，代表对像素或像素集合的抽象表达和描述（如在 6.2 节中主要考虑了子图像的像素灰度值，在 6.3 节中主要考虑了像素邻域中灰度分布呈现的特性）。目前还没有一种获取图像特征的普遍适用理论，常用的匹配特征从小到大主要有点状特征、线状特征、面状（区域）特征和体状（立体）特征等。一般来讲，大尺度特征含有较丰富的图像信息，所需数量较少，易于得到快速的匹配结果，但提取与描述相对复杂，定位精度也差；小尺度特征定位精度高，表达和描述相对简单，但其数量较多，所含信息量却较少，因而在匹配时需要采用较强的约束准则和相应的匹配策略。

4．立体匹配

立体匹配是指根据对所选特征的计算结果来建立特征间的对应关系，从而建立同一个物点在不同图像中的像点之间的关系，并由此得到相应的视差图。立体匹配是立体视觉中最重要、最困难的步骤。利用式（3-30）、式（3-37）或式（4-18）计算距离 Z 的难点都是在同一场景的不同图像中发现对应点，即要解决如何从成对的两幅图像中找到物体对应点的问题。如果对应点用亮度定义，则由于双眼观察位置不同，实际的对应点在两幅图像中的亮度可能不同。如果对应点用几何形状定义，则要求的就是物体的几何形状本身。相对来说，采用双目轴向模式比采用双目横向模式所受的影响要小一些，这是因为三个点，即 $(0, 0)$ 及 (x_1, y_1)、(x_2, y_2) 排成一条直线，而且点 (x_1, y_1) 和点 (x_2, y_2) 在点 $(0, 0)$ 的同一侧，比较容易搜索。

目前实用的技术主要分为两大类，即**灰度相关**和**特征匹配**。灰度相关是基于区域像素灰度值的方法，需要考虑每个需要匹配的点的邻域性质；特征匹配是基于特征点的方法，要先选取图像中具有唯一或特殊性质的点作为匹配点，采用的特征（点）主要是图像中的拐点和角点、边缘线段、目标轮廓等。上述两类方法分别类似图像分割时基于区域和基于边缘的方法。6.2 节和 6.3 节将分别介绍一些典型方法。

5．3D 信息恢复

在通过立体匹配得到视差图后，便可以进一步计算**深度图**，并恢复场景中的 3D 信息（也常称为 **3D 重建**）。影响距离测量精度的因素主要有数字量化效应、摄像机标定误差、特征检测与匹配定位精度等。一般来讲，距离测量精度与匹配定位精度成正比，并与摄像机基线（不同摄像机位置间连线）的长度成正比。增大基线长度可以提升距离测量精度，但同时会增大对应图像间的差异，物体被遮挡的可能性也更大，从而增加了匹配的困难程度。因此，要设计一个精确的立体视觉系统以准确地恢复 3D 信息，必须综合考虑各方面因素，保证各环节都具有较高的精度。

顺便指出，精度是 3D 信息恢复中的一个重要指标，但也有些模型试图绕开这个问题。例如，在网络-符号模型下，并不需要精确地重建或计算 3D 模型，而是将图像转化成一个与知识模型类似的可理解的关系格式。这样一来，3D 信息恢复不再受精度的限制。在利用网络-符号模型时，不是根据视场而是根据推导出来的结构进行目标识别，受局部变化和目标外观的影响较小。

6．后处理

在经过以上步骤后，得到的 3D 信息常因各种原因而不完整或存在一定的误差，需要进一步的后处理。常用的后处理方法主要有以下三类。

1）深度插值

立体视觉的首要目的是恢复物体可视表面的完整信息，而由于特征常常是离散的，所以基于特征的立体匹配算法只能直接恢复图像中特征点处的视差值。因此在后处理中要增加一个视差表面内插重建的步骤，即对离散数据进行插值以得到非特征点处的视差值。**插值**的方法有很多，如最近邻插值、双线性插值、样条插值等。另外，还有基于模型的内插重建算法，在内插过程中，主要关注的问题是如何有效地保护物体表面的不连续信息。

2）误差校正

立体匹配是在受到几何畸变和噪声干扰等影响的图像间进行的。另外，图像中周期性模式、光滑区域的存在，以及遮挡效应、约束原则的不严格性等都会导致误差的产生。因而，对误差的检测和校正也是重要的后处理内容。通常需要根据误差产生的具体原因和方式选择合适的技术和手段，6.4 节将介绍一种**误差校正算法**。

3）精度改善

视差的计算和深度信息的恢复是后续工作的基础，因此在特定应用中常对视差计算的精度有相当高的要求。为进一步提高精度，可以在获得一般的像素级视差后进一步改善精度，以达到**亚像素级**的视差精度。

6.2　基于区域的双目立体匹配

确定双目图像中对应点的关系是获得深度图的关键步骤。下面的讨论以**双目横向模式**为例，如果考虑各种模式中独特的几何关系，由双目横向模式获得的结果也可推广到其他模式中。

最直观的确定对应点之间的关系的方法是采用点点对应匹配，但如果直接使用单个像素的灰度进行匹配，会受到图像中（可能有）多个像素具有相同灰度及图像中存在噪声干扰等因素的影响。另外，当 3D 场景被投影为 2D 图像时，不仅同一个物体在不同视点下的图像中可能会有不同的表观，而且场景中的诸多变化因素，如光照条件、噪声干扰、物体几何形状和畸变、表面物理特性及摄像机特性等，都被综合到单一的图像灰度值中。仅由单一灰度值分别确定以上诸多因素是十分困难的，这个问题至今没有得到很好的解决。

6.2.1　模板匹配

基于区域的方法需要考虑点的邻域性质，而邻域常借助**模板**（也称为子图像或窗）来确定。当给定双目图像中左图像里的一个点，而需要在对应的右图像里搜索与其相匹配的点时，可提取以左图像里的点为中心的邻域作为模板，将模板在右图像上平移并计算与各位置的相关性，根据相关值确定是否匹配。如果匹配，则认为右图像中匹配位置的中心点与左图像中的那个点构成对应点对。这里可取相关值最大处为匹配处，也可先给定一个阈值，先将相关值大于阈值的点提取出来，再根据其他因素再次选择。

模板匹配的本质是用一个模板图像（较小的图像）与一幅较大图像中的一部分（子图像）进行匹配。先确定大图像中是否存在模板图像，若存在，则进一步确定模板图像在大图像中的位置。在模板匹配中，模板常为正方形，但也可以是矩形或其他形状。现在考虑寻找一个尺寸为 $J \times K$ 的模板图像 $w(x, y)$ 与一个尺寸为 $M \times N$ 的大图像 $f(x, y)$ 的匹配位置，设 $J \leqslant M$ 且 $K \leqslant N$。在最简单的情况下，$f(x, y)$ 和 $w(x, y)$ 之间的相关函数可写为

$$c(s,t) = \sum_x \sum_y f(x,y)w(x-s, y-t) \qquad (6\text{-}1)$$

其中，$s = 0, 1, 2, \cdots, M-1$；$t = 0, 1, 2, \cdots, N-1$。

式（6-1）中的求和是对 $f(x, y)$ 和 $w(x, y)$ 重叠的图像区域进行的。如图 6-2 所示，假设 $f(x, y)$ 的原点位于图像的左上角，$w(x, y)$ 的原点位于模板中心。对于任何在 $f(x, y)$ 中给定的位置 (s, t)，根据式（6-1）可以算得 $c(s, t)$ 的一个特定值。当 s 和 t 变化时，$w(x, y)$ 在图像区域中移动并给出函数 $c(s, t)$ 的所有值。$c(s, t)$ 的最大值指示与 $w(x, y)$ 最佳匹配的位置。注意，对接近 $f(x, y)$ 边缘的 s 值和 t 值，匹配精确度会受图像边界的影响，其误差正比于 $w(x, y)$ 的尺寸。

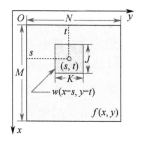

图 6-2　模板匹配示意

除了根据最大相关准则确定匹配位置，还可以使用最小均方误差函数，即

$$M_{\text{me}}(s,t) = \frac{1}{MN}\sum_x \sum_y [f(x,y)w(x-s,y-t)]^2 \tag{6-2}$$

在 VLSI（超大规模集成电路）硬件中，平方运算较难实现，所以可用绝对值代替平方值，得到最小平均差值函数：

$$M_{\text{ad}}(s,t) = \frac{1}{MN}\sum_x \sum_y |f(x,y)w(x-s,y-t)| \tag{6-3}$$

式（6-1）定义的相关函数有一个缺点，即对 $f(x,y)$ 和 $w(x,y)$ 幅度值的变化比较敏感，如当 $f(x,y)$ 的值加倍时，$c(s,t)$ 的值也会加倍。为了解决这个问题，可定义如下的相关系数：

$$C(s,t) = \frac{\sum_x \sum_y [f(x,y)-\overline{f}(x,y)][w(x-s,y-t)-\overline{w}]}{\left\{\sum_x \sum_y [f(x,y)-\overline{f}(x,y)]^2 \sum_x \sum_y [w(x-s,y-t)-\overline{w}]^2\right\}^{1/2}} \tag{6-4}$$

其中，$s = 0, 1, 2, \cdots, M-1$；$t = 0, 1, 2, \cdots, N-1$；$\overline{w}$ 是 w 的均值（只需计算一次）；$\overline{f}(x,y)$ 代表 $f(x,y)$ 中与 w 当前位置相对应的区域的均值。

式（6-4）中的求和是对 $f(x,y)$ 和 $w(x,y)$ 的共同坐标进行的。因为相关系数已经尺度变换到区间[-1, 1]中，所以其值的变化与 $f(x,y)$ 和 $w(x,y)$ 的幅度变化无关。

还有一种方法是计算模板和子图像间的灰度差，建立满足**平均平方差（MSD）**的两组像素间的对应关系。这类方法的优点是匹配结果不易受模板灰度检测精度和密度的影响，因而可以得到很高的定位精度和密集的视差表面；缺点是依赖图像灰度的统计特性，对物体表面结构及光照反射等较为敏感，因此在空间物体表面缺乏足够纹理细节、成像失真较大（如基线长度过大）的场合中，其应用存在一定困难。在实际匹配中也可采用一些灰度的导出量，但有实验表明，在将灰度、灰度微分大小和方向、灰度拉普拉斯值及灰度曲率作为匹配参数的匹配比较中，利用灰度参数取得的效果是最好的。

模板匹配作为一种基本的匹配技术在许多方面得到了应用，尤其是在图像仅有平移的情况中。上述讨论利用对相关系数的计算，可将相关函数归一化，解决幅度变化带来的问题，但要对图像尺寸和旋转进行归一化是比较困难的。对尺寸的归一化需要进行空间尺度变换，而这个过程需要大量的计算；对旋转的归一化则更困难。如果 $f(x,y)$ 的旋转角度可知，则只要将 $w(x,y)$ 也旋转相同角度使之与 $f(x,y)$ 对齐就可以了。但在不知道 $f(x,y)$ 旋转角度的情况下，要寻找最佳匹配需要

将 $w(x, y)$以所有可能的角度旋转。在实际应用中，这种方法是行不通的，因而在任意旋转或对旋转没有约束的情况下，很少直接使用如模板匹配这样的与计算区域相关的方法。

用代表匹配基元的模板进行图像匹配的方法要解决计算量随基元数量指数增加的问题。如果图像中的基元数量为 n，模板中的基元数量为 m，则模板与图像的基元之间存在 $O(n^m)$种可能的对应关系，这里组合数为 $C(n, m)$或 C_m^n。

❏　**例 6-1　利用几何哈希法的模板匹配**

为实现高效的模板匹配，可以使用**几何哈希法**，其理论基础是三个点可以定义一个 2D 平面，即如果选择三个不共线的点 P_1、P_2、P_3，就可以用这三个点的线性组合来表示任意点：

$$Q = P_1 + s(P_2 - P_1) + t(P_3 - P_1) \qquad (6-5)$$

式（6-5）在仿射变换下不会变化，即 (s, t)的数值只与三个不共线的点有关，而与仿射变换本身无关。这样，(s, t)的值可看作点 Q 的仿射坐标。这个特性对线段也适用：可以用三条不平行的线段定义一个仿射基准。

几何哈希法要构建一个哈希表，这个哈希表可用于快速确定一个模板在图像中的潜在匹配位置。哈希表可按如下方式构建：基于模板中任意三个不共线的点（基准点组），计算其他点的仿射坐标 (s, t)并用作哈希表的索引。对于每个点，哈希表保留当前基准点组的指标（序号）。如果要在图像中搜索多个模板，需要保留更多的模板索引。

在随机选取一个基准点组后，可以得到一个关于这个基准点组的投票。如果随机选出的点与模板上的基准点组不对应，就不接受投票；如果随机选出的点与模板上的基准点组对应，就接受投票。如果有许多投票被接受，就表明图像中很可能存在这个模板且可得到基准点组的指标。因为所选的基准点组会有一定的不合适的概率，所以需要通过迭代计算以增加找到正确匹配的概率。事实上，只需找到一个正确的基准点组来确定匹配的模板。所以，如果在图像中找到了 N 个模板点中的 k 个点，则在 m 次尝试中有至少一次正确选择基准点组的概率为

$$p = 1 - \left[1 - \left(\frac{k}{N} \right)^3 \right]^m \qquad (6-6)$$

如果图像中出现模板中点的数量与图像中点的数量的比值 $k/N=0.2$，希望模板匹配的可能性是 99%（$p = 0.99$），那么需要尝试的次数 $m=574$。　　❏

6.2.2　立体匹配

根据模板匹配的原理，可利用区域灰度的相似性来搜索两幅图像的对应点。具体来说，就是在立体图像对中，先选定左图像中以某个像素为中心的一个窗口，基于该窗口中的灰度分布构建模板，再用该模板在右图像中进行搜索，找到最匹配的窗口位置，此时匹配窗口中心的像素与左图像的拟匹配像素对应。

在上述搜索过程中，如果对于模板在右图像中的位置没有任何先验知识或任何限定，则需要搜索的范围可能会覆盖整幅右图像，对左图像中的每个像素都如此进行搜索是很费时间的。为缩小搜索范围，可考虑利用一些约束条件。

（1）兼容性约束。**兼容性约束**指黑色的点只能匹配黑色的点，更一般地，两幅图像中源于同一类物理性质的特征才能匹配，这也称为**光度兼容性约束**。

（2）唯一性约束。**唯一性约束**指一幅图像中的单个黑点只能与另一幅图像中的单个黑点匹配。

（3）连续性约束。**连续性约束**指匹配点附近的视差变化在整幅图像除遮挡区域或间断区域外的大部分区域中都是光滑的（渐变的），这也称为**视差光滑性约束**。

在讨论立体匹配时，除了以上 3 种约束，还可考虑下面介绍的极线约束和 6.3 节介绍的顺序性约束。

1.　极线约束

极线约束可用于在搜索过程中缩小搜索范围（从 2D 到 1D），加快搜索进程。

先借助图 6-3 介绍**极点**和**极线**这两个重要概念，它们也常被称为外极点和外极线或对极点和对极线。在图 6-3 中，坐标原点为左目光心，X 轴连接左、右两目光心，Z 轴指向观察方向，左、右两目间距为 B（系统基线），左、右两个像平面的光轴都在 XZ 平面内，交角为 θ。考虑左、右两个像平面的联系。O_1 和 O_2 分别为左、右像平面的光心，它们之间的连线称为光心线，光心线与左右像平面的交点 e_1 和 e_2 分别称为左、右像平面的极点（极点坐标分别用 e_1 和 e_2 表示）。光心线与空间点 W 在同一个平面中，这个平面称为**极平面**，极平面与左、右像平面的交线 L_1 和 L_2 分别称为空间点 W 在左、右像平面上投影点的极线。极线限定了双目图像对应点的位置，与空间点 W 在左像平面上投影点 p_1（坐标为 p_1）对应的右像平面投影点 p_2（坐标为 p_2）必在极线 L_2 上；反之，与空间点 W 在右像平面上投影点对应的左像平面投影点必在极线 L_1 上。这就是极线约束。

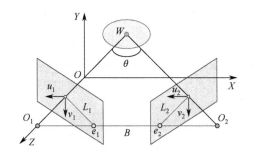

图 6-3　极点和极线示意（双目会聚横向模式）

❏　**例 6-2　极点与极线的对应**

在双目立体视觉系统中有两套光学系统，如图 6-4 所示。考虑成像平面 1 上的一组点（p_1, p_2, $\cdots$），每个点与 3D 空间中的一条光线对应，每条光线都在成像平面 2 上投影出一条线（L_1, L_2, $\cdots$）。因为所有光线都会聚到第一个摄像机的光学中心上，所以这些线在成像平面 2 上一定交于一点，该点是第一个摄像机的光学中心在第二个摄像机中的成像，称为极点。类似地，第二个摄像机的光学中心在第一个摄像机中的成像也是一个极点。而这些投影线就是极线。

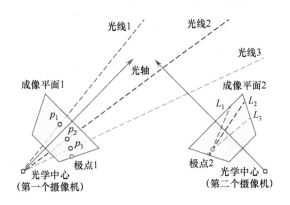

图 6-4　极点与极线的对应示意　　　　　　❏

❏　**例 6-3　极线模式**

极点并不一定总在观察到的图像中，因为极线有可能在视场外相交。两种常见的情况分别如图 6-5(a)和图 6-5(b)所示。首先，在双目横向模式中，两个摄像机的朝向一样，光轴之间有一定距离，并且成像平面的坐标轴对应平行，那么极线就会构成平行图案，其交点（极点）将在无穷远处，如图 6-5(a)所示。在双目轴向模式中，两个摄像机的光轴在一条线上，并且成像平面的坐标轴对应平行，那么极点分别在对应图像中，极线就会构成放射图案，如图 6-5(b)所示。这两种情况都表明，极线模式提供了摄像机之间相对位置和朝向的信息。

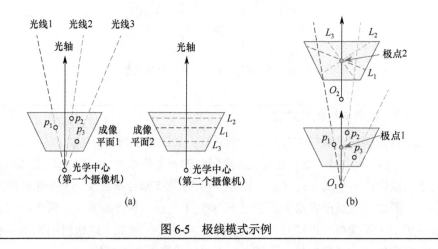

图 6-5　极线模式示例

在双目视觉中，当采用理想的平行光轴模型（各摄像机视线平行）时，极线与图像扫描线是重合的，这时的立体视觉系统称为平行立体视觉系统。在平行立体视觉系统中，也可以借助极线约束来缩小立体匹配的搜索范围。在理想情况下，利用极线约束可将对整幅图像的搜索变为对图像中某一行的搜索。但需要指出的是，极线约束仅仅是一种局部约束条件，对一个空间点来说，其在极线上的投影点可能不止一个。

❑　例 6-4　极线约束图示

如图 6-6 所示，用第一个摄像机观测空间点 W，成像点 p_1 应在该摄像机光学中心与点 W 的连线上。但所有该线上的点都会成像在点 p_1 处，所以并不能由点 p_1 完全确定特定点 W 的位置/距离。现用第二个摄像机观测同一个空间点 W，成像点 p_2 也应在该摄像机光学中心与点 W 的连线上。第一个摄像机光学中心与点 W 的连线上的所有点都投影到成像平面 2 中的一条直线上，该直线称为**极线**。

由图 6-6 中的几何关系可知，对于成像平面 1 上的任何点 p_1，成像平面 2 中与其对应的所有的点都（约束）在同一条直线上，这就是前面所说的极线约束。

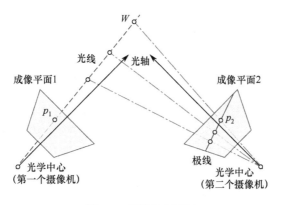

图 6-6　极线约束图示　❑

2. 本质矩阵和基本矩阵

空间点 W 在两幅图像上的投影点坐标之间的联系可用有 5 个自由度的**本质矩阵**（也称为**本征矩阵**）E 来描述，E 又可分解为一个正交的旋转矩阵 R 和一个后接的平移矩阵 T（$E = RT$）。如果在左图像中的投影点坐标用 p_1 表示，在右图像中的投影点坐标用 p_2 表示，则有

$$p_2^\mathrm{T} E p_1 = 0 \tag{6-7}$$

在对应图像上，通过两个投影点的极线坐标分别满足 $L_2 = E p_1$ 和 $L_1 = E^\mathrm{T} p_2$，极点坐标分别满足 $E e_1 = 0$ 和 $E^\mathrm{T} e_2 = 0$。

❑　**例 6-5　本质矩阵的推导**

本质矩阵指示了空间点 W（坐标为 W）在两幅图像上的投影点坐标之间的联系。在图 6-7 中，设可以观察到点 W 在图像上的投影位置 p_1 和 p_2，另外还知道两个摄像机之间的旋转矩阵 R 和平移矩阵 T，那么就可得到 3 个 3D 矢量 $O_1 O_2$、$O_1 W$ 和 $O_2 W$，这 3 个 3D 矢量肯定是共面的。因为在数学上，3 个 3D 矢量 a、b、c 共面的准则可写为 $a \cdot (b \times c) = 0$，所以可使用这个准则来推导本质矩阵。

根据第二个摄像机的透视关系可知：矢量 $O_1 W \propto R p_1$，矢量 $O_1 O_2 \propto T$ 且矢量 $O_2 W = p_2$。将这些关系与共面条件结合起来，就可得到需要的结果：

$$p_2^\mathrm{T} (T \times R p_1) = p_2^\mathrm{T} E p_1 = 0 \tag{6-8}$$

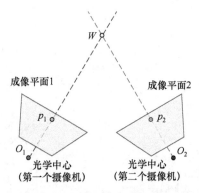

图 6-7　本质矩阵的推导示意

这就证明了式（6-7）。　　　　　　　　　　　　　　　　　　　　　　　　　　❑

在上面的讨论中，假设 p_1 和 p_2 是摄像机标定后的像素坐标。如果摄像机没有标定过，则需要用到原始的像素坐标 q_1 和 q_2。设摄像机的内参数矩阵为 G_1 和 G_2，则

$$p_1 = G_1^{-1} q_1 \qquad (6\text{-}9)$$

$$p_2 = G_2^{-1} q_2 \qquad (6\text{-}10)$$

将式（6-9）和式（6-10）代入式（6-7），则得到 $q_2^{\mathrm{T}}(G_2^{-1})^{\mathrm{T}} E G_1^{-1} q_1 = 0$，并可写为

$$q_2^{\mathrm{T}} F q_1 = 0 \qquad (6\text{-}11)$$

其中，

$$F = (G_2^{-1})^{\mathrm{T}} E G_1^{-1} \qquad (6\text{-}12)$$

称为**基本矩阵**（也称为**基础矩阵**），因为它包含了所有用于摄像机标定的信息。基本矩阵有 7 个自由度（每个极点需要 2 个参数，另加上 3 个参数以将 3 条极线从一幅图像映射到另一幅图像中，因为两个 1D 投影空间中的投影变换具有 3 个自由度），本质矩阵有 5 个自由度，即基本矩阵比本质矩阵多 2 个自由参数，但对比式（6-7）和式（6-11）可见，这两个矩阵的作用/功能是类似的。

本质矩阵和基本矩阵与摄像机的内、外参数有关。如果给定摄像机的内、外参数，则根据极线约束可知，对于成像平面 1 上的任意点，只需在成像平面 2 上进行 1D 搜索就可确定其对应点的位置。进一步，对应性约束是摄像机内、外参数的函数，给定内参数就可借助观察到的对应点的模式确定外参数，进而确定两个摄像机之间的几何关系。

3. 匹配中的影响因素

在实际利用区域匹配的方法时，还有一些具体问题需要考虑和解决。

（1）受物体自身形状或互相遮挡等影响，被左摄像机拍摄到的物体不一定全都能

被右摄像机拍摄到，所以用左图像确定的某些模板不一定能在右图像中找到完全匹配的位置。此时常常需要利用其他匹配位置的匹配结果进行插值以得到相应数据。

（2）在用模板图像的模式表达单个像素的特性时，前提是不同模板图像有不同模式，这样在匹配时才有区分性，即可反映不同像素的特点。但有时图像中有一些平滑区域，在这些平滑区域中得到的模板图像具有相同或相近的模式，在匹配时就会有不确定性，并会导致误匹配。为解决这个问题，有时需要将一些随机的纹理投影到这些表面上，将平滑区域转化为纹理区域，从而获得具有不同模式的模板图像以消除不确定性。

❑ **例 6-6　双目立体匹配受图像光滑区域影响示例**

当沿双目基线方向有灰度平滑区域时，立体匹配会产生误差，如图 6-8 所示。其中，图 6-8(a)和图 6-8(b)分别是一对立体图像的左图像和右图像。图 6-8(c)是利用双目立体匹配获得的视差图（为使结果更清楚，此处仅保留了物体匹配的结果），图中深色代表距离较远（对应较大深度），浅色代表距离较近（对应较小深度）；图 6-8(d)是与图 6-8(c)对应的 3D 立体图（等高图）。对照各图可知，由于场景中有一些部分（如塔楼、房屋等建筑的水平屋檐）的灰度值沿水平方向相近，所以当沿极线方向对其进行匹配搜索时，很难确定对应点，产生了许多由误匹配造成的误差，反映在图 6-8(c)中就是有一些与周围不协调的白色区域或黑色区域，而反映在图 6-8(d)中就是有一些尖锐的毛刺。

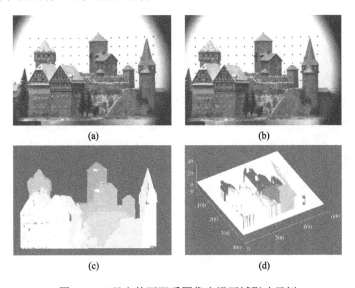

图 6-8　双目立体匹配受图像光滑区域影响示例　　❑

4．表面光学特性计算

利用双目图像的灰度信息还可进一步计算出物体表面的某些光学特性（参见 7.1 节）。这里针对表面的反射特性要注意两个因素：一是表面粗糙性带来的散射，二是表面致密性带来的镜面反射。这两个因素按如下方式结合：设 N 为表面面元法线方向的单位向量，S 为点光源方向的单位向量，V 为观察者视线方向的单位向量，在面元上得到的反射亮度 $I(x, y)$ 为合成反射率 $\rho(x, y)$ 和合成反射量 $R[N(x, y)]$ 的乘积，即

$$I(x, y) = \rho(x, y) R[N(x, y)] \tag{6-13}$$

其中

$$R[N(x, y)] = (1 - \alpha) N \cdot S + \alpha (N \cdot H)^k \tag{6-14}$$

其中，ρ、α、k 为与表面光学特性有关的系数，可以从图像数据中算得。

在式（6-14）中，等号右边第一项考虑的是散射效应，它不因视线角而异；第二项考虑的是镜面反射效应。设 H 为镜面反射角方向的单位向量：

$$H = \frac{(S + V)}{\sqrt{2[1 + (S \cdot V)]}} \tag{6-15}$$

式（6-14）中等号右边第二项通过向量 H 反映视线向量 V 的变化。在如图 6-3 所示的坐标系中，有

$$\begin{aligned} V' &= [0, 0, -1] \\ V'' &= [-\sin\theta, 0, \cos\theta] \end{aligned} \tag{6-16}$$

6.3　基于特征的双目立体匹配

基于区域的立体匹配方法的缺点是依赖图像灰度的统计特性，所以对物体表面结构及光照反射等较为敏感，在空间物表物面缺乏足够的纹理细节（如例 6-6）、成像失真较大（如基线长度过大）的情况下效果较差。考虑到实际图像的特点，可先确定图像中一些显著的**特征点**（也称为控制点、关键点或匹配点），然后借助这些特征点进行匹配。特征点在匹配过程中对环境照明的变化不太敏感，性能较为稳定。

6.3.1　基本步骤和方法

特征点匹配的主要步骤如下。

（1）在图像中选取用于匹配的特征点，最常用的特征点是图像中的一些特殊

点，如边缘点、角点、拐点、地标点等，近年来局部特征点（局部特征描述符）也得到了广泛应用，如 SIFT 点（见 6.3.2 节）。

（2）匹配立体图像对中的特征点对（除本节外，还可参考第 10 章的内容）。

（3）计算匹配点对的视差，获取匹配点处的深度（类似 6.2 节基于区域的双目立体匹配方法）。

（4）对稀疏的深度值结果进行插值以获得稠密的深度图（由于特征点是离散的，所以不能在匹配后直接得到密集的视差场）。

1. 利用边缘点的匹配

对于一幅图像 $f(x, y)$，利用对边缘点的计算可获得特征点图像：

$$t(x, y) = \max\{H, V, L, R\} \tag{6-17}$$

其中，H、V、L、R 均借助灰度梯度计算：

$$H = [f(x, y) - f(x-1, y)]^2 + [f(x, y) - f(x+1, y)]^2 \tag{6-18}$$

$$V = [f(x, y) - f(x, y-1)]^2 + [f(x, y) - f(x, y+1)]^2 \tag{6-19}$$

$$L = [f(x, y) - f(x-1, y+1)]^2 + [f(x, y) - f(x+1, y-1)]^2 \tag{6-20}$$

$$R = [f(x, y) - f(x+1, y+1)]^2 + [f(x, y) - f(x-1, y-1)]^2 \tag{6-21}$$

然后将 $t(x, y)$ 划分成互不重叠的小区域 W，在每个小区域中选取计算值最大的点作为特征点。

现在考虑对由左图像和右图像构成的图像对进行匹配。对于左图像中的每个特征点，可将其在右图像中所有可能的匹配点组成一个可能匹配点集，这样可得到一个标号集，其中的标号 l 可以是左图像特征点与其可能匹配点的视差，也可以是代表无匹配点的特殊标号。对于每个可能的匹配点，计算式（6-22）以设定初始匹配概率 $P^{(0)}(l)$：

$$A(l) = \sum_{x, y \in W} [f_L(x, y) - fR(x + l_x, y + l_y)]^2 \tag{6-22}$$

其中，$l = (l_x, l_y)$，为可能的视差；$A(l)$ 代表两个区域之间的灰度拟合度，与 $P^{(0)}(l)$ 成反比。换句话说，$P^{(0)}(l)$ 与可能匹配点邻域中的相似度有关。据此，可借助松弛迭代法，给可能匹配点邻域中视差比较接近的点以正的增量，而给可能匹配点邻域中视差差距较大的点以负的增量，从而对 $P^{(0)}(l)$ 进行迭代更新。随着迭代的进行，正确匹配点的迭代匹配概率 $P^{(k)}(l)$ 会逐渐增大，而其他点的 $P^{(k)}(l)$ 会逐渐减小。在经过一定次数的迭代后，将 $P^{(k)}(l)$ 最大的点确定为匹配点。

2. 利用零交叉点的匹配

在对特征点进行匹配时，也可选用**零交叉模式**来获得匹配基元。利用（高斯函数的）拉普拉斯算子进行卷积可得到零交叉点。考虑零交叉点的连通性，可确定 16 种 3×3 模板中不同的零交叉模式，如图 6-9 所示。

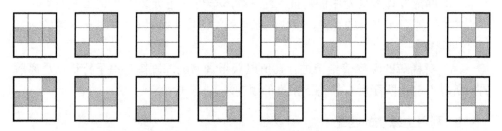

图 6-9　16 种零交叉模式图示

对于双目图像里左图像中的每个零交叉模式，将其在右图像中所有可能的匹配点组成一个可能匹配点集。在进行立体匹配时，可借助水平方向的**极线约束**，将左图像中所有非水平的零交叉模式组成一个点集，对其中每个点赋一个标号集并确定一个初始匹配概率。采取与利用边缘点的匹配类似的方法，通过松弛迭代可得到最终的匹配点。

3. 特征点深度

下面借助图 6-10（在图 6-3 的基础上，去除极线，再将基线移到 X 轴上以方便描述，其中各字母的含义同图 6-3）来解释特征点间的对应关系。

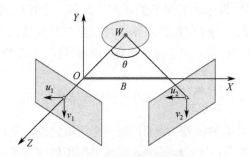

图 6-10　双目视觉坐标系示意

3D 空间中一个特征点 $W(x, y, -z)$ 在经过**正交投影**后，在左、右图像上分别为

$$(u_1, v_1) = (x, y) \tag{6-23}$$

$$(u_2, v_2) = [(x - B)\cos\theta - z\sin\theta, y] \tag{6-24}$$

这里对 u_2 的计算是按先平移再旋转的坐标变换进行的。式（6-24）也可借助图 6-11 进行推导（这里给出平行于图 6-10 中 XZ 平面的示意图，Q 是将点 W 沿 X

正向平移 B 后的结果）：

$$u_2 = \overline{OS} = \overline{ST} - \overline{TO} = \left(\overline{QE} + \overline{ET}\right)\sin\theta - \frac{B-x}{\cos\theta} \tag{6-25}$$

因为 W 在 $-Z$ 轴上，所以有

$$u_2 = -z\sin\theta + (B-x)\tan\theta\sin\theta - \frac{B-x}{\cos\theta} = (x-B)\cos\theta - z\sin\theta \tag{6-26}$$

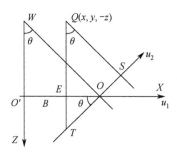

图6-11　计算双目立体匹配视差的坐标安排

如果已经由 u_1 确定了 u_2（已经建立了特征点之间的匹配），则从式（6-24）中可反解出投影到 u_1 和 u_2 的特征点深度：

$$-z = u_2\csc\theta + (B-u_1)\cot\theta \tag{6-27}$$

4．稀疏匹配点

由上面的讨论可见，特征点只是物体上的一些特定点，互相之间有一定间隔。仅由稀疏的匹配点并不能直接得到稠密的视差场，因而有可能无法精确地恢复物体外形。例如，图 6-12(a)给出空间中共面的 4 个点（与另一个空间平面的距离相等）。这些点是通过视差计算得到的稀疏匹配点，假设这些点位于物体的外表面，过这 4 个点的曲面可以有无穷个，图 6-12(b)、图 6-12(c)和图 6-12(d)给出 3 个可能的例子。可见，仅由稀疏的匹配点并不能唯一地恢复物体外形，还需要结合一些其他的条件或对稀疏匹配点进行插值，才能获得如区域匹配那样的密集视差图。

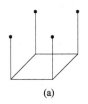 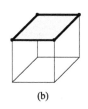 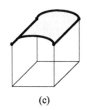 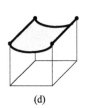

(a)　　　　　(b)　　　　　(c)　　　　　(d)

图6-12　仅由稀疏的匹配点并不能唯一地恢复物体外形

6.3.2　尺度不变特征变换

尺度不变特征变换（SIFT）可看作一种检测图像中**显著特征**的方法，它不仅能在图像中确定具有显著特征的点的位置，还能给出该点的一个描述矢量（也称为 SIFT 算子或描述符，是一种局部描述符），其中包含三类信息：位置、尺度、方向。

SIFT 的基本思路和步骤如下。

首先，获得图像的多尺度表达，可用高斯卷积核（简称高斯核，唯一线性核）与图像进行卷积。高斯核是尺度可变的高斯函数：

$$G(x, y, \sigma) = \frac{1}{2\pi\sigma^2} \exp\left[-\frac{x^2 + y^2}{2\sigma^2}\right] \tag{6-28}$$

其中，σ 是尺度因子。用高斯核与图像卷积后的图像多尺度表达为

$$L(x, y, \sigma) = G(x, y, \sigma) \otimes f(x, y) \tag{6-29}$$

高斯函数是低通函数，与图像卷积会使图像得到平滑。平滑程度与尺度因子的大小相关，σ 值大对应大尺度，卷积后主要给出图像的概貌；σ 值小对应小尺度，卷积后保留了图像的细节。为充分利用不同尺度的图像信息，可用一系列尺度因子不同的高斯核与图像卷积以构建高斯金字塔。一般设高斯金字塔相邻两层之间的尺度因子系数为 k，即如果第一层的尺度因子是 σ，则第二层的尺度因子是 $k\sigma$，第三层的尺度因子是 $k^2\sigma$，以此类推。

接着，在对图像的多尺度表达中搜索**显著特征点**，为此需要利用**高斯差**（DoG）算子。DoG 是两个（用不同尺度的高斯核）卷积结果的差，近似于**拉普拉斯-高斯**（LoG）算子。如果用 h 和 k 代表不同的尺度因子系数，则 DoG 金字塔可表示为

$$\begin{aligned} D(x, y, \sigma) &= [G(x, y, k\sigma) - G(x, y, h\sigma)] \otimes f(x, y) \\ &= L(x, y, k\sigma) - L(x, y, h\sigma) \end{aligned} \tag{6-30}$$

图像的 DoG 金字塔多尺度表达空间是一个 3D 空间（包括像平面及尺度轴）。为在这样一个 3D 空间中搜索极值，需要将空间中一点的值与其 26 个邻域体素的值进行比较。基于最终的结果，能够确定显著特征点的位置和所在尺度。

接下来，利用显著特征点邻域像素的梯度分布确定每个点的方向参数。在图像中，(x, y) 处梯度的模（幅度）和方向分别为（各 L 所用尺度为各显著特征点所在尺度）

$$m(x, y) = \sqrt{[L(x+1, y) - L(x-1, y)]^2 + [L(x, y+1) - L(x, y-1)]^2} \tag{6-31}$$

$$\theta(x,y) = \arctan\left[\frac{L(x,y+1)-L(x,y-1)}{L(x+1,y)-L(x-1,y)}\right] \tag{6-32}$$

在获得每个点的方向后，可将邻域里像素的方向结合起来以得到显著特征点的方向。具体可参见图 6-13，先（在确定了显著特征点的位置和所在尺度的基础上）取以显著特征点为中心的 16×16 窗口，如图 6-13(a)所示。将窗口分成 16 个 4×4 的组，如图 6-13(b)所示。在各组内计算每个像素的梯度，得到组内像素的梯度，如图 6-13(c)所示（箭头方向指示梯度方向，箭头长短与梯度大小成比例）。用 8 方向（间隔 45°）直方图统计各组内像素的梯度方向，取峰值方向为该组的梯度方向，如图 6-13(d)所示。这样基于 16 个组，每个组可得到一个 8D 的方向矢量，拼接起来得到一个 $16\times8D = 128D$ 的矢量。将这个矢量归一化并作为每个显著特征点的描述矢量（SIFT 描述符）。在实际应用中，SIFT 描述符的覆盖区域"可方可圆"，也称为**显著片**。

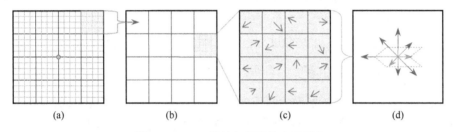

(a)　　　　　(b)　　　　　(c)　　　　　(d)

图 6-13　SIFT 描述矢量计算步骤示意

SIFT 描述符对于图像的尺度缩放、旋转和光照变化具有不变性，对于仿射变换、视角变化、局部形状失真、噪声干扰等也有一定的稳定性。这是因为，在 SIFT 描述符的获取过程中，借助对梯度方向的计算和调整消除了旋转的影响，借助矢量归一化消除了光照变化的影响，利用邻域中像素方向信息的组合增强了鲁棒性。另外，SIFT 描述符的自身信息丰富，有较好的独特性（相对于仅含有位置和极值信息的边缘点或角点，SIFT 描述符有 128D 的描述矢量），因此 SIFT 描述符在一幅图像中往往能确定出大量的显著片，供不同应用选择。当然，由于其描述矢量维数高，SIFT 描述符的计算量也常比较大。对 SIFT 的改进也很多，包括用 PCA 代替梯度直方图（有效降维），限制直方图各方向的幅度（有些非线性光照变化主要对幅值有影响），采用加速鲁棒特征（SURF）等。

❑　**例 6-7　显著片检测结果示例**

借助 SIFT 可以在图像尺度空间中确定大量（一般对于一幅 256×384^{1} 的图像，

---

1 指"256 像素×384 像素"。

数量可达到上百个）覆盖图像且不随图像的平移、旋转和缩放而变化的局部区域，它们受噪声和干扰的影响很小。

图 6-14 给出显著片检测结果示例，图 6-14(a)是一幅船舶图像，图 6-14(b)是一幅海滩图像，其中对所有检测出来的显著片均用覆盖在图像上的圆（这里用了圆形的显著片）来表示。

(a)　　　　　　　　　　　　　　　(b)

图 6-14　显著片检测结果示例

6.3.3　动态规划匹配

特征点的选取方法与采用的匹配方法常有密切联系。对特征点进行匹配需要建立特征点间的对应关系，为此可利用**顺序性约束**（也称为顺序约束）条件，采用**动态规划**的方法。

以图 6-15(a)为例，考虑被观察物体可见表面上的三个特征点，将它们顺序命名为 A、B、C，它们与在两幅成像图像上的投影顺序（沿极线）正好相反，见 c、b、a 和 c'、b'、a'。这两个顺序相反的规律称为顺序性约束。顺序性约束是一种理想的情况，在实际场景中并不能总成立。例如，在如图 6-15(b)所示的情况下，一个小的物体被放在大物体前，遮挡了大物体的一部分，使原来的 c 点和 a'点在图像上看不到，图像上投影的顺序也不满足顺序性约束。

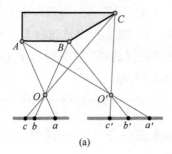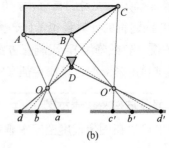

(a)　　　　　　　　　　　　　　　(b)

图 6-15　顺序性约束

不过在多数实际情况下，顺序性约束是一个合理的约束，可用来设计基于动态规划的立体匹配算法。下面讨论已在两条极线上确定了多个特征点，要建立它们之间的对应关系的情况。这里匹配各特征点对的问题可以转化成匹配同一极线上相邻特征点之间间隔的问题。参见图 6-16(a)，其中给出两个特征点序列，将它们排列在两个灰度剖面上。尽管由于遮挡等原因，有些特征点间的间隔退化成一个点，但由顺序性约束确定的特征点顺序仍被保留了下来。

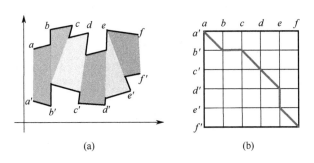

(a)   (b)

图 6-16 基于动态规划的匹配

根据图 6-16(a)，可将匹配特征点对的问题描述为一个在特征点对应节点的**图**上搜索最优路径的问题，图表达中的节点之间的弧可以给出间隔之间的匹配路径。在图 6-16(a)中，上下两个轮廓线分别对应两条极线，两个轮廓间的四边形对应特征点间的间隔（存在零长度间隔导致四边形退化为三角形的情况）。由动态规划确定的匹配关系如图 6-15(b)所示，每段斜线对应一个四边形间隔，而垂直或水平线对应退化后的三角形。

该算法的复杂度正比于两条极线上特征点个数的乘积。

6.4 视差图误差检测与校正

在实际应用中，周期性模式、光滑区域的存在及遮挡效应、约束原则的不严格性等会导致视差图存在误差。视差图是后续 3D 重建等工作的基础，因此在视差图的基础上进行误差检测和校正处理是非常重要的。

下面介绍一个比较通用且快速的**视差图**误差检测与校正算法。该算法的特点包括：一是能直接对视差图进行处理，而独立于产生该视差图的具体立体匹配算法，这样它可以作为一个通用的视差图后处理方法附加在各种立体匹配算法之后，无须对原有的立体匹配算法进行修改；二是这种方法的计算量只与误匹配像素的数量成正比，因此计算量较小。

6.4.1 误差检测

借助前面讨论过的顺序性约束，先来明确**顺序匹配约束**的概念。假设 $f_L(x, y)$ 与 $f_R(x, y)$ 是一对（水平）图像，O_L、O_R 分别是其成像中心。设 P 和 Q 是空间中不重合的两个像素，P_L 和 Q_L 是 P 和 Q 在 $f_L(x, y)$ 上的投影，P_R 和 Q_R 是 P 和 Q 在 $f_R(x, y)$ 上的投影，如图 6-17 所示。

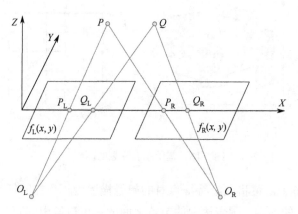

图 6-17   定义顺序匹配约束的示意

设用 $X(\cdot)$ 表示像素的 X 坐标，则由图 6-17 可知，在正确匹配时，如果 $X(P) < X(Q)$，则应有 $X(P_L) \leqslant X(Q_L)$ 和 $X(P_R) \leqslant X(Q_R)$；如果 $X(P) > X(Q)$，则应有 $X(P_L) \geqslant X(Q_L)$ 和 $X(P_R) \geqslant X(Q_R)$。所以，如果条件（$\Rightarrow$ 表示隐含）

$$
\begin{aligned}
X(P_L) \leqslant X(Q_L) &\quad \Rightarrow \quad X(P_R) < X(Q_R) \\
X(P_L) \geqslant X(Q_L) &\quad \Rightarrow \quad X(P_R) > X(Q_R)
\end{aligned}
\tag{6-33}
$$

成立，则 P_R、Q_R 满足顺序匹配约束，否则就说明这里发生了交叉，即出现了误差。由图 6-17 可见，顺序匹配约束对 P 和 Q 的 Z 坐标有一定的限制，这在实际应用中比较容易确定。

根据顺序匹配约束的概念可以检测匹配交叉区域，即**误差检测**。令 $P_R = f_R(i, j)$ 和 $Q_R = f_R(k, j)$ 为 $f_R(x, y)$ 第 j 行中的任意两个像素，则其在 $f_L(x, y)$ 中的匹配像素可分别记为 $P_L = f_L(i + d(i, j), j)$ 和 $Q_L = f_L(k + d(k, j), j)$。定义 $C(P_R, Q_R)$ 为 P_R 和 Q_R 间的交叉标号，如果式（6-33）成立，则 $C(P_R, Q_R) = 0$；否则 $C(P_R, Q_R) = 1$。定义对应像素 P_R 的交叉数 N_c 为

$$N_\mathrm{c}(i,j) = \sum_{k=0}^{N-1} C(P_\mathrm{R}, Q_\mathrm{R}) \quad k \neq i \tag{6-34}$$

其中，N 为第 j 行的像素数。

6.4.2　误差校正

如果将交叉数不为 0 的区域称为交叉区域，则可借助下述算法对交叉区域中的误匹配进行校正。假设 $\{f_\mathrm{R}(i,j)\,|\,i \subseteq [p, q]\}$ 是对应 P_R 的交叉区域，则该区域内所有像素的**总交叉数** N_tc 为

$$N_\mathrm{tc}(i,j) = \sum_{i=p}^{q} N_\mathrm{c}(i,j) \tag{6-35}$$

交叉区域中误匹配像素的**误差校正**包括下列步骤。

（1）找出具有最大交叉数的像素 $f_\mathrm{R}(l,j)$，这里有

$$I = \max_{i \subseteq [p,q]} \left[N_\mathrm{c}(i,j) \right] \tag{6-36}$$

（2）确定匹配点 $f_\mathrm{R}(k,j)$ 的新搜索范围 $\{f_\mathrm{L}(i,j)\,|\,i \subseteq [s,t]\}$，其中

$$\begin{cases} s = p-1 + d(p-1, j) \\ t = q+1 + d(q+1, j) \end{cases} \tag{6-37}$$

（3）从该搜索范围中找到能够减少总交叉数 N_tc 的新匹配像素（如可用最大灰度相关匹配技术）。

（4）用新的匹配像素校正 $d(k,j)$，消除对应当前最大交叉数的像素的误匹配。

上述步骤可迭代使用，在校正完一个误匹配像素后，继续对剩余误匹配像素进行校正。在校正 $d(k,j)$ 后，先通过式（6-34）重新求出交叉区域中的 $N_\mathrm{c}(i,j)$，并计算 N_tc，然后迭代进行下一轮校正处理，直到 $N_\mathrm{tc} = 0$。因为校正原则是使 $N_\mathrm{tc} = 0$，所以可称之为**零交叉校正算法**。在校正完成后，可得到符合顺序匹配约束的视差图。

❑ **例 6-8　匹配误差检测和消除示例一**

设已有图像第 j 行中交叉区间[153, 163]的计算视差，如表 6-1 所示，交叉区间校正前的匹配像素分布如图 6-18 所示。

表 6-1　交叉区间的视差

i	153	154	155	156	157	158	159	160	161	162	163
$d(i,j)$	28	28	28	27	28	27	27	21	21	21	27

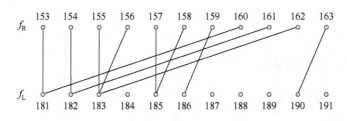

图 6-18　交叉区间校正前的匹配像素分布

根据 $f_L(x, y)$ 与 $f_R(x, y)$ 的对应关系可知，在区间[160, 162]中的匹配像素是误匹配像素。根据式（6-34）计算交叉数可得到表 6-2。

表 6-2　区间[153, 163]中的水平交叉数

i	153	154	155	156	157	158	159	160	161	162	163
N_c	0	1	2	2	3	3	3	6	5	3	0

由表 6-2 可知，$[f_R(154, j), f_R(162, j)]$是交叉区域。由式（6-35）可求出 $N_{tc} = 28$；由式（6-36）可知，此时具有最大交叉数的像素是 $f_R(160, j)$；接着，根据式（6-37）确定新匹配像素 $f_R(160, j)$ 的搜索范围：$\{f_L(i, j)|\ i \subseteq [181, 190]\}$。基于最大灰度相关匹配技术，从该搜索范围中找到对应 $f_R(160, j)$ 且能够减少 N_{tc} 的新匹配像素 $f_L(187, j)$，将对应 $f_R(160, j)$ 的视差值 $d(160, j)$ 校正为 $d(160, j) = X[f_L(187, j)] - X[f_R(160, j)] = 27$。接下来，迭代进行下一轮校正，直到整个区域的 $N_{tc} = 0$。交叉区间校正后的匹配像素分布如图 6-19 所示，可以看出，区间[160, 162]中原有的误匹配像素都被消除了。

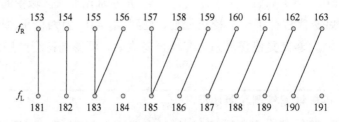

图 6-19　交叉区间校正后的匹配像素分布　❑

需要指出的是，上述算法只能消除交叉区域中的误匹配像素。由于顺序匹配约束只针对交叉区域，因而无法检测出交叉数为 0 的区域中的误匹配像素，也不能对其进行校正。

❏　例 6-9　匹配误差检测和消除示例二

这里选用如图 6-8(a)和图 6-8(b)所示的一对图像进行匹配。图 6-20(a)为原始图像的一部分，图 6-20(b)为直接使用基于区域的立体匹配方法得到的视差图，图 6-20(c)为进一步用校正算法处理后的结果。比较图 6-20(b)和图 6-20(c)可知，处理前的视差图中有许多误匹配像素（过白、过黑区域），而处理后，相当一部分误匹配像素被消除掉，视差图质量得到了明显改善。

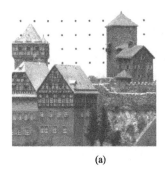  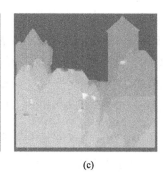

　　　　　(a)　　　　　　　　　　　(b)　　　　　　　　　　　(c)

图 6-20　消除误差示例　　　　　❏

6.5　各节要点和进一步参考

以下结合各节的主要内容介绍一些可以进一步查阅的参考文献。

1．立体视觉流程和模块

立体视觉的各模块都有许多不同的实现方法，例如，有关网络-符号模型的进一步内容可参见文献[1]，有关插值的计算可参见《2D 计算机视觉：原理、算法及应用》一书，基于模型的内插重建算法可参见文献[2]，有关亚像素级的视差精度可参见文献[3]。本章仅讨论了双目立体视觉，这是对人类视觉系统的直接模仿，在计算机视觉系统中，采用三目或多目也都是可行的，可参见文献[4]。

2．基于区域的双目立体匹配

在图像边界处使用模板时会受到的影响可参见文献[3]。在立体匹配中，兼容性约束、唯一性约束和连续性约束都是常用的约束，进一步的讨论可参见文献[5]。有关本质矩阵和基本矩阵更详细的介绍可参见文献[6]。基于区域的匹配多使用像素灰度值，也有人尝试过一些灰度的导出量，但有实验表明，在将灰度、灰度微分大小和方向、灰度拉普拉斯值及灰度曲率作为匹配参数进行的匹配比较中，利用灰度参数取得的效果是最好的[7]。在表面光学特性计算中采用的成像模型可参见《2D 计算机视觉：原理、算法及应用》一书。

3. 基于特征的双目立体匹配

在对特征点进行匹配时，选用零交叉模式获得匹配基元的进一步讨论可参见文献[8]。在获得稀疏匹配点后需要进行插值，可参见《2D 计算机视觉：原理、算法及应用》一书。尺度不变特征变换（SIFT）基于对图像的多尺度表达[3]，可用于检测图像中的显著特征，可参见文献[9]，其用到的 26 邻域概念可参见文献[10]。对 SIFT 的改进——加速鲁棒特征（SURF）的介绍可参见文献[4]。利用顺序性约束条件进行动态规划匹配的内容可参见文献[11]。

4. 视差图误差检测与校正

对于 6.4 节介绍的比较通用且快速的视差图误差检测与校正算法，更多细节可参见文献[12]。近期一个能够快速对视差结果进行细化的算法可参见文献[13]。

第 7 章

单目多图像恢复

第 6 章介绍的双目立体视觉方法是模仿人类视觉获取深度信息的一类重要方法，优点是几何关系非常明确，缺点是需要进行匹配以确定双目图像中的对应点。对应点匹配是一个困难的问题，尤其当场景照明发生变化或物体上有阴影时，利用灰度的相似性并不能保证点的对应性。另外，采用立体视觉方法需要让物体上的若干点同时出现在需要确定对应点的所有图像中，但实际中受视线遮挡等的影响，并不能保证不同的摄像机有相同的视场，这会增加对应点检测的难度并影响对应点匹配。

为了避免复杂的对应点匹配问题，也常采用借助单目图像（仅使用位置固定的单个摄像机，可拍摄单幅或多幅图像）中的各种 3D 线索恢复场景的方法。由于在将 3D 场景投影到 2D 平面上时会有一个维度的信息丢失，所以恢复场景的关键就是恢复丢失的那一个维度的信息。

从信息的角度来看，立体视觉方法利用摄像机在不同位置获得的多幅图像来恢复物体的深度，可看作将多幅图像之间的冗余信息转化为深度信息的方式。获取含有冗余信息的多幅图像也可利用在同一位置采集变化的物体图像来实现。这些图像可仅用一个（固定）摄像机获取，所以也称为单目方法（立体视觉的方法都是基于多目多幅图像的方法）。从获得的**单目多幅图像**中可以确定物体的表面朝向，而由物体的表面朝向可直接得到物体各部分之间的相对深度，在实际应用中也常可进一步得到物体的绝对深度。

如果在图像采集中变换光源位置，则可用位置固定的单个摄像机得到不同光照条件下的多幅图像，同一物体表面的图像亮度随物体形状而变化，因而可用来确定 3D 物体的形状，这时的多幅图像不对应不同的视点，而对应不同的光照，这称为"由光照恢复形状"。如果物体在图像采集过程中发生了运动，则在由多幅图像组成的图像序列中会产生光流，光流的大小和方向随物体表面朝向的不同而不同，因而可用来确定运动物体的 3D 结构，这称为"由运动恢复形状"。

本章各节安排如下。

7.1 节从光度学原理出发，先分析从光源到物体再到镜头的成像过程，指出图像灰度既取决于光源强度、物体反射特性，也取决于物体之间的几何关系。

7.2 节讨论由光照恢复形状，建立图像灰度与物体朝向的联系，借助图像灰度的变化来确定物体的朝向。

7.3 节介绍如何检测物体运动并用光流方程描述，以及求解光流方程的原理和几个特例。

7.4 节进一步介绍借助对光流方程的求解来实现由运动恢复物体形状和结构的方法。这里借助坐标系的变换实现解析的光流方程求解。

7.1 光度立体学

光度立体学也称为**光度学体视**，是利用光度学原理获取立体信息的学科，也被看作一种借助一系列在相同观察视角、不同光照条件下采集的图像恢复物体表面朝向的方法。光度立体学方法常用于照明条件确定或比较容易控制的场景。

7.1.1 光源、物体、镜头

光度立体学方法要根据光照（变化）恢复物体立体形状。**光度学**是研究光在发射、传播、吸收和散射等过程中对光强度测量的学科，主要涉及光学中有关光强度测量的领域，也是在可见光波段内，考虑人眼的主观因素的计量学科。光是一种特殊的电磁波，所以光度学可看作辐射度学的一个分支。

光度测量研究光的强弱及其测量，还根据人类视觉器官的生理特性和某些约定的规范来评价由辐射引发的视觉效应。其测量方法分为目视测量（主观光度学）与仪器和物理测量（客观光度学）两类。主观光度学直接比较视场中两个相邻区域的光亮度，然后转换为目标检测量，如发光强度、光通量；客观光度学则利用物理器件代替人眼来进行光度比较。

在图像工程中，可见光是最常见的电磁辐射，基于物体采集可见光图像涉及与光度学相关的知识。在光度学中，常用光通量、发光强度、亮度/明度、照度等物理量描述发射、传递或接收的光能量。

从成像的流程看，**光源**先照射物体，然后物体反射出的光到达**镜头**（成像传感器），从而成像，如图 7-1 所示。光源对物体的照射涉及两个方面的因素。一方面，光源有一定的发光强度，对物体的照射强度称为照度，物体照度是发光强度的函数；另一方面，光源的光以一定的角度入射物体，物体照度又是物体相对光源朝向的函数。物体反射光对镜头的照射也涉及两个方面的因素。一方面，物体反射光有一定的亮度，从而对镜头有照度，镜头的照度是物体亮度的函数；另一方面，从物体出射的光射向镜头，镜头的照度又是镜头相对物体朝向的函数。另外，物体反射光还与物体表面的反射特性相关。这里 5 个关系/因素在图 7-1 中分别用①、②、③、④、⑤标记。

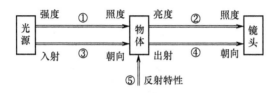

图 7-1　从光源经物体到镜头示意

进一步分析可见，从光源到物体与从物体到镜头这两个过程有相似性。物体接收光源光与镜头接收物体光是类似的，即物体对镜头来说相当于照射物体的光源，而镜头相对于物体相当于被光源照射的物体。下面分别对有关强度/亮度与照度关系的①和②、有关相对朝向因素的③和④，以及有关反射特性因素的⑤进行介绍。

7.1.2　物体亮度和图像亮度

物体亮度和图像亮度是两个既有联系又有区别的概念。在成像时，前者与**辐射亮度**或**辉度**有关，而后者与**辐照度**或者**照度**有关。具体来说，前者对应物体（看作光源）表面射出的光通量，它是光源表面单位面积在单位立体角内发出的功率，单位是 $Wm^{-2}sr^{-1}$；后者对应照射到物体表面的光通量，它是照射到物体表面的单位面积的功率，单位是 Wm^{-2}。在光学成像时，物体在（成像系统的）像平面上成像，所以物体亮度对应物体表面射出的光通量，而图像亮度则对应像平面接收到的光通量。

对 3D 物体进行成像后得到的图像亮度取决于许多因素，如一个理想的漫射表面在受到点光源（线段足够小或据观察者足够远的光源）照射时所反射的光强度与入射光强度、表面光反射系数和光入射角（视线与入射线间的夹角）的余弦都成正比。在更一般的情况下，图像亮度受物体的自身形状、在空间中的姿态、表面反射特性、与图像采集系统的相对朝向和位置及采集装置的敏感度、光源的辐射强度和分布等的影响，并不代表场景的**本征特性**。

1．物体亮度和图像亮度的关系

现在来讨论点光源的辐射亮度（物体亮度）和图像上对应点的照度（图像亮度）之间的关系。如图 7-2 所示，一个直径为 d 的镜头放在距像平面 λ 处（λ 为镜头焦距）。设物体表面某个面元的面积为 δO，而对应图像像元的面积为 δI。从物体表面面元到镜头中心的光线与光学轴间的夹角为 α，与物体表面面元法线 N 间的夹角为 θ。物体沿光轴离开镜头的距离为 z（这里设从镜头指向图像的方向为正向，所以图中记为 $-z$）。

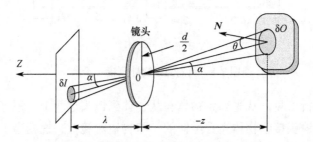

图 7-2　物体表面面元与对应的图像像元

从镜头中心看到的图像像元的面积为 $\delta I \times \cos\alpha$，而图像像元与镜头中心的实际距离是 $\lambda / \cos\alpha$，所以图像像元所对的**立体角**为 $\delta I \times \cos\alpha / (\lambda/\cos\alpha)^2$。同理可知，从镜头中心看到的物体表面面元所对的立体角为 $\delta O \times \cos\theta / (z/\cos\alpha)^2$。由两个立体角相等可得

$$\frac{\delta O}{\delta I} = \frac{\cos\alpha}{\cos\theta}\left(\frac{z}{\lambda}\right)^2 \tag{7-1}$$

下面看物体表面射出的光有多少将"穿越"镜头。因为镜头面积为 $\pi(d/2)^2$，所以由图 7-2 可知，从物体表面面元看到的镜头所对立体角为

$$\Omega = \frac{\pi d^2}{4}\cos\alpha \frac{1}{(z/\cos\alpha)^2} = \frac{\pi}{4}\left(\frac{d}{z}\right)^2\cos^3\alpha \tag{7-2}$$

这样由物体表面面元 δO 射出并穿越镜头的光的功率为

$$\delta P = L \times \delta O \times \Omega \times \cos\theta = L \times \delta O \times \frac{\pi}{4}\left(\frac{d}{z}\right)^2\cos^3\alpha \times \cos\theta \tag{7-3}$$

其中，L 为物体表面在朝着镜头方向上的物体亮度。由于从物体其他区域射出的光

线不会到达图像面元δI，所以该面元得到的照度为

$$E = \frac{\delta P}{\delta I} = L \times \frac{\delta O}{\delta I} \times \frac{\pi}{4}\left(\frac{d}{z}\right)^2 \cos^3 \alpha \times \cos \theta \qquad (7\text{-}4)$$

将式（7-1）代入式（7-4），最终得到

$$E = L \frac{\pi}{4}\left(\frac{d}{z}\right)^2 \cos^4 \alpha \qquad (7\text{-}5)$$

由式（7-5）可见，测量出的面元照度 E 与感兴趣的物体亮度 L 成正比，并且与镜头的面积成正比，与镜头焦距的平方成反比。摄像机运动导致的照度变化体现在夹角α上。

2. 双向反射分布函数

当对观测物体成像时，物体亮度 L 不仅与入射到物体表面上的光通量和入射光被反射的比例有关，还与光反射的几何因素有关，即与光照方向和视线方向有关。现在来看如图 7-3 所示的坐标系，其中 N 为表面面元的法线，OR 为一条任意参考线，光线 I 的方向可用该光线与面元法线间的夹角θ（极角）和该光线在物体表面的正投影与参考线之间的夹角ϕ（方位角）表示。

借助这样的坐标系，可用(θ_i, ϕ_i)表示入射到物体表面上的光线的方向，并用(θ_e, ϕ_e)表示反射到观察者视线上的光线的方向，如图 7-4 所示。

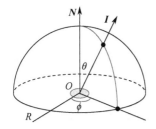

图 7-3　指示光线方向的极角θ和方位角ϕ

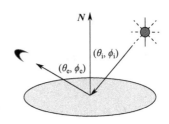

图 7-4　双向反射分布函数示意

由此可定义对于理解表面反射非常重要的**双向反射分布函数**（BRDF），将其记为 $f(\theta_i, \phi_i; \theta_e, \phi_e)$，表示当光线沿方向$(\theta_i, \phi_i)$入射到物体表面上而观察者在方向$(\theta_e, \phi_e)$上观察到的表面明亮情况。双向反射分布函数的单位是立体角的倒数（sr^{-1}），它的取值从零到无穷大（此时任意小角度的入射都会导致辐射被观察到）。注意 $f(\theta_i, \phi_i; \theta_e, \phi_e) = f(\theta_e, \phi_e; \theta_i, \phi_i)$，即双向反射分布函数关于入射方向和反射方向对称。设光线沿(θ_i, ϕ_i)方向入射物体表面而使物体得到的照度为$\delta E(\theta_i, \phi_i)$，由$(\theta_e, \phi_e)$

3D 计算机视觉：原理、算法及应用

方向观察到的反射（发射）亮度为$\delta L(\theta_e, \phi_e)$，双向反射分布函数就是亮度和照度的比值，即

$$f(\theta_i, \phi_i; \theta_e, \phi_e) = \frac{\delta L(\theta_e, \phi_e)}{\delta E(\theta_i, \phi_i)} \tag{7-6}$$

现在进一步考虑扩展光源（具有一定发光面积的光源）的情况。在图 7-5 中，天空（可认为半径为 1 的半球面）上的一个无穷小面元沿极角的宽度为$\delta\theta_i$，沿方位角的宽度为$\delta\phi_i$。与这个面元对应的立体角是$\delta\omega = \sin\theta_i\delta\theta_i\delta\phi_i$（其中$\sin\theta_i$考虑了折合后的球面半径）。若令$E_o(\theta_i, \phi_i)$为沿$(\theta_i, \phi_i)$方向的单位立体角的照度，则面元的照度为$E_o(\theta_i, \phi_i)\sin\theta_i\delta\theta_i\delta\phi_i$，而整个表面接收到的照度为

$$E = \int_{-\pi}^{\pi} \int_0^{\pi/2} E_o(\theta_i, \phi_i) \sin\theta_i \cos\theta_i d\theta_i d\phi_i \tag{7-7}$$

式（7-7）中的$\cos\theta_i$考虑了表面沿(θ_i, ϕ_i)方向投影的影响（投影到与法线垂直的平面上）。

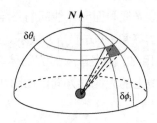

图 7-5　在扩展光源情况下求取表面亮度的示意

为得到整个表面的亮度，需要将双向反射分布函数和面元照度的乘积在光线可能射入的半球面上加起来，借助式（7-6），有

$$L(\theta_e, \phi_e) = \int_{-\pi}^{\pi} \int_0^{\pi/2} f(\theta_i, \phi_i; \theta_e, \phi_e) E_o(\theta_i, \phi_i) \sin\theta_i \cos\theta_i d\theta_i d\phi_i \tag{7-8}$$

式（7-8）的结果是一个双变量（θ_e和ϕ_e）的函数，这两个变量指示了射向观察者的光线的方向。

❑ 例 7-1　常见的光入射和观测方式

四种基本的光入射和观测方式如图 7-6 所示，其中θ表示入射角，ϕ表示方位角。它们是漫入射d_i和定向(θ_i, ϕ_i)入射及漫反射d_e和定向(θ_e, ϕ_e)观测的两两组合，反射比如下：漫入射-漫反射$\rho(d_i; d_e)$；定向入射-漫反射$\rho(\theta_i, \phi_i; d_e)$；漫入射-定向观测$\rho(d_i; \theta_e, \phi_e)$；定向入射-定向观测$\rho(\theta_i, \phi_i; \theta_e, \phi_e)$。

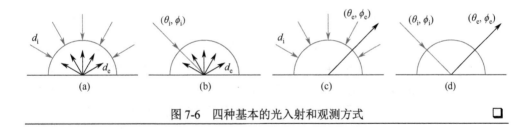

图 7-6 四种基本的光入射和观测方式

7.1.3 表面反射特性和亮度

双向反射分布函数指示了表面的反射特性，不同的表面具有不同的反射特点。下面仅考虑两种极端的情况：理想散射表面和理想镜面反射表面。

1．理想散射表面

理想散射表面也称为**朗伯表面**或**漫反射表面**，在所有观察方向上，它都同样亮（与观察视线和表面法线之间的夹角无关），并且它完全不吸收地反射所有入射光。由此可知，理想散射表面的 $f(\theta_i, \phi_i; \theta_e, \phi_e)$ 是个常数（不依赖角度）。对于一个表面，它在所有方向上的亮度积分应该与该表面接收到的总照度相等，即

$$L(\theta_e, \phi_e) = \int_{-\pi}^{\pi} \int_{0}^{\pi/2} f(\theta_i, \phi_i; \theta_e, \phi_e) E(\theta_i, \phi_i) \sin\theta_e \cos\theta_e \mathrm{d}\theta_e \mathrm{d}\phi_e \qquad (7\text{-}9)$$
$$= E(\theta_i, \phi_i) \cos\theta_i$$

式（7-9）两边均乘了 $\cos\theta_i$ 以转换到 N 方向上。由式（7-9）可解出理想散射表面的双向反射分布函数：

$$f(\theta_i, \phi_i; \theta_e, \phi_e) = \frac{1}{\pi} \qquad (7\text{-}10)$$

借助式（7-10）可知，对于理想散射表面，其亮度 L 和照度 E 的联系为

$$L = \frac{E}{\pi} \qquad (7\text{-}11)$$

❑ **例 7-2 朗伯表面的法线**

实际中常见的磨砂表面会发散地反射光线，理想情况下的磨砂表面模型就是朗伯模型。朗伯表面的反射性仅依赖入射角 i。进一步，反射性随 i 的变化量是 $\cos i$。对于给定的反射光强度 I，可知入射角满足 $\cos i = CI$，C 是一个常数，即常数反射系数（Albedo）。因此，i 也是一个常数。由此可得到结论：表面法线处在一个围绕入射光线方向的方向圆锥上，该圆锥的半角是 i，圆锥的轴指向照明的点源，即圆锥以入射光方向为中心。

在 2 条线上相交的 2 个方向圆锥可在空间定义 2 个方向，如图 7-7 所示。所以，要使表面法线完全没有歧义，还需要第 3 个圆锥。当使用 3 个光源时，各表面法线一定与 3 个圆锥中的每个都有共同的顶点：2 个圆锥有两条交线，而第 3 个处于常规位置的圆锥将把范围减少到单条交线，从而对表面法线的方向给出唯一的解释和估计。需要注意的是，如果有些点隐藏在后面，没有被某个光源的光线射到，则仍会有歧义。事实上，3 个光源不能处在一条直线上，而且应该相对于表面分散得比较开且互相之间不遮挡。

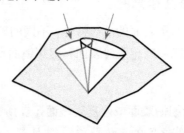

图 7-7 在两条线上相交的 2 个方向圆锥示意

如果表面的绝对反射系数 R 未知，可以考虑使用第 4 个圆锥。使用 4 个光源能确定一个未知或非理想特性表面的朝向，但这种情况并不总是必要的。例如，在 3 条光线互相正交时，相对于各轴的夹角的余弦之和一定是 1，这说明只有两个角度是独立的。所以，用 3 组数据就可以确定 R 及两个独立的角度，即得到完全的解。使用 4 个光源在实际应用中能确定任何不一致的解释，这种不一致有可能来自有高光反射元素的情况。　　❑

2. 理想镜面反射表面

理想镜面反射表面像镜面一样对光线进行全反射（如物体上的高亮区就是物体局部对光源进行镜面反射的结果），反射的光波长仅取决于光源，而与反射面的颜色无关。与理想散射表面不同，一个理想镜面反射表面可将所有从(θ_i, ϕ_i)方向射入的光线全部反射到(θ_e, ϕ_e)方向上，此时入射角与反射角相等，如图 7-8 所示。理想镜面反射表面的双向反射分布函数正比于（比例系数为 k）两个脉冲$\delta(\theta_e - \theta_i)$和$\delta(\phi_e - \phi_i - \pi)$的乘积。

为求比例系数 k，对表面所有方向的亮度求积分，它应与表面接收到的总照度相等，即

$$\int_{-\pi}^{\pi} \int_{0}^{\pi/2} k\delta(\theta_e - \theta_i)\delta(\phi_e - \phi_i - \pi)\sin\theta_e \cos\theta_e \mathrm{d}\theta_e \mathrm{d}\phi_e = k\sin\theta_i \cos\theta_i = 1 \quad (7\text{-}12)$$

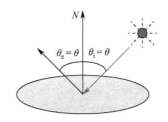

图 7-8　理想镜面反射表面示意

从中可解出理想镜面反射表面的双向反射分布函数：

$$f(\theta_i, \phi_i; \theta_e, \phi_e) = \frac{\delta(\theta_e - \theta_i)\delta(\phi_e - \phi_i - \pi)}{\sin\theta_i \cos\theta_i} \tag{7-13}$$

当光源是扩展光源时，将式（7-13）代入式（7-8），可得到理想镜面反射表面的亮度：

$$L(\theta_e, \phi_e) = \int_{-\pi}^{\pi} \int_{0}^{\pi/2} \frac{\delta(\theta_e - \theta_i)\delta(\phi_e - \phi_i - \pi)}{\sin\theta_i \cos\theta_i} E(\theta_i, \phi_i) \sin\theta_i \cos\theta_i \, \mathrm{d}\theta_i \, \mathrm{d}\phi_i = E(\theta_e, \phi_e - \pi)$$

$$\tag{7-14}$$

即极角不变，但方位角转了 180°。

在实际应用中，理想散射表面和理想镜面反射表面都比较少见，许多表面可看作既有一部分理想散射表面的性质，又有一部分理想镜面反射表面的性质。换句话说，实际表面的双向反射分布函数是式（7-10）和式（7-13）的加权和。

7.2　由光照恢复形状

根据对光源经物体到镜头的分析可知，图像的灰度既取决于光源对物体的照度和物体对镜头的照度，也取决于物体的表面特性。其中，照度既与光源与物体间的距离及物体与镜头间的距离有关，也与光源与物体的朝向和物体与镜头的朝向有关。这样，在已知物体的表面特性或有一定假设的前提下，就有可能建立图像灰度与物体朝向的联系，并进而根据图像灰度的变化确定物体朝向。

7.2.1　物体表面朝向的表达

先来考虑如何表示物体表面各点的朝向。对于一个光滑的表面，其上每个点都会有一个对应的切面，可以用这个切面的朝向来表示表面在该点的朝向。表面的法线矢量，即与切面垂直的（单位）矢量可以指示切面的朝向。如果借用高斯球（见 9.2.2 节）坐标系，并将这个法线矢量的尾端放在球的中心处，那么矢量的顶端与球面将相交于一个特定的点，这个相交点可用来标记**表面朝向**。法线矢量有两个自由度，所以交点在球面上的位置可用两个变量表示，如使用极角和方位角或使用经度和纬度。

上述这些变量的选定与坐标系的设置有关。为方便起见，常将坐标系的一个轴与成像系统的光轴重合，并将系统原点放在镜头的中心处，让另外两个轴与像平面平行。在右手系中，可让 Z 轴指向图像，如图 7-9 所示。这样，物体表面就可用与镜头平面正交（与像平面平行）的距离 $-z$ 描述。

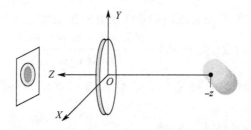

图 7-9　用与镜头平面正交的距离描述物体表面

现在将表面法线矢量用 z 及 z 对 x 和 y 的偏导数表示。表面法线与表面切面上的所有线都垂直，所以求切面上任意两条不平行直线的外（叉）积就可得到表面法线，可参见图 7-10。

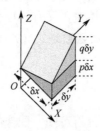

图 7-10　用偏微分参数化表面朝向

如果从一个给定点 (x, y) 沿 X 轴方向取一个小的步长 δx，根据泰勒展开式可知，沿 Z 轴方向的变化为 $\delta z = \delta x \times \partial z / \partial x + e$，其中 e 包括高阶项。以下分别用 p 和 q 代表 z 对 x 和 y 的偏导，一般也将 (p, q) 称为表面梯度。这样沿 X 轴方向的矢量为 $[\delta x \ 0 \ p\delta x]^{\mathrm{T}}$，则平行于矢量 $r_x = [1 \ 0 \ p]^{\mathrm{T}}$ 的直线过切面上的点 (x, y)。类似地，平行于矢量 $r_y = [0 \ 1 \ q]^{\mathrm{T}}$ 的直线也过切面上的点 (x, y)。表面法线可通过求这两条直线的外积得到。最后，要确定的是让法线指向观察者还是离开观察者。如果让该法线指向观察者（取反向），则有

$$N = r_x \times r_y = [1 \quad 0 \quad p]^{\mathrm{T}} \times [0 \ 1 \ q]^{\mathrm{T}} = -[-p \quad -q \quad 1]^{\mathrm{T}} \qquad (7\text{-}15)$$

这里表面法线上的单位矢量为

$$\hat{N} = \frac{N}{|N|} = \frac{[-p \quad -q \quad 1]^{\mathrm{T}}}{\sqrt{1+p^2+q^2}} \qquad (7\text{-}16)$$

下面计算物体表面法线和镜头方向间的夹角 θ_e。设物体相当接近光轴，则从物体到镜头的单位观察矢量 $\hat{V}$ 可认为是 $[0\ 0\ 1]^{\mathrm{T}}$，所以由两个单位矢量的点积运算可以得到

$$\hat{N} \cdot \hat{V} = \cos\theta_e = \frac{1}{\sqrt{1+p^2+q^2}} \qquad (7\text{-}17)$$

当光源与物体之间的距离比物体本身的线度大很多时，光源方向可仅用一个固定的矢量来指示，与该矢量对应的表面朝向和光源射出的光线是正交的。如果物体表面的法线用 $[-p_{\mathrm{s}}\ -q_{\mathrm{s}}\ 1]^{\mathrm{T}}$ 表示，则当光源和观察者在物体的同一侧时，光源光线的方向可用梯度 $(p_{\mathrm{s}}, q_{\mathrm{s}})$ 来指示。

7.2.2　反射图和图像亮度约束方程

现在考虑将像素灰度（图像亮度）与像素灰度梯度（表面朝向）联系起来。

1. 反射图

考虑用点光源照射一个朗伯表面，照度为 E，根据式（7-10），其亮度为

$$L = \frac{1}{\pi}E\cos\theta_{\mathrm{i}} \qquad \theta_{\mathrm{i}} \geqslant 0 \qquad (7\text{-}18)$$

其中，θ_{i} 为表面法线单位矢量 $[-p\ -q\ 1]^{\mathrm{T}}$ 和指向光源的单位矢量 $[-p_{\mathrm{s}}\ -q_{\mathrm{s}}\ 1]^{\mathrm{T}}$ 之间的夹角。注意，由于亮度不能为负，所以有 $0 \leqslant \theta_{\mathrm{i}} \leqslant \pi/2$。求这两个单位矢量的内积可得到

$$\cos\theta_{\mathrm{i}} = \frac{1+p_{\mathrm{s}}p+q_{\mathrm{s}}q}{\sqrt{1+p^2+q^2}\sqrt{1+p_{\mathrm{s}}^2+q_{\mathrm{s}}^2}} \qquad (7\text{-}19)$$

将式（7-19）代入式（7-18），可得到物体亮度与表面朝向的关系。将这样得到的关系函数记为 $R(p, q)$，将其作为梯度 (p, q) 的函数并以等值线形式画出，得到的图称为**反射图**。一般将 PQ 平面称为**梯度空间**，其中每个点 (p, q) 对应一个特定的表面朝向。处在原点的点代表所有垂直于观察方向的平面。反射图取决于目标表面材料的性质和光源的位置，或者说反射图综合了表面反射特性和光源分布的信息。

图像照度正比于若干常数，包括焦距 λ 平方的倒数和光源的固定亮度。在实际应用中，常将反射图归一化以便于统一描述。对于由一个远距离点光源照明的朗伯表面，有

$$R(p,q) = \frac{1 + p_{\mathrm{s}}p + q_{\mathrm{s}}q}{\sqrt{1 + p^2 + q^2}\sqrt{1 + p_{\mathrm{s}}^2 + q_{\mathrm{s}}^2}} \tag{7-20}$$

由式（7-20）可知，物体亮度与表面朝向的关系可以从反射图中获得。对朗伯表面来说，反射图上的等值线是嵌套的圆锥曲线，这是因为由 $R(p, q) = c$（c 为常数）可得 $(1 + p_{\mathrm{s}}p + q_{\mathrm{s}}q)^2 = c^2(1 + p^2 + q^2)(1 + p_{\mathrm{s}}^2 + q_{\mathrm{s}}^2)$。$R(p, q)$ 的最大值在 $(p, q) = (p_{\mathrm{s}}, q_{\mathrm{s}})$ 处取得。

❑ 例 7-3　朗伯表面反射图示例

图 7-11 给出三个不同朗伯表面反射图示例，其中图 7-11(a) 为 $p_{\mathrm{s}} = 0$、$q_{\mathrm{s}} = 0$ 的情况（对应嵌套的同心圆），图 7-11(b) 为 $p_{\mathrm{s}} \neq 0$、$q_{\mathrm{s}} = 0$ 的情况（对应椭圆或双曲线），图 7-11(c) 为 $p_{\mathrm{s}} \neq 0$、$q_{\mathrm{s}} \neq 0$ 的情况（对应双曲线）。

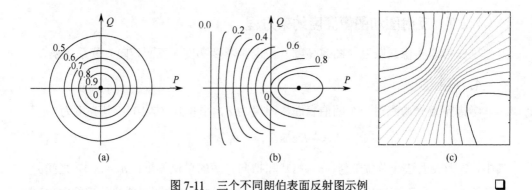

图 7-11　三个不同朗伯表面反射图示例　　❑

现在考虑一种极端情况——**各向同性辐射表面**。如果一个物体表面可向各方向均匀辐射（物理上并不能实现），则当倾斜地看它时会觉得比较亮。这是因为倾斜减少了可见的表面积，而由假设可知，辐射本身并不变化，所以单位面积上的辐射量就会较大。此时表面的亮度取决于辐射角余弦的倒数。考虑到物体表面在光源方向上的投影，可知亮度正比于 $\cos\theta_i/\cos\theta_e$。因为 $\cos\theta_e = 1/(1 + p^2 + q^2)^{1/2}$，所以有

$$R(p,q) = \frac{1 + p_{\mathrm{s}}p + q_{\mathrm{s}}q}{\sqrt{1 + p_{\mathrm{s}}^2 + q_{\mathrm{s}}^2}} \tag{7-21}$$

等值线现在是平行直线，这是因为由 $R(p, q) = c$（c 为常数）可得 $(1 + p_{\mathrm{s}}p + q_{\mathrm{s}}q) = c(1 + p_{\mathrm{s}}^2 + q_{\mathrm{s}}^2)^{1/2}$。这些直线与方向 $(p_{\mathrm{s}}, q_{\mathrm{s}})$ 正交。

□　例 7-4　各向同性辐射表面反射图示例

图 7-12 给出各向同性辐射表面反射图示例，这里设 $p_s / q_s = 1/2$，所以等值线（直线）的斜率为 2。

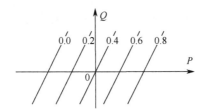

图 7-12　各向同性辐射表面反射图示例　　　　□

2. 图像亮度约束方程

反射图表达了表面亮度与表面朝向之间的依赖关系。图像上一个点的照度 $E(x, y)$ 是正比于物体表面对应点的亮度的。设该点的表面梯度是 (p, q)，则该点的亮度可记为 $R(p, q)$。如果通过归一化将比例系数定成单位值，可以得到

$$E(x, y) = R(p, q) \qquad (7\text{-}22)$$

这个方程称为**图像亮度约束方程**，它表明在图像 I 中 (x, y) 处像素的灰度 $I(x, y)$ 取决于该像素由 (p, q) 表达的反射特性 $R(p, q)$。图像亮度约束方程把像平面 XY 中任意一个位置 (x, y) 处的亮度与用某一梯度空间 PQ 表达的采样单元的朝向 (p, q) 联系在一起。图像亮度约束方程在由图像恢复目标表面形状的应用中有重要的作用。

现在设一个具有朗伯表面的球体被一个点光源照射，并且观察者也处于点光源处。因为此时有 $\theta_e = \theta_i$ 和 $(p_s, q_s) = (0, 0)$，所以由式（7-20）可得，亮度与梯度的关系是

$$R(p, q) = \frac{1}{\sqrt{1 + p^2 + q^2}} \qquad (7\text{-}23)$$

如果这个球体的中心在光轴上，则它的表面方程为

$$z = z_0 + \sqrt{r^2 - (x^2 + y^2)} \qquad x^2 + y^2 \leqslant r^2 \qquad (7\text{-}24)$$

其中，r 为球的半径；$-z_0$ 为球中心与镜头间的距离（见图 7-13）。

根据 $p = -x/(z - z_0)$ 和 $q = -y/(z - z_0)$，可得 $(1 + p^2 + q^2)^{1/2} = r/(z - z_0)$，并最后得到

$$E(x, y) = R(p, q) = \sqrt{1 - \frac{x^2 + y^2}{r^2}} \qquad (7\text{-}25)$$

由式（7-25）可见，亮度从图像中心的最大值逐步减少到图像边缘的零值。考虑图 7-13 中标出的光源方向 S 及视线方向 V 和表面朝向 N 也可得到相同结论。当人观察到这样一种形式的亮度变化时，会认为图像是由对圆形或球形物体成像得到的。但是，如果球表面的各部分具有不同的反射特性，得到的图像和产生的感觉都会不同。例如，当反射图由式（7-21）表示且 $(p_s, q_s) = (0, 0)$ 时，会得到一个亮度均匀的圆盘。对习惯观察具有朗伯表面反射特性的物体的人来说，这样一个球面看起来会显得比较平坦。

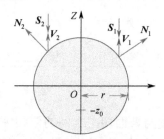

图 7-13　球面亮度随位置变化示意

7.2.3　光度立体学求解

对于给定的一幅图像，人们常常希望能恢复出原来成像物体的形状。从由 p 和 q 确定的表面朝向到由反射图 $R(p, q)$ 确定的亮度的对应关系是唯一的，但反过来却不一定。实际中常可能有无穷多个表面朝向均可给出相同的亮度，在反射图上，这些对应相同亮度的朝向是由等值线连接起来的。在有些情况下，可以利用亮度最大或最小的特殊点来确定表面朝向。根据式（7-20），对一个朗伯表面来说，只有当 $(p, q) = (p_s, q_s)$ 时才会有 $R(p, q) = 1$，所以给定了表面亮度，就可以唯一地确定表面朝向。但在一般情况下，从图像亮度到表面朝向的对应关系并不是唯一的，这是因为亮度在每个空间位置上只有一个自由度（亮度值），而朝向有两个自由度（两个梯度值）。

这样看来，为恢复表面朝向，需要引进新的信息。为确定两个未知数 p 和 q，需要有两个方程，利用在不同光线（见图 7-14）下采集的两幅图像，可从每个像点得到两个方程：

$$R_1(p, q) = E_1$$
$$R_2(p, q) = E_2$$

（7-26）

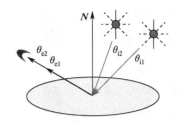

图 7-14　光度立体学中照明情况的变化

如果这些方程是线性独立的，那么 p 和 q 有唯一的解；如果这些方程不是线性的，那么对 p 和 q 来说，或没有解，或有多个解。亮度与表面朝向的对应关系不唯一是一个病态问题，采集两幅图像相当于用增加设备的办法提供附加条件以求解病态问题。

□　**例 7-5　光度立体学求解**

设已知

$$R_1(p,q) = \sqrt{\frac{1 + p_1 p + q_1 q}{r_1}} \quad \text{和} \quad R_2(p,q) = \sqrt{\frac{1 + p_2 p + q_2 q}{r_2}}$$

其中，

$$r_1 = 1 + p_1^2 + q_1^2 \quad \text{且} \quad r_2 = 1 + p_2^2 + q_2^2$$

则只要 $p_1/q_1 \neq p_2/q_2$，可解得

$$p = \frac{(E_1^2 r_1 - 1)q_2 - (E_2^2 r_2 - 1)q_1}{p_1 q_2 - q_1 p_2} \quad \text{和} \quad p = \frac{(E_2^2 r_2 - 1)p_1 - (E_1^2 r_1 - 1)p_2}{p_1 q_2 - q_1 p_2}$$

由上可见，若给定两幅在不同光照条件下采集的对应图像，则成像物体上各点的表面朝向都可有唯一解。　　　　　　　　　　　　　　　　　　　□

□　**例 7-6　光度立体学求解示例**

图 7-15(a)和图 7-15(b)为在不同光照条件（同一个光源处于两个不同位置）下对同一个球体采集的两幅对应图像。图 7-15(c)为用上述方法计算出表面朝向并将各点的朝向矢量画出来的结果，可见接近球体中心的朝向偏向于垂直于纸面，而接近球体边缘的朝向偏向于平行于纸面。注意，在光线照射不到的地方或仅一幅图像得到光照的地方，表面朝向无法确定。

在许多实际情况中，常使用 3 个不同的照明光源，这样不仅可以使方程线性化，更重要的是可提高精确度和增加可求解的表面朝向范围。另外，新增的第 3 个图像还可用于恢复表面反射系数。

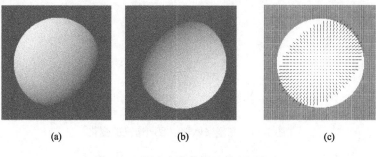

(a)　　　　　　　　　(b)　　　　　　　　　(c)

图 7-15　用光度立体学计算表面朝向　　　　❑

表面反射性质可用两个因子（系数）的乘积来描述，一个是几何项，代表对光反射角的依赖；另一个是入射光被表面反射的比例，称为反射系数。

在一般情况下，物体表面各部分的反射特性是不一致的。在最简单的情况下，亮度仅是反射系数和某些朝向函数的乘积。这里反射系数的取值介于 0 和 1。设有一个类似朗伯表面的表面（从各方向看有相同亮度但并不反射所有入射光），它的亮度可表示为 $\rho \cos \theta_i$，ρ 为表面反射系数（在表面的不同位置可能有不同的值）。为恢复反射系数和梯度 (p, q)，需要 3 类信息，这些信息可从对 3 幅图像的测量中得到。

先引进在 3 个光源方向上的单位矢量：

$$S_j = \frac{[-p_j \quad -q_j \quad 1]^{\mathrm{T}}}{\sqrt{1 + p_j^2 + q_j^2}} \qquad j = 1, 2, 3 \qquad (7\text{-}27)$$

则照度可表示为

$$E_j = \rho(S_j \cdot N) \qquad j = 1, 2, 3 \qquad (7\text{-}28)$$

其中，

$$N = \frac{[-p \quad -q \quad 1]^{\mathrm{T}}}{\sqrt{1 + p^2 + q^2}} \qquad (7\text{-}29)$$

为表面法线的单位矢量。这样对于单位矢量 N 和 ρ 可得到 3 个方程：

$$\begin{aligned} E_1 &= \rho(S_1 \cdot N) \\ E_2 &= \rho(S_2 \cdot N) \\ E_3 &= \rho(S_3 \cdot N) \end{aligned} \qquad (7\text{-}30)$$

将这些方程结合可得到

$$E = \rho S \cdot N \qquad (7\text{-}31)$$

其中，矩阵 S 的行就是光源方向矢量 S_1、S_2、S_3，而矢量 E 的元素就是 3 个亮度测量值。

设 S 非奇异，则由式（7-31）出发可以得到

$$\rho N = S^{-1} \bullet E = \frac{1}{[S_1 \bullet (S_2 \times S_3)]}[E_1(S_2 \times S_3) + E_2(S_3 \times S_1) + E_3(S_1 \times S_2)] \quad （7\text{-}32）$$

表面法线的方向是常数与 3 个矢量线性组合的乘积，这 3 个矢量中的任意 1 个都与 2 个光源的方向垂直。如果将各矢量都与使用第 3 个光源时得到的亮度相乘，通过确定矢量的值就可确定唯一的反射系数。

❑ **例 7-7　用 3 幅图像恢复反射系数示例**

设将一个光源分别放在空间中 3 个位置(–3.4, –0.8, –1.0)、(0.0, 0.0, –1.0)、(–4.7, –3.9, –1.0)上，并采集 3 幅图像。根据亮度约束方程可得到 3 组方程，进而可计算得到表面朝向和反射系数 ρ。图 7-16(a)给出 3 组反射特性曲线。由图 7-16(b)可见，在反射系数 $\rho = 0.8$ 时，3 条反射特性曲线交于同一点，$p = –0.1$、$q = –0.1$，在其他情况下，不会有交点。

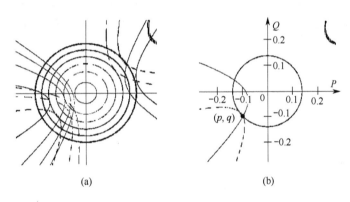

(a)　　　　　　　　　　(b)

图 7-16　用 3 幅图像恢复反射系数　　❑

7.3　光流方程

4.3 节介绍了利用运动摄像机获取场景深度信息的方法，其本质上利用了摄像机与物体之间的相对运动。事实上，如果固定摄像机而让物体运动也能取得同样的效果。物体的运动会导致物体位姿的变化，而物体位姿变化就有可能将不同的物体表面展现出来。所以利用序列图像或视频并对其中的物体运动进行检测也能

获得物体各部分的结构。

对运动的检测可基于图像亮度随时间的变化进行，这种变化可借助光流（矢量）表示（可参见 5.3 节）。不过需要注意的是，虽然摄像机的运动或物体的运动会导致视频各帧之间的亮度变化，但照明条件的改变也可能导致图像亮度随时间的变化，所以像平面上亮度随时间的变化并不一定总对应物体运动（除非照明条件已知）。

7.3.1 光流和运动场

运动可用**运动场**描述，运动场由图像中所有点的运动（速度）矢量构成。当目标在摄像机前运动或摄像机在一个固定的环境中运动时，都有可能获得对应的图像变化，这些变化可用来恢复（获得）摄像机和目标间的相对运动及场景中多个目标间的相互关系。

❑ **例 7-8 运动场的计算**

运动场为图像中的每个点赋予一个运动矢量。设在某个特定的时刻，图像中一点 P_i 对应目标表面的某个点 P_o（见图 7-17），利用投影方程可以将这两个点联系在一起。

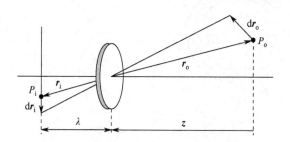

图 7-17 用投影方程联系的物点和像点

令目标点 P_o 相对于摄像机的运动速度为 V_o，则这个运动会导致对应的像点 P_i 产生速度为 V_i 的运动。这两个速度分别为

$$V_o = \frac{\mathrm{d}r_o}{\mathrm{d}t}$$

$$V_i = \frac{\mathrm{d}r_i}{\mathrm{d}t}$$

（7-33）

其中，r_o 和 r_i 由式（7-34）联系：

$$\frac{1}{\lambda} \boldsymbol{r}_{\mathrm{i}} = \frac{1}{\boldsymbol{r}_{\mathrm{o}} \cdot \boldsymbol{z}} \boldsymbol{r}_{\mathrm{o}} \qquad\qquad （7\text{-}34）$$

其中，λ 为镜头焦距；z 为镜头中心到目标的水平距离。对式（7-34）求导可得到赋给每个像素的速度矢量，而这些速度矢量构成运动场。 ❑

视觉心理学认为，当人与被观察物体之间发生相对运动时，被观察物体表面具有光学特征部位的移动给人提供了运动及结构的信息。当摄像机与目标间有相对运动时，观察到的亮度模式的运动称为**光流**或**图像流**，或者说，物体具有光学特征部位的移动投影到视网膜平面（像平面）上就形成了光流。光流表达了图像的变化，包含了目标运动的信息，可用来确定观察者相对于目标的运动情况。光流有 3 个要素：①运动（速度场），这是光流形成的必要条件；②带光学特性的部位（如有灰度的像素），它能携带信息；③成像投影（从物体到像平面），所以光流能被观察到。

光流与运动场虽有密切关系但又不完全对应。场景中的目标运动导致图像中亮度模式的运动，而可见的亮度模式的运动产生光流。在理想情况下，光流与运动场对应，但在实际应用中也有不对应的时候。换句话说，运动产生光流，因而有光流一定存在运动，但并不是有运动就必定有光流。

❑　**例 7-9　光流和运动场的区别**

首先，考虑在光源固定的情况下，有一个具有均匀反射特性的圆球在摄像机前旋转，如图 7-18(a)所示。这时球面图像各处有亮度的空间变化，但这个空间变化并不随球表面的转动而改变，所以图像并不随时间发生（灰度）变化。在这种情况下，尽管运动场不为 0，但光流处处为 0。

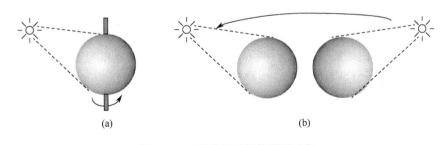

图 7-18　光流和运动场的区别示意 ❑

接下来，考虑固定的圆球受运动光源照射的情况，参见图 7-18(b)。图像中各处的灰度会随光源的运动发生（由光照条件改变导致的）变化。在这种情况下，尽管光流不为 0，但圆球的运动场处处为 0。这种运动也称为表观运动（光流是亮度模式的表观运动）。上述两种情况都可看作光学错觉。

由此可见，光流并不等价于运动场。不过在绝大多数情况下，光流与运动场还是有一定的对应关系的，所以在许多情况下可根据光流与运动场的对应关系，由图像变化估计相对运动。但需要注意的是，这里存在确定不同图像间对应点的问题。

❑ **例 7-10 图像间对应点的确定问题**

参见图 7-19，其中各封闭曲线代表等亮度曲线。考虑在时刻 t 有一个像点 P 具有亮度 E，如图 7-19(a)所示。那么在 $t+\delta t$ 时刻，P 对应哪个像点呢？换句话说，要解决这个问题需要知道亮度模式是如何变化的。一般在像点 P 附近会有许多点具有相同的亮度(E)。如果亮度在这部分区域连续变化，那么像点 P 应该在一个等亮度的曲线 C 上。在 $t+\delta t$ 时刻，将会有一些等亮度曲线 C'在 C 的附近，如图 7-19(b)所示。然而，这时很难说 C'上的哪个像点 P' 对应原来 C 上的像点 P，因为两条等亮度曲线 C 和 C'的形状可能完全不同。所以尽管可以确定 C 与 C'对应，但不能确定 P 与 P'对应。

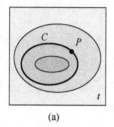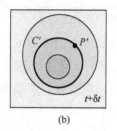

图 7-19 两幅不同时刻的图像中的对应点问题 ❑

由上可见，仅依靠变化图像中的局部信息并不能唯一地确定光流。进一步还可再考虑例 7-9，如果图像中有一块亮度均匀且不随时间变化的区域，那么该区域的光流很可能处处为 0，但实际上可对均匀区域赋予任意的矢量移动模式（任意的光流）。

光流可以表达图像中的变化，光流既包含被观察物体的运动信息，也包含与其有关的物体的结构信息。通过对光流的分析可以达到确定物体 3D 结构及观察者与运动物体之间相对运动的目的。在运动分析中，可借助光流描述图像变化并推算物体结构和运动，其中第一步是用 2D 光流（或相应参考点的速度）表达图像中的变化，第二步是根据光流计算结果推算运动物体的 3D 结构和其相对于观察者的运动。

7.3.2　光流方程求解

光流可看作带有灰度的像素在像平面上运动而产生的瞬时速度场，据此可建立基本的光流约束方程，也称为**光流方程**（见 5.3 节）或**图像流方程**。令 $f(x, y, t)$ 为时刻 t 像点 (x, y) 的灰度，$u(x, y)$ 和 $v(x, y)$ 表示像点 (x, y) 的水平和垂直移动速度，则光流方程可表示为

$$f_x u + f_y v + f_t = 0 \qquad (7\text{-}35)$$

其中，f_x、f_y 和 f_t 分别表示图像中像素灰度沿 X、Y、T 方向的梯度，可从图像中测得。

式（7-35）也可写成

$$(f_x, f_y) \bullet (u, v) = -f_t \qquad (7\text{-}36)$$

式（7-36）表明，如果一个固定的观察者观察一个活动的物体，那么得到的图像上某一点灰度的（一阶）时间变化率是物体亮度变化率与该点运动速度的乘积。根据式（7-36），光流在亮度梯度 $(f_x, f_y)^{\mathrm{T}}$ 方向上的分量是 $f_t/(f_x^2 + f_y^2)^{1/2}$，但此时无法确定在与上述方向垂直的方向（等亮度线方向）上的光流分量。

1. 光流计算：刚体运动

光流计算就是求解光流方程，即根据像点灰度值的梯度求光流分量。光流方程限制了 3 个方向梯度与光流分量的关系，可以看出，式（7-35）是一个关于速度分量 u 和 v 的线性约束方程。如果以速度分量为轴建立一个速度空间（其坐标系见图 7-20），则满足式（7-35）的 u 值和 v 值都在一条直线上。由图 7-20 可得

$$u_0 = -\frac{f_t}{f_x} \qquad v_0 = -\frac{f_t}{f_y} \qquad \theta = \arctan\left(\frac{f_x}{f_y}\right) \qquad (7\text{-}37)$$

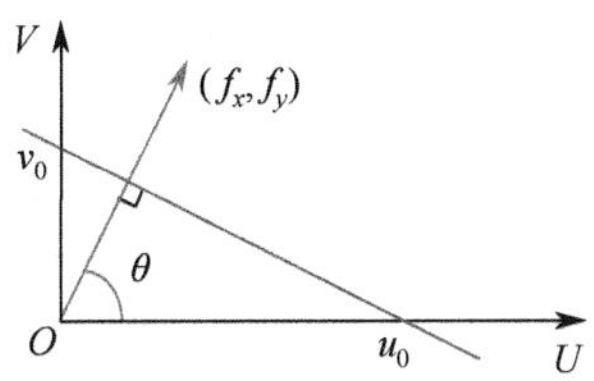

图 7-20　满足光流约束方程的 u 值和 v 值在一条直线上

注意，该直线上的各点均为光流方程的解（光流方程有无穷多个解）。换句话说，仅一个光流方程并不足以唯一地确定 u 和 v 两个量。事实上，仅用一个方程求解两个变量是一个病态问题，必须附加其他的约束条件才能求解。

在许多情况下，可将研究目标看作没有变形的刚体，在发生**刚体运动**时，刚体上各相邻点具有相同的光流速度，可利用这个条件求解光流方程。根据目标上相邻点具有相同光流速度的条件可知，光流速度的空间变化率为 0，即

$$(\nabla u)^2 = \left(\frac{\partial u}{\partial x} + \frac{\partial u}{\partial y}\right)^2 = 0 \tag{7-38}$$

$$(\nabla v)^2 = \left(\frac{\partial v}{\partial x} + \frac{\partial v}{\partial y}\right)^2 = 0 \tag{7-39}$$

可将式（7-38）、式（7-39）与光流方程结合，通过求解最小化问题来计算光流。设

$$\varepsilon(x,y) = \sum_x \sum_y \left\{ (f_x u + f_y v + f_t)^2 + \lambda^2 [(\nabla u)^2 + (\nabla v)^2] \right\} \tag{7-40}$$

其中，λ 的取值要考虑图像中的噪声情况。如果噪声较强，说明图像数据本身的置信度较低，需要更多地依赖光流约束，所以 λ 须取较大值；反之，λ 须取较小值。

为了使式（7-40）中的总误差最小，可将 ε 对 u 和 v 分别求导并取导数为 0，这样得到

$$f_x^2 u + f_x f_y v = -\lambda^2 \nabla u - f_x f_t \tag{7-41}$$

$$f_y^2 v + f_x f_y u = -\lambda^2 \nabla v - f_y f_t \tag{7-42}$$

式（7-41）和式（7-42）也称为欧拉（Euler）方程。如果令 $\bar{u}$ 和 $\bar{v}$ 分别表示 u 邻域和 v 邻域的均值（可用图像局部平滑算子计算得到），并令 $\nabla u = u - \bar{u}$ 和 $\nabla v = v - \bar{v}$，则可将式（7-41）和式（7-42）变为

$$(f_x^2 + \lambda^2)u + f_x f_y v = \lambda^2 \bar{u} - f_x f_t \tag{7-43}$$

$$(f_y^2 + \lambda^2)v + f_x f_y u = \lambda^2 \bar{v} - f_y f_t \tag{7-44}$$

由式（7-43）和式（7-44）可获得

$$u = \bar{u} - \frac{f_x(f_x \bar{u} + f_y \bar{v} + f_t)}{\lambda^2 + f_x^2 + f_y^2} \tag{7-45}$$

$$v = \bar{v} - \frac{f_y(f_x \bar{u} + f_y \bar{v} + f_t)}{\lambda^2 + f_x^2 + f_y^2} \tag{7-46}$$

式（7-45）和式（7-46）提供了用迭代方法求解 u 和 v 的基础。在实际应用中，常使用如下松弛迭代方程进行求解：

$$u^{(n+1)} = \overline{u}^{(n)} - \frac{f_x[f_x\overline{u}^{(n)} + f_y\overline{v}^{(n)} + f_t]}{\lambda^2 + f_x^2 + f_y^2} \qquad (7\text{-}47)$$

$$v^{(n+1)} = \overline{v}^{(n)} - \frac{f_y[f_x\overline{u}^{(n)} + f_y\overline{v}^{(n)} + f_t]}{\lambda^2 + f_x^2 + f_y^2} \qquad (7\text{-}48)$$

这里可取初始值 $u^{(0)} = 0$，$v^{(0)} = 0$（过原点直线）。式（7-47）和式（7-48）有一个简单的几何解释，即一个点 (u, v) 的新迭代值是该点邻域的平均值减去一个调节量，这个调节量处在亮度梯度的方向上，如图 7-21 所示。所以，迭代的过程是使直线沿亮度梯度运动的过程，该直线总与亮度梯度的方向垂直。

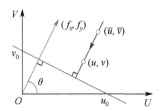

图 7-21　用迭代法求解光流的几何解释

❑ **例 7-11　光流检测示例**

图 7-22 给出光流检测示例。图 7-22(a)为一个足球的图像，图 7-22(b)和图 7-22(c)分别为将图 7-22(a)绕垂直轴旋转和绕视线顺时针旋转得到的图像，图 7-22(d)和图 7-22(e)分别为在两种旋转情况下检测到的光流。

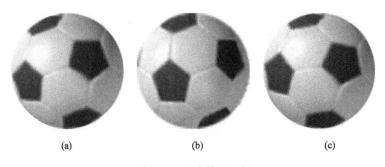

(a)　　　　　　　　　　(b)　　　　　　　　　　(c)

图 7-22　光流检测示例

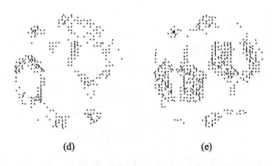

(d)   (e)

图 7-22 光流检测示例（续）

由得到的光流图可以看出，足球表面黑、白块交界处的光流值比较大，因为这些地方灰度变化比较剧烈；在黑、白块的内部，光流值很小或为 0，因为在足球发生旋转运动时，这些点的灰度基本没有变化（类似有运动无光流的情况）。不过由于足球表面并非完全平滑，所以有些足球表面黑、白块内部的对应位置也有一定的光流。   ❑

2. 光流计算：平滑运动

对式（7-43）和式（7-44）进一步分析可发现，亮度梯度完全为 0 的区域中的光流实际上是无法确定的，而在亮度梯度变化很快的区域中，光流计算的误差可能较大。一种常用的光流求解方法是考虑"图像中大部分区域的运动场变化一般比较缓慢且稳定"这个**平滑运动**条件。这时可考虑最小化一个与平滑相偏离的测度，常用的测度是对光流速度梯度之幅度平方的积分：

$$e_s = \iint [(u_x^2 + u_y^2) + (v_x^2 + v_y^2)] \mathrm{d}x\mathrm{d}y \qquad (7\text{-}49)$$

另外，还可考虑最小化光流约束方程的误差

$$e_c = \iint (f_x u + f_y v + f_t)^2 \, \mathrm{d}x\mathrm{d}y \qquad (7\text{-}50)$$

所以合起来需要最小化 $e_s + \lambda e_c$，其中 λ 是加权量。如果亮度测量精确，则 λ 应取较大值；反之，如果图像噪声大，则 λ 可取较小值。

3. 光流计算：灰度突变

在目标相互重叠的边缘处，光流会有间断，要将上述光流检测方法从一个区域推广到另一个区域，就需要确定间断的位置。这带来了一个与"先有鸡还是先有蛋"类似的问题。如果有一个准确的光流估计，就很容易发现光流快速变化的位置，从而将图像分成不同的区域；反之，如果能将图像很好地分成不同的区域，就可得到对光流的准确估计。解决这个矛盾问题的方法是，将区域分割加到光流的迭代求解过程中。具体就是在每次迭代后都寻找光流快速变化的位置并做好标记，从而避免下次迭代得到的光滑解会穿越这些间断。在实际应用中，一般先将阈值取得很高以避免过早、过细地划分图像，再随着对光流的估计越来越准确，逐步降低阈值。

更一般地讲，光流约束方程不仅适用于灰度连续区域，而且适用于灰度存在突变的区域。换句话说，光流约束方程的一个适用条件是图像中可以有（有限个）突变性的"不连续"存在，但不连续周围的变化应该是均匀的。

参见图 7-23(a)，XY 为像平面，I 为灰度轴，物体以速度 (u, v) 沿 X 方向运动。

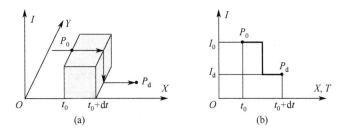

图 7-23　灰度突变时的情况

在 t_0 时刻，点 P_0 处的灰度为 I_0，点 P_d 处的灰度为 I_d；在 $t_0 + dt$ 时刻，P_0 处的灰度移到 P_d 处形成光流。这样 P_0 和 P_d 之间有**灰度突变**，灰度梯度为 $\nabla f = (f_x, f_y)$。现在来看图 7-23(b)，如果从路径来看灰度变化，因为 P_d 处的灰度是 P_0 处的灰度加上 P_0 与 P_d 间的灰度差，所以有

$$I_d = \int_{P_0}^{P_d} \nabla f \cdot dl + I_0 \qquad (7\text{-}51)$$

如果从时间过程来看灰度变化，因为观察者在 P_d 处看到灰度由 I_d 变为 I_0，所以有

$$I_0 = \int_{t_0}^{t_0+dt} f_t dt + I_d \qquad (7\text{-}52)$$

由于这两种情况下灰度的变化应是相同的，所以将式（7-51）和式（7-52）结合，可解出

$$\int_{P_0}^{P_d} \nabla f \cdot dl = -\int_{t_0}^{t_0+dt} f_t dt \qquad (7\text{-}53)$$

将 $dl = [u\ v]^T dt$ 代入，并考虑到线积分限与时间积分限应当对应，则可得到

$$f_x u + f_y v + f_t = 0 \qquad (7\text{-}54)$$

这说明此时仍可用前面无间断的方法求解。

可以证明，光流约束方程在一定条件下同样适用于由于背景和物体之间存在过渡而造成速度场不连续的情况，条件是图像要有足够的采样密度。例如，为从纹理图像序列中得到应有的信息，空间的采样率应小于图像纹理的尺度，时间上的采样距离也应该比速度场变化的尺度小，甚至应该小很多，从而使位移量比图像纹理的尺度小。光流约束方程的另一个适用条件是，像平面中每个点的灰度变化应该完全是由图像中特定模式的运动引起的，不应该包括电反射性质变化带来的影响。这个条件也可表述成，在不同时刻，图像中模式位置的变化产生光流速度场，但模式本身没有变化。

4. 光流计算：基于高阶梯度

前面对光流方程式（7-35）的求解仅利用了图像灰度的一阶梯度。有一种观点认为，光流约束方程本身已经包含了对光流场的平滑性约束，所以为求解光流约束方程，需要考虑图像本身在灰度上的连续性（考虑图像灰度的**高阶梯度**）以对灰度场进行约束。

将光流约束方程中的各项在(x, y, t)处用泰勒级数展开，取二阶得到

$$f_x = \frac{\partial f(x+\mathrm{d}x, y+\mathrm{d}y, t)}{\partial x} = \frac{\partial f(x, y, t)}{\partial x} + \frac{\partial^2 f(x, y, t)}{\partial x^2}\mathrm{d}x + \frac{\partial^2 f(x, y, t)}{\partial x \partial y}\mathrm{d}y \qquad (7\text{-}55)$$

$$f_y = \frac{\partial f(x+\mathrm{d}x, y+\mathrm{d}y, t)}{\partial y} = \frac{\partial f(x, y, t)}{\partial y} + \frac{\partial^2 f(x, y, t)}{\partial y \partial x}\mathrm{d}x + \frac{\partial^2 f(x, y, t)}{\partial y^2}\mathrm{d}y \qquad (7\text{-}56)$$

$$f_t = \frac{\partial f(x+\mathrm{d}x, y+\mathrm{d}y, t)}{\partial t} = \frac{\partial f(x, y, t)}{\partial t} + \frac{\partial^2 f(x, y, t)}{\partial t \partial x}\mathrm{d}x + \frac{\partial^2 f(x, y, t)}{\partial t \partial y}\mathrm{d}y \qquad (7\text{-}57)$$

$$u(x+\mathrm{d}x, y+\mathrm{d}y, t) = u(x, y, t) + u_x(x, y, t)\mathrm{d}x + u_y(x, y, t)\mathrm{d}y \qquad (7\text{-}58)$$

$$v(x+\mathrm{d}x, y+\mathrm{d}y, t) = v(x, y, t) + v_x(x, y, t)\mathrm{d}x + v_y(x, y, t)\mathrm{d}y \qquad (7\text{-}59)$$

将式（7-55）～式（7-59）代入光流约束方程，得到

$$\begin{aligned} &(f_x u + f_y v + f_t) + (f_{xx} u + f_{yy} v + f_x u_x + f_y v_x + f_{tx})\mathrm{d}x + \\ &(f_{xy} u + f_{yy} v + f_x u_y + f_y v_y + f_{ty})\mathrm{d}y + (f_{xx} u_x + f_{yx} v_x)\mathrm{d}x^2 + \\ &(f_{xy} u_x + f_{xx} u_y + f_{yy} v_x + f_{xy} v_y)\mathrm{d}x\mathrm{d}y + (f_{xy} u_y + f_{yy} v_y)\mathrm{d}y^2 = 0 \end{aligned} \qquad (7\text{-}60)$$

因为各项独立，所以可分别得到 6 个方程，即

$$f_x u + f_y v + f_t = 0 \qquad (7\text{-}61)$$

$$f_{xx} u + f_{yy} v + f_x u_x + f_y v_x + f_{tx} = 0 \qquad (7\text{-}62)$$

$$f_{xy} u + f_{yy} v + f_x u_y + f_y v_y + f_{ty} = 0 \qquad (7\text{-}63)$$

$$f_{xx}u_x + f_{yx}v_x = 0 \qquad (7\text{-}64)$$

$$f_{xy}u_x + f_{xx}u_y + f_{yy}v_x + f_{yy}v_y + f_{xy}v_y = 0 \qquad (7\text{-}65)$$

$$f_{xx}u_y + f_{yy}v_y = 0 \qquad (7\text{-}66)$$

直接求解式（7-61）～式（7-66）这 6 个二阶梯度方程是比较复杂的，借助光流场的空间变化率为 0 的条件 [参见前面获得式（7-38）和式（7-39）时的讨论]，可假定 u_x、u_y、v_x、v_y 近似为 0，这样上述 6 个方程可简化为 3 个方程，即

$$f_x u + f_y v + f_t = 0 \qquad (7\text{-}67)$$

$$f_{xx}u + f_{yy}v + f_{tx} = 0 \qquad (7\text{-}68)$$

$$f_{xy}u + f_{yy}v + f_{ty} = 0 \qquad (7\text{-}69)$$

由这 3 个方程解 2 个未知数，可使用最小二乘法。

在借助梯度求解光流约束方程时，假设图像是可微的，即目标在视频帧之间的运动应足够小（小于一个像素/帧），如过大则前述假设不成立，无法精确求解光流约束方程。此时可采取的方法之一是降低图像的分辨率，这样相当于对图像进行了低通滤波，起到了降低光流速度的效果。

7.4　由运动恢复形状

光流包含了物体结构的信息，所以可通过物体表面运动的光流解得表面的朝向，即确定物体表面的形状，这称为**由运动恢复形状**。

客观世界中的每个点和物体表面的朝向都可用一个以观察者为中心的正交坐标系 *XYZ* 表示。考虑一个单目的观察者位于坐标原点，设该名观察者具有一个球形的视网膜，这样就可认为客观世界被投影到一个单位图像球上。对于图像球，可用包含经度 ϕ 和纬度 θ 及一个与原点的距离为 r 的球面坐标系来表示。该球面坐标系也可表示直角坐标系中客观世界里的所有点，如图 7-24 所示。

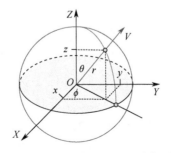

图 7-24　球面坐标系与直角坐标系

从球面坐标到直角坐标的变换由如下 3 个公式给出：

$$x = r\sin\theta\cos\phi \tag{7-70}$$

$$y = r\sin\theta\sin\phi \tag{7-71}$$

$$z = r\cos\theta \tag{7-72}$$

从直角坐标到球面坐标的变换由如下 3 个公式给出：

$$r = \sqrt{x^2 + y^2 + z^2} \tag{7-73}$$

$$\theta = \arccos\frac{z}{r} \tag{7-74}$$

$$\phi = \arccos\frac{y}{x} \tag{7-75}$$

借助坐标转换，一个任意运动点的光流可如下确定。设$(u, v, w) = (\mathrm{d}x/\mathrm{d}t, \mathrm{d}y/\mathrm{d}t, \mathrm{d}z/\mathrm{d}t)$为该点在 XYZ 坐标系中的速度，则$(\delta, \varepsilon) = (\mathrm{d}\phi/\mathrm{d}t, \mathrm{d}\theta/\mathrm{d}t)$为该点在图像球面坐标系中沿$\phi$和$\theta$方向的角速度：

$$\delta = \frac{v\cos\phi - u\sin\phi}{r\sin\theta} \tag{7-76}$$

$$\varepsilon = \frac{(ur\sin\theta\cos\phi + vr\sin\theta\sin\phi + wr\cos\theta)\cos\theta - rw}{r^2\sin\theta} \tag{7-77}$$

式（7-76）和式（7-77）构成在ϕ和θ方向上光流的一般表达式。

下面考虑一个简单情况下的光流计算。假设物体静止，而观察者以速度 S 沿 Z 轴（正向）运动。这时有 $u = 0$，$v = 0$，$w = -S$，代入式（7-76）和式（7-77）可分别得到

$$\delta = 0 \tag{7-78}$$

$$\varepsilon = \frac{S\sin\theta}{r} \tag{7-79}$$

式（7-78）和式（7-79）构成了简化的光流方程，这是求解表面朝向和边缘检测的基础。根据光流方程的解可以判断光流场中各点是否为边界点、表面点或空间点，其中，在边界点和表面点两种情况下，还可确定边界的种类和表面的朝向。

这里只简单介绍如何借助光流求解表面朝向。先看图 7-25(a)，设 R 为物体表面给定面元上的一点，焦点在 O 处的单目观察者沿着视线 OR 观察该面元。设面元的法线矢量为 N，可以将 N 分解到两个互相垂直的方向上，一个在 ZOR 平面中，与 OR 的夹角为σ，如图 7-25(b)所示；另一个在与 ZOR 平面垂直的平面（与 XY 平面平行）中，与 OR' 的夹角为τ，如图 7-25(c)所示，其中 Z 轴由纸中指出来。在图 7-25(b)中，ϕ 为常数，而在图 7-25(c)中，θ 为常数。在图 7-25(b)中，ZOR 平面构成沿视

线的"深度剖面",而在图 7-25(c)中,深度剖面与 XY 平面平行。

现在讨论如何确定 σ 和 τ。先考虑 ZR 平面中的 σ,参见图 7-25(b)。如果给矢角 θ 一个小的增量 $\Delta\theta$,则矢径 r 的变化为 Δr。过 R 作辅助线 ρ,则一方面有 $\rho/r = \tan(\Delta\theta) \approx \Delta\theta$,另一方面有 $\rho/\Delta r = \tan\sigma$,联立消去 ρ,可以得到

$$r\Delta\theta = \Delta r \tan\sigma \tag{7-80}$$

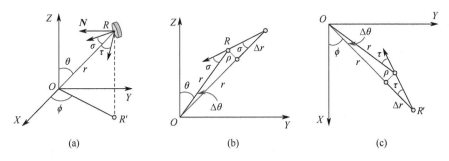

图 7-25　求解表面朝向示意

再考虑 RZ 平面的垂直平面中的 τ,参见图 7-25(c)。如果给矢角 ϕ 一个小的增量 $\Delta\phi$,则矢径 r 的长度变化为 Δr。现作辅助线 ρ,则一方面有 $\rho/r = \tan\Delta\phi \approx \Delta\phi$,另一方面有 $\rho/\Delta r = \tan\tau$。联立消去 ρ,可以得到

$$r\Delta\phi = \Delta r \tan\tau \tag{7-81}$$

进一步,分别对式(7-80)和式(7-81)取极限,可得到

$$\cot\sigma = \frac{1}{r}\frac{\partial r}{\partial\theta} \tag{7-82}$$

$$\cot\tau = \frac{1}{r}\frac{\partial r}{\partial\phi} \tag{7-83}$$

其中,r 可通过式(7-72)确定。因为这里 ε 既是 ϕ 的函数也是 θ 的函数,所以可将式(7-79)改写成

$$r = \frac{S\sin\theta}{\varepsilon(\phi,\theta)} \tag{7-84}$$

分别对 ϕ 和 θ 求偏导,得

$$\frac{\partial r}{\partial\phi} = S\sin\theta\frac{-1}{\varepsilon^2}\frac{\partial\varepsilon}{\partial\phi} \tag{7-85}$$

$$\frac{\partial r}{\partial\theta} = S\left(\frac{\cos\theta}{\varepsilon} - \frac{\sin\theta}{\varepsilon^2}\frac{\partial\varepsilon}{\partial\theta}\right) \tag{7-86}$$

注意,由 σ 和 τ 确定的表面朝向与观察者的运动速度 S 无关。将式(7-84)～

式（7-86）代入式（7-82）和式（7-83），得到求取 σ 和 τ 的公式：

$$\sigma = \mathrm{arccot}\left[\cot\theta - \frac{\partial(\ln\varepsilon)}{\partial\theta}\right] \tag{7-87}$$

$$\tau = \mathrm{arccot}\left[-\frac{\partial(\ln\varepsilon)}{\partial\phi}\right] \tag{7-88}$$

7.5 各节要点和进一步参考

以下结合各节的主要内容介绍一些可以进一步查阅的参考文献。

1. 光度立体学

在使用光度立体学方法时，需要控制照明情况，还可参见文献[1]。利用双向反射分布函数关于入射方向和反射方向的对称性，还可借助双目 Helmholtz 立体视觉方法恢复 3D 物体，尤其对于高光物体的效果较好[2]。

2. 由光照恢复形状

由光照恢复形状是一种典型的由 X 恢复形状的方法，在许多有关计算机视觉的书籍中都有介绍，如可参见文献[3]。

3. 光流方程

光流方程的推导可见 5.3 节，还可参见文献[4]。

4. 由运动恢复形状

对光流场中边界点和表面点所属边界种类和表面朝向的讨论可参见文献[5]。有关由运动求取结构的讨论还可参见文献[6]。

第 8 章

单目单图像恢复

第 7 章介绍的物体恢复方法基于单目多幅图像中的冗余信息，本章介绍基于单目单图像的恢复方法。在实际应用中，在将 3D 物体投影到 2D 平面上时，其中的深度信息会丢失。不过，从人类视觉系统的实践来看，尤其从空间知觉（参见附录 A）的能力来看，在很多情况下，图像中仍保留了许多深度线索，所以在有一定约束或先验知识的条件下，从中进行物体恢复还是有可能的。换句话说，在基于 3D 物体获取 2D 图像的过程中，一些有用信息确实由于投影而丢失了，但也有一些信息通过转换形式被保留下来（或者说在 2D 图像中还有场景的 3D 线索）。

在从**单目单图像**出发进行物体恢复方面已有很多方法，有的方法是比较通用的（有一定的推广性），也有的方法需要满足特定的条件才能使用。例如，在成像过程中，一些有关物体形状的信息会在成像时转换成图像中与原物体形状对应的明暗度信息（或者说在光照确定的情况下，图像中的亮度变化与物体形状有关），因此可以根据图像的影调变化，设法将物体的表面形状信息恢复出来，这称为"由影调恢复形状"。又如，在透视投影条件下，一些有关物体形状的信息会被保留在物体表面纹理的变化（物体表面的不同朝向会导致不同的表面纹理变化）之中，因此通过对纹理变化的分析，可以确定物体表面不同的朝向，并进而设法将其表面形状信息恢复出来，这称为"由纹理恢复形状"。

本章各节安排如下。

8.1 节介绍由影调恢复形状的原理，其中利用了根据图像影调与场景中物体表面形状的联系而建立的将像素灰度与朝向联系起来的亮度约束方程。另外，具体讨论梯度空间法，其可以分析和解释因平面相交而形成的结构。

8.2 节讨论图像亮度约束方程的求解问题，分别介绍在线性情况、旋转对称情况和平滑约束的一般情况下求解的方法和效果。

8.3 节介绍由纹理恢复形状的原理，其本质是根据成像与畸变的对应关系，借助对物体表面纹理的先验知识，利用纹理在投影后的变化推测表面的朝向。

8.4 节进一步讨论当纹理由有规律的纹理元栅格组成时，检测消失点的一些方法，可以借此恢复表面朝向信息。

8.1 由影调恢复形状

当场景中的物体受到光线照射时，由于表面各部分的朝向等不同，亮度也会不同，这种亮度的空间变化（明暗变化）在成像后表现为图像上的不同影调（也可称为不同阴影）。根据影调的分布和变化可获得物体的形状信息，这称为**由影调恢复形状**或从影调恢复形状。

8.1.1 影调与朝向

先讨论图像影调与场景中物体表面形状的联系，再介绍如何表达朝向的变化。

影调对应将 3D 物体投影到 2D 像平面上而形成的不同亮度（用灰度表示）层次。这些层次的变化分布取决于 4 个因素：物体（正对观察者）可见表面的几何形状（表面法线方向）、光源的入射强度（能量）和方向、观察者相对于物体的方位和距离（视线）、物体表面的反射特性。这 4 个因素的作用情况可借助图 8-1 来介绍，其中物体用面元 S 代表，面元的法线向量 N 指示了面元的朝向，它与物体局部几何形状有关；光源的入射强度和方向用矢量 I 表示；观察者相对于物体的方位和距离借助视线矢量 V 指示；物体表面反射特性 ρ 取决于面元的表面材料，它在一般情况下是面元空间位置的函数。

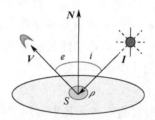

图 8-1　影响图像灰度变化的 4 个因素

根据图 8-1，若 3D 物体面元 S 上的入射光强度为 $I(x,y)$，反射系数 ρ 为常数，则沿 N 的反射强度为

$$E(x, y) = I(x, y)\rho \cos i \tag{8-1}$$

如果光源来自观察者背后且为平行光线，则 $\cos i = \cos e$。设视线与成像的 XY 平面垂直相交，再设物体具有朗伯散射表面，即表面反射强度不随观察位置变化而变化，则观察到的光线强度可写成

$$E(x,y) = I(x,y)\rho \cos e \tag{8-2}$$

为建立表面朝向与图像亮度的联系，把梯度坐标 PQ 同样布置在 XY 平面上，设法线沿离开观察者方向，则根据 $N = [p\ \ q\ \ -1]^{\mathrm{T}}$，$V = [0\ 0\ -1]^{\mathrm{T}}$，可以求得

$$\cos e = \cos i = \frac{[p\ \ q\ \ -1]^{\mathrm{T}} \cdot [0\ \ 0\ \ -1]^{\mathrm{T}}}{\left|[p\ \ q\ \ -1]^{\mathrm{T}}\right| \cdot \left|[0\ \ 0\ \ -1]^{\mathrm{T}}\right|} = \frac{1}{\sqrt{p^2+q^2+1}} \tag{8-3}$$

将式（8-3）代入式（8-1），则观察到的图像灰度为

$$E(x,y) = I(x,y)\rho \frac{1}{\sqrt{p^2+q^2+1}} \tag{8-4}$$

现在考虑光线不是以 $i = e$ 角度入射的一般情况。设入射穿过面元的光向量 I 为 $[p_i\ q_i\ -1]^{\mathrm{T}}$，因为 $\cos i$ 为 N 和 I 的夹角余弦，所以有

$$\cos i = \frac{[p\ \ q\ \ -1]^{\mathrm{T}} \cdot [0\ \ 0\ \ -1]^{\mathrm{T}}}{\left|[p\ \ q\ \ -1]^{\mathrm{T}}\right| \cdot \left|[0\ \ 0\ \ -1]^{\mathrm{T}}\right|} = \frac{pp_i + qq_i + 1}{\sqrt{p^2+q^2+1}\sqrt{p_i^2+q_i^2+1}} \tag{8-5}$$

将式（8-5）代入式（8-1），则在任意角度入射时观察到的图像灰度为

$$E(x,y) = I(x,y)\rho = \frac{pp_i + qq_i + 1}{\sqrt{p^2+q^2+1}\sqrt{p_i^2+q_i^2+1}} \tag{8-6}$$

式（8-6）也可写成更抽象的一般形式：

$$E(x,y) = R(p,q) \tag{8-7}$$

这就是与式（7-22）相同的**图像亮度约束方程**。

8.1.2　梯度空间法

现在考虑由面元朝向变化导致的图像灰度变化。一个 3D 表面可表示为 $z = f(x,y)$，其上的面元法线可表示为 $N = [p\ \ q\ \ -1]^{\mathrm{T}}$。可见 3D 空间中的表面从其朝向来看只是 2D 梯度空间中的一个点 $G(p,q)$，如图 8-2 所示。换句话说，要表示 3D 表面的朝向，只需要两个变量。使用这种**梯度空间**方法研究 3D 表面可起到降维（从 3D 降到 2D）的作用，但梯度空间的表达并未确定 3D 表面在 3D 坐标系中的位置。换句话说，梯度空间中的一个点代表了所有朝向相同的面元，但这些面元的空间位置可以各不相同。

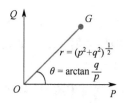

图 8-2　3D 表面在 2D 梯度空间中的表达

借助梯度空间法可以分析和解释因平面相交而形成的结构。

___

❑　**例 8-1　判断因平面相交而形成的凸结构或凹结构**

___

多个平面相交可形成凸结构或凹结构，要判断其到底是凸结构还是凹结构，可借助梯度信息。先看两个平面 S_1 和 S_2 相交形成交线 l 的情况，如图 8-3（其中梯度坐标 PQ 与空间坐标 XY 重合）所示。这里 G_1 和 G_2 分别代表两平面法线所对应的梯度空间点，它们之间的连线与 l 的投影 l' 垂直。

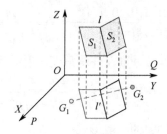

图 8-3　两个空间平面相交示意

如果同一个面的 S 和 G 同号（处在 l 的投影 l' 的同一侧），则表明两个面组成凸结构，如图 8-4(a)所示。如果同一个面的 S 和 G 异号，则表明两个面组成凹结构，如图 8-4(b)所示。

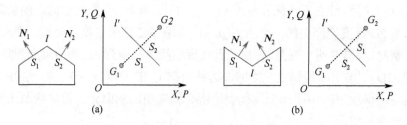

图 8-4　两个空间平面相交而形成凸结构和凹结构

进一步考虑 3 个平面 A、B、C 相交，各交线为 l_1、l_2、l_3 的情况，如图 8-5(a) 所示。如果各交线两侧的面和对应梯度点同号（各面顺时针依次为 AA、BB、CC），则表明 3 个面组成凸结构，如图 8-5(b)所示；如果各交线两侧的面和对应梯度点不同号（各面顺时针依次为 CB、AC、BA），则表明 3 个面组成凹结构，如图 8-5(c) 所示。

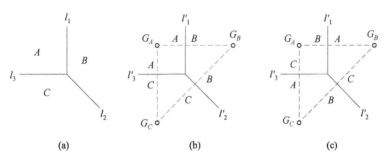

图 8-5　三个空间平面相交的两种情况

现在回到式（8-4），将其改写成

$$p^2 + q^2 = \left[\frac{I(x,y)\rho}{E(x,y)}\right]^2 - 1 = \frac{1}{K^2} - 1 \qquad (8\text{-}8)$$

其中，K 代表观察者观察到的相对反射强度。根据相对反射强度的等值线画出的图称为**反射图**。式（8-8）对应 PQ 平面上一系列同心圆的方程，每个圆代表观察到的同灰度面元的朝向轨迹。在 $i = e$ 时，反射图由同心圆构成；对于 $i \neq e$ 的一般情况，反射图由一系列椭圆和双曲线构成。

❑ **例 8-2　反射图应用示例**

假设观察者可看到三个平面 A、B、C，它们形成如图 8-6(a)所示的平面交角，但实际倾斜程度未知。利用反射图，可确定三个平面相互之间的夹角。设 I 和 V 同向，得到（由图像可测得相对反射强度）$K_A = 0.707$，$K_B = 0.807$，$K_C = 0.577$。根据两个平面的 $G(p, q)$间连线垂直于两个平面的交线的特点，可得如图 8-6(b)所示的三角形（三个平面的朝向满足的条件）。现要在如图 8-6(c)所示的反射图上找到 G_A、G_B、G_C。将各 K 值代入式（8-8），得到如下两组解：

$$(p_A, q_A) = (0.707, 0.707) \qquad (p_B, q_B) = (-0.189, 0.707) \qquad (p_C, q_C) = (0.707, 1.225)$$
$$(p'_A, q'_A) = (1, 0) \qquad (p'_B, q'_B) = (-0.732, 0) \qquad (p'_C, q'_C) = (1, 1)$$

第一组解对应图 8-6(c)中的小三角形，第二组解对应图 8-6(c)中的大三角形。两组解均满足相对反射强度的条件。事实上，三个平面的朝向有两种可能的组合情况，分别对应 3 条交线汇聚交点凸起和凹下两种结构。

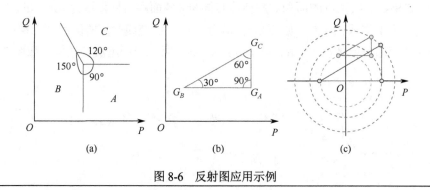

图 8-6　反射图应用示例

8.2　亮度约束方程求解

由于图像亮度约束方程将像素的灰度与朝向联系起来，所以可考虑由图像中 (x, y) 处像素的灰度 $I(x, y)$ 求该处的朝向 (p, q)。但是这里遇到一个问题，即在图像上对一个单独的点进行亮度测量只能提供一个约束，而表面的朝向有两个自由度。换句话说，设图像中目标的可见表面由 N 个像素组成，每个像素有一个灰度值 $I(x, y)$，求解式（8-7）就是要求得该像素位置上的 (p, q) 值。因为基于 N 个像素只可以组成 N 个方程（见对式 7-22 的解释），但未知量却有 $2N$ 个，即对于每个灰度值有两个梯度值要求解，所以这是一个病态问题，无法得到唯一解。一般需要通过增加附加条件以建立附加方程来解决这个病态问题。换句话说，如果没有附加信息，虽然图像亮度约束方程建立了图像亮度与表面朝向的联系，但无法仅根据图像亮度约束方程恢复表面朝向。

考虑附加信息的简单方法是利用单目单图像中的约束，其中主要可考虑的约束包括唯一性、连续性（表面、形状）、相容性（对称、极线）等。在实际应用中，影响亮度的因素很多，所以只有在环境高度可控的情况下，才有可能很好地由影调恢复物体形状。

实际上，人们常常只观察一个 2D 画面就可以估计出其中的人脸各部分的形状。这表明，图像中含有足够的信息或人们在观察时会根据经验知识隐含地引入附加的假设。事实上，许多物体表面是光滑的，或者说在深度上是连续的；进一步的偏微分也是连续的。更一般的情况是，目标具有分片连续的表面，只在边缘处不光滑。以上信息提供了一个很强的约束，对于表面上相邻的两块面元，它们的朝向有一定的联系，合起来应能给出一个连续平滑的表面。由此可见，可以利用宏观平滑约束的方法提供附加信息，进而求解**图像亮度约束方程**。下面（由简到繁）介绍其中三种情况。

8.2.1　线性情况

先考虑**线性反射**这类特殊情况，设

$$R(p,q) = f(ap + bq) \tag{8-9}$$

其中，a 和 b 是常数，此时在反射图（见图 8-7）中，梯度空间的等值线是平行线。

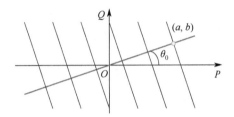

图 8-7　梯度元素线性组合的反射图

式（8-9）中的 f 是一个严格单调函数（见图 8-8，由 $E(x, y)$ 可以恢复 $s = ap + bq$），它的反函数 f^{-1} 存在。由图像亮度约束方程可知

$$s = ap + bq = f^{-1}[E(x,y)] \tag{8-10}$$

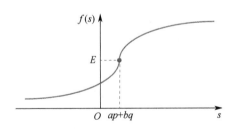

图 8-8　严格单调函数

注意，这里不能仅通过对图像灰度的测量来确定某个特殊像点的梯度 (p, q)，但可得到一个与约束梯度的可能取值有关的方程。对于一个与 X 轴夹角为 θ 的表面，其斜率为

$$m(\theta) = p\cos\theta + q\sin\theta \tag{8-11}$$

选择一个特定的方向 θ_0（见图 8-7），$\tan\theta_0 = b/a$，即

$$\cos\theta_0 = \frac{a}{\sqrt{a^2+b^2}} \qquad \sin\theta_0 = \frac{b}{\sqrt{a^2+b^2}} \qquad (8\text{-}12)$$

在这个方向上的斜率是

$$m(\theta_0) = \frac{ap+bq}{\sqrt{a^2+b^2}} = \frac{1}{\sqrt{a^2+b^2}} f^{-1}[E(x,y)] \qquad (8\text{-}13)$$

从一个特定的像点开始，先取一个小步长 δs，此时 z 的变化是 $\delta z = m\delta s$，即

$$\frac{\mathrm{d}z}{\mathrm{d}s} = \frac{1}{\sqrt{a^2+b^2}} f^{-1}[E(x,y)] \qquad (8\text{-}14)$$

其中，x 和 y 均为关于 s 的线性函数：

$$x(s) = x_0 + s\cos\theta \qquad y(s) = y_0 + s\sin\theta \qquad (8\text{-}15)$$

先求表面上一点 (x_0, y_0, z_0) 处的解，将前面的微分方程对 z 积分得到

$$z(s) = z_0 + \frac{1}{\sqrt{a^2+b^2}} \int_0^s f^{-1}[E(x,y)]\mathrm{d}s \qquad (8\text{-}16)$$

按这种方式可得到沿所选方向直线（如图 8-9 所示的平行直线之一）的一个表面剖线。当反射图是梯度元素线性组合的函数时，表面剖线是平行直线。只要初始高度 $z_0(t)$ 给定，通过沿这些直线的积分就可恢复表面。当然在实际应用中，积分是要用数值算法计算的。

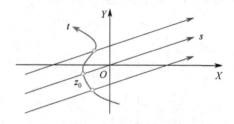

图 8-9　根据平行的表面剖线恢复表面

需要注意的是，如果想知道绝对距离，就需要知道某个点的 z_0 值，不过没有这个绝对距离也可以恢复（表面）形状。另外，仅由积分常数 z_0 也不能确定绝对距离，这是因为 z_0 本身并不影响影调，只有深度的变化可以影响影调。

8.2.2　旋转对称情况

现在考虑一种更通用的情况。如果光源的分布对观察者来说是**旋转对称**的，那么反射图也是旋转对称的。例如，当观察者从下向上观看半球形的天空时，得

到的反射图就是旋转对称的；再如，当点光源与观察者处于相同位置时，得到的反射图也是旋转对称的。在这些情况下，有

$$R(p,q) = f(p^2 + q^2) \tag{8-17}$$

现假设函数 f 是严格单调和可导的，并且反函数为 f^{-1}，则根据图像亮度约束方程，有

$$p^2 + q^2 = f^{-1}[E(x,y)] \tag{8-18}$$

如果表面最速上升方向与 x 轴的夹角是 θ_s，其中 $\tan\theta_s = p/q$，则有

$$\cos\theta_s = \frac{p}{\sqrt{p^2 + q^2}} \qquad \sin\theta_s = \frac{q}{\sqrt{p^2 + q^2}} \tag{8-19}$$

根据式（8-11），在最速上升方向上的斜率是

$$m(\theta_s) = \sqrt{p^2 + q^2} = \sqrt{f^{-1}[E(x,y)]} \tag{8-20}$$

在这种情况下，如果知道了表面的亮度，就可以得到它的斜率，但无法确定最速上升的方向，即不能确定 p 和 q 各自的值。现设最速上升的方向由 (p, q) 给出，如果在最速上升方向上取一个长度为 δs 的小步长，则由此导致的 x 和 y 的变化应为

$$\delta x = \frac{p}{\sqrt{p^2 + q^2}}\delta s \qquad \delta y = \frac{q}{\sqrt{p^2 + q^2}}\delta s \tag{8-21}$$

而 z 的变化为

$$\delta z = m\delta s = \sqrt{p^2 + q^2}\,\delta s = \sqrt{f^{-1}[E(x,y)]}\,\delta s \tag{8-22}$$

为简化这些方程，可取步长为 $\sqrt{p^2 + q^2}\,\delta s$，于是得到

$$\delta x = p\delta s \qquad \delta y = q\delta s \qquad \delta z = (p^2 + q^2)\delta s = \{f^{-1}[E(x,y)]\}\delta s \tag{8-23}$$

另外，一个水平表面在图像上是一个亮度均匀的区域，所以只有曲面的亮度梯度才不为 0。为确定亮度梯度，可将图像亮度约束方程对 x 和 y 求导。令 u、v 和 w 分别为 z 对 x 和 y 的二阶偏导数，即

$$u = \frac{\partial^2 z}{\partial x^2} \qquad \frac{\partial^2 z}{\partial x\partial y} = v = \frac{\partial^2 z}{\partial y\partial x} \qquad w = \frac{\partial^2 z}{\partial y^2} \tag{8-24}$$

则根据导数的链规则可以得到

$$E_x = 2(pu + qv)f' \qquad E_y = 2(pv + qw)f' \tag{8-25}$$

$f'(r)$ 是 $f(r)$ 对其唯一变量 r 的导数。

现在来确定由于在像平面取步长 $(\delta x, \delta y)$ 而导致的 δp 和 δq 的变化。通过对 p 和 q 求微分可得

$$\delta p = u\delta x + v\delta y \qquad \delta q = v\delta x + w\delta y \qquad (8\text{-}26)$$

根据式（8-23）可得

$$\delta p = (pu + qv)\delta s \qquad \delta q = (pv + qw)\delta s \qquad (8\text{-}27)$$

或再由式（8-25）可得

$$\delta p = \frac{E_x}{2f'}\delta s \qquad \delta q = \frac{E_y}{2f'}\delta s \qquad (8\text{-}28)$$

这样，在 $\delta s \to 0$ 的极限情况下，可得如下一组（5 个）常微分方程（微分都是对 s 进行的）：

$$\dot{x} = p \qquad \dot{y} = q \qquad \dot{z} = p^2 + q^2 \qquad \dot{p} = \frac{E_x}{2f'} \qquad \dot{q} = \frac{E_y}{2f'} \qquad (8\text{-}29)$$

如果给定初始值，上述 5 个常微分方程可以用数值法解出，得到一条在目标表面上的曲线。由此得到的曲线称为特征曲线，这里正好是最速上升曲线。这类曲线与等高线在每个交点处都垂直。注意当 $R(p, q)$ 是 p 和 q 的线性函数时，特征曲线平行于物体表面。

另外，如果将式（8-29）中 $\dot{x} = p$ 和 $\dot{y} = q$ 对 s 再次微分，可得到另一组方程：

$$\ddot{x} = \frac{E_x}{2f'} \qquad \ddot{y} = \frac{E_y}{2f'} \qquad z = f^{-1}[E(x, y)] \qquad (8\text{-}30)$$

由于 E_x 和 E_y 都是对图像亮度的测量，所以上述方程均需要用数值解法求解。

8.2.3　平滑约束的一般情况

在一般情况下，物体表面是比较光滑的（虽然物体各部分之间有不连续处），可以将这个**平滑约束**条件作为附加约束条件。如果认为（在物体轮廓内）物体表面是光滑的，则以下两式成立：

$$(\nabla p)^2 = \left(\frac{\partial p}{\partial x} + \frac{\partial p}{\partial y}\right)^2 = 0 \qquad (8\text{-}31)$$

$$(\nabla q)^2 = \left(\frac{\partial q}{\partial x} + \frac{\partial q}{\partial y}\right)^2 = 0 \qquad (8\text{-}32)$$

如果将式（8-31）和式（8-32）与亮度约束方程结合，可将求解表面朝向问题转变为最小化如下总误差的问题：

$$\varepsilon(x, y) = \sum_x \sum_y \left\{ [E(x, y) - R(p, q)]^2 + \lambda \left[(\nabla p)^2 + (\nabla q)^2 \right] \right\} \qquad (8\text{-}33)$$

式（8-33）可理解为，求取物体表面面元的朝向分布，使灰度总体误差与平滑度总体误差的加权和最小。令 $\bar{p}$ 和 $\bar{q}$ 分别表示 p 邻域和 q 邻域的均值，将 ε 分别对 p 和 q 求导并取导数为 0，再将 $\nabla p = p - \bar{p}$ 和 $\nabla q = q - \bar{q}$ 代入，得

$$p(x,y) = \bar{p}(x,y) + \frac{1}{\lambda}\left[E(x,y) - R(p,q)\right]\frac{\partial R}{\partial p} \tag{8-34}$$

$$q(x,y) = \bar{q}(x,y) + \frac{1}{\lambda}\left[E(x,y) - R(p,q)\right]\frac{\partial R}{\partial q} \tag{8-35}$$

迭代求解式（8-34）和式（8-35）的公式如下（迭代初始值可用边界点值）：

$$p^{(n+1)} = \bar{p}^{(n)} + \frac{1}{\lambda}\left[E(x,y) - R(p^{(n)},q^{(n)})\right]\frac{\partial R^{(n)}}{\partial p} \tag{8-36}$$

$$q^{(n+1)} = \bar{q}^{(n)} + \frac{1}{\lambda}\left[E(x,y) - R(p^{(n)},q^{(n)})\right]\frac{\partial R^{(n)}}{\partial q} \tag{8-37}$$

这里要注意，物体轮廓内外不平滑，有跳变。

❑ **例 8-3　亮度约束方程求解流程**

亮度约束方程求解流程如图 8-10 所示，该基本框架也可用于求解光流方程的松弛迭代方程 [式（7-47）和式（7-48）]。

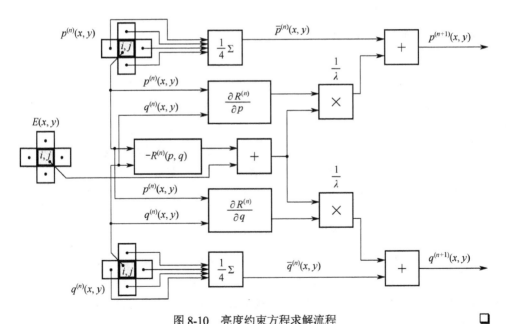

图 8-10　亮度约束方程求解流程　　❑

❑ **例 8-4　由影调恢复形状示例**

　　如图 8-11 所示，图 8-11(a)为一幅圆球图像，图 8-11(b)为利用影调信息从图 8-11(a)中得到的圆球表面朝向（针）图；图 8-11(c)为另一幅圆球图像，图 8-11(d)为利用影调信息从图 8-11(c)中得到的表面朝向（针）图。在图 8-11(a)和图 8-11(b)这组图中，光源方向与视线方向比较接近，所以对于整个可见表面，基本上都可确定各点朝向。在图 8-11(c)和图 8-11(d)这组图中，光源方向与视线方向夹角较大，所以对于光线照射不到的可见表面，无法确定其朝向（见图 8-11(d)左上方）。

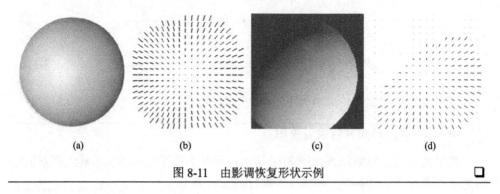

| (a) | (b) | (c) | (d) |

图 8-11　由影调恢复形状示例　　　　❑

8.3　由纹理恢复形状

　　图像纹理的表达、描述、分割和分类等已在《2D 计算机视觉：原理、算法及应用》的第 11 章中进行了介绍，这里讨论**由纹理恢复形状**（或从纹理恢复形状）的问题。

　　当人们观察有纹理覆盖的表面时，只用一只眼就可以观察到表面的倾斜程度，因为表面的纹理会由于倾斜而看起来失真。纹理在恢复表面朝向方面的作用早在 1950 年就被讨论了。下面介绍根据观察到的表面纹理失真估计表面朝向的方法。

8.3.1　单目成像和畸变

　　在透视投影成像中，物体离观察点或采集器越远，所成的像就越小，反之越大。这可看作一种在成像时尺寸上的**畸变**。这种畸变实际上包含了 3D 物体的空间和结构信息。需要指出的是，除非物体坐标的 X 或 Y 已知，否则由 2D 图像并不能直接得到采集器与物体之间的绝对距离（得到的只是相对距离信息）。

　　物体的几何轮廓可看作由直线段连接而成。下面考虑在将 3D 空间中的直线透视投影到 2D 像平面上时会出现的一些畸变情况。由摄像机模型可知，一个点的投影仍是点。因为一条线段是由其两个端点及中间点组成的，所以一条直线的投影可根据这些点的投影来确定。设有空间中的两个点（线段的两个端点）$W_1 = [X_1 \quad Y_1 \quad Z_1]^T$，$W_2 = [X_2 \quad Y_2 \quad Z_2]^T$，中间点可表示为（$0 < s < 1$）

$$sW_1 + (1-s)W_2 = s\begin{bmatrix} X_1 \\ Y_1 \\ Z_1 \end{bmatrix} + (1-s)\begin{bmatrix} X_2 \\ Y_2 \\ Z_2 \end{bmatrix} \qquad (8\text{-}38)$$

上述两个端点在投影后可借助齐次坐标表示为 $PW_1 = [kX_1 \ kY_1 \ kZ_1 \ q_1]^T$，$PW_2 = [kX_2 \ kY_2 \ kZ_2 \ q_2]^T$，其中 $q_1 = k(\lambda - Z_1)/\lambda$，$q_2 = k(\lambda - Z_2)/\lambda$。原 W_1 和 W_2 之间连线上的点经投影后可表示为（$0 < s < 1$）

$$P[sW_1 + (1-s)W_2] = s\begin{bmatrix} kX_1 \\ kY_1 \\ kZ_1 \\ q_1 \end{bmatrix} + (1-s)\begin{bmatrix} kX_2 \\ kY_2 \\ kZ_2 \\ q_2 \end{bmatrix} \qquad (8\text{-}39)$$

换句话说，这一空间连线上所有点的像平面坐标都可以用齐次坐标的第四项分别除前三项得到，即可表示为（$0 \leqslant s \leqslant 1$）

$$w = \begin{bmatrix} x & y \end{bmatrix}^T = \begin{bmatrix} \dfrac{sX_1 + (1-s)X_2}{sq_1 + (1-s)q_2} & \dfrac{sY_1 + (1-s)Y_2}{sq_1 + (1-s)q_2} \end{bmatrix}^T \qquad (8\text{-}40)$$

以上是用 s 表示空间点投影变换的结果。另外，在像平面上有 $w_1 = [\lambda X_1/(\lambda - Z_1) \quad \lambda Y_1/(\lambda - Z_1)]^T$，$w_2 = [\lambda X_2/(\lambda - Z_2) \quad \lambda Y_2/(\lambda - Z_2)]^T$，它们连线上的点可表示为（$0 < t < 1$）

$$tw_1 + (1-t)w_2 = t\begin{bmatrix} \dfrac{\lambda X_1}{\lambda - Z_1} \\ \dfrac{\lambda Y_1}{\lambda - Z_1} \end{bmatrix} + (1-t)\begin{bmatrix} \dfrac{\lambda X_2}{\lambda - Z_2} \\ \dfrac{\lambda Y_2}{\lambda - Z_2} \end{bmatrix} \qquad (8\text{-}41)$$

所以 w_1 和 w_2 及它们连线上的点在像平面上的坐标（用 t 表示）为（$0 \leqslant t \leqslant 1$）

$$w = \begin{bmatrix} x & y \end{bmatrix}^T = \begin{bmatrix} t\dfrac{\lambda X_1}{\lambda - Z_1} + (1-t)\dfrac{\lambda X_2}{\lambda - Z_2} & t\dfrac{\lambda Y_1}{\lambda - Z_1} + (1-t)\dfrac{\lambda Y_2}{\lambda - Z_2} \end{bmatrix}^T \qquad (8\text{-}42)$$

如果用 s 表示的投影结果就是用 t 表示的像点坐标，则式（8-40）和式（8-42）应相等，由此可解得

$$s = \frac{tq_2}{tq_2 + (1-t)q_1} \qquad (8\text{-}43)$$

$$t = \frac{sq_1}{sq_1 + (1-s)q_2}$$ （8-44）

由式（8-43）和式（8-44）可见，s 与 t 是单值关系。在 3D 空间中，用 s 表示的点在 2D 像平面中唯一对应用 t 表示的点。所有用 s 表示的空间点连成一条直线，所有用 t 表示的像点也连成一条直线。可见，3D 空间中的一条直线在投影到 2D 像平面上后，只要不是垂直投影，其结果仍是一条直线。如果是垂直投影，则投影结果是一个点（这是一种特殊情况）。其逆命题也成立，即 2D 像平面上的直线一定是由 3D 空间中的一条直线投影产生（在特殊情况下，也可由一个平面投影产生）的。

接下来考虑平行线的畸变，平行是直线系统中很有特点的一种线间关系。在 3D 空间中，一条直线上的点 (X, Y, Z) 可表示为

$$\begin{bmatrix} X \\ Y \\ Z \end{bmatrix} = \begin{bmatrix} X_0 \\ Y_0 \\ Z_0 \end{bmatrix} + k \begin{bmatrix} a \\ b \\ c \end{bmatrix}$$ （8-45）

其中，(X_0, Y_0, Z_0) 为直线的起点；(a, b, c) 为直线的方向余弦；k 为任意系数。

对一组平行线来说，它们的 (a, b, c) 都相同，只是 (X_0, Y_0, Z_0) 不同。各平行线间的距离由 (X_0, Y_0, Z_0) 的差别决定。如果将平行线向两端无限延伸，可知平行线的投影轨迹只与 (a, b, c) 有关，而与 (X_0, Y_0, Z_0) 无关。换句话说，具有相同 (a, b, c) 的平行线在无限延伸后将交于一点。这个点可能在像平面之中，也可能在像平面之外，所以也称为**消失点/消隐点**或**虚点**。纹理消失点的计算将在 8.4 节介绍。

8.3.2　利用纹理变化恢复朝向

利用物体表面的纹理可以确定表面的朝向，进而恢复表面的形状。这里对纹理的描述主要参考结构法的思想：复杂的纹理是由一些简单的纹理基元（**纹理元**）以某种有规律的形式重复排列组合而成的。换句话说，纹理元可看作一个区域里带有重复性和不变性的视觉基元。重复性是指这些基元在不同的位置和方向上反复出现，当然这种重复性要在一定的分辨率（给定视觉范围内纹理元的数目）下才有可能；不变性是指组成同一基元的像素有一些基本相同的特性，这些特性可能只与灰度有关，也可能还依赖其形状等特性。

1. 3 种典型方法

利用物体表面的纹理确定其朝向要考虑成像过程的影响，具体影响与物体纹理和图像纹理之间的联系有关。在获取图像的过程中，物体表面的纹理结构有可

能在图像上发生变化（产生既包括大小也包括方向的梯度变化），这种变化可能随纹理所在表面朝向的不同而有所不同，因而带有物体表面朝向的 3D 信息。注意，这里不是说表面纹理本身带有 3D 信息，而是说纹理在成像过程中产生的变化带有 3D 信息。纹理的变化可分为 3 类（这里假设纹理局限在一个水平表面上），参见图 8-12，常用的利用纹理变化恢复朝向的方法也可对应分成 3 种。

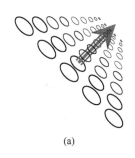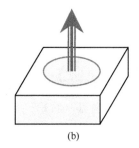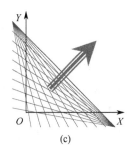

(a)　　　　　　　　　　(b)　　　　　　　　　　(c)

图 8-12　纹理变化与表面朝向示意

1）利用纹理元尺寸的变化

在透视投影中存在近大远小的规律，所以位置不同的纹理元在投影后尺寸会产生不同的变化。这在沿着铺了地板或地砖的方向观察时很明显。根据纹理元投影尺寸变化率的极大值，可以确定纹理元所在平面的朝向，参见图 8-12(a)，这个极大值的方向也就是纹理梯度的方向。设像平面与纸面重合，视线从纸中出来，则纹理梯度的方向取决于纹理元绕**摄像机轴线**旋转的角度，而纹理梯度的数值反映纹理元相对于摄像机轴线倾斜的程度。所以，借助摄像机安放的几何信息就可确定纹理元所在平面的朝向。

需要注意的是，3D 物体表面规则的纹理在 2D 图像中会产生纹理梯度，但反过来，2D 图像中的纹理梯度并不一定来自 3D 物体表面规则的纹理。

❑　**例 8-5　纹理元尺寸变化反映物体深度**

图 8-13 给出两幅图像，图 8-13(a)的前部有许多花瓣（相当于尺寸接近的纹理元），花瓣尺寸由前向后（由近及远）逐步缩小。这种纹理元尺寸的变化给人以场景深度的感觉。在图 8-13(b)中，建筑物上有许多立柱和窗户（相当于形状规则的纹理元），它们大小的变化同样给人以场景深度的感觉，并且很容易帮助观察者做出建筑物的折角处距离自己最远的判断。

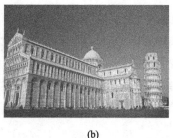

(a)　　　　　　　　　　　　　　　(b)

图 8-13　纹理元尺寸变化给出物体深度　❑

2）利用纹理元形状的变化

物体表面纹理元的形状在**透视投影**和**正交投影**成像后有可能发生一定的变化，如果已知纹理元的原始形状，也可从纹理元形状的变化推算出表面的朝向。平面的朝向是由两个角度（相对于摄像机轴线旋转的角度和相对于摄像机轴线倾斜的角度）决定的，对于给定的原始纹理元，根据其成像后的变化可确定这两个角度。例如，由圆形组成的纹理在倾斜的平面上会变成椭圆，参见图 8-12(b)。这时椭圆主轴的朝向确定了平面相对于摄像机轴线旋转的角度，而长轴和短轴长度的比值反映了平面相对于摄像机轴线倾斜的角度。该比值也称为**外观比例**，下面介绍其计算过程。设圆形纹理元所在平面的方程为

$$ax + by + cz + d = 0 \tag{8-46}$$

构成纹理的圆形可看作平面与球面的交线（平面与球面的交线总为圆形，但当视线与平面不垂直时，形变会导致看到的交线为椭圆形），这里设球面方程为

$$x^2 + y^2 + z^2 = r^2 \tag{8-47}$$

联立式（8-46）和式（8-47）可解得（相当于将一个球面投影到一个平面上）

$$\frac{a^2 + c^2}{c^2} x^2 + \frac{b^2 + c^2}{c^2} y^2 + \frac{2adx + 2bdy + 2abxy}{c^2} = r^2 - \frac{d^2}{c^2} \tag{8-48}$$

这是一个椭圆方程，可进一步变换为

$$\left[(a^2 + c^2)x + \frac{ad}{a^2 + c^2} \right]^2 + \left[(b^2 + c^2)y + \frac{bd}{b^2 + c^2} \right]^2 + 2abxy = c^2 r^2 - \left[\frac{a^2 d^2 + b^2 d^2}{a^2 + c^2} \right]^2 \tag{8-49}$$

由式（8-49）可得到椭圆的中心点坐标并确定椭圆的长半轴与短半轴，从而可算出旋转角和倾斜角。

另一种判断圆形纹理变形情况的方法是分别计算不同椭圆的长半轴与短半轴。参见图 8-14（其中世界坐标系与摄像机坐标系重合），圆形纹理元所在的平面

与 Y 轴的夹角为 α（也是纹理平面与像平面的夹角）。此时在成像中，不仅圆形纹理元成为椭圆，而且上部基元的密度要大于中部，形成密度梯度。另外，各椭圆的外观比例（短半轴与长半轴的长度比）也不是常数，形成外观比例梯度。此时，既有纹理元尺寸的变化，也有纹理元形状的变化。

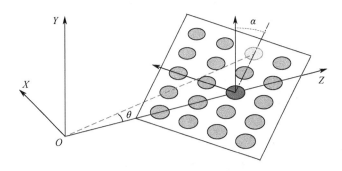

图 8-14　圆形纹理元平面在坐标系中的位置

如果设圆形的直径为 D，对于处在物体中心的圆形，可根据透视投影关系求得其所成像中椭圆的长轴：

$$D_{\text{major}}(0,0) = \lambda \frac{D}{Z} \tag{8-50}$$

其中，λ 为摄像机焦距；Z 为物距。此时的外观比例为倾斜角的余弦，即

$$D_{\text{minor}}(0,0) = \lambda \frac{D}{Z} \cos\alpha \tag{8-51}$$

现在考虑物体上不在摄像机光轴上的基元（见图 8-14 中的浅色椭圆），如果基元的 Y 坐标为 y，与原点的连线和 Z 轴的夹角为 θ，则可得到

$$D_{\text{major}}(0,y) = \lambda \frac{D}{Z}(1 - \tan\theta \tan\alpha) \tag{8-52}$$

$$D_{\text{minor}}(0,y) = \lambda \frac{D}{Z} \cos\alpha (1 - \tan\theta \tan\alpha)^2 \tag{8-53}$$

此时的外观比例为 $\cos\alpha(1-\tan\theta\tan\alpha)$，它将随 θ 的增加而减小，形成外观比例梯度。

3）利用纹理元相互之间空间关系的变化

如果纹理是由有规律的**纹理元栅格**组成的，则可以通过计算其**消失点/消隐点**（见 8.4 节）来恢复表面朝向信息。消失点是相交线段集合中各条线段的共同交点。对于一个透视图，平面上的消失点是无穷远处的纹理元以一定方向投影到像平面上形成的，或者说是平行线在无穷远处的会聚点，这可参见式（8-39）。

❑ **例 8-6　纹理元栅格和消失点**

图 8-15(a)给出一个各表面均有平行网格线的长方体的透视图，图 8-15(b)是关于它各表面纹理消失点的示意图。

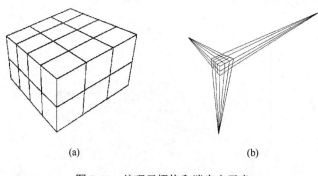

(a)　　　　　　　　　　　　　(b)

图 8-15　纹理元栅格和消失点示意　　　　❑

如果沿表面向其消失点望去，则可看出纹理元之间存在空间关系的变化，即存在纹理元分布密度的增加。利用由同一表面纹理元栅格得到的两个消失点可以确定表面朝向，这两个消失点所在的直线称为**消失线/消隐线**，是由同一个平面上不同方向的平行线的消失点构成的（如地面上不同方向的平行线的消失点构成地平线）。消失线的方向指示纹理元相对于摄像机轴线旋转的角度，而消失线与 $x = 0$ 的交点指示了纹理元相对于摄像机轴线倾斜的角度，如图 8-12(c)所示。上述情况很容易借助透视投影的模型来解释。

上述 3 种利用纹理元变化确定物体表面朝向的方法可归纳如下（见表 8-1）。

表 8-1　3 种利用纹理元变化确定物体表面朝向方法的比较

方　　法	相对于摄像机轴线旋转的角度	相对于摄像机轴线的倾斜角度
利用纹理元尺寸的变化	纹理梯度方向	纹理梯度数值
利用纹理元形状的变化	纹理元主轴方向	纹理元长轴与短轴之比
利用纹理元相互之间空间关系的变化	两个消失点连线的方向	两个消失点连线与 $x = 0$ 的交点

2. 由纹理获取形状

由纹理确定表面朝向并恢复表面形状的具体效果与表面本身的梯度、观察点和表面之间的距离及视线和图像之间的夹角等因素有关。表 8-2 给出从纹理获取形状的典型方法，其中也列出了由纹理获取形状的各种术语。目前已提出的各种由纹理确定表面的方法多基于它们的不同组合。

表 8-2　从纹理获取形状的典型方法

表面线索	表面种类	原始纹理	投影类型	分析方法	分析单元	单元属性
纹理梯度	平面	未知	透视	统计	波	波长
纹理梯度	平面	未知	透视	结构	区域	面积
纹理梯度	平面	均匀密度	透视	统计/结构	边缘/区域	密度
会聚线	平面	平行线	透视	统计	边缘	方向
归一化纹理特性图	平面	已知	正交	结构	线	长度
归一化纹理特性图	曲面	已知	球面	结构	区域	轴
形状畸变/失真	平面	各向同性	正交	统计	边缘	方向
形状畸变/失真	平面	未知	正交	结构	区域	形状

在表 8-2 中，不同方法之间的区别主要是采用了不同的表面朝向线索，分别为纹理梯度（表面上纹理粗糙度变化最大的速率和方向）、会聚线（可限制水平表面的朝向，假设这些线在 3D 空间中是平行的，会聚线能确定图像的消失点）、归一化纹理特性图（类似于从影调获取形状中的反射图）和形状畸变/失真（如果已知表面上一个模式的原始形状，则对于表面的各种朝向，都可在图像上确定出所能观察到的形状）。表面在多数情况下是平面，但也可以是曲面，而分析方法既可以是结构方法也可以是统计方法。

在表 8-2 中，投影类型多是**透视投影**，但也可以是**正交投影**或**球面投影**。在球面投影中，观察者位于球心处，图像形成在球面上，视线与球面垂直。在由纹理恢复表面朝向时，要利用投影后原始纹理元形状的畸变。形状畸变主要与两个因素有关：一是观察者与物体之间的距离，它影响纹理元畸变后的大小；二是物体表面的法线与视线之间的夹角（也称为表面倾角），它影响纹理元畸变后的形状。在正交投影中，第一个因素不起作用，仅第二个因素起作用；在透视投影中，第一个因素起作用，而第二个因素仅在物体表面是曲面时才起作用（如果物体表面是平面，不会产生影响形状的畸变）。能使上述两个因素共同起作用的投影类型是球面透视投影，这时观察者与物体之间距离的变化会引起纹理元尺寸的变化，而物体表面倾角的变化会引起投影后物体形状的变化。

在由纹理恢复表面朝向的过程中，常需要对纹理模式进行一定的假设，两个典型的假设如下。

1）各向同性假设

各向同性假设认为，对于各向同性的纹理，在纹理平面上发现一个纹理元的概率与该纹理元的朝向无关。换句话说，各向同性纹理的概率模型不需要考虑纹理平面上坐标系的朝向。

2）均匀性假设

图像中纹理的均匀性是指：在图像任意位置选取一个窗口的纹理，它总与在其他位置所选的窗口的纹理一致。更严格地说，一个像素值的概率分布只取决于该像素邻域的性质，而与像素自身的空间坐标无关。根据**均匀性假设**，如果采集了图像中一个窗口的纹理作为样本，则可根据该样本的性质为窗口外的纹理建立模型。

在基于正交投影获得的图像中，即使假设纹理是均匀的，也无法恢复纹理平面的朝向，这是因为均匀纹理在经过视角变换后仍然是均匀纹理。但如果考虑基于透视投影获得的图像，则纹理平面朝向的恢复是有可能的。

这个问题可以解释如下：基于均匀性假设并认为纹理由点以均匀模式组成，此时如果对该纹理平面用等间隔的网格进行采样，那么每个网格获得的纹理点的数量应该是相同的或很接近的。但如果对这个用等间隔网格覆盖的纹理平面进行透视投影，那么一些网格会被映射成较大的四边形，而另一些网格会被映射成较小的四边形。也就是说，像平面上的纹理不再是均匀的。由于网格被映射成不同的大小，其中包含的（原来均匀的）纹理模式的数量不再一致。根据这个性质，可以借助不同窗口所含纹理模式数量的比例关系来确定成像平面与纹理平面的相对朝向。

3. 纹理立体技术

将纹理方法和立体视觉方法相结合的技术称为**纹理立体技术**，它通过同时获取场景的两幅图像来估计物体表面的朝向，避免了复杂的对应点匹配问题。在这种方法中，所用的两个成像系统是靠旋转变换相联系的。

在图 8-16 中，与纹理梯度方向正交且与物体表面平行的直线称为特征线，在此线上没有纹理结构的变化。特征线与 X 轴之间的夹角称为特征角，可通过比较纹理区域的傅里叶能量谱计算得到。根据从两幅图像中得到的特征线和特征角，可以确定表面法向量 $N = [N_x \ N_y \ N_z]^T$ 且有

$$N_x = \sin\theta_1(a_{13}\cos\theta_2 + a_{23}\sin\theta_2) \tag{8-54}$$

$$N_y = -\cos\theta_1(a_{13}\cos\theta_2 + a_{23}\sin\theta_2) \tag{8-55}$$

$$N_z = \cos\theta_1(a_{21}\cos\theta_2 + a_{22}\sin\theta_2) - \sin\theta_1(a_{11}\cos\theta_2 + a_{21}\sin\theta_2) \tag{8-56}$$

其中，θ_1 和 θ_2 分别为两幅图像中特征线与 X 轴逆时针方向所成的夹角；系数 a_{ij} 为两个成像系统中对应轴之间的方向余弦。

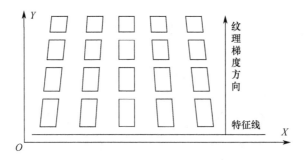

图 8-16　纹理表面的特征线

8.4　纹理消失点检测

在利用纹理元之间空间关系的变化估计表面朝向时，需要检测/计算消失点。

8.4.1　检测线段纹理消失点

如果纹理模式是由线段构成的，则可借助图 8-17 来介绍检测其**消失点**的方法。理论上，这个工作可分两步进行（每步需要进行一次哈夫变换）：①确定图像中所有的直线（可直接借助哈夫变换进行）；②找到那些过共同点的直线，并确定哪些点为消失点（借助哈夫变换在参数空间中检测点累积的峰值）。

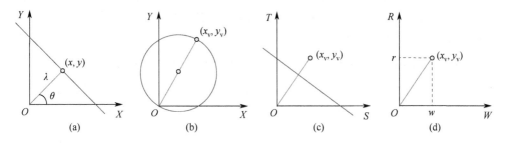

图 8-17　确定线段纹理消失点

根据**哈夫变换**，对于图像空间中的直线，可以用在参数空间中检测参数的方法来确定。如图 8-17(a)所示，在极坐标系中，直线可表示为

$$\lambda = x\cos\theta + y\sin\theta \tag{8-57}$$

如果用符号"⇒"表示从一个集合到另一个集合的变换，则变换 $\{x, y\} \Rightarrow \{\lambda, \theta\}$ 将图像空间 XY 中的一条直线映射为参数空间 $\Lambda\Theta$ 中的一个点，而图像空间 XY 中

具有相同消失点(x_v, y_v)的线段集合被投影到参数空间$\Lambda\Theta$中的一个圆上。为说明这点，可将$\lambda = \sqrt{x^2 + y^2}$和$\theta = \arctan(y/x)$代入式（8-58）：

$$\lambda = x_v \cos\theta + y_v \sin\theta \tag{8-58}$$

将结果再转到直角坐标系中，可得到

$$\left(x - \frac{x_v}{2}\right)^2 + \left(y - \frac{y_v}{2}\right)^2 = \left(\frac{x_v}{2}\right)^2 + \left(\frac{y_v}{2}\right)^2 \tag{8-59}$$

式（8-59）代表了一个圆心坐标为$(x_v/2, y_v/2)$、半径为$\lambda = \sqrt{(x_v/2)^2 + (y_v/2)^2}$的圆，如图 8-17(b)所示。这个圆是所有以$(x_v, y_v)$为消失点的线段集合投影到$\Lambda\Theta$空间中的轨迹。换句话说，可用变换$\{x, y\} \Rightarrow \{\lambda, \theta\}$把线段集合从$XY$空间映射到$\Lambda\Theta$空间中以对消失点进行检测。

上述确定消失点的方法有两个缺点：一是对圆的检测比对直线的检测困难，计算量也大；二是当$x_v \to \infty$或$y_v \to \infty$时，有$\lambda \to \infty$（这里符号"$\to$"表示趋向）。为此，可改用变换$\{x, y\} \Rightarrow \{k/\lambda, \theta\}$，这里$k$为一个常数（$k$与哈夫变换空间的取值范围有关）。此时式（8-58）变为

$$\frac{k}{\lambda} = x_v \cos\theta + y_v \sin\theta \tag{8-60}$$

将式（8-60）转到直角坐标系中（令$s = \lambda\cos\theta$，$t = \lambda\sin\theta$），得到

$$k = x_v s + y_v t \tag{8-61}$$

这是一个直线方程。这样一来，在无穷远处的消失点就可投影到原点处，而且具有相同消失点(x_v, y_v)的线段所对应的点在ST空间中的轨迹为一条直线，如图 8-17(c)所示。由式（8-61）可知，这条直线的斜率为$-y_v/x_v$，所以这条直线与原点到消失点(x_v, y_v)的矢量正交，并且与原点之间的距离为$k/\sqrt{x_v^2 + y_v^2}$。对于这条直线，可再用一次哈夫变换来检测，即将直线所在空间ST当作原空间，而在（新的）哈夫变换空间RW中对其进行检测。这样空间ST中的直线在空间RW中为一个点，如图 8-17(d)所示，其位置为

$$r = \frac{k}{\sqrt{x_v^2 + y_v^2}} \tag{8-62}$$

$$w = \arctan\frac{y_v}{x_v} \tag{8-63}$$

由式（8-62）和式（8-63）可解得消失点的坐标：

$$x_v = \frac{k^2}{r^2\sqrt{1 + \tan^2 w}} \tag{8-64}$$

$$y_\text{v} = \frac{k^2 \tan w}{r^2 \sqrt{1 + \tan^2 w}}$$

（8-65）

8.4.2　确定图像外消失点

8.4.1 节介绍的方法在消失点处于原始图像范围之中时没有问题，但在实际应用中，消失点常会处于图像范围之外（见图 8-18），甚至在无穷远处，此时一般的图像参数空间就会出现问题。对于远距离的消失点，参数空间的峰会分布在很大的距离范围内，这样一来，检测敏感度就会降低，而且定位准确度也会下降。

图 8-18　消失点在图像之外的示例

对此的一种改进方法是围绕摄像机的投影中心构建一个**高斯球** G，并且将 G（而不是扩展像平面）作为参数空间。如图 8-19 所示，消失点出现在有限距离处（在无穷远处也可以），它与在高斯球（其中心为 C）上的点有一对一的关系（V 和 V'）。在实际应用中会存在许多不相关的点，为消除它们的影响，需要考虑成对的线（3D空间中的线和投影到高斯球上的线）。如果设共有 N 条线，则线对的总数是 $N(N-1)/2$，即量级为 $O(N^2)$。

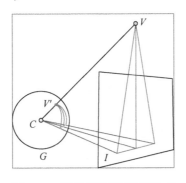

图 8-19　使用高斯球确定消失点

考虑地面铺满地砖，摄像机相对地面倾斜并沿地砖铺设方向观测的情况。这时可得到如图 8-20 所示的构型（VL 代表消失线），其中 C 为摄像机中心，O、H_1、H_2 在地面上，O、V_1、V_2、V_3 在成像平面上，a 和 b（地砖的长和宽）已知。由 O、V_1、V_2、V_3 得到的交叉比与由 O、H_1、H_2 及水平方向上无穷远点得到的交叉比相等，由此可得

$$\frac{y_1(y_3 - y_2)}{y_2(y_3 - y_1)} = \frac{x_1}{x_2} = \frac{a}{a+b} \tag{8-66}$$

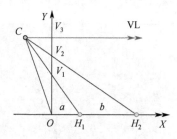

图 8-20　从已知间隔借助交叉比确定消失点

由式（8-66）可算得 y_3：

$$y_3 = \frac{by_1y_2}{ay_1 + by_1 - ay_2} \tag{8-67}$$

在实际应用中，应可调整摄像机相对于地面的位置和角度而使得 $a = b$，那么就可得到

$$y_3 = \frac{y_1y_2}{2y_1 - y_2} \tag{8-68}$$

式（8-68）表明，a 和 b 的绝对数值并不重要，只要知道它们的比值就可进行计算。进一步，上述计算并没有假设 V_1、V_2、V_3 在 O 的垂直上方，也没有假设 O、H_1、H_2 在水平线上，只要求它们在共面的两条直线上，并且 C 也在这个平面中。

在透视投影条件下，椭圆投影为椭圆，但其中心会有一点偏移，这是因为透视投影并不保持长度比（中点不再是中点）。假设可以从图像中确定平面消失点的位置，则利用前面的方法就可以方便地计算中心的偏移量。先考虑椭圆的特例——圆，圆投影后为椭圆。参见图 8-21，令 b 为投影后椭圆的短半轴，d 为投影后椭圆与消失线之间的距离，e 为圆的中心在投影后的偏移量，P 为投影中心点。将 $b+e$ 取为 y_1，$2b$ 取为 y_2，$b+d$ 取为 y_3，则由式（8-68）得到

$$e = \frac{b^2}{d} \qquad\qquad (8\text{-}69)$$

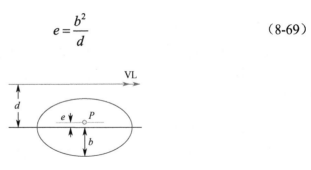

图 8-21　计算圆中心的偏移量

与前述方法不同的是，这里假设 y_3 是已知的，并用它来计算 y_1，进而计算 e。如果不知道消失线而知道椭圆所在平面的朝向和像平面的朝向，则可推出消失线，进而进行如上计算。

如果原始目标就是椭圆，则问题要复杂一些，因为不知道椭圆中心的纵向位置，也不知道它的横向位置。此时要考虑椭圆的两对平行切线，在投影成像后，一对交于 P_1，另一对交于 P_2，两个交点均在消失线上，如图 8-22 所示。因为对于每对切线，连接切点的弦通过原始椭圆的中心 O（该特性不随投影变化），所以投影中心应该在弦上。与两对平行切线对应的两条弦的交点就是投影中心 C。

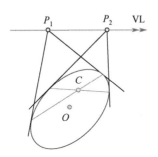

图 8-22　计算椭圆中心的偏移量

8.5　各节要点和进一步参考

以下结合各节的主要内容介绍一些可以进一步查阅的参考文献。

1．由影调恢复形状

根据图像影调重构物体表面形状的原理和方法还可参见文献[1]和文献[2]等。

2. 亮度约束方程求解

图像亮度约束方程建立了像素亮度与像素梯度的联系，但梯度是 2D 的而亮度是 1D 的，所以一个方程有两个未知数，必须增加约束以增加方程数来求解，可参见文献[2]。

3. 由纹理恢复形状

有关摄像机模型和齐次坐标的内容可参见《2D 计算机视觉：原理、算法及应用》一书。表 8-2 概括了一些典型的由纹理恢复形状的方法，其中也列出了由纹理获取形状的各种术语[3]。结构法的思想在纹理分析中很常用，可参见《2D 计算机视觉：原理、算法及应用》一书。关于纹理模式假设的讨论可参见文献[4]。

4. 纹理消失点检测

对哈夫变换的介绍可参见《2D 计算机视觉：原理、算法及应用》一书。有关交叉比的讨论可参见文献[5]。

第 9 章

3D 目标表达

在借助各种直接 3D 成像方式或物体重建方法获得 3D 图像后,需要对其中的 3D 目标进行表达。

图像中 2D 区域的表达方法已在《2D 计算机视觉:原理、算法及应用》一书中进行了介绍,对于实际应用中 3D 目标的表达,可以在其基础上进行研究。这里需要指出的是,对于从 2D 世界向 3D 世界发展的过程,其带来的变化不仅有量的丰富,还有质的飞跃(如在 2D 空间里,区域是由线封闭而成的,而在 3D 空间中,仅由线并不能包围体积),对视觉信息的表达和加工在理论和方法方面都有了新的要求。

客观世界中存在多种 3D 结构,它们可能对应不同的抽象层次。对于不同层次的 3D 结构,常需要用不同的方法来表达。

本章各节安排如下。

9.1 节介绍表达和描述曲面局部特征的相关内容,包括表面法截线、表面主法曲率、平均曲率和高斯曲率。

9.2 节讨论 3D 表面表达,一方面,可采用曲线或曲面的参数表达方式;另一方面,可基于表面朝向来表达 3D 表面。

9.3 节介绍两种 3D 空间中等值面的构造和表达算法:行进立方体算法和覆盖算法。

9.4 节讨论从 3D 目标的并行轮廓出发,通过插值,用网格面元集合表达目标表面,从而实现表面拼接的技术。

9.5 节介绍几种直接对 3D 实体(包括表面和内部)进行表达的方法。除了一些基本的表达方案,还详细介绍通用的广义圆柱体表达方法。

9.1 曲面的局部特征

物体的表面可以是平面或曲面，平面可看作曲面的特例。曲面是构成 3D **实体**的重要组件，也是观察实体时最先观察到的部分。为表达和描述曲面，需要研究它们的局部特征。微分几何是研究曲面局部特征的重要工具，下面的讨论考虑一般的曲面。

9.1.1 表面法截线

考虑表面 S 上一点 P 附近的性质。可以证明，对于通过点 P 且处在表面 S 上的曲线 C，其所有切线均在同一个平面 U 上，平面 U 就是过表面 S 上点 P 的切平面。通过点 P 且与表面 S 垂直的直线 N 称为表面 S 在点 P 处的法线，如图 9-1 所示。可以取点 P 处法线矢量的方向为表面 S 在点 P 处的局部方向。可见，对于表面上的每点，只有唯一的一条法线，但可以有无数条切线。

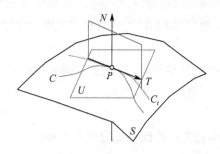

图 9-1　表面法截线示意

虽然表面 S 在点 P 处的法线只有一条，但包含该法线的平面（同时包含一条切线）可以有无数个（可通过将任意包含法线的平面绕法线旋转得到）。这些平面与表面 S 的交线构成一个单参数平面曲线族，称为**法截线**族。在图 9-1 中，给出一条与曲线 C 的切线对应的法截线 C_t（它完全在表面 S 中，但可以与曲线 C 不同）。

在一般情况下，表面 S 的法截线在点 P 处是规则的，有时也会是拐点。法截线在点 P 处的曲率称为表面 S 在点 P 处相应切线方向上的法曲率。如果法截线与指向内部的表面法线位于切平面的同一侧，则称法曲率为正；如果分别位于两侧，则称法曲率为负。如果点 P 是对应法截线的拐点，那么表面 S 在点 P 处相应切线方向上的法曲率为 0。

9.1.2 表面主法曲率

由于可能有无数条曲线通过表面上的同一个点，所以不能直接将前述平面曲线上的曲率定义推广到表面上。不过对于每个表面，在其上至少可以确定一个具有最大曲率 K_1 的方向，还可以确定一个具有最小曲率 K_2 的方向（对于比较平坦的表面，可能有多个具有最大曲率和最小曲率的方向，此时可任选）。换句话说，法截线在点 P 处的法曲率会在绕法线的某个方向上取得最大值 K_1，而在某个方向上取得最小值 K_2。一般将这两个方向称为表面 S 在点 P 处的**主方向**，可以证明它们是互相正交的（除非法曲率在所有方向上都取同一个值，此时对应平面）。如图 9-2 所示，T_1 和 T_2 代表两个主方向。

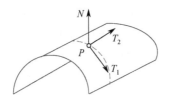

图 9-2　主方向示意

根据表面 S 在点 P 邻域中两个**主法曲率**符号的异同，可以判断该邻域的形状（3 种情况）。如果两个主法曲率的符号相同，则点 P 邻域的表面是椭圆形的，不跨越切平面。当符号为正时，点 P 处是凸的；当符号为负时，点 P 处是凹的。如果两个主法曲率的符号相反，则点 P 邻域的表面是双曲形的，表面 S 是局部马鞍形并沿两条曲线通过切平面。对应的法截线在点 P 处有一个拐点，对应的切线处在表面 S 在点 P 处的渐近方向上，这些方向被主方向隔开。椭圆形的点和双曲形的点在表面上组成块状区域，这些区域一般被由抛物形的点组成的曲线隔开，在这些曲线上，两个主曲率之一为 0。与此相应的主方向也是渐近方向，表面与其切平面相交处沿该方向有一个尖点。

9.1.3 平均曲率和高斯曲率

将前面介绍的主法曲率 K_1 和 K_2 结合，可构成**平均曲率** H 和**高斯曲率** G：

$$H = \frac{K_1 + K_2}{2} = \frac{\mathrm{Tr}(K)}{2} \tag{9-1}$$

$$G = K_1 K_2 = \det(K) \tag{9-2}$$

平均曲率确定了表面是否局部凸（平均曲率为负）或凹（平均曲率为正）。如果表面局部是椭圆形的，则高斯曲率为正；如果表面局部是双曲形的，则高斯曲率为负。

对高斯曲率和平均曲率进行符号分析，可获得表面的分类描述，也常称为地形性描述（这些描述也可用于深度图分割，也称为表面分割），如表 9-1 所示。

表 9-1　由高斯曲率和平均曲率确定的 8 种表面类型

曲率	$H < 0$	$H = 0$	$H > 0$
$G < 0$	鞍脊	最小/迷向	鞍谷
$G = 0$	山脊/脊面	平面	山谷/谷面
$G > 0$	峰/顶面	—	凹坑

如果用数学语言描述，峰点处的梯度为 0，并且所有二次方向导数均为负值。坑点处的梯度也为 0，但所有二次方向导数均为正值。脊可以分为脊点和脊线。脊点也是一种峰点，但与孤立的峰点不同，它只在某个方向上的二次方向导数为负值。将相邻的脊点连接起来构成脊线，脊线既可以是水平的直线也可以是曲线（包括不水平的直线）。沿水平脊线方向的梯度为 0，并且二次方向导数也为 0，而在与脊线相交方向上的二次方向导数为负值。沿与弯曲脊线相交的方向必有负的二次导数，而且在该方向上的一次导数必为 0。谷也称为沟，与孤立的坑点不同，它只在某些方向上的二次导数为正值（把脊线描述中的"二次方向导数为负值"改为"二次方向导数为正值"就得到对谷线的描述）。鞍点处的梯度为 0，它的两个二次方向导数的极值（在某个方向上有局部最大值，在另一个与之垂直的方向上有局部最小值）必有不同的符号。鞍脊和鞍谷分别对应两个极值取不同符号的情况。

❑ 例 9-1　8 种表面类型示例

与表 9-1 对应，图 9-3 给出 8 种表面类型示例。

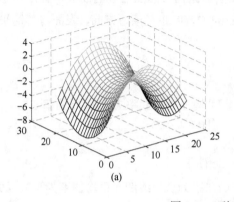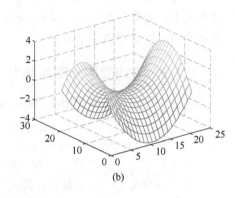

图 9-3　8 种表面类型示例

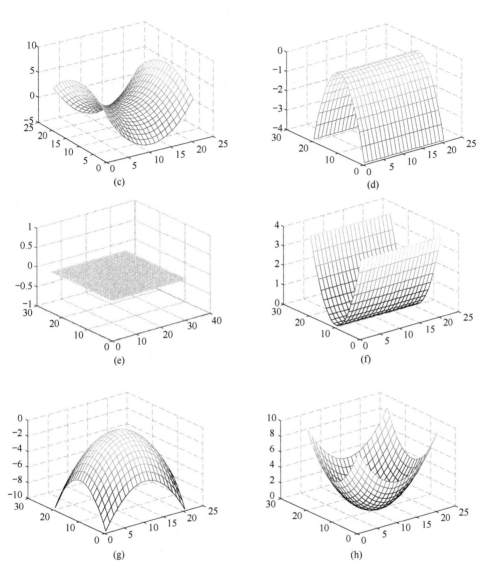

图 9-3　8 种表面类型示例（续）

注：图 9-3 中子图的相对排列位置与表 9-1 对应，其中，图 9-3(a)对应鞍脊，图 9-3(b)对应最小/迷向，图 9-3(c)对应鞍谷，图 9-3(d)对应山脊/脊面，图 9-3(e)对应平面，图 9-3(f)对应山谷/谷面，图 9-3(g)对应峰/顶面，图 9-3(h)对应凹坑。　　　　□

9.2 3D 表面表达

人在观察 3D 场景时，首先看到的是物体的外表面。在一般情况下，外表面是由一组曲面构成的。为表达 3D 物体的外表面并描述它们的形状，可利用物体的外轮廓线或外轮廓面。如果给定外轮廓线，也可通过插值或"贴面"方法进一步获得外轮廓面。这里主要使用**表面模型**。

9.2.1 参数表达

参数表达是通用的解析表达。

1. 曲线的参数表达

物体外轮廓线是表达物体形状的重要线索，如常用的**线框**表达法就是一种借助一组外轮廓线表达 3D 物体的近似方法。有些物体的外轮廓线可直接从图像中得到，如在利用结构光法采集深度图时，可以得到光平面与物体外表面相交的各点的 3D 坐标。如果把一个平面上的点用光滑曲线连起来并依次显示这一系列曲线，就可以表示出物体表面的形状。有些物体的外轮廓线需要基于图像进行进一步计算才能得到，如为了观察生物体标本的内部，需要将标本切成一系列切片，对每个切片采集一幅图像。通过对每幅图像的分割可获得每片标本的边界，也就是生物体横切面的轮廓线，如果要恢复原标本的 3D 形状，还需要对这些轮廓线进行校正对齐并结合起来。

❑ **例 9-2　线框表达示例**

对于切成薄片的细胞，先对每个切片获取 2D 图像，然后检测细胞剖面，在获得每片细胞的轮廓后，进行校正对齐并用线框表达方法进行表示，结果如图 9-4 所示。从这些线框表达中可以得到 3D 细胞的形状和结构信息。

图 9-4　线框表达示例　❑

物体外轮廓线在一般情况下是 3D 曲线，可用参数样条表示，写成矩阵形式（用 t 表示沿曲线从某点开始的归一化长度）为

$$P(t) = [x(t)\ y(t)\ z(t)]^{\mathrm{T}} \quad 0 \le t \le 1 \tag{9-3}$$

曲线上的任意一点都可用 3 个 t 的函数来描述，曲线从 $t = 0$ 开始，而在 $t = 1$ 时结束。为了表示通用的曲线，使参数样条的一阶和二阶导数连续，$P(t)$ 的阶数至少为 3。三次多项式曲线可写为

$$P(t) = \boldsymbol{a}t^3 + \boldsymbol{b}t^2 + \boldsymbol{c}t + \boldsymbol{d} \tag{9-4}$$

其中，

$$\boldsymbol{a} = [a_x \quad a_y \quad a_z]^{\mathrm{T}} \tag{9-5}$$

$$\boldsymbol{b} = [b_x \quad b_y \quad b_z]^{\mathrm{T}} \tag{9-6}$$

$$\boldsymbol{c} = [c_x \quad c_y \quad c_z]^{\mathrm{T}} \tag{9-7}$$

$$\boldsymbol{d} = [d_x \quad d_y \quad d_z]^{\mathrm{T}} \tag{9-8}$$

而三次样条曲线可表示为

$$x(t) = a_x t^3 + b_x t^2 + c_x t + d_x \tag{9-9}$$

$$y(t) = a_y t^3 + b_y t^2 + c_y t + d_y \tag{9-10}$$

$$z(t) = a_z t^3 + b_z t^2 + c_z t + d_z \tag{9-11}$$

三次多项式可表示过具有特定切线点的曲线，也是表示非平面曲线的最低阶多项式。

另外，一条 3D 曲线可隐式地表示为满足 $f(x, y, z) = 0$ 的点 (x, y, z) 的集合。

2. 曲面的参数表达

物体的外表面也是表达物体形状的重要线索。物体外表面可用**多边形片**的集合表示，每个多边形片可表示为

$$P(u, v) = [x(u, v)\ y(u, v)\ z(u, v)]^{\mathrm{T}} \quad 0 \le u, v \le 1 \tag{9-12}$$

如果计算 $P(u, v)$ 沿两个方向的一阶导数，可得到 $P_u(u, v)$ 和 $P_v(u, v)$，它们都在过表面点 $(x, y, z) = P(u, v)$ 的切平面上，该点处的法线矢量 N 可利用 $P_u(u, v)$ 和 $P_v(u, v)$ 计算得到：

$$N[P(u, v)] = \frac{P_u(u, v) \times P_v(u, v)}{\|P_u(u, v) \times P_v(u, v)\|} \tag{9-13}$$

一个 3D 表面也可隐式地表示为满足 $f(x, y, z) = 0$ 的点 (x, y, z) 的集合。

例如，一个中心在 (x_0, y_0, z_0) 处的半径为 r 的球可表示为

$$f(x, y, z) = (x - x_0)^2 + (y - y_0)^2 + (z - z_0)^2 = 0 \qquad (9\text{-}14)$$

一个 3D 表面的显式表达形式为

$$z = f(x, y) \qquad (9\text{-}15)$$

表面面元可用不同阶的双变量多项式表示。最简单的**双线性面元**（任何平行于坐标轴的截面都是直线）可表示为

$$z = a_0 + a_1 x + a_2 y \qquad (9\text{-}16)$$

而曲面可用高阶多项式表达，如**双二次面元**和**双三次面元**可分别表示为

$$z = a_0 + a_1 x + a_2 y + a_3 xy + a_4 x^2 + a_5 y^2 \qquad (9\text{-}17)$$

$$z = a_0 + a_1 x + a_2 y + a_3 xy + a_4 x^2 + a_5 y^2 + a_6 x^3 + a_7 x^2 y + a_8 xy^2 + a_9 y^3 \quad (9\text{-}18)$$

另外，借助面元的概念也可将对表面的表达转换为对曲线的表达。如果设每个面元由 4 条曲线包围和界定，那么在确定各面元的 4 条曲线后，就可完成对整个表面的表达。

9.2.2 表面朝向表达

通过对 3D 物体各表面朝向进行表达可"勾勒"出物体的外观形状，而要表达表面的朝向，可借助表面法线。

1. 扩展高斯图

扩展高斯图是一种表达 3D 目标的模型，它的两个特点是近似和抽象。一个目标的扩展高斯图可给出目标表面法线的分布和表面各点的朝向。如果目标是凸形目标，则目标和其扩展高斯图是一对一的，而一个扩展高斯图可能对应无穷多个凹形目标。

为计算扩展高斯图，可借助高斯球的概念。**高斯球**是一个单位球，给定如图 9-5(a)所示的 3D 目标表面的一点，将该点对应到球面上具有相同表面法线的点就可得到高斯球，如图 9-5(b)所示。换句话说，将目标表面点的朝向矢量的尾端放在球中处，矢量的顶端与球面在一个特定点相交，这个相交点可用来标记原目标表面点的朝向。相交点在球面上的位置可用两个变量（有两个自由度）表示，如可用极角和方位角或经度和纬度。如果在高斯球各点处都放置与对应表面面积在数值上相等的质量，就可得到扩展高斯图，如图 9-5(c)所示。

考虑目标为一个凸多面体的情况，它的各表面均为平面。该凸多面体可完全由其各表面的面积和朝向确定。利用各表面的朝向（法线矢量的方向）可得到凸多面体的高斯球，因为凸多面体不同表面上的点不会有相同的表面法线矢量，所

以其高斯球上的每个点对应一个特定的表面朝向。这样得到的扩展高斯图有如下特性：扩展高斯图上的总质量在数值上与多面体所有表面区域的总面积相等；如果多面体是闭合的，则从任何相对的方向投影，都可得到相同的区域。

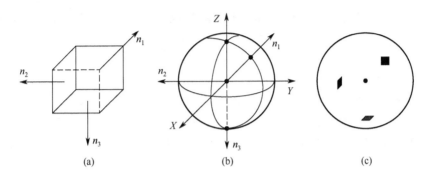

图 9-5　高斯球和扩展高斯图

上述方法可推广到光滑的曲面中。定义高斯球上一个区域 δS 与目标上对应区域 δO 的比值在 δO 趋向 0 时的极限为**高斯曲率** G，即

$$G = \lim_{\delta O \to 0} \frac{\delta S}{\delta O} = \frac{\mathrm{d}S}{\mathrm{d}O} \tag{9-19}$$

如果对目标上的一个区域 O 进行积分，则可得到**积分曲率**：

$$\iint_O G \mathrm{d}O = \iint_S \mathrm{d}S = S \tag{9-20}$$

其中，S 是高斯球上的对应区域。式（9-20）可用于处理法线不连续的表面。

如果对高斯球上的一个区域 S 进行积分，则得到

$$\iint_S \frac{1}{G} \mathrm{d}S = \iint_O \mathrm{d}O = O \tag{9-21}$$

其中，O 是目标上的对应区域。

式（9-21）表明，可用高斯曲率的倒数定义扩展高斯图，具体是将目标表面上一点的高斯曲率的倒数映射到高斯球的对应点上。如果用 u 和 v 表示目标表面点的系数，用 p 和 q 表示高斯球上点的系数，则扩展高斯图定义为

$$G_e(p,q) = \frac{1}{G(u,v)} \tag{9-22}$$

上述映射对凸形目标来说是唯一的。如果目标不是凸形的，则可能出现下面 3 种情况。

（1）某些点的高斯曲率为负数。

（2）目标上的多个点对高斯球上同一点有贡献。

（3）目标的某些部分被其他部分遮挡。

❑ **例 9-3　扩展高斯图计算示例**

给定一个半径为 R 的圆球，其扩展高斯图 $G_e(p, q) = R^2$，如果从球的中心观察区域 δO，则观察**立体角**是 $w = \delta O/R^2$，而高斯球上对应区域的面积是 $\delta S = w$。　❑

2. 球心投影和球极投影

物体的表面朝向有两个自由度。为指定表面的朝向，既可使用梯度，也可使用单位法线，其中表面法线所指的方向可用前述的高斯球来表达。高斯球本身具有曲面形状的外表面，一般可将它投影到一个平面上以得到梯度空间，如图 9-6(a)所示。

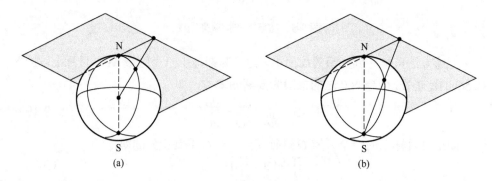

图 9-6　球心投影和球极投影示意

考虑过球且平行于 Z 轴的轴，可将球的中心作为投影的中心以把在北半球上的点投影到与北极相切的平面上，这称为**球心投影**。可以证明，梯度为(p,q)的点在这个平面上的位置为$(-p, -q)$。利用这个平面定义梯度空间有一个缺点，就是为了避免混淆，只能将一个半球面投影到这个平面上。

在很多情况下，我们关心的仅仅是观察者能看到的表面，这对应北半球上的点。但也有其他情况，如对于一个从背面照明的场景，指向光源的方向需要用南半球中的点来表示，此时会出现一个问题：球表面赤道上的点将会被投影到梯度空间的无穷远处。

一种解决这类问题的方法是利用**球极投影**（也称为**立体图投影**）。这里投影的目的地仍是与北极相切的平面，但投影中心是南极，如图 9-6(b)所示。球极投影的一个优点是，除南极点外，所有球面上的点都可以唯一地映射到平面上。赤道的投影将是一个半径为球直径的圆周。如果令球极投影中的坐标为 s 和 t，则可以证明：

$$s = \frac{2p}{1 + \sqrt{1 + p^2 + q^2}} \qquad (9\text{-}23)$$

$$t = \frac{2q}{1 + \sqrt{1 + p^2 + q^2}} \qquad (9\text{-}24)$$

反过来有

$$p = \frac{4s}{4 - s^2 - t^2} \qquad (9\text{-}25)$$

$$q = \frac{4t}{4 - s^2 - t^2} \qquad (9\text{-}26)$$

球极投影的另一个优点是，它是高斯球上的一个保角投影，即球面上的角在投影到平面上后不会改变；缺点是有些公式更为复杂。

9.3　等值面的构造和表达

3D 图像的基本单元是**体素**，如果一个 3D 目标的轮廓体素都具有某个确定的灰度值，那么这些体素将构成一个等值表面，它是该目标与其他目标或背景的交界面。下面介绍两种等值面构造和表达的相关算法。

9.3.1　行进立方体算法

考虑以 8 个体素为顶点的立方体，如图 9-7(a)所示，其中黑色体素表示前景，白色体素表示背景。该立方体具有 6 个（上、下、左、右、前、后）邻接的立方体。如果该立方体的 8 个体素都属于前景或都属于背景，则该立方体就是一个内部立方体；如果该立方体的 8 个体素有的属于前景而有的属于背景，则该立方体是一个边界立方体。等值面应在边界立方体中（穿过边界立方体）。例如，对于如图 9-7(a)所示的立方体，等值面可以是图 9-7(b)中的阴影矩形。

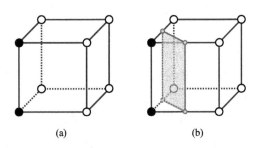

(a)　　　　　　　(b)

图 9-7　以 8 个体素为顶点的立方体与目标表面相交

　　行进立方体（MC）算法是确定等值面的一种基本算法。该算法需要检查图像中的各立方体并确定与目标表面相交的边界立方体，同时也需要确定它们的交面。根据目标表面与立方体相交的不同情况，处于立方体内部的目标表面在一般情况下是一个曲面，但可用**多边形片**来近似。每个多边形片可分解成一系列三角形，而这样得到的三角形很容易进一步组成目标表面的三角形网。

　　算法逐次检查每个体素，从一个立方体行进至另一个相邻的立方体。理论上，立方体的每个顶点体素均有可能是黑色体素或白色体素，所以对于每个立方体，可能有 2^8（256）种不同的黑白体素布局/构型。不过，如果考虑立方体的对称性，则只有 22 种不同的黑白体素布局。在这 22 种不同的布局中，又有 8 种是其他布局形式的反转（黑色体素转变成白色体素或白色体素转变成黑色体素）。这样一来，只留下 14 种不同的黑白体素布局，也就只有 14 种不同的目标表面多边形片，图 9-8（其中布局⓪代表目标表面与立方体不相交的情况）所示。

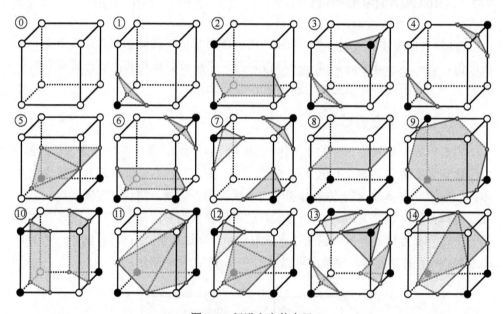

图 9-8　行进立方体布局

　　可以将这些情况列在一个查找表中，每次在检查一个立方体时，只需在查找表中搜索即可确定对应的多边形片。算法如下进行：首先从左上角开始整幅扫描 3D 图像的第 1 层，在到达右下角后，再从第 2 层的左上角开始整幅扫描，依次扫描直到到达最后一层图像的右下角。每次在扫描到一个前景体素时，就检查该体素所属的以 8 个体素为顶点的立方体。只要目标表面与立方体相交，那么布局就是图 9-8 中后 14 种情况之一，就可以利用查找表找出对应的多边形片并进一步分解为一系列三角形。

虽然上述黑白体素布局很容易区分，但在有些情况下，仅基于黑白体素的分布不能确切地获得与立方体相交的目标表面在立方体内的部分。事实上，在如图 9-8 所示的后 14 种布局情况中，第③、⑥、⑦、⑩、⑫和⑬共 6 种布局（它们的对角顶点多为同色体素）都对应不止一种表面分布，或者说存在（确定平面的）歧义性。图 9-9 给出一对典型示例，它们对应同一个布局（布局⑩），但有两种可能的目标表面分布。

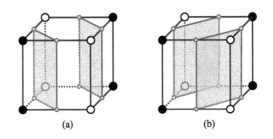

图 9-9　有歧义的行进立方体布局示例

解决上述问题的一种方法是对基本布局中具有歧义的布局添加其互补布局以进行扩展，图 9-9(a)和图 9-9(b)就可看作互补布局。对有歧义布局添加其互补布局的 5 种情况如图 9-10（其中前 3 种情况中的多边形片都已进行了三角剖分）所示。在实际应用中，可以对它们各自建立一个子查找表，每个子查找表包含两种三角剖分方式。此外，还需要建立一个表以记录这些三角剖分方式的相容性。

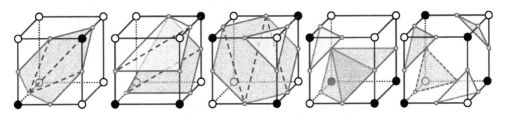

图 9-10　对有歧义布局添加其互补布局的 5 种情况

另外，有两种方法可把布局对应为拓扑流型，一种方法称为**面平均值法**，它计算歧义面上 4 个顶点值的平均值，通过比较该平均值与一个事先确定的阈值的大小来选择一种可能的拓扑流型；另一种方法称为**梯度一致性准则**，它用歧义面的 4 个顶点的梯度平均来估算歧义面中心点的梯度，并根据该梯度的方向确定歧义面的拓扑流型。

除上述歧义问题外，由于行进立方体算法仅对每个立方体进行分别检验，没有考虑整体目标的拓扑情况，所以即使没有采用有歧义的布局，也不能保证总能得到封闭的目标表面（见图 9-11），图 9-11 中两个初始的布局都得到了没有歧义的正确分解，但在将它们组合起来后，并没有得到封闭的目标表面。

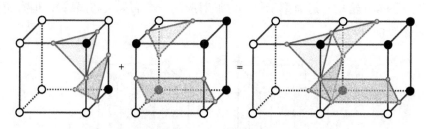

图 9-11 用行进立方体算法未能得到封闭目标表面

❑ 例 9-4 三角形面元的不同组合

用两个三角形连接 4 个顶点并构成目标的表面可有两种方法，得到的表面积和表面朝向都不相同。例如，在图 9-12 中，对于同样的 4 个正方形上的顶点（其中数字指示该点相对于基准面的高度），图 9-12(a)和图 9-12(b)分别给出两种方式。按图 9-12(a)得到的表面积为 13.66，而按图 9-12(b)得到的表面积为 14.14，两者之间有约 3.5%的差别。

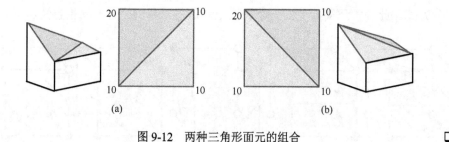

图 9-12 两种三角形面元的组合 ❑

9.3.2 覆盖算法

覆盖算法也称为**移动四面体（MT）算法**，利用该算法可以解决上述行进立方体算法的不封闭问题，从而确保能得到封闭且完整的目标表面的三角形表示。不过该方法的缺点是，它最多会产生多达实际需要数量 3 倍的三角形，所以还需要一个后处理步骤以简化多边形网格（将三角形的数量减少到可以接受的程度）。

在这个算法中，每次考虑的也是如图 9-7(a) 所示的以 8 个体素为顶点的立方体。

算法第一步将体素网格分解成立方体集合，每个立方体都有 6 个（上、下、左、右、前、后）邻接的立方体。

算法第二步将每个立方体都分解成 5 个四面体，如图 9-13 所示。其中，前 4 个四面体有两组长度相同的边缘（各 3 个），而第 5 个四面体具有 4 个尺寸相同的面。可以将属于四面体的体素看作"在目标的内部"，而将不属于四面体的体素看作"在目标的外部"。

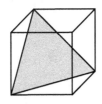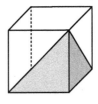

图 9-13　将每个立方体分解为 5 个四面体

立方体的四面体分解有两种方案，如图 9-14 所示。其中，如图 9-14(a) 和图 9-14(b) 所示的两种方案可分别称为奇方案和偶方案。对体素网格的分解是奇偶相间进行的，就像国际象棋棋盘那样黑白交替，这样可以保证相邻立方体中的四面体互相匹配，以便最后得到协调一致的表面。

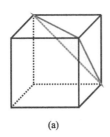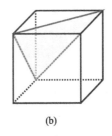

(a)　　　　　　　　　　(b)

图 9-14　两种将立方体分解为四面体的方案

算法第三步是确定目标表面是否与四面体相交。注意，每个四面体都包含 4 个体素。如果对一个四面体来说，它的 4 个体素都在目标内部或都在目标外部，那么可以说目标表面与该四面体不相交，在后续处理中可不考虑。

算法第四步是估计在与目标表面相交的四面体中，目标表面与四面体各面（多边形）相交的边界位置。可对每对边界两端的顶点进行线性插值，通过逼近获得交点。如果使用所有顶点进行双线性插值，则有可能得到更好的效果。对于 6-邻接的体素，双线性插值与线性插值等价。对于对角边缘，设 4 个顶点的灰度值分别为 a、b、c、d，得到的插值结果为

$$I(u) = (a - b - c + d)u^2 + (-2a + b + c)u + a \qquad (9\text{-}27)$$

其中，参数 u 沿对角线从 0 变到 1。通过计算一个 u_0 值，并使 $I(u_0) = 0$，就可以计算出交点。

根据交点可以确定表面拼接后的顶点，如图 9-15 所示，其中，拼接表面的朝向用箭头表示。利用朝向，可以区分每个拼接表面的内部和外部。根据约定，当从外面观察时，朝向是逆时针的。为了使目标的拓扑稳定，在整个表面网格中都要采用该约定。

一个黑顶点　　　　　两个黑顶点　　　　　三个黑顶点

图 9-15　表面相交的三种情况

9.4　从并行轮廓插值 3D 表面

对于 3D 目标表面，一类常用的边界表达方法是利用多边形网格（Mesh）。多边形由顶点、边缘和表面组成，每个网格可看成一个面元。给定一组立体数据，获得上述多边形网格并用面元集合表达目标表面的过程称为**表面拼接**。9.3 节介绍的两种方法是对任意 3D 网格进行表面拼接的一般方法，本节考虑一种特殊的情况。

9.4.1　轮廓内插和拼接

在许多 3D 成像方式（如 CT、MRI 等）中，都先逐层获得 2D 图像，再叠加以得到 3D 图像。如果检测每幅 2D 图像中的目标**轮廓**，那么根据这样得到的一系列并行轮廓线就可重建 3D 目标表面。一种常用的方法是用（三角形）面元进行轮

廓间的内插，在实际应用中，常将轮廓线以多边形的形式给出以降低数据表达量。此时要用一系列三角形平面拼成相邻两多边形之间的表面。如果一个三角形有一个顶点在一个多边形上，则剩下的两个顶点要在另一个多边形上，反之亦然。主要工作可分为两步。第一步是在相邻的两个多边形上确定一个初始顶点对，这两个顶点的连线构成三角形的一条边；第二步是在已知一个顶点对的基础上，选取下一个相邻的顶点以构成完整的三角形。不断重复第二步，就可将构造三角形的工作继续下去，从而得到封闭的轮廓（常称为**线框**）。这个过程也可称为**轮廓拼接**。

先看第一步。直观地说，相邻两多边形上对应的初始顶点应当在各自的多边形上有一定的相似性，也就是说，它们在各自的多边形上具有相似的特征。这里可考虑的特征包括顶点的几何位置、连接相邻顶点边的方向、两相邻边的夹角及从重心到边缘点的方向等。当多边形重心与边缘点之间的距离比较大时，从重心到边缘点的方向是一个比较稳定的特征。如图 9-16 所示，设在一个多边形中，从边缘点 P_i 到该多边形重心的矢量为 U_i，在另一个多边形中，从边缘点 Q_j 到该多边形重心的矢量为 V_j，那么初始顶点对可根据使矢量 U_i 和 V_j 的内积最大的原则来确定。这里内积最大代表两个矢量尽可能平行且边缘点到重心的距离尽量大的情况。假如两个多边形相似，那么选择最远的顶点对就可以了。

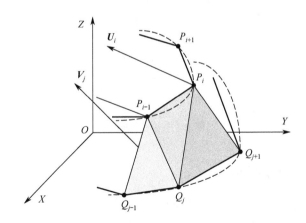

图 9-16　由轮廓线到轮廓面中顶点的选取

再看第二步。在选定初始顶点对后，再选取一个顶点就可以组成第一个三角形。有多种选取准则，如可以根据三角形的面积、与下一对顶点的距离、与重心连线的朝向等进行选取，如果基于与下一对顶点的距离，可以选取具有最短距离的顶点对。但有时仅使用一个准则是不够的，特别是在顶点的水平位置不同的情况中。

下面介绍一种顶点选取方法，图 9-17 是将图 9-16 的轮廓线向 XY 平面投影得到的。设当前的顶点对是 P_i 和 Q_j，P_i 的 X 轴坐标小于 Q_j 的 X 轴坐标，这样 $\overline{P_{i+1}Q_j}$ 有可能比 $\overline{P_iQ_{j+1}}$ 短。然而，由于 $\overline{P_iP_{i+1}}$ 的方向与 $\overline{Q_{j-1}Q_j}$ 的方向相差很多，从表面连续的角度考虑，我们还是倾向于选取 Q_j+1 作为下一个三角形的顶点。在这种情况下，要把方向差也考虑进去。设 $\overline{P_iP_{i+1}}$ 与 $\overline{Q_{j-1}Q_j}$ 的方向差为 A_i，$\overline{P_{i-1}P_i}$ 与 $\overline{Q_jQ_{j+1}}$ 的方向差为 B_j，那么当 $\overline{P_{i+1}Q_j} < \overline{P_iQ_{j+1}}$ 时，下一个顶点的选取规则如下（T 表示一个预先确定的阈值）：

（1）如果 $\cos A_i > T$，表明 A_i 较小，$\overline{P_iP_{i+1}}$ 与 $\overline{Q_{j-1}Q_j}$ 更接近平行，此时下一个顶点应选 P_{i+1}。

（2）如果 $\cos A_i \leqslant T$ 且 $\cos B_i > T$，则表明 B_j 较小，$\overline{P_{i-1}P_i}$ 与 $\overline{Q_jQ_{j+1}}$ 更接近平行，此时下一个顶点应选 Q_{j+1}。

（3）如果上述两个条件均不满足，即 $\cos A_i \leqslant T$ 且 $\cos B_i \leqslant T$，则仍考虑距离因素，选取 P_i+1 为下一个顶点。

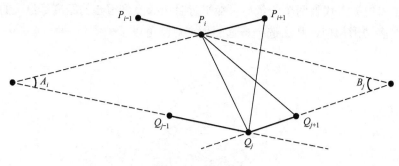

图 9-17　投影结果

9.4.2　可能遇到的问题

上述对轮廓进行插值以获取表面的方法可看作从由矢量表达的平面轮廓中提取一个表面拼接网格，这项工作比从具有体素数据结构的栅格图像中提取一个表面网格要困难得多。在基于平面轮廓建立 3D 表面时会遇到很多问题，此处简述可能遇到的 3 种问题，如图 9-18 所示。

1. 轮廓对应连接

对应包括两个层次的问题。如果两个平面中都只有一个轮廓，那么对应问题仅涉及相邻平面轮廓中对应点关系的确定。当平面之间的距离比较小时，轮廓间形状上的区别会比较小，比较容易找到轮廓点间的匹配；当平面之间的距离比较大且轮廓形状比较复杂时，则很难确定对应性。如果两个平面中都有不止一个轮廓，问题将更复杂。要在不同平面中确定对应轮廓的关系，不仅要考虑轮廓的局部特征，还要考虑轮廓的全局特征。由于约束不足，目前还没有非常可靠的解决对应问题的全自动方法，人工干预在某些场合中还是必要的。

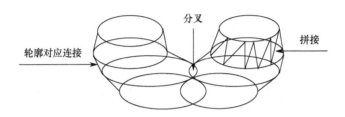

图 9-18　在基于平面轮廓建立 3D 表面时会遇到的 3 种问题示意

2．拼接

拼接是指用三角形网格建立覆盖相邻平面的两个对应轮廓间的表面，其基本思路是根据某种准则产生一组优化的三角面片，从而将目标表面近似地表达出来。准则可以根据要求不同而不同，如要求表面面积最小、总的体积最大、轮廓点间的连线最短、轮廓点间的连线与轮廓重心间的连线最接近平行等。尽管准则很多，但中心问题都是（最大化、最小化）优化问题。另外，拼接在一般的意义上还可以是用曲面拟合对应轮廓间的表面（上述使用三角面片的方法是一种特例），此时常使用参数曲面的表达方式，可以获得较高阶的连续性。

3．分支（分叉）

当平面中一个轮廓在相邻平面中被分成两个或多个轮廓时，就会出现**分支**或**分叉**问题。在一般情况下，分叉发生时的轮廓对应关系并不能仅依靠分叉处的局部信息来确定，还需要利用轮廓整体的几何信息和拓扑关系。解决这个问题的一种常用方法是，利用德劳奈三角剖分方法，在一组给定的输入顶点中产生三角形网格。

9.4.3　德劳奈三角剖分和邻域沃罗诺伊图

1934 年，俄国数学家德劳奈（Delaunay）指出，对于平面域上由 N 个点组成的点集合，存在且仅存在一种三角剖分（**德劳奈三角剖分**），使得所有三角形的最小内角和最大。德劳奈三角剖分可使得到的每个三角形尽可能接近等边三角形，不过该定义并不是完备的。

根据德劳奈三角剖分的定义，可以导出德劳奈三角剖分满足如下两条准则（构造三角剖分算法的基础）。

（1）**共圆准则**：任意三角形的外接圆不包含任何其他的数据点，此准则也常称为空圆盘性质。

（2）**最大最小角准则**：对由任意相邻的两个三角形构成的四边形来说，德劳奈三角剖分要求在按该四边形的一条对角线分成的 2 个三角形中，所有 6 个内角中的最小值大于按另外一条对角线分成的 2 个三角形中所有 6 个内角中的最小值。此准则使德劳奈三角剖分尽可能避免产生狭长且具有尖锐内角的病态三角形。

沃罗诺伊（Voronoi）图和德劳奈三角形互为对偶。一个像素的沃罗诺伊邻域提供了该像素的一个直观的近似定义。一个给定像素的沃罗诺伊邻域对应一个与该像素最接近的欧氏平面区域，即一个有限独立点的集合 $P = \{p_1, p_2, \cdots, p_n\}$，其中 $n \geqslant 2$。

下面先定义沃罗诺伊图（**直属沃罗诺伊图**）。

利用欧氏距离

$$d(p,q) = \sqrt{(p_x - q_x)^2 + (p_y - q_y)^2} \tag{9-28}$$

可将点 p_i 的沃罗诺伊邻域定义为

$$V(p_i) = \left\{ p \in \mathbf{R}^2 \mid \forall i \neq j : d(p, p_i) \leqslant d(p, p_j) \right\} \tag{9-29}$$

它包含了邻域的边界 $B_V(p_i)$，该边界包含满足下式的等距离的点：

$$B_V(p_i) = \left\{ p \in \mathbf{R}^2 \mid \exists i \neq j : d(p, p_i) = d(p, p_j) \right\} \tag{9-30}$$

所有点的沃罗诺伊邻域的集合为

$$W(P) = \{V(p_1), \cdots, V(p_n)\} \tag{9-31}$$

这可称为点集 P 的沃罗诺伊图。沃罗诺伊图中的边表示边界 $B_V(p_i)$ 中的线段，沃罗诺伊图中的顶点是线段相交的点。

德劳奈图中的顶点都是 P 中的点。当且仅当 $V(p_i)$ 和 $V(p_j)$ 在沃罗诺伊图中相邻时，两个点 p_i 和 p_j 构成德劳奈图中的一条边。

在构建沃罗诺伊图时，可以先从最简单的情况（只有两个不同的平面点 p_1 和 p_2）开始，如图 9-19(a)所示。式（9-29）表明，p_1 的沃罗诺伊邻域 $V(p_1)$ 包含所有离 p_1 比离 p_2 更近的点，以及与两点等距离的点。由图 9-19(a)可见，所有与 p_1 和 p_2 等距离的点都正好落在从 p_1 到 p_2 的线段的垂直二分线 b_{12} 上。根据式（9-30）和垂直二分线的定义，p_1 的沃罗诺伊邻域的轮廓 $B_V(p_1)$ 就是 b_{12}。所有在由 b_{12} 限定的包含 p_1 的半平面上的点离 p_1 比离 p_2 更近，它们组成 p_1 的沃罗诺伊邻域 $V(p_1)$。

如果在对沃罗诺伊图进行构建时加上第 3 个点 p_3，就可以构建一个三角形 Δ_{123}，如图 9-19(b)所示。再次对三角形的每条边使用垂直二分线方法，就可以构建 $n = 3$ 的沃罗诺伊图。

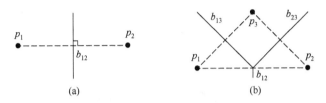

图 9-19　构建沃罗诺伊图的垂直二分线方法示意

图 9-20 给出沃罗诺伊图和德劳奈三角形的**对偶性**示意。其中，图 9-20(a)是一些平面点的沃罗诺伊图；图 9-20(b)是它的对偶，即德劳奈三角形；图 9-20(c)给出两者的关系。

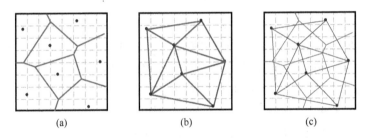

图 9-20　沃罗诺伊图和德劳奈三角形的对偶性示意

根据式（9-28）～式（9-31），可以进一步定义**区域沃罗诺伊图**。

一个图像单元 i_j 的区域沃罗诺伊图定义为

$$V_a(i_j) = \left\{ p \in \mathbf{R}^2 \mid \forall j \neq k : d_a(p, i_j) \leqslant d_a(p, i_k) \right\} \tag{9-32}$$

其中，图像单元 i_j 和点 p 之间的距离为

$$d_a(p, i_j) = \min_{q \in i_j} d(p, q) \tag{9-33}$$

式（9-33）给出点 p 和图像单元 i_j 中任意点 q 之间的最小欧氏距离。一个图像单元的沃罗诺伊邻域就是一个点集，从这个点集到 i_j 的距离小于或等于其他任何图像单元到 i_j 的距离。类似于沃罗诺伊图，区域沃罗诺伊图的边界 $B_{Va}(i_j)$ 为

$$B_{Va}(i_j) = \left\{ p \in \mathbf{R}^2 \mid \exists j \neq k : d_a(p, i_j) = d_a(p, i_k) \right\} \tag{9-34}$$

该边界包含与两个或多个图像单元等距离的点（它们并不距其中某个图像单

元更近）。在沃罗诺伊图中，两个邻接的沃罗诺伊邻域的共同边界总是一条线或线段，而在区域沃罗诺伊图中，边界总是曲线。

一幅图像的区域沃罗诺伊图 W_a 是所有图像单元的区域沃罗诺伊图的集合，即

$$W_a(P) = \{V_a(i_1), \cdots, V_a(i_n)\} \tag{9-35}$$

9.5 3D 实体表达

对真实世界中的绝大部分物体来说，尽管我们通常只能看到它们的表面，但它们实际上都是 **3D 实体**。这些实体可根据具体应用情况采用多种方法来表达，这里主要使用**体积模型**。

9.5.1 基本表达方案

3D 实体的表达方案很多，下面对 3 种最基本和常用的表达方案进行简单介绍。

1. 空间占有数组

类似于对 2D 区域用 2D **空间占有数组**表示，对于 3D 实体，也可用 3D 空间占有数组表示。具体来说，对于图像 $f(x, y, z)$ 中任一点(x, y, z)，如果它在给定实体内，取 $f(x, y, z)$ 为 1，否则为 0。则所有 $f(x, y, z)$ 为 1 的点的集合就代表了所要表达的实体。如在图 9-21 中，图 9-21(a) 是 3D 实体示意，图 9-21(b) 是对应的 3D 空间占有数组示意，图像体素与数组元素是一一对应的。

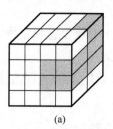
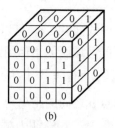

(a)   (b)

图 9-21 用 3D 空间占有数组表达 3D 实体示意

因为这里 3D 数组的尺寸是图像 3 个方向分辨率的乘积，所以空间占有数组表达法只有在图像分辨率较低（且 3D 实体形状不规则）时才比较有效和实用，否则数据量太大。用 3D 空间占有数组表达 3D 实体的一个优点是很容易从中获得通过目标的各截层，从而显示 3D 实体内部的信息。

2. 单元分解

单元分解是指对 3D 实体进行逐步分解，直至分解到可统一表达的单元。前述的空间占有数组表达法可看作单元分解的一种特例，其单元就是体素。在一般的单元分解中，单元还可有较复杂的形状，但它们仍然具有**准不连接性**，换句话说，不同的单元并不共享体积。对分解后的 3D 实体单元的唯一组合操作是**粘接**。

八叉树法就是一种常用的单元分解法，八叉树结构如图 9-22 所示，图 9-22(a) 给出八叉树分解示意，图 9-22(b)给出八叉树表达示意。

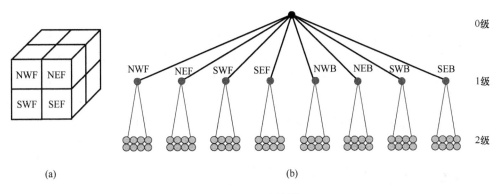

图 9-22　八叉树结构

八叉树是 2D 图像中四叉树（见《2D 计算机视觉：原理、算法及应用》一书）在 3D 图像中的直接推广，它可以由递归的体积分解产生。八叉树表达法把 3D 实体在 3D 图像中的位置转化为在分层结构树中的位置。由对四叉树的分析可知，对于一个有 n 级的八叉树，其节点总数 N 最大（在实际应用，一般要小于这个数）为

$$N = \sum_{k=0}^{n} 8^k = \frac{8^{n+1}-1}{7} \approx \frac{8}{7} 8^n \qquad (9\text{-}36)$$

单元分解的基本原理适用于各种形式的基元（基本单元）。一个典型的例子是表面分解，其中将 3D 结构外观看作各可见表面的组合。表面分解将代表各面元、边缘（面元的交）和顶点（边缘的交）的节点及表示这些基元联系的指针集合用图来表示。图 9-23 给出三棱锥表面分解示意，三种单元分别用三种符号表示（见图 9-23(a)），指针用连线表示（见图 9-23(b)）。

表面分解的结果是所有（基本）表面的集合，也可用**区域邻接图**（RAG）表示这些表面。区域邻接图只考虑表面及其邻接关系（隐含了顶角和边缘两种单元），所以比图 9-23 的表达还简单。

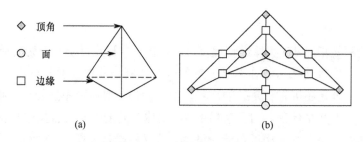

图 9-23　三棱锥表面分解示意

3. 几何模型法

几何模型法常在基于**计算机辅助设计**（CAD）模型的系统中使用，也称为**刚体模型法**（因为是用来表示刚体的，非刚体的表达目前仍是一个具有挑战性的问题，尚无统一的方法）。刚体模型系统可分为两类，在边界表达系统中，刚体用其各边界面的并集表示；在**结构刚体几何**表达系统中，刚体（通过一组集合操作）被表示成另外一些简单刚体的组合。最低级（最简单）的是基元体，它们一般可用解析的函数 $F(x, y, z)$ 表达，并限定在由 $F(x, y, z) \geqslant 0$ 定义的封闭半空间交集区域内。

❑　**例 9-5　边界表达和结构表达示例**

图 9-24(a)给出一个由两个几何体组成的 3D 实体，图 9-24(b)给出对其进行边界表达（使用了 10 个边界面）的示例，图 9-24(c)给出对其进行结构表达（使用了 3 个简单刚体）的示例。

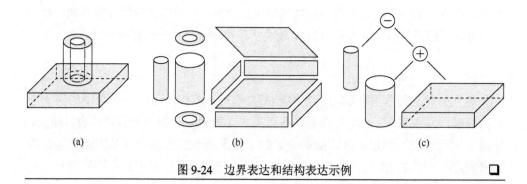

图 9-24　边界表达和结构表达示例　　❑

9.5.2　广义圆柱体表达

许多 3D 实体可通过用一个 2D 集合沿某条 3D 曲线移动而形成（类似于将一系列平板垒起来）。在更一般的情况下，这个集合还可在运动中有参数的变化。基于这种方式的刚体表达法通常称为**广义圆柱体**法，也可称为广义圆锥法。这是因为这种方法中的基元体常为任意尺寸的圆柱或圆锥体，当然也可以是任意尺寸的长方体或球体（圆柱或圆锥体的变型）等。

广义圆柱体法通常用一个带有一定轴线（称为**穿轴线**）和一定**截面**的（广义）圆柱体组合来表达 3D 实体。换句话说，它有两个基元：一根穿轴线和一个沿穿轴线移动的具有一定形状的截面，如图 9-25(a)所示。将多个这样的基元组合起来，可以逐级表示一个 3D 实体从高到低的不同细节，如图 9-25(b)（其中每个圆柱在 2D 空间中用长方形表示）所示。

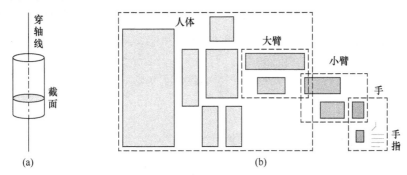

图 9-25　广义圆柱体法示例

如果把基元当作变量，即让穿轴线和移动截面改变，还可以得到一系列广义圆柱体的变型。事实上，穿轴线可以有以下两种情况：

（1）穿轴线是一条直线段。

（2）穿轴线是一条曲线（可以是封闭的）。

移动截面的变化类型或形式比较多，主要有以下三类：

（1）截面的边界是直线或曲线。

（2）截面是旋转及反射对称或不对称的，或仅旋转，或仅反射对称。

（3）截面在移动时，其形状是变化的或不变化的，其尺寸也可以变大、变小、先变大后变小、先变小后变大等。

图 9-26 给出广义圆柱体的变型，把这些变型当作**体基元**进行组合可以表达复杂的 3D 目标。理论上，对于任意一个 3D 目标，都存在无穷多个表达它的穿轴线和截面对。

在将基本的 3D 广义圆柱体投影到 2D 平面上时，主要会产生两种不同的结果：条带和椭圆。条带是沿圆柱体长度方向投影的结果，椭圆是对圆柱体截面进行投影的结果。如果考虑各种广义圆柱体的变型，则可能产生任何需要的结果。

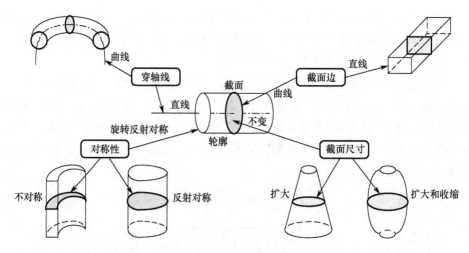

图 9-26　广义圆柱体的变型

9.6　各节要点和进一步参考

以下结合各节的主要内容介绍一些可以进一步查阅的参考文献。

1. 曲面的局部特征

曲面局部特征的计算和表示主要涉及微分几何，可参见文献[1]和文献[2]。关于曲面的平均曲率和高斯曲率还可参见文献[3]。

2. 3D 表面表达

表示表面朝向的高斯图方法可参见文献[4]。对高斯球的更多讨论可参见文献[2]。有关 3D 边缘表达模型的内容还可参见文献[5]。对于扩展高斯图，当目标为非凸体时的几种情况可参见文献[6]。

3. 等值面的构造和表达

行进立方体算法可借助查找表进行快速计算；覆盖算法计算量较大，但可以解决行进立方体算法的歧义问题[3]，进一步解决这些算法的轮廓对应连接、拼接和分叉问题的讨论可参见文献[7]。

4. 从并行轮廓插值 3D 表面

利用两个相邻并行轮廓进行表面插值拼接需要解决轮廓间的对应问题，这在更一般的意义上是一个图像配准问题，可参见 10.1 节的讨论。有关用轮廓表达 3D 形状的内容还可参见文献[8]和文献[9]。对沃罗诺伊区域和直属沃罗诺伊图的定义可参见文献[10]。

5．3D 实体表达

对包括表面和内部的 3D 实体直接进行表达的方法可参见文献[11]和文献[12]。另外，还可参考计算机图形学方面的文献，如文献[13]，该文献还提供了许多相关的 C 语言程序。

第 10 章

广义匹配

计算机视觉要实现的功能和目标是复杂的，包括感觉/观察、场景恢复、匹配认知、场景解释等。其中，匹配认知试图通过匹配把"未知"与"已知"联系起来，进而用已知解释未知。例如，场景匹配技术是一种利用场景基准图的数据进行自主式导航定位的技术，它利用飞行器装载的图像传感器在飞行过程中采集实时场景图像，与预先制备的场景基准图进行实时匹配，从而获得精确的导航定位信息。

一个复杂的计算机视觉系统的内部常常同时存在多种图像输入和其他知识共存的表达形式。**匹配**借助存储在系统中的已有表达和模型感知图像中的信息，并最终建立与外部世界的对应性，实现对场景的解释。对场景的解释是一个不断认知的过程，所以需要将从图像中获得的信息与已有的解释场景的模型进行匹配。也可以说，感知是将视觉输入与事前已有表达进行结合的过程，而认知也需要建立或发现各种内部表达式之间的联系。因此，匹配可理解为结合各种表达和知识来解释场景的技术或过程。

常用的与图像相关的匹配方式和技术可归为两类：一类比较具体，多对应图像低层像素或像素的集合，可统称为图像匹配；另一类则比较抽象，主要与物体性质及物体间联系（甚至与场景的描述和解释）有关（即与"物"和"景"都有关），可统称为广义匹配。第 6 章介绍的基于区域的立体匹配和基于特征的立体匹配都属于前一类，本章则重点介绍一些属于后一类的匹配方式和技术。

本章各节安排如下。

10.1 节概括介绍各种匹配的基本概念，对匹配和配准进行对比讨论，并分析几种常用的图像匹配评价准则。

10.2 节先讨论匹配的度量问题，然后介绍一些典型的目标匹配方法，包括借助目标的地标点或特征点进行匹配，借助字符串表达对两个目标区域的轮廓进行匹配，利用目标的惯量等效椭圆进行匹配，以及借助形状矩阵表达对两个目标区域进行匹配等。

10.3 节介绍一种在匹配过程中先动态建立目标表达模式，再对模式进行匹配的方法，这种动态的思路可推广到不同的场合中。

10.4 节介绍图论和图同构匹配，借助图论原理和图的性质建立目标间的对应关系，利用图同构的方式进行不同层次的目标匹配。

10.5 节介绍线条图标记和匹配，先将 3D 物体的（可见）表面投影到 2D 空间中，利用所形成区域的轮廓得到目标的线条图，然后对线条图进行标记，再借助这种标记对 3D 物体和相应模型进行匹配。

10.1　匹配概述

在对图像的理解中，匹配技术有重要的作用。从视觉的角度来看，"视"应该是有目的的"视"，即要根据一定的知识（包括对目标的描述和对场景的解释），借助图像去场景中寻找符合要求的物体；"觉"应该是带认知的"觉"，即要从输入图像中抽取物体的特性，再与已有的物体模型进行匹配，从而达到理解场景的目的。匹配与知识有着内在的联系，匹配和解释也是密不可分的。

10.1.1　匹配策略和类别

从广义上讲，匹配可在不同（抽象）层次中进行，这是因为知识具有不同的层次，也可在不同的层次中运用。每个具体的匹配都可看作寻找两个表达间的对应性。如果两个表达的类型是可比的，匹配可在相似的意义上进行。例如，如果两个表达都是图像形式，则称为**图像匹配**；如果两个表达都代表图像中的目标，则称为**目标匹配**；如果两个表达都代表场景的描述，则称为**场景匹配**；如果两个表达都是关系结构，则称为**关系匹配**。后面这三种都属于**广义匹配**。如果两个表达的类型不同（如一个是图像形式，另一个是关系结构），这时也可以在扩展的意义上进行匹配，或称为**拟合**。

匹配要建立两者间的联系，需要通过映射来进行。在对场景进行重建时，图像匹配策略根据所用映射函数的不同可以分为两类，参见图 10-1。

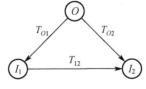

图 10-1　匹配和映射

（1）图像空间的匹配。

图像空间的匹配直接将图像 I_1 和 I_2 用映射函数 T_{12} 联系起来。在这种情况下，目标模型隐含地包含在 T_{12} 的建立过程中。该过程一般相当复杂，但如果目标表面比较光滑，则可用仿射变换来局部近似，此时计算复杂度会降低。在有遮挡的情况下，光滑假设会受到影响，从而使图像匹配遇到困难。

（2）目标空间的匹配。

在这种情况下，目标 O 直接通过对透视变换 T_{O1} 和 T_{O2} 求逆来重建。这里需要一个目标 O 的显式表达模型，通过在图像特征和目标模型特征之间建立对应关系来解决问题。目标空间匹配技术的优点是与物理世界比较吻合，所以如果使用比较复杂的模型，甚至可以处理有遮挡的情况。如果将目标空间看作图像空间的变换或映射空间，则目标空间的匹配还可以推广到更一般和抽象层次更高的空间的广义匹配中。

图像匹配算法可以进一步根据所用的图像表达模型来分类和分层次。

（1）基于光栅的匹配。

基于光栅的匹配使用图像的光栅表达，即它们试图通过直接比较灰度或灰度函数来找到图像区域间的映射函数。该类方法准确度可以很高，但对遮挡很敏感。

（2）基于特征的匹配。

在基于特征的匹配中，首先使用特征提取算子从图像中提取显著特征，然后根据对需要描述的目标局部几何性质的假设，搜索不同图像的对应特征并进行几何映射。这类方法相对于基于光栅的匹配方法更适合表面不连续和数据近似的情况。

（3）基于关系的匹配。

关系匹配也称为结构匹配，基于特征间拓扑关系的相似性（拓扑性质在透视变换下不发生改变），这些相似性存在于**特征邻接图**中。关系匹配可以在很多场合下应用，但可能产生很复杂的搜索树，所以其计算复杂度可能很大。

（广义的）**模板匹配**理论认为，要认知某幅图像的内容，必须在过去的经验中有其"记忆痕迹"或基本模型，这个模型又称为"模板"。当前刺激如果与大脑中的模板符合，就能判断出这个刺激是什么。例如，6.2 节介绍的"模板匹配"实际上是这个理论的特例，也可称为狭义的模板匹配。在狭义的模板匹配中，所设计的模板来自大脑中的以往经验，而要匹配的图像则对应当前刺激。不过，模板匹配理论所说的匹配是指外界刺激必须与模板完全符合。实际上，人们在现实生活中不仅能认知与基本模式一致的图像，也能认知与基本模式不完全符合的图像。

格式塔心理学家提出了**原型匹配**理论。这种理论认为，对于当前观察到的一个字母"A"的图像，不管它是什么形状，也不管把它放到什么地方，它都和过去已知觉过的"A"有相似之处。人类在长时记忆中并不会存储无数个具有不同形状的模板，而是将从各类图像中抽象出来的相似性作为原型，并以此去检验所要认知的图像。如果能从所要认知的图像中找到一个原型的相似物，那么就实现了对这幅图像的认知。这种图像认知模型从神经学和记忆搜索的角度来看，都比模板匹配更"适宜"，而且还能实现对一些不规则但某些方面与原型相似的图像的认知。按照这种模型，可以形成一个理想化的"A"的原型，它概括了与这个原型类似的各种图像的共同特点，在此基础上，借助匹配来认知与原型不完全一致而仅相似的所有其他"A"就成为可能。

尽管原型匹配理论能够更合理地解释图像认知中的一些现象，但是它并没有说明人类如何对相似的刺激进行辨别和加工。原型匹配理论并没有给出一个明确的图像认知模型或机制，要在计算机程序中实现也有一定困难。

10.1.2　匹配和配准

匹配和配准是两个密切相关的概念，在技术上也有许多相通之处。不过仔细分析的话，两者还是有一定差别的。**配准**的含义一般比较"窄"，主要指建立在不同时间或空间中获得的图像之间的对应，特别是几何方面的对应（几何校正），最后要获得的效果常常体现在像素层次上。匹配则既可考虑图像的几何性质，也可考虑图像的灰度性质，甚至可以考虑图像的其他抽象性质（和属性）。从这点来说，配准可以看作对较低层的表达的匹配，广义的匹配可将配准包含在内。图像配准和立体匹配的主要不同之处在于，前者既需要建立点对之间的对应关系，还需要由此对应关系计算出两幅图像之间的全局坐标变换参数；后者仅需要建立点对之间的对应关系，然后只需对每对点分别计算视差。

从具体实现技术来讲，配准常可借助坐标变换和仿射变换来实现。大部分配准算法包含 3 个步骤：特征选择、特征匹配、计算变换函数，其影响因素如下。

（1）配准所用特征的特征空间。

（2）使搜索过程有可能有解的搜索空间。

（3）用来对搜索空间进行扫描的搜索策略。

（4）用来确定配准对应性是否成立的相似测度。

图像空域中的配准技术（如立体视觉匹配）可分成两类（如 6.2 节和 6.3 节）。而频域中的配准技术主要利用频域内的相关计算进行，需要先将图像通过傅里叶变换转换到频域中，然后在频域中利用频谱的相位信息或幅度信息建立图像之间的对应关系以实现配准，可分别称为相位相关法和幅度相关法。

下面以图像之间有平移时的配准为例，介绍**相位相关法**的计算（存在旋转和尺度变换时的计算可参见 4.3 节中的思路）。两幅图像之间的相位相关计算可借助互功率谱的相位估计来进行。设两幅图像 $f_1(x, y)$ 和 $f_2(x, y)$ 在空域里具有如下简单的平移关系：

$$f_1(x, y) = f_2(x - x_0, y - y_0) \tag{10-1}$$

根据傅里叶变换的平移定理，有

$$F_1(u, v) = F_2(u, v) \exp[-j2\pi(ux_0 + vy_0)] \tag{10-2}$$

如果用两幅图像 $f_1(x, y)$ 和 $f_2(x, y)$ 的傅里叶变换 $F_1(u, v)$ 和 $F_2(u, v)$ 的归一化互功率谱来表示，它们之间的相位相关度为（*代表共轭）

$$\exp[-j2\pi(ux_0 + vy_0)] = \frac{F_1(u, v)F_2^*(u, v)}{\left| F_1(u, v)F_2^*(u, v) \right|} \tag{10-3}$$

其中，$\exp[-j2\pi(ux_0 + vy_0)]$ 的傅里叶反变换为 $\delta(x - x_0, y - y_0)$。由此可见，两幅图像 $f_1(x, y)$ 和 $f_2(x, y)$ 的空间相对平移量为 (x_0, y_0)。该相对平移量可通过在傅里叶反变换图中搜索最大值（由脉冲造成）的位置来确定。

基于傅里叶变换的相位相关法的步骤可总结如下。

（1）计算需要配准的两幅图像 $f_1(x, y)$ 和 $f_2(x, y)$ 的傅里叶变换 $F_1(u, v)$ 和 $F_2(u, v)$。

（2）滤除频谱中的直流分量和高频噪声并计算频谱分量的乘积。

（3）使用式（10-3）计算归一化的互功率谱。

（4）对归一化的互功率谱进行傅里叶反变换。

（5）在傅里叶反变换图中搜索峰值点坐标，该坐标给出相对平移量。

上述配准方法的计算量只与图像尺寸有关，而与图像之间的相对位置或是否重叠无关。该方法只利用了互功率谱中的相位信息，计算简便，对图像间的亮度变化不敏感，能有效对抗光照变化的影响。由于获得的相关峰会比较尖锐、突出，所以可获得较高的配准精度。

10.1.3　匹配评价

常用的图像匹配评价准则包括准确性、可靠性、鲁棒性和计算复杂度。

准确性指真实值和估计值之间的差，差越小，估计就越准确。在图像配准中，准确性指参考像点和配准像点（重采样到参考图像空间中后）之间距离的均值、中值、最大值或均方根值。在对应性确定的情况下，可从合成图像或仿真图像中计算准确性；还可将基准标记放在场景中，使用基准标记的位置来评价配准的准确性。准确性的单位可以是像素或体素。

　　可靠性指算法在所有测试中有多少次取得了满意的结果。如果测试了 N 对图像，其中 M 次测试给出了满意的结果，当 N 足够大且 N 对图像有代表性时，M/N 就表示了可靠性，M/N 越接近 1 越可靠。算法的可靠性是可以预测的。

　　鲁棒性指准确性的稳定程度或算法在参数不同变化条件下的可靠性。鲁棒性可以根据图像之间的噪声、密度、几何差别或不相似区域的百分比等来衡量。一个算法的鲁棒性可通过确定算法准确性的稳定程度或在输入参数发生变化时的可靠性来得到（如利用它们的方差，方差越小表明算法越鲁棒）。如果有多个输入参数，每个参数都影响算法的准确性或可靠性，那么算法的鲁棒性可相对各参数来定义。例如，一个算法可能对噪声鲁棒，但对几何失真不鲁棒。我们说一个算法鲁棒一般指该算法的性能不会随着所涉及参数的变化而产生明显变化。

　　计算复杂度决定了算法的速度，指示了其在具体应用中的实用性。例如，在由图像导引的神经外科手术中，需要将用来规划手术的图像与反映特定时间手术状况的图像在几秒钟内配准好。而航空器获取的航拍图像的匹配常需要在毫秒量级内完成。计算复杂度可以用图像尺寸的函数表示（考虑每个单元所需的加法或乘法数量），一般希望匹配算法的计算复杂度是图像尺寸的线性函数。

10.2　目标匹配

　　图像匹配以像素为单位，计算量一般很大，效率较低。在实际应用中，通常先检测和提取感兴趣的目标，然后对目标进行匹配。如果使用简洁的目标表达方式，匹配工作量可以大大减少。由于目标可用不同的方法来表达，所以对目标的匹配也可采用多种方法。

10.2.1　匹配的度量

　　目标匹配效果要借助一定的度量来进行评判，其核心主要是目标相似程度。

1. 豪斯道夫距离

　　在图像中，目标是由点（像素）组成的，两个目标的匹配在一定意义上是两个点集之间的匹配。利用**豪斯道夫距离**（HD）描述点集之间的相似性并利用特征点集进行匹配的方法已得到广泛应用。给定两个有限点集 $A = \{a_1, a_2, \cdots, a_m\}$ 和 $B = \{b_1, b_2, \cdots, b_n\}$，它们之间的豪斯道夫距离定义如下：

$$H(A,B) = \max[h(A,B), h(B,A)] \qquad (10\text{-}4)$$

其中，

$$h(A, B) = \max_{a \in A} \min_{b \in B} \|a - b\| \qquad (10\text{-}5)$$

$$h(B, A) = \max_{b \in B} \min_{a \in A} \|b - a\| \qquad (10\text{-}6)$$

式（10-5）和式（10-6）中的范数$\|\bullet\|$可取不同形式。函数 $h(A, B)$ 称为从集合 A 到集合 B 的有向豪斯道夫距离，描述了点 $a \in A$ 到点集 B 中任意点的最长距离；函数 $h(B, A)$ 称为从集合 B 到集合 A 的有向豪斯道夫距离，描述了点 $b \in B$ 到点集 A 中任意点的最长距离。由于 $h(A, B)$ 与 $h(B, A)$ 不对称，所以一般取两者之中的最大值作为两个点集之间的豪斯道夫距离。

豪斯道夫距离的几何意义可解释如下：如果两个点集（A 和 B）之间的豪斯道夫距离为 d，那么对于每个点集中的任意点，都可以在以该点为中心、以 d 为半径的圆中找到另一个点集里的至少一个点。如果两个点集之间的豪斯道夫距离为 0，说明这两个点集是重合的。在图 10-2 中，$h(A, B) = d_{21}$，$h(B, A) = d_{22} = H(A, B)$。

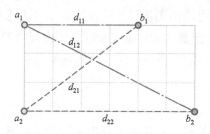

图 10-2 豪斯道夫距离示意

如上定义的豪斯道夫距离对噪声点或点集的外野点很敏感，一种常用的改进方法是采用统计平均的概念，用平均值代替最大值，称为**改进的豪斯道夫距离**（MHD），即将式（10-5）和（10-6）分别改为

$$h_{\text{MHD}}(A, B) = \frac{1}{N_A} \sum_{a \in A} \min_{b \in B} \|a - b\| \qquad (10\text{-}7)$$

$$h_{\text{MHD}}(B, A) = \frac{1}{N_B} \sum_{b \in B} \min_{a \in A} \|b - a\| \qquad (10\text{-}8)$$

其中，N_A 表示点集 A 中点的数量，N_B 表示点集 B 中点的数量。进而得到

$$H_{\text{MHD}}(A, B) = \max[h_{\text{MHD}}(A, B), h_{\text{MHD}}(B, A)] \qquad (10\text{-}9)$$

当使用豪斯道夫距离计算模板和图像间的相关匹配时，并不要求模板和图像有明确的点间关系，换句话说，它不需要在两个点集之间建立起一一的点对应关系，这是它的一个重要优点。

2．结构匹配度量

目标通常是可分解的，即可将其分解为各组成部件，不同的目标可有相同的部件，但有不同的结构。对**结构匹配**来说，大多数匹配度量可以用所谓的"模板和弹簧"的物理类比模型来解释。考虑到结构匹配是参考结构和待匹配结构之间的匹配，如果将参考结构看作描绘在透明胶片上的一个结构，则匹配可看作在待匹配结构上移动这张透明胶片并使其形变以得到两个结构的拟合。

匹配常涉及可定量描述的相似性。一个匹配不是一个单纯的对应，而是一个按照某种优度指标定量描述的对应，这个优度就对应匹配度量。例如，两个结构拟合的优度既取决于两个结构上各部件之间的逐个匹配程度，也取决于使透明胶片产生形变所需的工作量。

在实际应用中，在形变方面，可将模型考虑成一组用弹簧连接的刚性模板，如人脸的模板和弹簧模型如图 10-3 所示。模板靠弹簧连接，而弹簧函数描述了各模板之间的关系。模板间的关系一般有一定的约束限制，如在脸部图像上，两只眼睛一般在同一条水平线上，而且间距总在一定的范围内。匹配质量是模板局部拟合的优度和在用待匹配结构拟合参考结构的过程中拉长弹簧所需能量的函数。

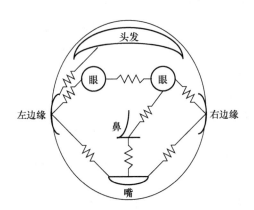

图 10-3　人脸的模板和弹簧模型

模板和弹簧的匹配度量可用一般形式表示如下：

$$C = \sum_{d \in Y} C_{\mathrm{T}}[d, F(d)] + \sum_{(d,e) \in (Y \times E)} C_{\mathrm{S}}[F(d), F(e)] + \sum_{c \in (N \cup M)} C_{\mathrm{M}}(c) \qquad (10\text{-}10)$$

其中，C_{T} 表示模板 d 和待匹配结构之间的不相似性；C_{S} 表示待匹配结构和目标部件 e 之间的不相似性；C_{M} 表示对遗漏部件的惩罚；F 是将参考结构模板变换为待匹配结构部件的映射。F 将参考结构划分为两类：在待匹配结构中可找到的结构（属

于集合 Y）、在待匹配结构中找不到的结构（属于集合 N）。类似地，部件也可分为在待匹配结构中存在的部件（属于集合 E）和在待匹配结构中不存在的部件（属于集合 M）两类。

在结构匹配度量中需要考虑归一化问题，因为被匹配部件的数量可能影响最后匹配度量的值。例如，如果"弹簧"总具有有限的代价，那么被匹配的元素越多，总的能量越大，但这并不能说明"匹配的部件多"总比"匹配的部件少"效果好。反之，待匹配结构的一部分与特定参考目标的精巧匹配常会使余下部分无法匹配，此时这种"子匹配"的效果还不如能使大部分待匹配部件都接近匹配的效果。在式（10-10）中，利用对遗漏部件的惩罚来避免这种情况。

10.2.2 对应点匹配

在目标上有特定的**地标点**或特征点（参见 6.3 节）时，两个目标（或一个模型与一个目标）之间的匹配可借助它们之间的**对应关系**进行。如果这些地标点或特征点彼此不同（具有不同的属性），则有两对点就可进行匹配；如果这些地标点或特征点彼此相同（具有相同的属性），则至少需要在两个目标上各确定 3 个不共线的对应点（3 个点一定要共面）。

在 3D 空间中，如果使用透视投影，因为任意一组 3 个点可以与任意另一组 3 个点相匹配，所以此时无法确定两组点之间的对应性。而如果使用弱透视投影，匹配的歧义性要小得多。

下面考虑一种简单的情况。假设目标上的一组（3 个）点 P_1、P_2、P_3 在同一个圆上，如图 10-4(a)所示。设三角形的重心是 C，连接 C 与 P_1、P_2、P_3 的直线分别与圆交于 Q_1、Q_2、Q_3 点。在弱透视投影条件下，距离比 $P_iC : CQ_i$ 在投影后保持不变。这样，在投影后，圆会变成椭圆（但直线在投影后仍是直线，距离比也不变），如图 10-4(b)所示。当在图像中观测到 P_1'、P_2'、P_3' 时，就可计算出 C'，并进而确定 Q_1'、Q_2'、Q_3' 的位置。这样就有了 6 个可用来确定椭圆位置和参数的点（实际上，至少需要 5 个点）。一旦有了椭圆，匹配就成为椭圆匹配。

如果距离比计算有误，则 Q_i 将不会落在圆上。这样一来，投影后就不能得到过 P_1'、P_2'、P_3' 和 Q_1'、Q_2'、Q_3' 的椭圆，如图 10-4(c)所示，上述计算就不可进行了。

更一般的歧义情况可参见表 10-1，该表给出在各种情况下，利用图像中的对应点对目标进行匹配得到的解的个数。粗体的 **1** 表示只有一个解，没有歧义；解的个数 $\geqslant 2$ 就表明有歧义。所有的 2 都在共面时发生，对应透视反转。任何非共面的点（超过对应平面的 3 个点）都提供了足够的信息以消除歧义。在表 10-1

中，分别考虑了点共面和点不共面两种情况，还对透视投影和弱透视投影进行了对比。

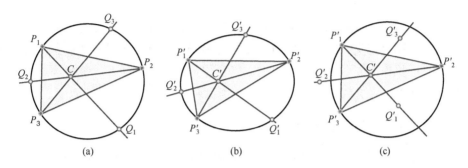

图 10-4　弱透视投影下的三点匹配

表 10-1　利用对应点进行匹配的歧义性

点的分布	点　共　面					点不共面				
对应点对数	≤2	3	4	5	≥6	≤2	3	4	5	≥6
透视投影	∞	4	1	1	1	∞	4	2	1	1
弱透视投影	∞	2	2	2	2	∞	2	1	1	1

10.2.3　字符串匹配

字符串匹配可用来匹配两个目标区域的轮廓。设已将两个区域轮廓 A 和 B 分别编码为字符串 $a_1 a_2 \dots a_n$ 和 $b_1 b_2 \dots b_m$（可参见《2D 计算机视觉：原理、算法及应用》第 9 章中对各种轮廓表达方法的介绍和第 10 章中关于字符串描述符的讨论）。从 a_1 和 b_1 开始，如果在第 k 个位置有 $a_k = b_k$，则称两个轮廓有一次匹配。如果用 M 表示两个字符串之间已匹配的总次数，则未匹配符号的个数为

$$Q = \max(\| A \|, \| B \|) - M \qquad (10\text{-}11)$$

其中，$\| arg \|$ 代表 arg 的字符串表达的长度（符号个数）。可以证明，当且仅当 A 和 B 全等时，$Q = 0$。

A 和 B 之间一个简单的相似性度量为

$$R = \frac{M}{Q} = \frac{M}{\max(\| A \|, \| B \|) - M} \qquad (10\text{-}12)$$

由式（10-12）可见，较大的 R 值表示有较好的匹配效果。当 A 和 B 完全匹配时，R 值为无穷大；当 A 和 B 中没有符号匹配（$M = 0$）时，R 值为 0。

因为字符串匹配是逐符号进行的，所以起点位置的确定对于减少计算量很重

要。如果从任意一点开始计算，然后在每次移动一个符号的位置后再计算，则根据式（10-12），整个计算将非常耗时（时间正比于 $\|A\| \times \|B\|$），所以在实际应用中常需要先对字符串表达进行归一化。

两个字符串之间的相似度也可用莱文斯坦（Levenshtein）距离（**编辑距离**）来描述。该距离定义为将一个字符串转化为另一个字符串所需的（最少）操作次数，这里的操作主要包括对字符串的编辑操作，如删除、插入、替换等。对于这些操作，还可以定义权重，从而更精细地衡量两个字符串之间的相似度。

10.2.4 惯量等效椭圆匹配

目标之间的匹配也可借助它们的**惯量等效椭圆**进行，这在序列图像 3D 目标重建的匹配工作中曾得到应用。与基于目标轮廓的匹配不同，基于惯量等效椭圆的匹配是基于整个目标区域进行的。借助目标所对应的惯量椭圆，可进一步对每个目标算出一个等效椭圆。从目标匹配的角度来看，由于待匹配图像对中的每个目标都可用其等效椭圆表示，所以对目标的匹配问题可转化为对其等效椭圆的匹配，如图 10-5 所示。

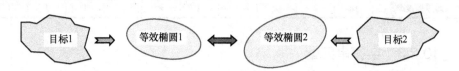

图 10-5 利用等效椭圆匹配示意

在一般的目标匹配中，需要考虑的主要是由平移、旋转和尺度变换导致的偏差，需要获得的是对应的几何参数。为此可通过等效椭圆的中心坐标、朝向角（定义为椭圆长轴与 X 轴正向的夹角）和长轴长度分别计算进行平移、旋转和尺度变换所需的参数。

首先，考虑等效椭圆的中心坐标 (x_c, y_c)，即目标的重心坐标。设目标区域共包含 N 个像素，则

$$x_c = \frac{1}{N} \sum_{i=1}^{N} x_i \tag{10-13}$$

$$y_c = \frac{1}{N} \sum_{i=1}^{N} y_i \tag{10-14}$$

平移参数可利用两个等效椭圆的中心坐标差算得。

其次，等效椭圆的朝向角 θ 可借助对应的惯量椭圆长轴和短轴的斜率 k 和 l 求

得（设 A 为目标绕 X 轴旋转的转动惯量，B 为目标绕 Y 轴旋转的转动惯量）：

$$\theta = \begin{cases} \arctan k, & A < B \\ \arctan l, & A > B \end{cases} \quad (10\text{-}15)$$

旋转参数可利用两个椭圆的朝向角度差算得。

最后，等效椭圆的半长轴的长度和半短轴的长度（p 和 q）反映了目标的尺寸。如果目标本身为椭圆，则目标与其等效椭圆在形状上是完全相同的。在一般情况下，目标的等效椭圆是目标在转动惯量和面积两方面的近似（但并不同时相等），这里需要借助目标面积 M 对轴长进行归一化。在归一化后，当 $A < B$ 时，等效椭圆半长轴的长度 p（设 H 代表惯性积）为

$$p = \sqrt{\frac{2[(A+B) - \sqrt{(A-B)^2 + 4H^2}]}{M}} \quad (10\text{-}16)$$

尺度变换参数可利用两个椭圆的（半）长轴的长度比算得。以上两个目标在匹配时所需几何校正的三种变换参数可独立计算，所以在惯量等效椭圆匹配中，各变换可分别顺序进行。

❑　**例 10-1　惯量等效椭圆匹配示例**

利用惯量等效椭圆进行匹配比较适合不规则目标。图 10-6(a)为两幅相邻的细胞切片图像，图中两个细胞剖面的尺寸和形状及在图像中的位置和朝向都不同。图 10-6(b)为在对细胞剖面计算等效椭圆后进行匹配的结果，可见两个细胞剖面得到了较好的对齐，这可为后续的 3D 重建打好基础。

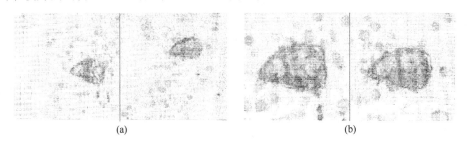

(a)　　　　　　　　　　　　(b)

图 10-6　惯量等效椭圆匹配示例　　❑

10.2.5　形状矩阵匹配

两幅图像中待匹配的目标区域常有平移、旋转和尺度的差别。考虑到图像的局部特性，如果图像不代表变形的场景，则图像之间局部的非线性几何差别可以忽略。为确定两幅图像中待匹配目标之间的对应性，需要寻求目标间不依赖平移、

旋转和尺度差别的相似性。**形状矩阵**是一种基于极坐标量化的目标形状表示方法。如图 10-7(a)所示，将坐标原点放在目标重心处，对目标沿径向和圆周采样，这些采样数据与目标的位置和朝向都是独立的。令径向增量为最大半径的函数，即总将最大半径量化为相同数量的间隔，由此得到的表达就称为形状矩阵，如图 10-7(b)所示。形状矩阵与尺度无关。

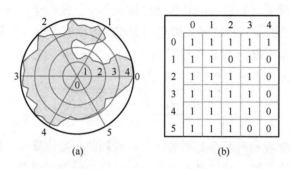

图 10-7 目标和其形状矩阵

形状矩阵同时包含了目标边界和内部的信息，所以也可表达含有空洞的目标（而不仅是外轮廓）。形状矩阵可标准化地表达目标的投影、朝向和尺度。给定两个尺寸为 $m \times n$ 的形状矩阵 M_1 和 M_2，它们之间的相似性（注意矩阵为二值矩阵）为

$$S = \sum_{i=0}^{m-1} \sum_{j=0}^{n-1} \frac{1}{mn} \{ [M_1(i,j) \wedge M_2(i,j)] \vee [\bar{M}_1(i,j) \wedge \bar{M}_2(i,j)] \} \qquad (10\text{-}17)$$

其中，上横线代表逻辑 NOT 操作。$S=1$ 表示两个目标完全相同，随着 S 逐渐减小并趋于 0，两个目标越来越不相似。如果在构建形状矩阵时采样足够密，则可以利用形状矩阵重建原目标区域。

如果在构建形状矩阵时沿径向以对数尺度采样，则两个目标间的尺度差别将转化为在对数坐标系中沿水平轴的位置差别。如果在对区域进行圆周量化时，从目标区域中的任意点开始（而不是从最大半径开始），将得到在对数坐标系中垂直轴方向上的数值。对数极坐标映射可将两个区域之间的旋转差和尺度差都转化为平移差，从而简化目标匹配工作。

10.3 动态模式匹配

在前面对各种匹配的讨论中，需要匹配的表达都已预先建立好了。实际上，

有时需要匹配的表达是在匹配过程中动态建立的，或者说在匹配过程中需要根据待匹配数据建立不同的表达以用于匹配。下面结合一个实际应用介绍一种方法，称为**动态模式匹配**。

10.3.1　匹配流程

在由序列医学切片图像重建 3D 细胞的过程中,判定同一细胞在相邻切片中各剖面的对应性是关键的一步（这是 9.4 节轮廓内插的基础）。由于切片过程复杂及切片很薄、产生形变等原因，相邻切片上细胞剖面的个数可能不同，它们的分布排列也可能不同。为了重建 3D 细胞，需要对每个细胞确定其各剖面间的对应关系，即寻找同一个细胞在各切片上的对应剖面。如图 10-8 所示，这里将两个需要匹配的切片分别称为已匹配片和待匹配片。已匹配片是参考片，将待匹配片上的各剖面与已匹配片上相应的已匹配剖面配准，则待匹配片就成为一个已匹配片，并可作为下一个待匹配片的参考片。如此继续匹配，就可将一个序列切片上的所有剖面全部配准（图 10-8 仅以一个剖面为例）。这种顺序策略也可用于其他匹配工作。

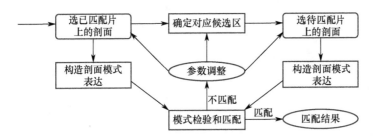

图 10-8　动态模式匹配流程框图

基于以上讨论，可知动态模式匹配主要有以下 6 个步骤。

（1）从已匹配片上选取一个已匹配剖面。

（2）构造所选已匹配剖面的模式表达。

（3）在待匹配片上确定候选区（可借助先验知识以减少计算量和降低歧义性）。

（4）在候选区内选取待匹配剖面。

（5）构造所选待匹配剖面的模式表达。

（6）利用剖面模式之间的相似性进行检验以确定剖面之间的对应性。

10.3.2　绝对模式和相对模式

由于细胞剖面在切片上的分布不是均匀的，为完成以上匹配步骤，需要动态地对每个剖面建立一个可用于匹配的模式表达。这里可考虑利用某个剖面与其若干相邻剖面的相对位置关系来构造该剖面的特有模式，这样构造的模式可用一个模式矢量表示。设所用关系是每个剖面与其相邻剖面之间连线的长度和朝向（或连线间的夹角），则两个相邻切片上需要进行匹配的两个剖面模式 P_1 和 P_r（均用矢量表示）可分别写为

$$P_1 = [x_{10}, y_{10}, d_{11}, \theta_{11}, \cdots, d_{1m}, \theta_{1m}]^T \tag{10-18}$$

$$P_r = [x_{r0}, y_{r0}, d_{r1}, \theta_{r1}, \cdots, d_{rn}, \theta_{rn}]^T \tag{10-19}$$

其中，x_{10}、y_{10} 及 x_{r0}、y_{r0} 分别为两剖面的中心坐标；各 d 分别代表同一切片上其他剖面与当前匹配剖面间连线的长度；各 θ 分别代表同一切片上当前匹配剖面与周围两个相邻剖面连线间的夹角。注意，这里 m 和 n 可以不同。当 m 与 n 不同时，也可以选择其中一部分点构造模式以进行匹配。另外，m 和 n 的选择应是平衡计算量和模式唯一性的结果，具体数值可通过确定模式半径（最大的 d，如图 10-9(a) 中的 d_2）来调整。整个模式可看作被包含在一个有确定作用半径的圆中。

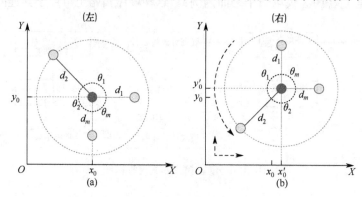

图 10-9　绝对模式示意

为了进行剖面间的匹配，需要将对应的模式进行平移旋转。以上构造的模式可称为**绝对模式**，因为它包含中心剖面的绝对坐标。图 10-9(a) 给出一个 P_1 的例子。绝对模式具有对原点（中心剖面）的旋转不变性，即在整个模式发生旋转后，各 d 和 θ 不变；但从图 10-9(b) 可知，它不具备平移不变性，因为在整个模式发生平移后，x_0 和 y_0 均发生了变化。

为获得平移不变性，可去掉绝对模式中的中心点坐标，构造**相对模式**：

$$Q_1 = [d_{11}, \theta_{11}, \cdots, d_{1m}, \theta_{1m}]^T \tag{10-20}$$

$$Q_r = [d_{r1}, \theta_{r1}, \cdots, d_{rn}, \theta_{rn}]^T \tag{10-21}$$

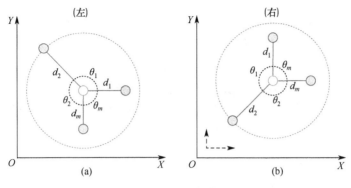

图 10-10　相对模式示意

与图 10-9(a)中绝对模式相对应的相对模式如图 10-10(a)所示。由图 10-10(b)可知，相对模式不仅具有旋转不变性，还具有平移不变性。这样就可通过旋转、平移对两个相对模式表达进行匹配并计算其相似度，从而达到匹配剖面的目的。

由对动态模式匹配的分析可见，其主要特点是，模式是动态建立的，匹配是完全自动的。这种方法比较通用、灵活，其基本思想适用于多种应用情况。

10.4　图论和图同构匹配

寻求对应关系是关系匹配中的一个关键环节。因为对应关系可以有很多种不同的组合，所以如果搜索方法不当，会导致工作量过大。图同构是解决这个问题的一种有效方法。

10.4.1　图论概述

下面介绍一些图论的基本定义和相关概念。

1. 基本定义

在图论中,定义一个**图** G 由有限非空**顶点集合** $V(G)$ 及有限**边线集合** $E(G)$ 组成，记为

$$G = [V(G), E(G)] = [V, E] \qquad (10\text{-}22)$$

其中，$E(G)$ 中的每个元素对应 $V(G)$ 中顶点的无序对，称为 G 的边。图也是一种关系数据结构。

下面将集合 $V(G)$ 中的元素用大写字母表示，而将集合 $E(G)$ 中的元素用小写字

母表示。一般将由顶点 A 和顶点 B 的无序对构成的边 e 记为 $e \leftrightarrow AB$ 或 $e \leftrightarrow BA$，并称顶点 A 和顶点 B 为边 e 的端点（End）；称边 e **连接**顶点 A 和顶点 B。在这种情况下，顶点 A 和顶点 B 与边 e **相关联**，也称边 e 与顶点 A 和顶点 B 相关联。两个与同一条边相关联的顶点是**相邻的**，同样，两条有共同顶点的边也是相邻的。如果两条边有相同的两个端点，就称它们为**重边**或**平行边**；如果一条边的两个端点相同，就称它为**环**，否则称为**棱**。

2. 图的几何表达

将图的顶点用圆点表示，将边线用连接顶点的直线或曲线表示，就可得到图的**几何表达/几何实现**。边数大于等于 1 的图可以有无穷多个几何表达。

❑ **例 10-2　图的几何表达示例**

设有 $V(G) = \{A, B, C\}$，$E(G) = \{a, b, c, d\}$，其中 $a \leftrightarrow AB$，$b \leftrightarrow AB$，$c \leftrightarrow BC$，$d \leftrightarrow CC$，则图 G 可以用如图 10-11 所示的方式表示。

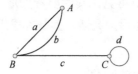

图 10-11　图的几何表达示例

在图 10-11 中，边 a、边 b、边 c 彼此相邻，边 c 和边 d 彼此相邻，但边 a 和边 b 与边 d 不相邻。同样，顶点 A 和顶点 B 相邻，顶点 B 和顶点 C 相邻，但顶点 A 和顶点 C 不相邻。从边的类型来看，边 a 和边 b 为重边，边 d 为环，边 a、边 b、边 c 均为棱。　　　　　　　　　　　　　　　　　　　　　❑

3. 有色图

在图的定义中，每个无序对中的两个元素（两个顶点）可以相同也可以不同，而且任意两个无序对（两条边）可以相同也可以不同。不同的元素可用颜色不同的顶点表示，这称为顶点的色性。元素间不同的关系可用颜色不同的边表示，这称为边的色性。所以一个推广的有色图 G 可表示为

$$G = [(V, C), (E, S)] \tag{10-23}$$

其中，V 为顶点集，C 为顶点色性集；E 为边线集，S 为边线色性集。

$$V = \{V_1, V_2, \cdots, V_N\} \tag{10-24}$$

$$C = \{C_{V_1}, C_{V_2}, \cdots, C_{V_N}\} \tag{10-25}$$

$$E = \{e_{V_i V_j} | V_i, V_j \in V\} \qquad (10\text{-}26)$$

$$S = \{s_{V_i V_j} | V_i, V_j \in V\} \qquad (10\text{-}27)$$

其中，每个顶点可有一种颜色，每条边也可有一种颜色。

❏　**例 10-3　有色图表达示例**

考虑图像中有如图 10-12 所示的两个物体。如图 10-12(a)所示的物体包含 3 个元件，可表示为 $Q_1 = \{A,B,C\}$；如图 10-12(b)所示的物体包含 4 个元件，可表示为 $Q_r = \{1,2,3,4\}$。

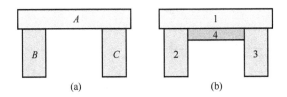

图 10-12　两个要用有色图表达的物体

图 10-12 中的两个物体可用如图 10-13 所示的两个有色图来表达，其中顶点色性用顶点形状区别，连线色性用连线线型区别。有色图反映的信息更全面、直观。

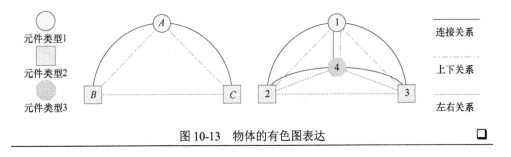

图 10-13　物体的有色图表达　　　　❏

4．子图

对于两个图 G 和 H，如果 $V(H) \subseteq V(G)$，$E(H) \subseteq E(G)$，则称图 H 为图 G 的**子图**，记为 $H \subseteq G$；反之称图 G 为图 H 的**母图**。如果图 H 为图 G 的子图，但 $H \neq G$，则称图 H 为图 G 的**真子图**，而称图 G 为图 H 的**真母图**。

如果 $H \subseteq G$ 且 $V(H) = V(G)$，则称图 H 为图 G 的**生成子图**，而称图 G 为图 H 的**生成母图**。例如，在图 10-14 中，图 10-14(a)给出图 G，而图 10-14(b)、图 10-14(c)和图 10-14(d)分别给出图 G 的一个生成子图（它们都是图 G 的生成子图但互不相同）。

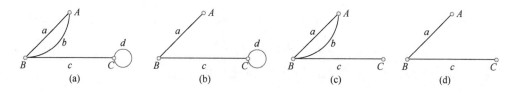

图 10-14　图和生成子图示例

如果将图 *G* 中所有的重边和环都去掉，得到的简单生成子图称为图 *G* 的**基础简单图**。在图 10-14(b)、图 10-14(c) 和图 10-14(d) 给出的三个生成子图中，只有一个基础简单图，即图 10-14(d)。下面借助图 10-15(a) 所给的图 *G* 介绍获得基础简单图的四种运算。

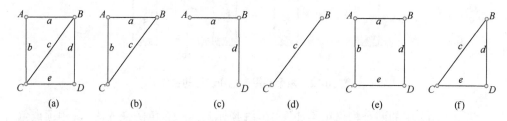

图 10-15　获得子图的几种运算

（1）对于图 *G* 的非空顶点子集 $V'(G) \subseteq V(G)$，如果有一个图 *G* 的子图以 $V'(G)$ 为顶点集，以图 *G* 里两个端点都在 $V'(G)$ 中的所有边为边集，则该子图为图 *G* 的**导出子图**，记为 $G[V'(G)]$ 或 $G[V']$。图 10-15(b) 给出 $G[A, B, C] = G[a, b, c]$ 的图。

（2）对于图 *G* 的非空边子集 $E'(G) \subseteq E(G)$，如果有一个图 *G* 的子图以 $E'(G)$ 为边集，以该边集里所有边的端点为顶点集，则该子图为图 *G* 的**边导出子图**，记为 $G[E'(G)]$ 或 $G[E']$。图 10-15(c) 给出 $G[a, d] = G[A, B, D]$ 的图。

（3）对于图 *G* 的非空顶点真子集 $V'(G) \subseteq V(G)$，如果有一个图 *G* 的子图以去掉 $V'(G) \subset V(G)$ 之后的顶点为顶点集，以图 *G* 里去掉与 $V'(G)$ 相关联的所有边之后的边为边集，则该子图是图 *G* 的剩余子图，记为 $G-V'$。这里有 $G-V' = G[V \setminus V']$。图 10-15(d) 给出 $G-\{A, D\} = G[B, C] = G[\{A, B, C, D\} - \{A, D\}]$ 的图。

（4）对于图 *G* 的非空边真子集 $E'(G) \subseteq E(G)$，如果有一个图 *G* 的子图以去掉 $E'(G) \subset E(G)$ 后的边为边集，则该子图是图 *G* 的生成子图，记为 $G-E'$。注意这里 $G-E'$ 与 $G[E \setminus E']$ 有相同的边集，但两者并不一定恒等。其中，前者总是生成子图，而后者并不一定。图 11-15(e) 给出前者的一个示例，$G-\{c\} = G[a, b, d, e]$；图 10-15(f) 给出后者的一个示例，$G[\{a, b, c, d, e\} - \{a, b\}] = G-A \neq G-[\{a, b\}]$。

10.4.2 图同构和匹配

图匹配是借助图同构来实现的。

1. 图的恒等和同构

根据图的定义，对于两个图 G 和 H，当且仅当 $V(G) = V(H)$，$E(G) = E(H)$时，称图 G 和图 H **恒等**，并且两个图可用相同的几何表达来表示，如图 10-16 中的图 G 和图 H 是恒等的。不过即使两个图可用相同的几何表达来表示，它们也并不一定是恒等的。例如，图 10-16 中的图 G 和图 I 不是恒等的（各顶点和边的标号均不同），即使它们可用形状相同的两个几何表达来表示。

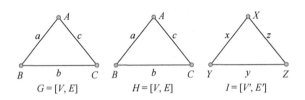

图 10-16　图的恒等示意

对具有相同的几何表达但不恒等的两个图来说，只要适当更改其中一个图的顶点和边的标号，就可得到与另一个图恒等的图，可以称这样的两个图为**同构**。换句话说，两图同构表明两图的顶点和边线之间有一对一的对应关系。图 G 和图 H 同构可记为 $G \cong H$，其充要条件为在 $V(G)$ 和 $V(H)$、$E(G)$ 和 $E(H)$ 之间各有如下映射存在：

$$P: \ V(G) \rightarrow V(H) \tag{10-28}$$

$$Q: \ E(G) \rightarrow E(H) \tag{10-29}$$

并且映射 P 和映射 Q 保持相关联的关系，即 $Q(e) = P(A)P(B)$，$\forall e \leftrightarrow AB \in E(G)$，如图 10-17 所示。

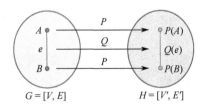

图 10-17　图的同构示意

2. 同构的判定

由前面的定义可知，同构的图有相同的结构，区别只可能是顶点或边线的标号不完全相同。图同构比较侧重于描述相互关系，所以图同构可以没有几何方面的要求，即比较抽象（当然也可以有几何方面的要求，即比较具体）。基于图同构的匹配本质上是一个树搜索问题，其中不同的分路（分支）代表对不同对应关系组合的试探。

现在考虑几种图与图之间同构的情况。为简便起见，对所有图顶点和边线都不标号，即认为所有顶点都有相同色性，所有边线也都有相同色性。为清楚起见，以单色线图（G 的一个特例）

$$B = [(V),(E)] = [V, E] \tag{10-30}$$

为例来说明。式（10-30）中的 V 和 E 仍分别由式（10-24）和式（10-26）给出，只是这里各集合中的所有元素都是相同的。换句话说，顶点和边线都各只有一种。参见图 10-18，设给定两个图 $B_1 = [V_1, E_1]$ 和 $B_2 = [V_2, E_2]$，它们之间的同构可分为以下几种类型。

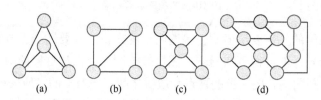

(a)　　　　　(b)　　　　　(c)　　　　　(d)

图 10-18　图同构的几种情况

1）全图同构

全图同构指图 B_1 和图 B_2 之间有一对一的映射，如图 10-18(a) 和图 10-18(b) 就是全图同构。一般来说，如果以 f 表示映射，则对于 $e_1 \in E_1$ 和 $e_2 \in E_2$，必有 $f(e_1) = e_2$ 存在，并且对于 E_1 中每条连接任何一对顶点 e_1 和 e_1'（$e_1, e_1' \in E_1$）的连线，E_2 中必有一条连接 $f(e_1)$ 和 $f(e_1')$ 的连线。在对目标进行识别时，需要对表达目标的图与目标模型的图建立全图同构关系。

2）子图同构

子图同构指图 B_1 的一部分（子图）和图 B_2 的全图之间的同构，如图 10-18(c) 中的多个子图与图 10-18(a) 同构。在对场景中的目标进行检测时，需要用目标模型在场景图中搜索同构子图。

3）双子图同构

双子图同构指图 B_1 的各子图和图 B_2 的各子图之间的所有同构，如在图 10-18(a)

与图 10-18(d)中有若干双子图是同构的。一般来说，当需要在两个场景中找到共同目标时，任务就可转化为双子图同构的问题。

求图同构的算法有许多种，如可以将待判定的每个图都转换成具有某类标准形式的图，这样就可以比较方便地确定同构。另外，也可对线图中对应顶点之间可能匹配的树进行穷举搜索，不过这种方法在顶点很多时所需的计算量会很大。

一种比同构方法限制少且收敛更快的方法是**关联图匹配**。在关联图匹配中，图定义为 $G = [V, P, R]$，其中 V 表示节点集合，P 表示用于节点的单元谓词集合，R 表示节点间二值关系的集合。这里谓词代表只取 TRUE 或 FALSE 两个值之一的语句，二值关系描述一对节点所具有的属性。给定两个图，就可构建一个关联图。关联图匹配就是对两个图中的节点和节点、二值关系和二值关系之间的匹配。

10.5　线条图标记和匹配

人在观察 3D 物体时，看到的是其（可见）表面，将 3D 物体投影到 2D 平面上，各表面会分别形成区域。各表面的边界在 2D 图像中会显示为轮廓，用这些轮廓表达目标就构成目标的线条图。对于比较简单的物体，可以用对线条图的标记，即用带轮廓标记的 2D 图像来表示各表面的相互关系。借助这种标记也可以对 3D 物体和相应的模型进行匹配，从而解释场景。

10.5.1　轮廓标记

先给出一些轮廓标记中名词的定义。

1．刃边

如果 3D 物体一个连续的表面（称为"遮挡表面"）遮挡另一个表面（称为"被遮挡表面"）的一部分，在沿前一个表面的轮廓行进时，表面法线方向的变化是光滑连续的，此时称该轮廓线为**刃边**（2D 图像的刃边为光滑曲线）。为表示刃边，可在轮廓线上加一个箭头（"←"或"→"），一般约定，当箭头方向指示沿箭头方向行进时，遮挡表面在刃边的右侧。在刃边两侧，遮挡表面的方向和被遮挡表面的方向可以无关。

2．翼边

如果 3D 物体一个连续的表面不仅遮挡另一个表面的一部分，还遮挡自身的其他部分（**自遮挡**），其表面法线方向的变化是光滑连续并与视线方向垂直的，这时的轮廓线称为**翼边**（常在从侧面观察光滑的 3D 表面时形成）。为表示翼边，可在轮廓线上加两个相反的箭头（"↔"）。在沿着翼边行进时，3D 表面的方向并不会发生变化；而不沿翼边行进时，3D 表面的方向会连续变化。

刃边是 3D 物体真正的（物理）边缘，而翼边则只是表观上的边缘。当刃边或翼边越过遮挡目标表面和被遮挡背景表面之间的边界或轮廓时，会产生深度不连续的**跳跃边缘**。

3. 折痕

如果 3D 可视表面的朝向突然变化或两个 3D 表面以一定角度交接，就形成**折痕**。在折痕两侧，表面上的点是连续的，但表面法线方向不连续。如果折痕处表面是外凸的，一般用 "+" 表示；如果折痕处表面是内凹的，一般用 "−" 表示。

4. 痕迹

如果 3D 表面的局部具有不同的反射率，就会形成**痕迹**。痕迹与表面形状无关。可以用 "M" 标记痕迹。

5. 阴影

如果 3D 物体的一个连续表面没有从视点角度遮挡另一个表面的一部分，但遮挡了光源对这一部分的照射，就会造成**阴影**。表面上的阴影并不是由表面自身形状造成的，而是其他部分对光照影响的结果。可以用 "S" 标记阴影。阴影边界处有光照的突变，称为光照边界。

❑ 例 10-4 轮廓标记示例

如图 10-19 所示，将一个空心圆柱体放在一个平台上，圆柱体上有一个痕迹 M，圆柱体在平台上造成一个阴影 S。圆柱体侧面有两条翼边↔，上顶面轮廓被两条垂直的翼边分成两部分，上轮廓刃边遮挡了背景（平台），下轮廓刃边遮挡了柱体内部。平台各处的折痕均为外凸的，而平台与圆柱体间的折痕是内凹的。

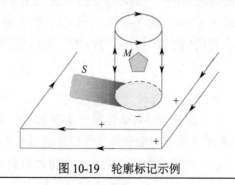

图 10-19 轮廓标记示例 ❑

10.5.2 结构推理

下面考虑借助 2D 图像中的轮廓结构来对 3D 目标的结构进行推理分析。这里假设目标的表面均为平面，所有相交后的角点均由三个面相交形成，这样的 3D 目标可称为**三面角点**目标，如图 10-20 所示。此时视点的小变化不会引起线条图的拓扑结构的变化，即不会导致面、边、连接的消失，称目标在这种情况下**处于常规位置**。

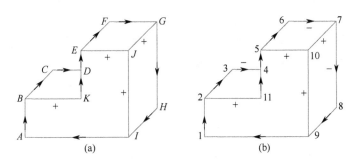

图 10-20　同一线条图的不同解释

图 10-20 中的两个线条图在几何结构上是相同的，但可有两种不同的 3D 解释，差别在于图 10-20(b)比图 10-20(a)多标记了 3 个内凹的折痕，这样图 10-20(a)的目标看起来是漂浮在空中的，而图 10-20(b)的目标看起来是贴在后面的墙上的。

在只用{+, −, →}标记的图中，"+"表示不闭合的凸线，"−"表示不闭合的凹线，"→"表示闭合的线。此时边线连接的（拓扑）组合类型一共有四类（16 种）：6 种 L 连接、4 种 T 连接、3 种箭头连接和 3 种叉连接（Y 连接），如图 10-21 所示。

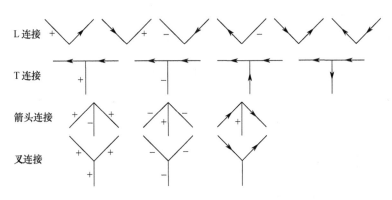

图 10-21　三面角点目标的 16 种连接类型

如果考虑所有 3 个面相交形成的顶点的情况，应该一共有 64 种标记方法，但只有上述 16 种的连接方法是合理的。换句话说，只有可以用如图 10-21 所示的 16 种连接类型标记的线条图才是在物理上能存在的。当一个线条图可以标记时，对它的标记可提供对图的定性解释。

10.5.3　回朔标记

为自动标记线条图，可使用不同的算法。下面介绍一种**回朔标记法**。把要解决的问题表述为，已知 2D 线条图中的一组边，要给每条边赋一个标记（其中使用的连接类型要符合图 10-21 中的情况）以解释 3D 情况。回朔标记法将边排成序列（尽可能将对标记约束最多的边排在前面），以深度优先的方式生成通路，依次对每条边进行所有可能的标记，并检验新标记与其他边标记的一致性。如果用新标记产生的连接有矛盾或不符合图 10-21 中的情况，则回退考虑另一条通路，否则继续考虑下一条边。如果依次赋给所有的边的标记都满足一致性，则得到一种标记结果（得到一条到达树叶的完全通路）。一般来说，对同一个线条图可得到不止一种标记结果，这时需要利用一些附加信息或先验知识来得到唯一的判断结果。

❑　**例 10-5　回朔标记法标记示例**

考虑图 10-22 给出的棱锥，运用回朔标记法进行标记，得到的解释树（包含各步骤和最后结果）如表 10-2 所示。

图 10-22　棱锥

表 10-2　棱锥线条图的解释树

A	B	C	D	结果和解释
			—	C 不是合理的 L 连接
			—	对边 AB 的解释有矛盾
			—	

（续表）

A	B	C	D	结果和解释
		—	—	对边 AB 的解释有矛盾
			—	C 不是合理的 L 连接
				贴在墙壁上
		—	—	对边 AB 的解释有矛盾
				放在桌面上
				漂浮在空中

由解释树可见，一共有 3 条完全的通路（一直标记到了树叶），它们给出同一个线条图的 3 种不同解释。整个解释树的搜索空间相当小，表明三面角点目标有相当强的约束机制。◻

10.6 各节要点和进一步参考

以下结合各节的主要内容介绍一些可以进一步查阅的参考文献。

1. 匹配概述

对匹配和映射的讨论还可参见文献[1]。描述配准技术性能的 4 个因素可参见文献[2]。对图像匹配评价准则的讨论还可参见文献[3]。

2. 目标匹配

对改进的豪斯道夫距离的进一步分析可参见文献[4]。对"模板和弹簧"物理类比模型的详细解释可参见文献[5]。地标点的相关介绍可参见《2D 计算机视觉：

原理、算法及应用》一书。有关弱透视投影的讨论还可见文献[6]。对惯量等效椭圆的匹配和应用可参见文献[7]。有关惯量椭圆的具体计算可参见《2D 计算机视觉：原理、算法及应用》一书。对形状矩阵的进一步分析可参见文献[3]。

3．动态模式匹配

对动态模式匹配的详细介绍可参见文献[8]。有关动态模式匹配通用性的讨论和应用可参见文献[7]。

4．图论和图同构匹配

有关图论的详细介绍可参见文献[9]。对几种同构类型的介绍可参见文献[5]。对关联图匹配的更多描述可参见文献[10]。

5．线条图标记和匹配

对线条图标记的原理和对回朔标记具体方法的介绍可参见文献[11]。

第 11 章

知识和场景解释

计算机视觉的高层目标是实现对场景的理解。对视觉场景的理解可表述为，在通过视觉感知场景环境数据的基础上，结合各种图像技术，从计算统计、行为认知及语义等不同角度挖掘视觉数据中的特征与模式，从而实现对场景的有效分析和理解。从某种观点来看，场景理解以对场景的分析为基础，最终达到解释场景语义的目的。

场景解释需要基于已有的知识并借助推理来进行。**知识**是先前人类对客观世界的认知成果和经验总结，可以指导当前对客观世界新变化的认识和理解。对场景的分析要结合高层语义进行，场景标记和分类都是面向语义解释的场景分析手段。另外，要解释场景语义，需要对图像数据的分析结果进行进一步推理。**推理**是通过采集信息进行学习并根据逻辑做出决策的过程。

对场景的高层次解释建立在场景分析和语义描述的基础上，包括利用模糊集和模糊运算概念进行模糊推理的方法，以及基于词袋模型/特征包模型和概率隐语义分析模型对场景进行分类的方法。

本章各节安排如下。

11.1 节介绍场景知识和模型的表达方法，并讨论知识建模方面的一些问题。

11.2 节介绍谓词逻辑及其系统，这是一种组织得很好并在命题表达和知识推理中广泛应用的知识类型；具体分析谓词演算规则和利用定理证明进行推理的基本方法。

11.3 节介绍进行模糊推理所需的模糊逻辑原理和模糊运算规则，并讨论模糊推理的基本模型及制订决策的组合规则和去模糊方法。

11.4 节讨论两种在场景分类中广泛应用的模型：词袋/特征包模型和概率隐语义分析模型。

11.1 场景知识

有关场景的知识主要包括客观世界中物体的事实特性，这类知识一般局限于某些确定的场景，也可称为场景的先验知识，通常所说的知识都指这一类。

11.1.1 模型

场景知识和模型密切相关。一方面，知识常用模型表示，因而也常被直接称为模型；另一方面，在实际应用中，常利用知识建立模型以达到恢复场景和理解图像的目的。例如，可建立物体模型，从而借助物体及其表面来描述 3D 世界；可建立照明模型，从而描述光源强度、颜色、位置及作用范围等；可建立传感模型，从而描述成像器件的光学及几何学性质。

模型一词反映了任何自然现象都只能在一定程度（精确度或准确度）上进行描述的事实。在自然科学寻求最简单、最通用且能对观察事实进行最小偏差的描述研究中，借助模型是一个基本且有效的原则。但是，在使用模型时必须非常小心，甚至在数据看起来与模型假设非常吻合的情况下，也不能保证模型假设总是正确的，因为根据不同的模型假设有可能获得相同的数据。

一般来说，在构建模型时有两个问题要注意。一个问题称为**过限定逆问题**，即一个模型仅由很少的参数描述，但使用了很多数据来验证，常见的例子如通过大量的数据点拟合一条直线。在这种情况下，可能无法确定通过所有数据点的直线的精确解，但可以确定与所有数据点间总距离最小的直线。在很多时候会遇到反过来的情况，即可以获得的数据太少，一个典型的例子是计算图像序列中的密集运动矢量，另一个典型的例子是从一对立体图中计算深度图。从数学上讲，这均属于**欠限定问题**，需要增加限定条件才能解决问题。

在图像理解中，模型可分为 2D 模型和 3D 模型。2D 模型表示图像的特性，优点是可直接用于图像或图像特性的匹配，缺点是不易全面表达 3D 空间中物体的几何特点及物体之间的联系，一般只用于视线或目标朝向给定的情况。3D 模型包含场景中 3D 目标的位置和形状特性及它们之间的联系，所以可用于多种不同的场合。这种灵活性和通用性带来的问题是建立模型和场景描述之间的匹配联系比较困难，另外，构建模型所需的计算量往往也很大。

常用的 2D 模型可分为图像模型和目标模型两类。图像模型将整个图像的描述与场景的模型进行匹配，一般适用于比较简单的场景或图像。当图像中有多个相互关系不确定的目标时，2D 模型就不太适用了，这是因为 2D 模型是投影的结果，并不能完全反映实际 3D 空间中的几何关系。目标模型仅将局部图像的描述与模型进行匹配，也就是针对每个目标创建一个模型，并将它与局部图像的描述进行匹配以识别目标。

场景知识对于图像理解很重要。场景知识在很多情况下可给出对场景的唯一解释，因为通常可以根据模型限定问题的条件和变化的种类。

□　例 11-1　借助几何约束求取物体朝向

如图 11-1(a)所示，给定 3D 空间中平面 S 上的两条平行线，在通过透视投影将它们投影到图像 I 上后，仍是两条平行线，分别记为 l_1 和 l_2，它们有相同的消失点 P（参见 8.4 节）。因为每个消失点都对应平面 S 上无穷远处的点，因而所有通过该点的视线与 S 都是平行的。设摄像机焦距是 λ，则视线方向可用 $(x, y, -\lambda)$ 表示。令平面 S 的法线方向为 $(p, q, 1)$，p、q 与 S 的梯度图对应。因为视线方向矢量与 S 的法线方向矢量是正交的，所以它们的内积为 0，即 $xp + yq = \lambda$，这也可看作 p 和 q 的直线方程。

现在考虑图 11-1(b)，设由两条平行线确定了一个消失点 P_1，如果已知 S 上另有两条平行线，则又可得到另一个消失点 P_2。通过联解两直线方程，可以确定 p 和 q，从而最终确定法线朝向。

进一步可证明，对于 S 上任意的平行线，它们的 p 和 q 都相同，所以它们的消失点都在上述两点的连线上。这里因为已知图像上的两条线是基于场景中的平行线得来（场景知识）的，所以可以约束物体表面的朝向。场景知识起到了限定变化种类的作用。

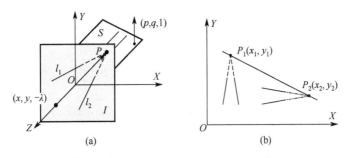

图 11-1　借助几何约束求取物体表面朝向　□

11.1.2 属性超图

为对图像进行理解，需要将输入图像与场景知识联系起来。对场景知识的表达与对 3D 物体的表达是密切相关的。**属性超图**是一种对 3D 物体属性进行表达的方法。在这种方法中，利用属性对的形式来表达物体。一个属性对是一个有序对，可记为(A_i, a_i)，其中，A_i 是属性名，a_i 是属性值。一个属性集可表示为$\{(A_1, a_1), (A_2, a_2), \cdots, (A_n, a_n)\}$。整个属性图表示为 $G = [V, A]$，其中，V 为超节点集合，A 为超弧集合，对于每个超节点和超弧，都有一个属性集与之关联。

❑ **例 11-2 属性超图示例**

图 11-2 给出一个四面体及其属性超图。在图 11-2(a)中，5 条可见棱线分别用数字 1～5 表示，两个可见表面 S_1 和 S_2 分别用⑥和⑦表示（它们也代表了表面的朝向）。在如图 11-2(b)所示的属性超图中，节点对应棱线和表面，弧对应它们之间的联系，符号的下标对应各棱线和表面的编号。

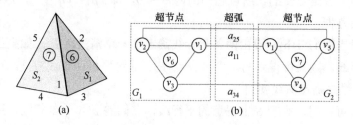

(a)　　　　　　　　(b)

图 11-2　一个四面体及其属性超图

对于表面 S_1，可用属性图表示为

$G_1 = [V_1, A_1]$

  $v_1 = \{(type, line), (length, 10)\}$

  $v_2 = \{(type, line), (length, 10)\}$

  $v_3 = \{(type, line), (length, 9)\}$

  $v_6 = \{(type, circle), (radius, 1)\}$

  $a_{12} = \{(type, connection), (line1, v_1), (line2, v_2), (angle, 54°)\}$

  $a_{13} = \{(type, connection), (line1, v_1), (line2, v_3), (angle, 63°)\}$

  $a_{23} = \{(type, connection), (line1, v_2), (line2, v_3), (angle, 63°)\}$

对于表面 S_2，可用属性图表示为

$G_2 = [V_2, A_2]$

$v_1 = \{(\text{type, line}), (\text{length}, 10)\}$

$v_4 = \{(\text{type, line}), (\text{length}, 8)\}$

$v_5 = \{(\text{type, line}), (\text{length}, 12)\}$

$v_7 = \{(\text{type, circle}), (\text{radius}, 1)\}$

$a_{14} = \{(\text{type, connection}), (\text{line1}, v_1), (\text{line2}, v_4), (\text{angle}, 41°)\}$

$a_{15} = \{(\text{type, connection}), (\text{line1}, v_1), (\text{line2}, v_5), (\text{angle}, 82°)\}$

$a_{45} = \{(\text{type, connection}), (\text{line1}, v_4), (\text{line2}, v_5), (\text{angle}, 57°)\}$

属性图 G_1 和 G_2 都是基本属性图，分别描述表面 S_1 和 S_2，为将它们组合起来构成对物体的完整描述，可使用属性超图。在属性超图中，每个超节点对应一个基本属性图，每个超弧连接对应两个超节点的基本属性图。G_1 和 G_2 的超弧为

$a_{11} = \{(\text{type, connection}), (\text{line1}, v_1)\}$

$a_{25} = \{(\text{type, connection}), (\text{line1}, v_2), (\text{line2}, v_5), (\text{angle}, 85°)\}$

$a_{34} = \{(\text{type, connection}), (\text{line1}, v_3), (\text{line2}, v_4), (\text{angle}, 56°)\}$

得到的属性超图如图 11-2(b)所示，其中超节点集 $V = \{G_1, G_2\}$，超弧集 $A = \{a_{11}, a_{25}, a_{34}\}$。 ❏

对于具有多个物体的场景，可先对每个物体构造属性图，再将它们作为上一层超图的超节点，进一步构造属性超图，如此迭代，就可构造出复杂场景的属性超图。

属性超图的匹配可借助图同构的方法进行（参见 10.4 节）。

11.1.3 基于知识的建模

从已有的 3D 世界的知识出发，可以对 3D 场景和目标建立模型，并作为上层知识存储在计算机中。通过将这些模型与通过低层图像处理和分析得到的 3D 场景和目标的描述进行比较和匹配，就可实现对 3D 目标的识别，甚至实现对 3D 场景的理解。

另外，模型的建立也可根据获得的目标图像数据逐步建立。这样的建模过程本质上是一种学习的过程，而且这个过程与人的认知过程比较一致，因为人在多次看到某一物体后，会将该物体的各种特征抽象出来，从而得到对物体的描述，并存储在大脑中，以备日后使用。这里值得指出的是，**学习**意味着思考和目的，没有目的的学习只能算作训练。在学习中，目的是学习者的目的；而在训练中，目的是老师的目的。

在有些具体应用中，特别是在一些目标识别的应用中，并不需要建立完整的

3D 模型，只要模型能描述待识别目标的显著特征并可用于识别目标就可以了。但在一般的场景解释的通用情况下，建模是一个复杂的问题，困难主要有两点。

（1）模型应包含场景的全部信息，然而要获得完整的信息会面临许多困难，例如，对于复杂的物体，很难获得它的所有信息，特别是当物体的一部分被遮挡时，被遮挡部分的信息通常需要从其他途径获取。另外，人对物体的描述和表达常根据具体情况的不同而采用抽象程度不同的多层次方法，建立这些层次和获取相应的信息需要特殊的方法。

（2）模型的复杂度也较难确定，对于复杂的物体，通常需要建立复杂的模型。但如果模型过于复杂，那么即便获得了足够的信息，所建立的模型也可能不实用。

在建模中，与应用领域有关的模型知识或场景知识的使用是非常重要的。在许多实际应用中，充分利用先验知识是解决图像理解问题的重要保证。例如，在许多工业设计中，目标的模型是在设计过程中建立的，这些结构化的知识可以大大简化对信息的处理。近年来，基于**计算机辅助设计**（CAD）模型的系统得到了很大的发展，其采用了**几何模型法**，参见 9.5 节。

在根据几何模型法建立物体模型时，应考虑以下问题。

（1）客观世界是由物体组成的，每个物体又可被分解为处于不同层次的几何元素，如曲面和交线（采用边界表达系统）或基本体单元（采用结构刚体几何表达系统）。模型的数据结构应能将这些层次反映出来。

（2）任何几何元素的表达都要使用一定的坐标系，为了便于表达，各层次的坐标系可以不同，这样一来，模型各层次之间应有坐标转换所需的信息。

（3）在同一个层次中，最好使用相同的数据结构。

（4）模型对特征的表达可分为显式和隐式两种。例如，对曲面的显式表达直接给出曲面上各点应满足的条件方程。由于根据各曲面的方程可以计算出它们的交线，所以可认为对曲面的显式表达也是对曲面交线的隐式表达。不过在实际应用中，为了减少在线计算量，常将隐含特征也在建模时计算好并存储在模型中。

❑ **例 11-3　多层次模型示例**

图 11-3 给出多层次模型示例。

（1）世界层为最高层，对应 3D 环境或场景。

（2）物体层为中间层，对应组成 3D 环境或场景的各独立目标。

（3）特征层为最低层，对应组成物体的各类基本元素。从几何角度来看，基本元素可分为面、边、点。面可以是平面或曲面，边可以是曲线或直线（段），点可以是顶点或拐点等。对于各类基本元素，有时根据需要还可进一步分解，建立更基本、更低的层次。

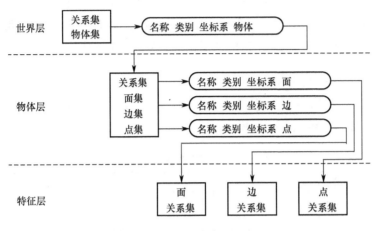

图 11-3　多层次模型示例

在以上各层中，每层都可采用自己的数据结构，表示对应的名称、类别、特点、坐标系等。　　　　　　　　　　　　　　　　　　　　　　　❑

11.2　逻辑系统

谓词逻辑也称为一阶逻辑，已有上百年的历史，是一种组织得很好并得到广泛应用的知识类型，在表达命题和借助事实知识库推出新事实方面很有用，其中最"强有力"的元素之一是谓词演算。在大多数情况下，逻辑系统是基于一阶谓词演算的，它几乎可以表达任何事情。一阶谓词演算是一种符号形式语言（符号逻辑），可用来表达广泛的数字公式或各种自然语言中的语句，也可表示从简单事实到复杂表达式的语句。借助一阶谓词演算可将数学中的逻辑论证符号化，将知识用逻辑规则表示，并用这些规则来证明逻辑表达式成立与否。这是一种自然的具有公式形式的知识表示方法，特点是可以准确且灵活（指知识表达方法可以独立于推理的方法）地表达知识。

11.2.1　谓词演算规则

谓词演算的基本元素有以下 4 种。

（1）谓词符号：一般用大写字符串（包括字母和数字）表示。

（2）函数符号：一般用小写字符串表示函数（符号）。

（3）变量符号：一般用小写字符表示变量（符号）。

（4）常量符号：也称为常数符号，一般用大写字符串表示。

一个谓词符号表示所讨论领域内的关系。例如，命题"1 小于 2"可以表示成 LESSTHAN(1, 2)，这里 LESSTHAN 是谓词符号，1 和 2 都是常数符号。

❑ **例 11-4   谓词演算基本元素示例**

如表 11-1 所示，在这些例子中，谓词包括谓词符号和它的一个或多个变量，这些变量可以是常数也可以是其他变量的函数。

表 11-1   谓词演算基本元素示例

语　句	谓　词
图像 I 是数字图像	DIGITAL(I)
图像 J 是扫描图像	SCAN(J)
组合数字图像 I 和扫描图像 J	COMBINE [DIGITAL(I), SCAN(J)]
图像 I 中有个像素 p	INSIDE(p, I)
目标 x 在目标 y 后面	BEHIND(x, y)

❑

谓词也称为原子，将原子用逻辑连词结合起来可得到子句。常用的逻辑连词有"∧"（与，AND）、"∨"（或，OR）、"~"（非，NOT）、"⇒"（隐含，IMPLIES）。另外，还有两种表示数量的量词："∀"称为**全称量词**，∀x 代表对所有的 x；"∃"称为**存在量词**，∃x 代表存在一个 x。对逻辑表达式来说，通过用∧或∨连接其他表达式而得到的表达式分别称为**合取**表达式、**析取**表达式。合法的谓词演算表达式称为**合适公式**（WFFs）。

❑ **例 11-5   用逻辑连词结合原子以得到子句**

在表 11-2 中，前 4 个示例与常数符号有关，后 2 个示例还包括变量符号。

表 11-2   子句示例

语　句	子　句
图像 I 既是数字图像，也是扫描图像	DIGITAL(I) ∧ SCAN(I)
图像 I 是数字图像或模拟图像	DIGITAL(I) ∨ ANALOGUE(I)
图像 I 不是数字图像	~ DIGITAL(I)
如果图像 I 扫描图像，则图像 I 是数字图像	SCAN(I) ⇒ DIGITAL(I)

（续表）

语　　句	子　　句
一幅图像或是数字图像或是模拟图像	$(\forall x)\ \mathrm{DIGITAL}(x) \vee \mathrm{ANALOGUE}(x)$
有目标在图像中	$(\exists x)\ \mathrm{INSIDE}(x, I)$

逻辑表达式可分两类。如果一个逻辑表达式是$(\forall x_1\, x_2 \cdots x_k)\,[A_1 \wedge A_2 \wedge \cdots \wedge A_n \Rightarrow B_1 \vee B_2 \vee \cdots \vee B_m]$的形式，其中各 A 和各 B 是原子，则称它遵循**子句形式句法**。一个子句的左部和右部分别称为子句的条件（Condition）和结论（Conclusion）。如果一个逻辑表达式包括原子、逻辑连词、存在量词和全称量词，则称这个表达式遵循**非子句形式句法**。

现在考虑一个命题：对于每个 x，如果 x 代表"图像"和"数字的"，那么 x 或者是黑白的或者是彩色的。在子句形式句法中，可将这个命题写为

$$(\forall x)[\mathrm{IMAGE}(x) \wedge \mathrm{DIGITAL}(x) \Rightarrow \mathrm{GRAY}(x) \vee \mathrm{COLOR}(x)] \qquad (11\text{-}1)$$

在非子句句法中，可将这个命题写为

$$(\forall x)[\mathrm{IMAGE}(x) \wedge \mathrm{DIGITAL}(x) \vee \mathrm{GRAY}(x) \vee \mathrm{COLOR}(x)] \qquad (11\text{-}2)$$

可以很容易地验证以上两个表达式是等价的，或者说，以上两个表达式具有相同的表达能力（可借助如表 11-3 所示的逻辑连接符的真值表来证明）。事实上，从子句形式转换为非子句形式（或倒过来）总是可能的。

表 11-3　逻辑连接符的真值表

A	B	$\sim A$	$A \wedge B$	$A \vee B$	$A \Rightarrow B$
T	T	F	T	T	T
T	F	F	F	T	F
F	T	T	F	T	T
F	F	T	F	F	T

在表 11-3 中，前 5 列是逻辑基本操作，第 6 列则属于隐含操作。对一个隐含（操作）来说，其左部称为**前提**，其右部称为**结果**。如果前提为空，表达式"$\Rightarrow P$"可看作"表示 P"；反之，如果结果为空，表达式"$P \Rightarrow$"代表"P 的非"，即"$\sim P$"。表 11-3 指出，如果结果为 T（此时不管前提）或前提为 F（此时不管结果），那么隐含的值为 T；否则，隐含的值为 F。在以上定义中，对一个隐含（操作）来说，只要前提为 F，隐含的值就为 T。这个定义常产生混淆并导致奇异的命题，如考虑一个无意义的句子"如果图像是圆的，那么所有目标都是绿色的。"因为前提为 F，则句子的谓语演算表达结果将为 T，然而这里很明显并不为真。不过在实

际应用中，考虑到在自然语言中逻辑隐含操作并不总有意义，所以上述问题并不总会产生。

❑ **例 11-6　逻辑表达式示例**

如下一些逻辑表达式能够解释前面讨论中的相关概念。

（1）如果图像是数字的，那么它具有离散的像素：

$$DIGITAL(image) \Rightarrow DISCRETE(x)$$

（2）所有数字图像都有离散的像素：

$$(\forall x)\{[IMAGE(x) \wedge DIGITAL(x)] \Rightarrow (\exists y)[PIXEL\_IN(y, x) \wedge DISCRETE(y)]\}$$

该表达读作：对于所有的 x，x 是图像且是数字的，那么总存在 y，y 是 x 中的像素，并且是离散的。

（3）并不是所有图像都是数字的：

$$(\forall x)[IMAGE(x)] \Rightarrow (\exists y)[IMAGE(y) \wedge \sim DIGITAL(y)]$$

该表达读作：对于所有的 x，如果 x 是图像，那么存在 y，y 是图像，但不是数字的。

（4）彩色数字图像比单色数字图像携带的信息多：

$$(\forall x)(\forall y)\{[IMAGE(x) \wedge DIGITAL(x) \wedge COLOR(x)] \wedge$$

$$[IMAGE(y) \wedge DIGITAL(y) \wedge MONOCHROME(y)] \Rightarrow MOREINFO(x, y)\}$$

该表达读作：对于所有的 x 和所有的 y，如果 x 是彩色数字图像而 y 是单色数字图像，那么 x 携带的信息比 y 携带的信息多。　　　　❑

表 11-4 给出一些重要的等价关系（这里 $\Leftrightarrow$ 代表等价），基于它们可实现子句形式与非子句形式的转换。这些等价关系的合理性可借助如表 11-3 所示的逻辑连接符的真值表来验证。

表 11-4　一些重要的等价关系

关　系	定　义		
基本逻辑	$\sim (\sim A)$	$\Leftrightarrow$	A
	$A \vee B$	$\Leftrightarrow$	$\sim A \Rightarrow B$
	$A \Rightarrow B$	$\Leftrightarrow$	$\sim B \Rightarrow \sim A$
德摩根	$\sim (A \wedge B)$	$\Leftrightarrow$	$\sim A \vee \sim B$
定律	$\sim (A \vee B)$	$\Leftrightarrow$	$\sim A \wedge \sim B$
分配律	$A \wedge (B \vee C)$	$\Leftrightarrow$	$(A \wedge B) \vee (A \wedge C)$
	$A \vee (B \wedge C)$	$\Leftrightarrow$	$(A \vee B) \wedge (A \vee C)$

（续表）

关　系	定　义		
交换律	$A \wedge B$	$\Leftrightarrow$	$B \wedge A$
	$A \vee B$	$\Leftrightarrow$	$B \vee A$
结合律	$(A \wedge B) \wedge C$	$\Leftrightarrow$	$A \wedge (B \wedge C)$
	$(A \vee B) \vee C$	$\Leftrightarrow$	$A \vee (B \vee C)$
其他	$\sim (\forall x) P(x)$	$\Leftrightarrow$	$(\exists x) [\sim P(x)]$
	$\sim (\exists x) P(x)$	$\Leftrightarrow$	$(\forall x) [\sim P(x)]$

11.2.2　利用定理证明进行推理

在谓词逻辑中，**推理**的规则可应用于某些 WFFs 和 WFFs 的集合以产生新的 WFFs。表 11-5 给出推理规则示例（W 代表 WFFs）。表中 c 是常数符号，通用语句"从 F 推论出 G"代表 $F \Rightarrow G$ 总为真，这样在逻辑表达式中可用 G 代替 F。

表 11-5　推理规则示例

推理规则	定　义
取式（Modus Ponens）	从 $W_1 \wedge (W_1 \Rightarrow W_2)$ 推论出 W_2
拒式（Modus Tollens）	从 $\sim W_2 \wedge (\sim W_1 \Rightarrow W_2)$ 推论出 W_1
投影	从 $W_1 \wedge W_2$ 推论出 W_1
全称规定化	从 $(\forall x) W(x)$ 推论出 $W(c)$

推理规则可从给定的 WFFs 生成"推导出来的 WFFs"。在谓词演算中，"推导出来的 WFFs 称为定理"，而在推导中顺序地应用推理规则构成了定理的证明。许多图像理解的工作可以通过谓词演算表示成定理证明的形式。这样一来，可利用一组已知事实和一些推理规则来得到新的事实或证明假设的合理性（正确性）。

在谓词演算中，为证明逻辑表达式的正确性，可使用两种基本方法：第一种是用一个与证明数学表达式类似的过程直接对非子句形式进行操作，第二种是匹配表达式中子句形式的项。

□　**例 11-7　证明逻辑表达式的正确性**

假设已知如下事实：①图像 I 中有一个像素 p，②图像 I 是数字图像。另设下述"物理"定律成立：③如果图像是数字的，那么它的像素是离散的。前述事实①和事实②是随应用问题而异的，但条件③则是与应用问题无关的知识。

上述两个事实可写成 INSIDE(p,I) 和 DIGITAL(I)。根据对问题的描述可知，上述两个事实是用逻辑连词∧联接起来的，即 INSIDE(p, I)∧DIGITAL(I)。用子句表示的"物理"定律（条件③）是 $(\forall x,y)$[INSIDE(x,y)∧DIGITAL(y) $\Rightarrow$ DISCRETE(x)]。

现在用子句表达来证明像素 p 确实是离散的。

证明的思路是，先证明子句的非与事实不符，这样就可表明所需证明的子句成立。根据前面的定义，可将有关这个问题的知识用下列子句形式表示：

（1）$\Rightarrow$ INSIDE(p, I)。

（2）$\Rightarrow$ DIGITAL(I)。

（3）$(\forall x, y)$[DIGITAL(y) $\Rightarrow$ DISCRETE(x)]。

（4）DISCRETE(p) $\Rightarrow$。

注意，这里谓词 DISCRETE(p) 的非可以表示成 DISCRETE(p) $\Rightarrow$。

在将问题的基本元素表达成子句形式后，就可以通过匹配各隐含式的左边和右边以得到空子句，从而利用产生的矛盾来取得证明。匹配过程是靠变量替换以使原子相等来进行的。在匹配后，可以得到称为**预解**的子句，它包含不相匹配的左、右两边。如果用 I 替换 y，用 p 替换 x，则（3）的左边与（2）的右边匹配，可得到预解：

（5）$\Rightarrow$ DISCRETE(p)。

不过，因为（4）的左边和（5）的右边全等，所以（4）和（5）的解是个空子句。这个结果是矛盾的，它表明 DISCRETE(p) $\Rightarrow$ 不能成立，这样就证明了 DISCRETE(p) 的正确性。

现在用非子句表达来证明像素 p 确实是离散的。

首先，根据表 11-4 中介绍的关系 $\sim A \Rightarrow B \Leftrightarrow (A \vee B)$ 将条件③转换成非子句形式，即 $(\forall x, y)$[$\sim$ INSIDE(x, y) $\wedge$ $\sim$DIGITAL(y) $\vee$ DISCRETE(x)]。

下面用合取形式来表示关于本问题的知识：

（1）$(\forall x, y)$[INSIDE(x, y) $\wedge$ DIGITAL(y)] $\wedge$ [$\sim$INSIDE(x, y) $\wedge$ $\sim$DIGITAL(y) $\vee$ DISCRETE(x)]。

用 I 替换 y，用 p 替换 x 得到：

（2）[INSIDE(p, I)∧DIGITAL(I)]∧[$\sim$INSIDE(p, I)∧$\sim$DIGITAL(I)∨DISCRETE(p)]。

利用投影规则，可推出：

（3）INSIDE(p, I) $\wedge$ [$\sim$INSIDE(p, I) $\vee$ DISCRETE(p)]。

再利用分配定律得到 $A \wedge (\sim A \vee B) = (A \wedge B)$。这样可得到简化的表达式：

（4）INSIDE$(p, I) \wedge$ DISCRETE(p)。

再次利用投影规则，得到：

（5）DISCRETE(p)。

这样就证明了（1）中的原始表达式完全等价于（5）中的表达式。换句话说，这样就根据给定的信息推理或演绎出了"像素 p 是离散的"的结论。　　　❑

谓词演算的一个基本结论是所有的定理都可在有限时间内得到证明。人们早已提出了一个称为**析解**或**消解**的推理规则来证明该结论。这个析解规则的基本步骤是先将问题的基本元素表达成子句形式，然后寻求可以匹配的隐含表达式的前提和结果，再通过替换变量以使原子相等来进行匹配，匹配后所得的（称为**解决方案**的）子句包括不匹配的左、右两边。定理证明转化成要解出子句以产生空子句，而空子句给出矛盾的结果。从所有正确定理都可以被证明的角度来看，这个析解规则是完备的；从所有错误定理都不可能被证明的角度来看，这个析解规则是正确的。

❑　**例 11-8　基于知识库求解来解释图像**

假设一个航空图像解释系统的知识库中有如下信息：①所有民用机场图像中都有跑道，②所有民用机场图像中都有飞机，③所有民用机场图像中都有建筑，④一个民用机场中至少有一个建筑是登机楼，⑤飞机围绕并由飞机指向的建筑是登机楼。可将这些信息以子句形式放入一个民用机场的"模型"中：

$$(\forall x)[\text{CONTAINS}(x, \text{runways}) \wedge \text{CONTAINS}(x, \text{airplanes}) \wedge \text{CONTAINS}(x, \text{buildings})$$
$$\wedge \text{POINT-TO}(\text{airplanes}, \text{buildings})] \Rightarrow \text{COM-AIRPORT}(x)$$

注意，信息④中的信息没有直接用在模型中，但它的含义隐含在"模型中存在建筑"和"飞机指向建筑"两个条件里了；信息⑤则明确指出什么样的建筑是登机楼。

设有一幅航空图像且有一个识别引擎能辨别航空图像中的不同物体。从图像解释的角度出发，可提出两类问题：

（1）这是一幅什么图像？

（2）这是一幅民用机场的图像吗？

在一般情况下，并不能借助当前的技术回答第一个问题。第二个问题通常也是比较难回答的，但如果缩小讨论范围，问题将会变得简单一些。具体来说，上述模型驱动方法有明显的优点，它可用来引导识别引擎的工作。本例中的识别引擎应该能识别三类目标，即跑道、飞机和建筑。如果像常见的那样，已知采集图像的高度，则可将发现目标的工作进一步简化，因为目标的相对尺度可以用来引导识别过程。

基于上述模型工作的识别器将有如下形式的输出：CONTAINS(image, runway)，CONTAINS(image, airplanes)，CONTAINS(image, buildings)。在目标识别的基础上，进一步可断定子句 POINT-TO(airplanes, buildings)的真假。如果子句为假，过程停止；如果子句为真，过程将继续通过对子句 COM-AIRPORT(image)正确性的判断来确定所给图像是否为一幅民用机场的图像。

如果要利用析解解决上述问题，则可根据从图像中得到的以下 4 条信息开始工作：①⇒CONTAINS(image, runway)；②⇒CONTAINS(image, airplanes)；③⇒CONTAINS(image, buildings)；④⇒ POINT-TO(airplanes, buildings)。这里要证明的"子句的非"是⑤COM-AIRPORT(image) ⇒。首先注意到，如果用 image 替换 x，模型左部的子句之一将与信息①的右部匹配。预解为

$$[CONTAINS(image, airplanes) \wedge CONTAINS(image, buildings) \wedge$$
$$POINT\text{-}TO(airplanes, buildings)] \Rightarrow COM\text{-}AIRPORT(image)$$

类似地，上述预解左部的子句之一将与信息②的右部匹配，新的预解为

$$[CONTAINS(image, buildings) \wedge POINT\text{-}TO(airplanes, buildings)] \Rightarrow$$
$$COM\text{-}AIRPORT(image)$$

接下来，利用信息③和信息④得到的预解为⇒ COM-AIRPORT(image)。

最后，观察这个结果的预解和信息⑤给出空子句（预解的右部与信息⑤的左部相同），从而产生一个矛盾。这就证明了 COM-AIRPORT(image)的正确性，即表明所给图像确实是一幅民用机场的图像（它与民用机场的模型相匹配）。   □

11.3　模糊推理

模糊是一个通常与清晰或精确（Crisp）对立的概念。在日常生活中，我们会遇到许多模糊的事物，没有明确的数量或定量界限，需要使用一些模糊的词句来形容和描述。利用模糊概念可以表达各种不严格、不确定、不精确的知识和信息（如模糊数学是以不确定性的事物为研究对象的学科），甚至可以表达从互相矛盾的来源中获得的知识。可使用与人类语言相似的限定词或修饰词，如高灰度、中灰度、低灰度等构成模糊集以表达和描述相关的图像知识。基于对知识的表达，可进一步进行推理。模糊推理需要借助模糊逻辑和模糊运算来进行。

11.3.1　模糊集和模糊运算

模糊空间 X 中的一个**模糊集合** S 是一个有序对的集合：

$$S = \left\{ [x, M_S(x)] \mid x \in X \right\} \tag{11-3}$$

其中，**隶属度函数** $M_S(x)$ 代表 x 在 S 中的隶属程度。

隶属度函数的值总是非负实数，一般限定在[0,1]中。模糊集合可以用其隶属度函数唯一地描述。例如，分别用精确集和模糊集来表达灰度为"暗"，如图 11-4 所示，其中横轴对应图像灰度 x，对于模糊集，为其隶属度函数 $M_S(x)$ 的定义域。图 11-4(a)用精确集来描述，给出的结果是二值的（当 x 小于 127 时为完全"暗"，当 x 大于 127 时为完全"不暗"）。图 11-4(b)是一个典型的模糊隶属度函数，沿横轴从 0 到 255，其隶属度值从 1（对应灰度为 0，完全隶属于"暗"模糊集）降到 0（对应灰度为 255，完全不隶属于"暗"模糊集）；中间的逐步过渡表明在它们之间的 x 部分隶属于"暗"，部分不隶属于"暗"。图 11-4(c)给出一个非线性隶属度函数的示例，它有些像图 11-4(a)和图 11-4(b)的结合，但仍表示一个模糊集。

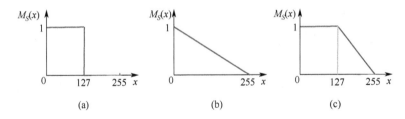

图 11-4　精确集和模糊集表达示意

模糊集合运算可借助模糊逻辑运算进行。**模糊逻辑**建立在多值逻辑的基础上，借助模糊集合来研究模糊性思维、语言形式及其规律。在模糊逻辑运算中，有一些与一般逻辑运算名称相似但定义不同的运算。令 $M_A(x)$ 和 $M_B(y)$ 分别代表与模糊集 A 和 B 对应的隶属度函数，它们的域分别为 X 和 Y。可以逐点定义模糊交运算、模糊并运算和模糊补运算：

$$\begin{aligned}
\text{Intersection } A \cap B &: M_{A \cap B}(x, y) = \min\left[M_A(x), M_B(y) \right] \\
\text{Union } A \cup B &: M_{A \cup B}(x, y) = \max\left[M_A(x), M_B(y) \right] \\
\text{Complement } A^c &: M_{A^c}(x) = 1 - M_A(x)
\end{aligned} \tag{11-4}$$

模糊集合运算还可借助一般的代数运算，通过逐点改变模糊隶属度函数的形状来进行。假设图 11-4(b)中的隶属度函数代表一个模糊集 D（Dark），那么加强模糊集 VD（Very Dark）的隶属度函数如图 11-5(a)所示。

$$M_{\mathrm{VD}}(x) = M_{\mathrm{D}}(x)M_{\mathrm{D}}(x) = M_{\mathrm{D}}^2(x) \qquad (11\text{-}5)$$

这类运算可以重复进行，如模糊集 VVD（Very Very Dark）的隶属度函数如图 11-5(b)所示。

$$M_{\mathrm{VVD}}(x) = M_{\mathrm{D}}^2(x)M_{\mathrm{D}}^2(x) = M_{\mathrm{D}}^4(x) \qquad (11\text{-}6)$$

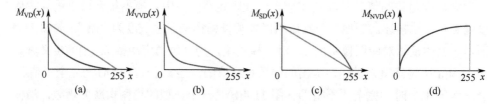

图 11-5 对图 11-4(b)的原始模糊集 D 的一些运算结果

另外，也可以定义减弱的模糊集 SD（Somewhat Dark），其隶属度函数如图 11-5(c)所示。

$$M_{\mathrm{SD}}(x) = \sqrt{M_{\mathrm{D}}(x)} \qquad (11\text{-}7)$$

也可以结合逻辑运算和代数运算。例如，加强模糊集 VD 的非，即模糊集 NVD（Not Very Dark）的隶属度函数如图 11-5(d)所示。

$$M_{\mathrm{NVD}}(x) = 1 - M_{\mathrm{D}}^2(x) \qquad (11\text{-}8)$$

这里 NVD 可看作 N[V(D)]，即 $M_{\mathrm{D}}(x)$ 对应 D，$M_{\mathrm{D}}^2(x)$ 对应 V(D)，而 $1 - M_{\mathrm{D}}^2(x)$ 对应 N[V(D)]。

11.3.2 模糊推理方法

在模糊推理中，需要将各模糊集中的信息以一定的规则结合起来，从而做出决策。

1. 基本模型

模糊推理基本模型和主要步骤如图 11-6 所示。由**模糊规则**出发，确定模糊隶属度函数中隶属度的基本关系称为**模糊结合**，模糊结合的结果是一个**模糊解空间**（简称为"解空间"）。为了基于解空间做出决策，要有一个**去模糊化**的过程。

图 11-6 模糊推理基本模型和主要步骤

模糊规则指一系列无条件的命题和有条件的命题。无条件模糊规则的形式为

$$x \text{ is } A \tag{11-9}$$

有条件模糊规则的形式为

$$\text{if } x \text{ is } A \quad \text{then } y \text{ is } B \tag{11-10}$$

其中，A 和 B 是模糊集，x 和 y 代表其对应域中的标量。

与无条件模糊规则对应的隶属度函数是 $M_A(x)$。无条件模糊规则用来限制解空间或定义一个缺省解空间。由于这些规则是无条件的，它们可以借助模糊集的操作直接作用于解空间。

现在考虑有条件模糊规则。在现有的各种实现决策的方法中，最简单的是**单调模糊推理**，它可以直接得到解，而不必使用模糊结合和去模糊化。举例来说，令 x 代表外界的照度值，y 代表图像的灰度值，则表示图像灰度高低（High-Low）程度的模糊规则是 if x is DARK then y is LOW。

图 11-7 给出基于单个模糊规则的单调模糊推理。假设根据所确定的外界照度值（这里 $x = 0.3$），可以得到隶属度值 $M_D(0.3) = 0.4$。如果使用这个值来表示隶属度值 $M_L(y) = M_D(x)$，就可得到对图像灰度高低的期望：$y = 110$（范围是 0～255），偏低。

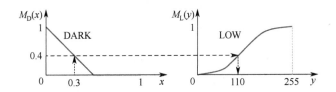

图 11-7　基于单个模糊规则的单调模糊推理

2．模糊结合

与决策制订过程相关的知识常包含在不止一个模糊规则中，但并不是所有模糊规则都对制订决策有相同的贡献。最常用的是**最小–最大规则**。

最小–最大结合涉及一系列最小化和最大化过程。参见图 11-8，首先，用预测真值的最小值，也称为**最小相关** $M_A(x)$ 限定模糊结果的隶属度函数 $M_B(y)$。然后，逐点更新模糊结果的隶属度函数，得到模糊隶属度函数：

$$M(y) = \min\{M_A(x), M_B(y)\} \tag{11-11}$$

如果有 n 个规则，对每个规则都如此操作（图中以两个规则为例），最后，对最小化的模糊集逐点求最大值，就得到结合的模糊隶属度函数：

$$M_S(y) = \max_n\{M_n(y)\} \qquad\qquad (11\text{-}12)$$

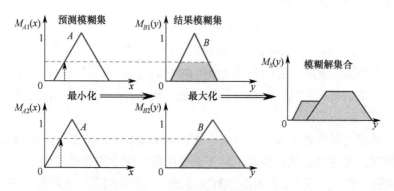

图 11-8   使用最小相关的模糊最小–最大结合

另外一种方法称为**相关积**，它对原始的结果模糊隶属度函数进行缩放而不是截去。最小相关计算简单且去模糊化简单，而相关积可以保持原始模糊集的形状（见图 11-9）。

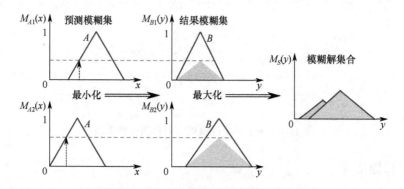

图 11-9   使用相关积的模糊最小–最大结合

3. 去模糊化

模糊结合对每个解变量给出单个解的模糊隶属度函数。为了确定用于决策的精确解，需要确定一个能最好地表达模糊解集合中的信息且包含多个标量（每个标量对应一个解变量）的矢量。这个过程要对每个解变量独立进行，称为**去模糊化**。两种常用的去模糊化方法是**结合矩法**和**最大结合法**。

结合矩法先确定模糊解的隶属度函数的重心 c，并将模糊解转化为一个清晰解

c，如图 11-10(a)所示。最大结合法在模糊解的隶属度函数中确定具有最大隶属度值的域点，如果最大隶属度值在一个平台上，则平台中心给出一个清晰解 d，如图 11-10(b)所示。结合矩法的结果对所有规则都敏感（取了加权平均），而最大结合法的结果取决于具有最大预测真值的单个规则。结合矩法常用于控制应用，而最大结合法常用于识别应用。

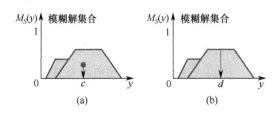

图 11-10　两种去模糊化方法

11.4　场景分类

场景分类指根据视觉感知组织原理，确定图像中存在的各种特定区域（包括位置、相互关系、属性/性质等），并给出场景的语义和概念性解释。其具体手段和目标是，根据给定的一组语义类别对图像进行自动分类标注，为目标识别和场景内容解释提供有效的上下文信息。

场景分类与目标识别有联系但又不同。一方面，场景中常有多类目标，要实现场景分类常需要对其中的一些目标进行识别（但一般不必对所有目标进行识别）；另一方面，在许多情况下，只需对目标有一定的认识就可进行分类（如在有些情况下，仅使用底层信息，如颜色、纹理等就可满足分类的要求）。参照人类的视觉认知过程，初步的目标辨识可满足对场景的特定分类要求，这时要建立底层特征与高层认知之间的联系，确定和解释场景的语义类别。

分类后的场景对目标的识别有一定的指导作用。在自然界中，多数目标仅在特定的场景中出现，全局场景的正确判断能给图像的局部分析（包括目标识别）提供合理的上下文约束机制。

11.4.1　词袋/特征包模型

词袋模型源自对自然语言的处理，在被引入图像领域后，也常称为**特征包模型**。特征包模型由类别特征（Feature）归属于同类目标集合中形成包（Bag）而得名，通常采用有向图结构形式（无向图节点之间是概率约束关系，有向图节点之间是因果关系，无向图可看作一种特殊的有向图——对称有向图）。模型中图像与视觉词汇之间的条件独立性是模型的理论基础，但模型中没有严格的关于目标成分的几何信息。

原始的词袋模型仅考虑了词汇所对应的特征之间的共生关系和**主题**逻辑关系，忽略了特征之间的空间关系。但在图像领域中，不仅图像特征本身很重要，图像特征的空间分布也很重要。近年来，提出了许多局部特征描述符（如 SIFT，见 6.3 节），它们有比较高的维数，可以较全面且显式地表达图像中关键点及其周围小区域的特殊性质（与仅表达位置信息，而对本身性质进行隐含表达的角点不同），并与其他关键点及其周围小区域有明显区别。而且，这些特征描述符在图像空间中可以互相重叠覆盖，从而可以较好地保全图像各部分的相互关系性质。这些特征描述符的使用提高了对图像特征空间分布的描述能力。

用特征包模型表达和描述场景，需要从场景中获取局部区域描述特征，可称为**视觉词汇**。场景都有一些基本的组成部分，所以可对场景进行分解。套用文档的概念，一本书是由许多单字或单词组成的，对应图像领域，可认为场景图像是由许多视觉词汇组成的。从认知的角度，每个视觉词汇对应图像中的一个特征（更确切地说，是描述物体局部特性的特征），是反映图像内容或场景含义的基本单元。构建视觉词汇的集合以表达和描述场景包括如下几个方面的工作：①提取特征，②学习视觉词汇，③获取视觉词汇的量化特征，④利用视觉词汇的频率表达图像。

如图 11-11 所示，先对图像进行区域（关键点的邻域）检测并划分和提取不同类别的区域，如图 11-11(a)所示，为简便起见，使用了小方块形状的区域；接着对每个区域计算特征矢量并用其代表区域，如图 11-11(b)所示；然后对特征矢量进行量化，得到视觉词汇并构建码本，如图 11-11(c)所示；最后对每幅区域图像统计特定词汇的出现频率。几个示例如图 11-11(d)、图 11-11(e)和图 11-11(f)所示，将它们结合起来就得到对整幅图像的表达。

在将图像划分成多个子区域后，可为每个子区域赋予一个语义概念，即将每个子区域作为一个视觉单元，使其具有独特的语义含义。由于同类的场景应该具有相似的概念集合和分布，那么根据语义概念的区域分布，可以将场景划分为特定的语义类别。如果能将语义概念与视觉词汇联系起来，那么对场景的分类就可借助词汇的表达描述模型来进行。

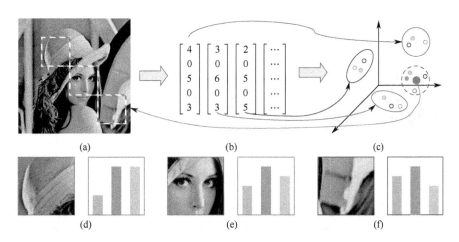

图 11-11 图像中局部区域描述特征的获取过程

利用视觉词汇可以直接表达目标，也可以只表达关键点邻域的中层概念。前者需要检测或分割场景中的目标，基于对目标的分类进一步对场景进行分类，如果检测到天空，则说明图像应是在室外环境中获取的。后者不需要直接分割目标，而用训练得到的局部描述符确定场景的标记，一般可分为 3 个步骤。

（1）特征点检测：通常采用的方法包括图像栅格法和高斯差分法。前者利用网格对图像进行划分，取网格中心位置来确定特征点；后者利用**高斯差（DoG）**算子（见 6.3 节）检测局部的感兴趣特征点，如角点等。

（2）特征表达描述：利用特征点的自身性质和邻域性质来进行。近年来，通常使用**尺度不变特征变换（SIFT）**算子（见 6.3 节），它实际上是将特征点检测和特征表达描述进行了结合。

（3）词典生成：对局部描述结果进行聚类（如利用 K-均值聚类法），取聚类中心来构成词典。

❑ **例 11-9 视觉词汇示例**

在实际应用中，局部区域的选择可借助 SIFT 局部描述符进行，选出的局部区域是以关键点为中心的圆形区域且具有一些不变特性，如图 11-12(a)所示。构建的视觉词汇如图 11-12(b)所示，其中每个子图像代表一个基本的可视化词汇（一个关键点特征聚类），并且可用一个矢量表达，如图 11-12(c)所示。利用视觉词汇词典，可将原始图像用视觉词汇的组合来表达，各种视觉词汇的使用频率反映了图像特性。

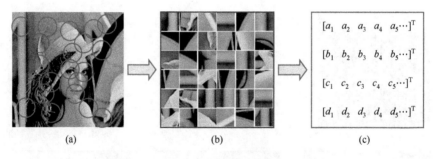

$$[a_1 \quad a_2 \quad a_3 \quad a_4 \quad a_5 \cdots]^{\mathrm{T}}$$
$$[b_1 \quad b_2 \quad b_3 \quad b_4 \quad b_5 \cdots]^{\mathrm{T}}$$
$$[c_1 \quad c_2 \quad c_3 \quad c_4 \quad c_5 \cdots]^{\mathrm{T}}$$
$$[d_1 \quad d_2 \quad d_3 \quad d_4 \quad d_5 \cdots]^{\mathrm{T}}$$

(a)　　　　　　　　　　(b)　　　　　　　　　　(c)

图 11-12　借助 SIFT 局部描述符获取视觉词汇　　❑

在实际应用中，首先通过特征检测算子和特征描述符，用视觉词汇来表达图像，构成视觉词汇模型的参数估计和概率推理，得到参数迭代公式和概率分析结果，之后对训练得到的模型进行分析和解释。

在建模中最常使用的是贝叶斯相关模型，典型模型有**概率隐语义分析**（pLSA）**模型**和**隐含狄理克雷分配**（LDA）**模型**等。根据特征包模型的框架，将图像看作文本，将从图像中发现的主题看作目标类（如教室、运动场），那么一个包含多个目标的场景就可看作由一组主题混合构建的概率模型组成，通过对场景主题分布进行分析就可划分其语义类别。

11.4.2　pLSA 模型

pLSA 模型源于**概率隐语义索引**（pLSI），是为解决目标和场景分类问题而建立的一种图模型。该模型原本用于对自然语言和文本的学习，其原始名词定义均使用了文本中的概念，但也很易将其推广到图像领域中。

1. 模型描述

假设有图像集合 $T = \{t_i\}$，$i = 1, \cdots, N$，N 为图像总数；T 所包含的视觉词汇来自视觉词汇词典（视觉词汇表）$S = \{s_j\}$，$j = 1, \cdots, M$，M 为词汇总数；可以通过一个尺寸为 $N \times M$ 的统计共生矩阵 P 来描述该图像集合的性质，矩阵中每个元素 $p_{ij} = p(t_i, s_j)$ 表示图像 t_i 中视觉词汇 s_j 出现的频率。该矩阵实际上是一个稀疏矩阵。

pLSA 模型利用一个隐变量模型描述共生矩阵中的数据，将每个观察值（视觉词汇 s_j 是否出现在图像 t_i 中）与一个隐变量（称为主题变量）$z \in Z = \{z_k\}$，$k = 1, \cdots,$ K 相关联。用 $p(t_i)$ 表示视觉词汇出现在图像 t_i 中的概率，$p(z_k | t_i)$ 表示主题 z_k 出现在图像 t_i 中的概率（主题空间中的图像概率分布），$p(s_j | z_k)$ 表示视觉词汇 s_j 出现在主题 z_k 下的概率（词典中的主题概率分布），则通过选择概率为 $p(t_i)$ 的图像 t_i 和概

率为 $p(z_k|t_i)$ 的主题，可以生成概率为 $p(s_j|z_k)$ 的视觉词汇 s_j。则基于主题与视觉词汇共生矩阵的条件概率模型可定义为

$$p(s_j | t_i) = \sum_{k=1}^{K} p(s_j | z_k) p(z_k | t_i) \qquad (11\text{-}13)$$

即每幅图像中的视觉词汇可以由 K 个隐含的主题变量 $p(s_j|z_k)$ 按照系数 $p(z_k|t_i)$ 混合而成。则共生矩阵 **P** 的元素为

$$p(t_i, s_j) = p(t_i) p(s_j | t_i) \qquad (11\text{-}14)$$

pLSA 模型的**图**表达如图 11-13 所示，其中方框表示集合（外部大方框表示图像集合，内部小方框表示在图像中重复选取的主题和视觉词汇）；箭头代表节点间的依赖性；节点是随机变量，左观测节点 t（有阴影）对应图像，右观测节点 s（有阴影）对应用描述符描述的视觉词汇，中间的节点 z 为（未观察到的）隐节点，表示图像像素对应的目标类别，即主题。该模型通过训练来建立主题 z、图像 t 及视觉词汇 s 之间的概率映射关系，并选取最大后验概率对应的类别作为最终分类判定的结果。

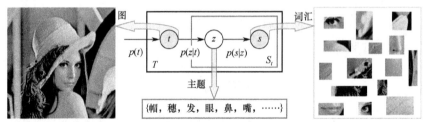

图 11-13　pLSA 模型的图表达

pLSA 模型的目标是搜索特定主题 z_k 下的视觉词汇分布概率 $p(s_j|z_k)$ 和对应的特定图像中的混合比例 $p(z_k|t_i)$，从而获得特定图像中的视觉词汇分布 $p(s_j|t_i)$。式（11-13）将每幅图像表示成 K 个主题矢量的凸组合，这可以用矩阵运算来图示，如图 11-14 所示。其中，左边矩阵中的各列代表给定图像中的视觉词汇，中间矩阵中的各列代表给定主题中的视觉词汇，右边矩阵中的各列代表给定图像中的主题（目标类别）。

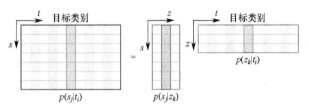

图 11-14　共生矩阵的分解

2. 模型计算

这里需要确定所有图像公共的主题矢量及每幅图像中视觉词汇的特殊混合比例系数，目的是构建对图像中出现的视觉词汇给以高概率的模型，从而可选取最大后验概率对应的类别作为最终的目标类别。

可通过对如下目标函数的优化来得到对参数的最大似然估计：

$$L = \prod_{j=1}^{M} \prod_{i=1}^{N} p(s_j \mid t_i)^{p(s_j, t_i)} \tag{11-15}$$

对隐变量模型的最大似然估计可采用**最大期望**或**期望最大化**（EM）算法来计算。在统计计算中，**EM 算法**是在概率模型（依赖无法观测的隐变量）中寻找参数最大似然估计或最大后验估计的一种算法，在已知部分相关变量的情况下，估计未知变量。该算法有两个交替迭代的计算步骤：①计算期望（E 步骤），即利用对隐变量的现有估计值，计算其最大似然估计值；②最大化（M 步骤），即在 E 步骤求得的最大似然估计值的基础上估计所需参数的值，所得到的参数估计值又被用于下一个 E 步骤。

在这里，E 步骤要在对已知参数估计的基础上计算隐变量的后验概率，可表示为（根据贝叶斯公式）

$$p(z_k \mid t_i, s_j) = \frac{p(s_j \mid z_k) p(z_k \mid t_i)}{\sum_{l=1}^{K} p(s_j \mid z_l) p(z_l \mid t_i)} \tag{11-16}$$

M 步骤要对从 E 步骤中获得的后验概率的完全期望数据的似然进行最大化，其迭代公式为

$$p(s_j \mid z_k) = \frac{\sum_{i=1}^{N} p(s_j \mid z_k) p(z_k \mid t_i)}{\sum_{l=1}^{K} p(s_j \mid z_l) p(z_l \mid t_i)} \tag{11-17}$$

E 步骤和 M 步骤的公式交替运算，直至满足终止条件。最后对类别的判定可借助式（11-18）进行：

$$z^* = \underset{z}{\arg\max} \{ p(z \mid t) \} \tag{11-18}$$

3. 模型应用示例

考虑一个基于情感语义的图像分类问题。图像中不仅包含直观的场景信息，还包含各种情感语义信息，除了可以表达客观世界（物体、状态和环境），还能给人带来强烈的情感反应。不同的情感类别一般可用形容词来表述，有一种情感分类框架将所有情感分为 10 种，包含 5 种正面情感（欢乐、满意、兴奋、敬畏和无倾向性正

面）及 5 种负面情感（生气、悲伤、反感、惊恐和无倾向性负面）。国际上已建立了一个**国际情感图片系统**（IAPS）数据库，其中共有 1182 张彩色图片，包含的类别很丰富，其中有一些属于上述 10 种情感类别的图片，如图 11-15 所示，图 11-15(a)～图 11-15(e)对应 5 种正面情感，图 11-15(f)～图 11-15(j)对应 5 种负面情感。

(a) 欢乐

(b) 满意

(c) 兴奋

(d) 敬畏

(e) 无倾向正面

图 11-15　国际情感图片系统数据库中 10 种情感类别图片示例

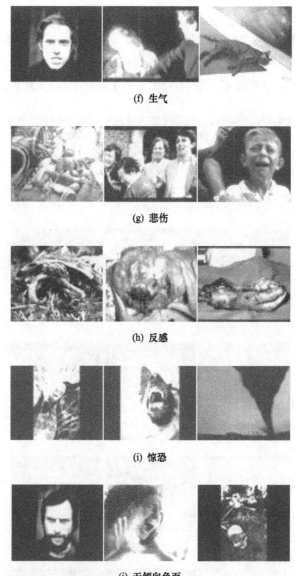

(f) 生气

(g) 悲伤

(h) 反感

(i) 惊恐

(j) 无倾向负面

图 11-15　国际情感图片系统数据库中 10 种情感类别图片示例（续）

　　在基于情感语义的图像分类中，图像即为库中图片，词汇选自情感类别词汇，而主题为**隐含情感语义因子**（底层图像特征和高层情感类别之间的一个中间语义层概念）。首先，用 K-均值聚类算法将由 SIFT 算子获得的底层图像特征聚类为情感词典；然后，利用 pLSA 模型学习隐含情感语义因子，从而得到每个隐含情感

语义因子在情感词汇上的概率分布 $p(s_j|z_k)$ 和每张图片在隐含情感语义因子上的概率分布 $p(z_k|t_i)$；最后，利用**支持向量机（SVM）**方法来训练情感图像分类器，并用其对不同的情感类别进行分类。

❏　例 11-10　分类试验结果

利用上述方法进行分类，相关试验结果如表 11-6 所示，在试验中，将每个情感类别 70%的图片作为训练集，剩余 30%的图片作为测试集。训练和测试过程重复进行 10 次，表中所示内容为 10 个类别的平均正确分类率（%）。情感词汇 s 的取值为 200～800（间隔为 100），隐含情感语义因子 z 的取值为 10～70（间隔为 10）。

表 11-6　分类试验结果

	s=200	s=300	s=400	s=500	s=600	s=700	s=800
z=10	24.3	29.0	33.3	41.7	35.4	36.1	25.5
z=20	38.9	45.0	52.1	69.5	62.4	58.4	45.8
z=30	34.0	36.8	43.8	58.4	55.4	49.1	35.7
z=40	28.4	30.7	37.5	48.7	41.3	40.9	29.8
z=50	26.5	30.8	40.7	48.9	39.5	37.1	30.8
z=60	23.5	27.2	31.5	42.0	37.7	38.3	26.7
z=70	20.9	22.6	29.8	35.8	32.1	23.1	21.9

由表 11-6 可看出不同数量的隐含情感语义因子和情感词汇对图像分类效果的影响。当固定隐含情感语义因子的值时，随着情感词汇数量的增加，分类性能先逐渐提高后逐渐下降，在 s 的值为 500 时，分类效果最好。类似地，当固定情感词汇数量时，随着隐含情感语义因子的增多，分类性能先逐渐提高后逐渐下降，在 z 的值为 20 时，分类效果最好。所以，在取 s = 500、z = 20 时能获得利用上述方法可得到的最佳分类效果。　　　　　　　　　　　　　　　　　　　❏

11.5　各节要点和进一步参考

以下结合各节的主要内容介绍一些可以进一步查阅的参考文献。

1. 场景知识

对模型概念的更多讨论可参见文献[1]，对学习和训练目的的更多讨论可参见文献[2]。

2. 逻辑系统

谓词演算描述和利用定理证明来进行推理的细节都可参见文献[3]。

3. 模糊推理

对模糊推理的各种规则的讨论可参见文献[4]。

4. 场景分类

场景分类比目标识别更进一步，要给出场景的语义和概念性解释，常使用各种模型。词袋模型在图像领域中常称为特征包模型，相关内容可参见文献[5]。概率隐语义分析是为解决目标和场景的分类问题而建立的一种图模型，可参见文献[6]。有关国际情感图片系统数据库的更多信息可参见文献[7]，将该数据库用于基于情感语义的图像分类问题可参见文献[8]。

第 12 章

时空行为理解

图像理解的一个重要工作就是对获得的场景图像进行加工以解释场景、指导行动，为此，需要判断场景中有哪些物体及它们如何随时间改变其在空间中的位置、姿态、速度、关系等。简言之，要在时空中把握物体的动作，确定动作的目的，并进而理解它们所传递的语义信息。

基于图像/视频的自动目标行为理解是一个很有挑战性的研究问题。它包括获取客观的信息（采集图像序列），对相关的视觉信息进行加工，分析（表达和描述）提取信息内容，以及在此基础上对图像/视频的信息进行解释以完成学习和识别行为。

上述工作的跨度很大，其中动作检测和识别在近年来得到了很多关注和研究，也取得了明显的进展。相对来说，高抽象层次的行为识别与描述（与语义和智能相关）的研究开展不久，许多概念的定义还不是很明确，许多技术还在不断发展之中。

本章各节安排如下。

12.1 节介绍时空技术和时空行为理解，概括介绍其发展和分层研究情况。

12.2 节讨论如何对反映时空中运动信息聚集和改变情况的关键点（时空兴趣点）进行检测。

12.3 节从点到线，进一步介绍对连接兴趣点而形成的时空动态轨迹和活动路径的学习和分析。

12.4 节介绍还在不断研究和发展中的对动作（和活动）进行建模和识别的技术。

12.1 时空技术

时空技术是面向**时空行为理解**的技术，是一个相对较新的研究领域。时空行为理解基于时空技术进行图像理解，相关的工作在不同的层次中展开，下面是一些概括情况。

12.1.1 新的研究领域

第 1 章提到的图像工程综述系列至今已进行了 26 年。在图像工程综述系列进入第二个十年（开始对 2005 年的文献进行统计）时，随着图像工程研究和应用新热点的出现，图像理解大类中加入了一个新的小类——C5：时空技术（3D 运动分析、姿态检测、对象跟踪、行为判断和理解）。这里强调的是综合利用图像/视频中具有的各种信息，从而对场景及其中目标的动态情况做出相应的判断和解释。

综述系列收集的 C5 小类文献共有 249 篇，各年数量及变化趋势如图 12-1 所示。2005—2014 年，平均每年约有 12 篇；2015—2020 年，平均每年约有 21 篇。图中还给出用 4 阶多项式对各年文献数量进行拟合而得到的变化趋势。总体来说，这还是一个相对较新的领域，研究成果不算多，发展趋势也有起伏。近年来，其相关文献的发表数量比较稳定，并且已出现较快的增长势头。

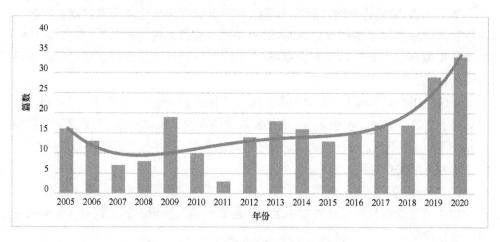

图 12-1　C5 小类文献各年数量及变化趋势

12.1.2 多个层次

目前时空技术研究的主要对象是运动的人/物，以及场景中目标（特别是人）的变化。根据其表达和描述的抽象程度，从下到上可分为多个层次。

（1）**动作基元**：指用来构建动作的原子单元，一般对应场景中短暂而具体的运动信息。

（2）**动作**：由主体/发起者的一系列动作基元构成的有实际意义的集合体（有

序组合）。在一般情况下，动作代表简单的（常由一个人进行的）运动模式，并且一般仅持续较短的时间（秒的量级）。人体动作的结果常导致人体姿态的改变。

（3）**活动**：为完成某个工作或实现某个目标而由主体/发起者执行的一系列动作的组合（主要强调逻辑组合）。活动是相对大尺度的运动，一般依赖环境且与人交互。活动代表由多个人进行的序列（可能是交互的）复杂动作，并且常持续较长时间。

（4）**事件**：指在特定时间段和特定空间位置发生的某种（非规则）活动。通常其中的动作由多个主体/发起者执行（群体活动）。对特定事件的检测常与异常活动有关。

（5）**行为**：主体/发起者主要指人或动物，强调主体/发起者受思想支配而在特定环境/上下境中改变动作、持续活动和描述事件等。

下面以如图 12-2 所示的乒乓球比赛中的几个画面为例，给出各层次的一些典型示例。运动员的移步、挥拍都可看作典型的动作基元。图 12-2(a)是一个准备开球的瞬间。运动员完成一个发球（包括抛球、挥臂、抖腕、击球等运动基元，见图 12-2(b)）或回球（包括移步、伸臂、翻腕、抽球等基元）都是典型的动作，但一个运动员走到挡板边把球捡回来则常被看作一个活动。另外，两个运动员来回击球以赢得分数也是典型的活动场面，如图 12-2(c)所示。一般将运动队之间的比赛等作为一个事件来看待，赛后的颁奖也是典型的事件。图 12-2(d)为颁奖的序曲。运动员在赢球后握拳自我激励虽然可被看作一个动作，但更多的时候被看作运动员的一个行为表现。在运动员打出漂亮的对攻后，观众的鼓掌、呐喊、欢呼等也都归为观众的行为，如图 12-2(e)所示。

| (a) | (b) | (c) | (d) | (e) |

图 12-2　乒乓球比赛中的几个画面

需要指出的是，在许多研究中，对后 3 个层次的概念常常不严格区分地使用。例如，将活动称为事件，此时一般指一些异常的活动（如两个人发生争执、老人走路跌倒等）；将活动称为行为，此时更强调活动的含义（举止）、性质（如行窃的动作或翻墙入室的活动称为偷盗行为）。在之后的讨论中，除特别强调外，将主要用（广义的）活动来统一代表后 3 个层次。

12.2　时空兴趣点检测

场景的变化源于物体的运动，特别是加速运动。视频图像局部结构的加速运动对应场景中加速运动的物体，它们处在图像中有非常规运动数值的位置，可以期望这些位置（像点）包含了在物理世界中导致物体运动和改变物体结构的力的信息，对于理解场景很有帮助。

在时空场景中，对**兴趣点**（POI）的检测有从空间向时空扩展的趋势。

12.2.1　空间兴趣点的检测

在图像空间里，可以使用**线性尺度空间表达**，即 $L^{sp}: \mathrm{R}^2 \times \mathrm{R}_+ \rightarrow \mathrm{R}$ 来对图像建模，$f^{sp}: \mathrm{R}^2 \rightarrow \mathrm{R}$。例如，

$$L^{sp}(x, y; \sigma_z^2) = g^{sp}(x, y; \sigma_z^2) \otimes f^{sp}(x, y) \qquad (12\text{-}1)$$

即将 f^{sp} 与如下具有方差 σ_z^2 的高斯核进行卷积，

$$g^{sp}(x, y; \sigma_z^2) = \frac{1}{2\pi\sigma_z^2} \exp\left[\frac{1 - (x^2 + y^2)}{2\sigma_z^2}\right] \qquad (12\text{-}2)$$

接下来，使用**哈里斯兴趣点检测器**来检测兴趣点。检测的思路是确定 f^{sp} 在水平和垂直两个方向上均有明显变化的空间位置。对于给定的观察尺度 σ_z^2，这些点可借助在方差为 σ_z^2 的高斯窗中求和得到的二阶矩构建的矩阵来计算：

$$\mu^{sp}(\bullet; \sigma_z^2, \sigma_i^2) = g^{sp}(\bullet; \sigma_i^2) \otimes \{[\nabla L(\bullet; \sigma_z^2)][\nabla L(\bullet; \sigma_z^2)]^{\mathrm{T}}\}$$

$$= g^{sp}(\bullet; \sigma_i^2) \otimes \begin{bmatrix} (L_x^{sp})^2 & L_x^{sp} L_y^{sp} \\ L_x^{sp} L_y^{sp} & (L_y^{sp})^2 \end{bmatrix} \qquad (12\text{-}3)$$

其中，L_x^{sp} 和 L_y^{sp} 是在局部尺度 σ_z^2 下，根据 $L_x^{sp} = \partial_x[g^{sp}(\bullet; \sigma_z^2) \otimes f^{sp}(\bullet)]$ 和 $L_y^{sp} = \partial_y[g^{sp}(\bullet; \sigma_z^2) \otimes f^{sp}(\bullet)]$ 算得的高斯微分。

式（12-3）中的二阶矩描述符可看作一幅 2D 图像在一个点的局部邻域中的朝向分布协方差矩阵。所以 μ^{sp} 的本征值 λ_1 和 λ_2（$\lambda_1 \leqslant \lambda_2$）构成 f^{sp} 沿两个图像方向变化的描述符。如果 λ_1 和 λ_2 的值都很大，则表明有一个感兴趣点。为检测这样的点，可以检测角点函数的正极大值：

$$H^{sp} = \det(\mu^{sp}) - k\mathrm{trace}^2(\mu^{sp}) = \lambda_1\lambda_2 - k(\lambda_1 + \lambda_2)^2 \qquad (12\text{-}4)$$

在感兴趣点处，本征值的比 $a = \lambda_2/\lambda_1$ 应该很大。根据式（12-4），对于 H^{sp} 的正

局部极值，a 应该满足 $k \leqslant a/(1+a)^2$。所以，如果设 $k = 0.25$，H 的正最大值将对应理想的各向同性兴趣点（此时 $a = 1$，即 $\lambda_1 = \lambda_2$）。较小的 k 值适用于对更尖锐的兴趣点的检测（对应较大的 a 值）。文献中常用的 k 值是 0.04，对应检测 $a < 23$ 的兴趣点。

12.2.2　时空兴趣点的检测

将在空间中的兴趣点检测扩展到时空中，即检测在局部时空体中沿时间和空间都有图像值显著变化的位置。具有这种性质的点对应在时间上具有特定位置的空间兴趣点，其处在具有异常运动数值的时空邻域内。检测时空兴趣点是一种提取底层运动特征的方法，不需要背景建模。可先将给定的视频与一个 3D 高斯核在不同的时空尺度下进行卷积，然后在尺度空间表达的每层中都计算时空梯度，将它们在各点的邻域结合起来以得到对时空二阶矩矩阵的稳定性估计。从矩阵中可提取出局部特征。

❑　例 12-1　时空兴趣点示例

研究乒乓球比赛中运动员的挥拍击球，如图 12-3 所示，从中可检测出几个时空兴趣点。时空兴趣点沿时间轴的疏密程度与动作的频率相关，而其在空间中的位置则对应球拍的运动轨迹和运动员的动作幅度。

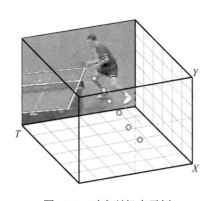

图 12-3　时空兴趣点示例　　　❑

为对时空图像序列进行建模，可使用函数 $f: R^2 \times R \to R$ 并通过将 f 与各向非同性高斯核（具有不相关的空间方差 σ_z^2 和时间方差 τ_z^2）卷积来构建其线性尺度空间表达 $L: R^2 \times R \times R_+^2 \to R$：

$$L(\bullet; \sigma_z^2, \tau_z^2) = g(\bullet; \sigma_z^2, \tau_z^2) \otimes f(\bullet) \tag{12-5}$$

其中，时空分离的高斯核为

$$g(x,y,t;\sigma_z^2,\tau_z^2) = \frac{1}{\sqrt{(2\pi)^3 \sigma_z^4 \tau_z^2}} \exp\left[-\frac{x^2+y^2}{2\sigma_z^2} - \frac{t^2}{2\tau_z^2}\right] \tag{12-6}$$

对时间域使用一个分离的尺度参数是非常关键的，因为在时间和空间范围内的事件一般是独立的。另外，使用兴趣点算子检测出来的事件同时依赖空间和时间的观察尺度，所以对于尺度参数 σ_z^2 和 τ_z^2，需要区别对待。

与在空间域中类似，考虑一个时-空域二阶矩的矩阵，它是一个 3×3 的矩阵，包括用高斯权函数 $g(\bullet;\sigma_i^2,\tau_i^2)$ 卷积的一阶空间微分和一阶时间微分：

$$\mu = g(\bullet;\sigma_i^2,\tau_i^2) \otimes \begin{bmatrix} L_x^2 & L_x L_y & L_x L_t \\ L_x L_y & L_y^2 & L_y L_t \\ L_x L_t & L_y L_t & L_t^2 \end{bmatrix} \tag{12-7}$$

其中，根据 $\sigma_i^2 = s\sigma_z^2$ 和 $\tau_i^2 = s\tau_z^2$，将积分尺度 σ_i^2 和 τ_i^2 与局部尺度 σ_z^2 和 τ_z^2 联系起来。一阶微分定义为

$$\begin{aligned} L_x(\bullet;\sigma_z^2,\tau_z^2) &= \partial_x(g \otimes f) \\ L_y(\bullet;\sigma_z^2,\tau_z^2) &= \partial_y(g \otimes f) \\ L_t(\bullet;\sigma_z^2,\tau_z^2) &= \partial_t(g \otimes f) \end{aligned} \tag{12-8}$$

为检测感兴趣点，在 f 中搜索具有 μ 的显著本征值 λ_1、λ_2、λ_3 的区域。这可将定义在空间中的哈里斯角点检测函数［式（12-4）］，通过结合 μ 的行列式和秩扩展到时空域中：

$$H = \det(\mu) - k\text{trace}^3(\mu) = \lambda_1 \lambda_2 \lambda_3 - k(\lambda_1 + \lambda_2 + \lambda_3)^3 \tag{12-9}$$

为证明 H 的正局部极值对应具有大 λ_1、λ_2 和 λ_3（$\lambda_1 \leq \lambda_2 \leq \lambda_3$）值的点，定义比率 $a = \lambda_2/\lambda_1$ 和 $b = \lambda_3/\lambda_1$，并将 H 重写成

$$H = \lambda_1^3[ab - k(1+a+b)^3] \tag{12-10}$$

因为 $H \geqslant 0$，所以有 $k \leqslant ab/(1+a+b)^3$，并且 k 会在 $a = b = 1$ 时取得它最大可能的值 $k = 1/27$。对于明显大的 k 值，H 的正局部极大值对应图像值沿时间和空间都有大变化的点。如果设 a 和 b（像在空间中那样）最大值为 23，则在式（12-9）中用的 k 值约为 0.005。所以 f 中的时空兴趣点可通过检测 H 中的正局部极大值来获得。

12.3　时空动态轨迹学习和分析

在时空中进行动态轨迹学习和分析的目的是试图通过对场景中各运动目标行

为的理解和刻画来实现对监控场景状态的把握。时空动态轨迹学习和分析的流程框图如图 12-4 所示，首先对目标进行检测（如在车上对行人进行检测）并跟踪，接着用获得的轨迹自动构建场景模型，最后用该模型描述监控的状况（进行活动分析）并对视频进行标注。

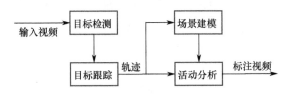

图 12-4　时空动态轨迹学习和分析的流程框图

在场景建模中，先将有活动事件发生的图像区域定义为**兴趣点**（POI），然后在接下来的学习步骤中定义**活动路径**（AP），该路径刻画目标是如何在感兴趣点之间运动/游历的。这样构建的模型可称为 POI/AP 模型，涉及的主要内容如下。

（1）**活动学习**：对活动的学习可以通过比较**轨迹**来进行，轨迹长度可能不同，关键是要保持对相似性的直观认识。

（2）**适应**：研究管理 POI/AP 模型的技术。这些技术要能够在线适应如何增加新活动，除去不再继续的活动，并验证模型。

（3）**特征选择**：确定针对特定任务的正确的动力学表达层次。例如，仅使用空间信息就可确定汽车行驶的路线，但如果要检测事故，通常还需要速度信息。

12.3.1　自动场景建模

借助动态轨迹对场景的自动建模包括以下 3 个要点。

1. 目标跟踪

对目标的**跟踪**（参见第 5 章）需要在每帧中对可以观察到的各目标进行身份维护。例如，在 T 帧视频中，被跟踪的目标会生成一系列可推断出的跟踪状态：

$$S_T = \{s_1, s_2, \cdots, s_T\} \tag{12-11}$$

其中，各 s_T 可描述位置、速度、外观、形状等目标特性。这些轨迹信息构成了进一步分析的基石。通过认真分析这些信息，可识别和理解活动。

2. 兴趣点检测

场景建模的第一个任务就是找出图像中的感兴趣区域。在指示跟踪目标的地形图中，这些区域对应图像中的节点。通常考虑的两种节点包括入/出区域和停止区域。以一名教师去教室授课为例，前者对应教室门，而后者对应讲台。

入/出区域是目标进入/离开视场（FOV）或被跟踪目标出现/消失的位置。这些区域常可借助 2D 的**高斯混合模型**（GMM）来建模，$Z \sim \sum_{i=1}^{W} w_i N(\mu_i, \sigma_i)$，其中有 W 个分量。这可用 EM 算法（参见 11.4 节）来求解。"进入"的点数据包括在第一个跟踪状态下确定的位置，而"离开"的点数据包括在最后一个跟踪状态下确定的位置。它们可用一个密度准则来区分，状态 i 的混合密度定义为

$$d_i = \frac{w_i}{\pi\sqrt{|\sigma_i|}} > T_d \tag{12-12}$$

它确定高斯混合的紧凑程度。其中，阈值

$$T_d = \frac{w}{\pi\sqrt{|C|}} \tag{12-13}$$

指示信号聚类的平均密度。这里，$0 < w < 1$ 是用户定义的权重，C 是在区域数据集中所有点的协方差矩阵。紧凑的高斯混合指示正确的区域，而宽松的高斯混合指示由跟踪中断导致的跟踪噪声。

停止区域源于场景地标点，即目标在一段时期内趋于固定的位置。这些停止区域可用两种不同的方法来确定：在该区域中，被跟踪点的速度低于某个事先确定的很低的阈值；所有被跟踪点至少在某个时间段里保持在一个有限的距离环中。通过定义一个半径和一个时间常数，第二种方法可保证目标确实保持在特定的范围内，而第一种方法有可能包括运动很慢的目标。对于活动分析，除了要确定位置，也需要把握在每个停止区域内所花的时间。

3. 活动路径学习

要理解行为，需要确定**活动路径**。可以使用兴趣点从训练集中滤除虚警或跟踪中断的噪声，只保留在进入活动区域后开始并在活动区域内结束的轨迹。经过活动区域的跟踪轨迹分为进入活动区域的跟踪轨迹和离开活动区域的跟踪轨迹两段，一个活动要定义在目标开始动作和结束动作的两个感兴趣点之间。

为了区分随时间变化的动作目标（如沿着人行道走或跑的行人），需要在路径学习中加入时间动态信息。轨迹和路径学习方案如图 12-5 所示，其给出路径学习算法的 3 种基本结构，它们的主要区别包括输入的种类、运动矢量、轨迹（或视频片段），以及运动抽象的方式。在图 12-5(a)中，输入是时刻 t 的单个轨迹，路径中的各点隐含地在时间上排了序；在图 12-5(b)中，一个完整的轨迹被用作学习算

法的输入，从而直接建立输出的路径；在图 12-5(c)中，画出的是路径按视频时序的分解，视频片段（VC）被分解成一组动作词汇以描述活动，或者说视频片段根据动作词汇的出现而被赋予某种活动的标签。

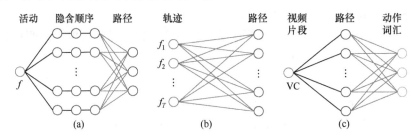

图 12-5　轨迹和路径学习方案

12.3.2　路径学习

由于路径刻画了目标的运动情况，一个原始的轨迹可被表示成动态测量的序列。例如，常用的轨迹表达就是一个运动序列：

$$G_T = \{g_1, g_2, \cdots, g_T\} \tag{12-14}$$

其中，运动矢量

$$g_t = [x^t, y^t, v_x^t, v_y^t, a_x^t, a_y^t]^T \tag{12-15}$$

表示从跟踪中获得的目标在时刻 t 的动态参数，包括位置 $[x^t, y^t]^T$、速度 $[v_x^t, v_y^t]^T$ 和加速度 $[a_x^t, a_y^t]^T$。

仅使用轨迹就能以无监督的方式学习路径，其基本流程如图 12-6 所示。轨迹预处理要建立用于聚类的轨迹，轨迹聚类可提供一个全局且紧凑的路径模型表达。尽管图中有 3 个分离的顺序步骤，但它们常被结合在一起。

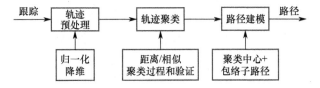

图 12-6　使用轨迹进行路径学习的基本流程

下面对 3 个步骤分别进行详细解释。

1. 轨迹预处理

路径学习研究中的大部分工作都是为了获得适合聚类的轨迹。在进行跟踪时，主要困难来源于时间变化的特性，这导致轨迹长度不一致。此时，需要采取手段以保障在不同尺寸的输入之间可以进行有意义的比较。另外，轨迹表达在聚类中应该直观地保持原始轨迹的相似性。

轨迹预处理主要包括两项内容。

（1）归一化：归一化的目的是保证所有轨迹具有相同的长度 L_t。两种简单的技术是填零和扩展。填零就是在较短的轨迹的后面增加一些等于零的项，扩展则是将原始轨迹在最后时刻的部分延伸扩展到需要的长度。它们都可以把轨迹空间扩展得非常大。除了检查训练集以确定轨迹的长度，也可利用先验知识进行重采样和平滑。重采样结合插值可保证所有轨迹有相同的长度；平滑可用来消除噪声，平滑后的轨迹也可经插值和采样调整到固定的长度。

（2）降维：降维将轨迹映射到新的低维空间中，从而可以使用更鲁棒的聚类方法。这可通过假设一个轨迹模型并确定能最好地描述该模型的参数来实现。常用技术包括矢量量化、多项式拟合、多分辨率分解、隐马尔可夫模型、子空间方法、频谱方法及核方法等。

矢量量化可通过对轨迹的数量进行限制来实现。如果忽略轨迹动力学并仅基于空间坐标，则可将轨迹看作简单的 2D 曲线，并可用阶为 m 的最小均方多项式来近似（各 w 为权系数）：

$$x(t) = \sum_{k=0}^{m} w_k t^k \qquad (12\text{-}16)$$

在频谱方法中，可对训练集构建一个相似矩阵 S，其中每个元素 s_{ij} 表示轨迹 i 和轨迹 j 之间的相似性。还可构建一个拉普拉斯矩阵 L：

$$L = D^{-\frac{1}{2}} S D^{-\frac{1}{2}} \qquad (12\text{-}17)$$

其中，D 是对角矩阵，其第 i 个对角元素是 S 中第 i 行元素的和。

通过对 L 进行分解可以确定其最大的 K 个本征值。将对应的本征矢量放进一个新矩阵，其行就对应在频谱空间中变换后的轨迹，而频谱轨迹可用 K-均值聚类方法获得。

多数研究者将轨迹归一化和降维结合起来以处理原始轨迹，从而保证可使用标准的聚类技术。

2. 轨迹聚类

聚类是在没有标记的数据中确定结构时常用的机器学习技术。在观察场景时，收集运动轨迹并将其归进类似的类别中。为了产生有意义的聚类，**轨迹聚类**过程要考虑 3 个问题：距离/相似性测度、聚类过程和学习、聚类验证。

（1）距离/相似测度：聚类技术依赖距离（相似性）测度的定义。前面说过，轨迹聚类的一个主要问题是"由相同活动产生的轨迹可能有不同的长度"。为解决这个问题，既可采用预处理方法，也可定义一个与尺寸无关的距离测度（假设两个轨迹 G_i 和 G_j 有相同的长度）：

$$d_\mathrm{E}(G_i, G_j) = \sqrt{(G_i - G_j)^\mathrm{T}(G_i - G_j)} \tag{12-18}$$

如果两个轨迹 G_i 和 G_j 有不同的长度，则对欧氏距离不随尺寸变化的改进是比较两个长度分别为 m 和 n（$m > n$）的轨迹矢量，并使用最后的点 $\boldsymbol{g}_{j,n}$ 来累积失真：

$$d_{ij}^{(\mathrm{c})} = \frac{1}{m}\left[\sum_{k=1}^{n} d_\mathrm{E}(\boldsymbol{g}_{i,k}, \boldsymbol{g}_{j,k}) + \sum_{k=1}^{m-n} d_\mathrm{E}(\boldsymbol{g}_{i,n+k}, \boldsymbol{g}_{j,n})\right] \tag{12-19}$$

欧氏距离比较简单，但在有时间偏移的情况下效果不好，因为仅对准的序列可以匹配。这里可以考虑使用豪斯道夫距离（参见 10.2 节）。另外，还有一种距离测度并不依赖完整轨迹（不考虑野点）。假设轨迹 $G_i = \{\boldsymbol{g}_{i,k}\}$ 和 $G_j = \{\boldsymbol{g}_{j,l}\}$ 的长度分别为 T_i 和 T_j，则

$$D_\mathrm{o}(G_i, G_j) = \frac{1}{T_i}\sum_{k=1}^{T_i} d_\mathrm{o}(\boldsymbol{g}_{i,k}, G_j) \tag{12-20}$$

其中，

$$d_\mathrm{o}(\boldsymbol{g}_{i,k}, G_j) = \min_l\left[\frac{d_\mathrm{E}(g_{i,k}, g_{j,l})}{Z_l}\right] \quad l \in \left\{\lfloor(1-\delta)k\rfloor \cdots \lceil(1+\delta)k\rceil\right\} \tag{12-21}$$

其中，Z_l 是归一化常数，是点 l 处的方差。

$D_\mathrm{o}(G_i, G_j)$ 用来将轨迹与存在的聚类进行比较。如果比较两个轨迹，可使 $Z_l = 1$。这样定义的距离测度是从任意点到与它最好的匹配之间的平均归一化距离，此时最好的匹配处在一个中心位于点 l、宽度为 2δ 的滑动时间窗口中。

（2）聚类过程和学习：预处理后的轨迹可以用非监督的学习技术进行组合，这会将轨迹空间分解成在感知上相似的聚类（如道路）。有多种聚类学习的方法，如迭代优化、在线自适应、分层方法、神经网络、共生分解等。

（3）聚类验证：借助聚类算法学习到的路径需要进一步验证，这是因为真实的类别数并不确定。多数聚类算法需要对期望的类别数 K 有一个初始的选择，但这常常是不正确的。为此，可将聚类过程对不同的 K 分别进行，将最好的结果所对应的 K 作为真正的聚类数。这里的判断准则可以使用**紧密和分离准则**（TSC），它比较在同一聚类中轨迹之间的距离与不同聚类中轨迹之间的距离。给定训练集 $D_T = \{G_1, \cdots, G_M\}$，有

$$\text{TSC}(K) = \frac{1}{M} \frac{\displaystyle\sum_{j=1}^{K}\sum_{i=1}^{M} f_{ij}^2 d_{\text{E}}^2(G_i, c_j)}{\min_{ij} d_{\text{E}}^2(c_i, c_j)} \tag{12-22}$$

其中，f_{ij} 是轨迹 G_i 对聚类 C_j（其中的样本用 c_j 表示）的模糊隶属度。

3. 路径建模

在完成轨迹聚类后，可根据得到的路径建立图模型以进行有效的推理。路径模型是对聚类的紧凑表达。可以使用两种方式实现**路径建模**。第一种方式考虑完整的路径，从端点到端点的路径不仅有平均值的中心线，两侧还有包络指示路径范围，沿路径可能有一些中间状态给出测量顺序，如图 12-7(a)所示；第二种方式将路径分解为子路径，或者说将路径表示成包含子路径的树，预测路径的概率从当前节点指向叶节点，如图 12-7(b)所示。

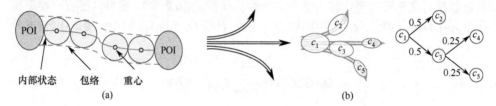

图 12-7　两种路径建模方式示意

12.3.3　自动活动分析

一旦建立了场景模型，就可以对目标的行为和活动进行分析了。监控视频的一个基本功能就是对感兴趣事件进行验证。一般来说，只有在特定环境下才可定义是否感兴趣。例如，停车管理系统会关注是否还有空位可以停车，而智能会议室系统关心的是人员之间的交流。除了仅识别特定的行为，所有非典型的事件也需要检查。通过对一个场景进行长时间的观察，系统可以进行一系列的活动分析，从而判断出哪些是感兴趣的事件。

一些典型的活动分析如下。

（1）**虚拟篱笆**：任何监控系统都有一个监控范围，在该范围的边界上设立哨兵，就可对范围内发生的事件进行预警。这相当于在监控范围的边界上建立了虚拟篱笆，一旦有入侵就触发分析，如控制高分辨率的**云台摄像机**（PTZ）来获取入侵处的细节或开始对入侵数量进行统计等。

（2）**速度分析**：虚拟篱笆只利用了位置信息，借助跟踪技术还可获得动态信息以实现基于速度的预警，如车辆超速或路面拥堵。

（3）**路径分类**：速度分析只利用了当前跟踪的数据，实际上还可利用由历史运动模式获得的活动路径。新出现目标的行为可借助最大后验（MAP）路径来描述：

$$L^* = \arg\max_k p(l_k \mid G) = \arg\max_k p(G, l_k)p(l_k) \qquad (12\text{-}23)$$

这可用于确定哪个活动路径能最好地解释新的数据。因为先验路径分布 $p(l_k)$ 可用训练集来估计，所以问题就简化为用 HMM 来进行最大似然估计。

（4）**异常检测**：异常事件的检测是监控系统的重要任务。因为活动路径能指示典型的活动，所以如果一个新的轨迹与已有的轨迹不符就说明存在异常。异常模式可借助智能阈值化来检测：

$$p(l^* \mid G) < L_l \qquad (12\text{-}24)$$

其中，与新轨迹 G 最相近的活动路径 l^* 的值仍小于阈值 L_l。

（5）**在线活动分析**：在线分析、识别、评价活动比使用整个轨迹来描述运动更重要。一个实时的系统要能够根据尚不完整的数据快速地对正在发生的行为进行推理（通常基于图模型）。这里考虑两种情况。一是路径预测，可以利用至今为止的跟踪数据来预测将来的行为，并在收集到更多数据时进行细化预测。利用非完整的轨迹对活动进行预测可表示为

$$\hat{L} = \arg\max_j p(l_j \mid W_t G_{t+k}) \qquad (12\text{-}25)$$

其中，W_t 代表窗函数；G_{t+k} 是至当前时间 t 的轨迹及 k 个预测的未来跟踪状态。二是跟踪异常，除了将整个轨迹划归为异常，还需要在非正常事件刚发生时就检测到它们。这可通过用 $W_t G_{t+k}$ 代替式（12-24）中的 G 来实现。并不要求窗函数 W_t 必须与预测相同，并且阈值有可能需要根据数据量进行调整。

（6）**目标交互刻画**：我们期望更高层次的分析能进一步描述目标之间的交互。与异常事件类似，严格地定义目标交互也很困难。在不同的环境下，不同的目标间有不同类型的交互。以汽车碰撞为例，每辆汽车有特定的空间尺寸，可看作其个人空间。汽车在行驶时，其个人空间要在周围增加一个最小安全距离（最小安全区），所以时空个人空间会随运动而改变，速度越快，最小安全距离增加得越多（尤其在行驶方向上）。如图 12-8 所示，其中个人空间用圆表示，而安全区域随速度（包括大小和方向）的改变而改变。如果两辆车的安全区域有交会，则有可能发生碰撞，借此可规划行车路线。

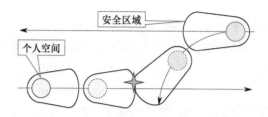

图 12-8　利用路径进行碰撞评估示意

最后需要指出的是，对于简单的活动，仅依靠目标位置和速度就能进行分析，但对于更复杂的活动，可能还需要更多的测量，如加入剖面的弯曲度以判别"古怪"的运动轨迹。为提供对活动和行为更全面的覆盖，常常需要使用多摄像机网络。活动轨迹还可来源于由互相连接的部件构成的目标（如人体），则活动需要相对于一组轨迹来定义。

12.4　时空动作分类和识别

基于视觉的人体动作识别是一个对图像序列（视频）用动作（类）标号进行标记的过程。在对观察到的图像或视频获得表达的基础上，可将人体动作识别变成一个分类问题。

12.4.1　动作分类

对时空动作的分类可采用多种技术。

1. 直接分类

在直接分类方法中，并不特别关注时间域。这类方法将观察序列中所有帧的信息都加到单个表达中或对各帧分别进行动作的识别和分类。

在很多情况下，图像的表达是高维的，这导致匹配计算量非常大。另外，表达中也可能包括噪声等特征，所以需要在低维空间中获得紧凑、鲁棒的特征表达。既可采用线性的方法降维，也可采用非线性的方法降维。例如，**主分量分析**（PCA）是一种典型的线性方法，而**局部线性嵌入**（LLE）是一种典型的非线性方法。

直接分类所用的分类器也可以不同。鉴别型分类器关注如何区分不同的类别，而不是模型化各类别，典型的如 SVM。在自举框架下，可以用一系列弱分类器（每个弱分类器通常仅使用 1D 表达）来构建一个强分类器。**自适应自举**（AdaBoost，参见《2D 计算机视觉：原理、算法及应用》13.2 节的内容）是一种典型方法。

2．时间状态模型

生成模型学习观察和动作之间的联合分布，对每个动作类别建模（考虑所有变化）；**鉴别模型**学习在观察条件下动作类别的概率，并不对类别建模，但关注不同类别之间的差别。

在生成模型中，最典型的是**隐马尔可夫模型**（HMM），其中的隐状态对应动作进行的各步骤。隐状态对状态转移概率和观察概率进行建模。这里有两个独立的假设：一是状态转移仅依赖上一个状态，二是观察仅依赖当前状态。HMM 的变型包括**最大熵马尔可夫模型**（MEMM）、**状态分解的分层隐马尔可夫模型**（FSH-HMM）、**分层可变过渡隐马尔可夫模型**（HVT-HMM）。

另外，鉴别模型对给定观察后的条件分布进行建模，将多个观察结合起来以区别不同的动作类别。这种模型对于区分相关的动作比较有利。**条件随机场**（CRF）是一种典型的鉴别模型，对其的改进包括**分解条件随机场**（FCRF）、推广条件随机场等。

3．动作检测

基于动作检测的方法并不显式地对图像中的目标表达建模，也不对动作建模。它将观察序列与编号的视频联系起来，从而直接检测（已定义的）动作。例如，可将视频片段描述成在不同时间尺度上编码的词袋，每个词都对应一个局部片（Patch）的梯度朝向。具有缓慢时间变化的局部片可以忽略，这样表达将主要集中在运动区域中。

当运动是周期性运动（如人行走或跑步）时，动作是循环的，即**循环动作**。这时可借助分析自相似矩阵来进行时域分割。进一步可给运动者加上标记，通过跟踪标记并使用仿射距离函数来构建自相似矩阵。对自相似矩阵进行频率变换，则频谱中的峰对应运动的频率（如要区别行走的人或跑步的人，可计算步态的周期）。对矩阵结构进行分析就可确定动作的种类。

对人体动作进行表达和描述的主要方法可分为两类。一类是基于表观的方法，直接利用对图像的前景、背景、轮廓、光流及变化等的描述；另一类是基于人体模型的方法，利用人体模型表达人体的结构特征，如将动作用人体关节点序列来描述。不管采用哪类方法，都对实现对人体的检测及对人体重要部分（如头部、手、脚等）的检测和跟踪有重要的作用。

❑　**例 12-2　动作分类示例**

对动作的分类既要考虑动作者的姿态，也要考虑动作的环境（上下文）。结合姿态和上下文的动作分类识别流程和效果如图 12-9 所示。

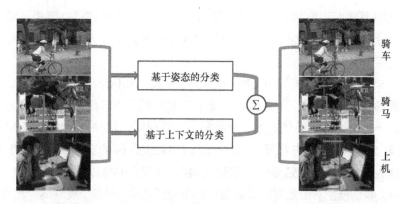

图 12-9　结合姿态和上下文的动作分类识别流程和效果　　❑

12.4.2　动作识别

动作及活动的表达和识别是一个相对来说不新但还不太成熟的领域，所采用的方法多数依赖研究者的目的。在场景解释中，表达可独立于导致活动产生的目标（如人或车）；而在监控应用中，一般关注人的活动和人之间的交互。在整体（Holistic）的方法中，全局的信息要优于部件的信息，如在需要确定人的性别时。而对于简单的动作（如走或跑），也可考虑使用局部的方法，更关注细节动作或动作基元。

1. 整体识别

整体识别强调对整个人体目标或单个人体的各部分（身体部件）进行识别。例如，可基于整个身体的结构和整个身体的动态信息来识别人的行走及行走的步态等。绝大多数方法基于人体的剪影或轮廓，而不太区分身体的各部分。例如，有一种基于人体的身份识别技术使用了人体的剪影并对其轮廓进行均匀采样，然后对分解的轮廓用 PCA 处理。为计算时-空相关性，可在本征空间里比较各轨迹。另外，利用动态信息除可以辨识身份外，也可以确定人正在做什么工作。基于身体部件的识别通过身体部件的位置和动态信息来对动作进行识别。

❑　**例 12-3　动作识别数据库示例**

图 12-10 给出 Weizmann 动作识别数据库中动作的示例图片，这些图片共分为 10 类。在图 12-10 中，从上到下，依次为头顶击掌（Jack）、侧向移动（Side）、弯腰（Bend）、行走（Walk）、跑（Run）、挥单手（Wave1）、挥双手（Wave2）、单

脚前跳（Skip）、双脚前跳（Jump）、双脚原地跳（Pjump）。

图 12-10　Weizmann 动作识别数据库中动作的示例图片　　□

2. 姿态建模

对人体动作的识别与对人体姿态的估计密切相关。人体姿态可分为动作姿态和体位姿态（位姿），前者对应人在某一时刻的动作行为，后者对应人体在 3D 空间中的朝向。

对人体姿态的表达和计算方法主要可分为 3 种。

（1）基于表观的方法：不对人的物理结构进行直接建模，而是利用颜色、纹理、轮廓等信息对人体姿态进行分析。由于仅利用了 2D 图像中的表观信息，所以难以估计体位姿态。

（2）基于人体模型的方法：先使用线条图模型（参见 10.5 节）、2D 或 3D 模型对人体进行建模，然后通过分析这些参数化的人体模型来估计人体姿态。这类方法通常对图像分辨率和目标检测的精度要求较高。

（3）基于 3D 重构的方法：先将利用多个摄像头在不同位置获得的 2D 运动目标通过对应点匹配重构为 3D 运动目标，然后利用摄像头参数和成像公式估计 3D 空间中的人体姿态。

可以基于时空兴趣点（参见 12.2 节）来对人体姿态进行建模。如果仅使用时空**哈里斯兴趣点检测器**，则得到的时空兴趣点多处在运动突变的区域中。这样的点数量较少，属于稀疏型，容易丢失视频中重要的运动信息，导致检测失败。为解决这个问题，可借助运动强度提取稠密型的时空兴趣点，以充分捕获由运动带来的变化。这里可将图像与空域高斯滤波器和时域盖伯滤波器相卷积来计算运动强度。在提取出时空兴趣点后，先对每个点建立描述符，再对每个姿态建模。一种具体方法是先提取训练样本库中姿态的时空特征点作为底层特征，让一个姿态对应一个时空特征点集合；然后采用非监督分类方法对姿态样本归类，获得典型姿态的聚类结果；最后对每个典型姿态类别采用基于 EM 的高斯混合模型以实现建模。

近期在自然场景中姿态估计方面的一个趋势是解决在无结构场景中用单视图进行跟踪的问题，多采用在单帧图像中进行姿态检测的方式。例如，基于鲁棒的部件检测方法并对部件进行概率组合的方式已能在复杂的电影中获得对 2D 姿态的较好估计。

3. 活动重建

动作导致姿态的改变，如果将人体的每个静止姿态定义为一个状态，那么借助状态空间法（也称为概率网络法），在状态之间通过转移概率来切换，则一个活动序列的构建可通过在对应姿态的状态之间进行一次遍历而得到。

在基于视频自动重建人体活动方面，对姿态估计的利用已有明显进展。原始的基于模型的分析–合成方案借助多视角视频采集以有效地对姿态空间进行搜索。当前的许多方法更注重获取整体的运动，没有特别强调精确地构建细节。

单视图人体活动重建也通过利用**统计采样技术**有了很多进展。目前比较关注的是利用学习得到的模型来约束基于活动的重建。研究表明，使用强有力的先验模型对于在单视图中跟踪特定活动很有帮助。

4．交互活动

交互活动是比较复杂的活动，可以分为两类：一类是人与环境的交互，如人开车或拿一本书；另一类是人际交互，常指两人（也可多人）的交流活动或联系行为，是通过将单人的（原子）活动结合起来而得到的。对于单人活动，可借助概率图模型来描述。概率图模型是对连续动态特征序列建模的有力工具，有比较成熟的理论基础。它的缺点是模型的拓扑结构依赖活动本身的结构信息，所以对于复杂的交互活动，需要大量的训练数据来学习图模型的拓扑结构。为了将单人活动结合起来，可以使用**统计关系学习**（SRL）的方法。SRL 是一种将关系/逻辑表示、概率推理、机器学习和数据挖掘等进行综合以获取关系数据似然模型的机器学习方法。

5．群体活动

量变引起质变，参与活动的目标数量的大幅增加，会带来新的问题和新的研究方向。例如，群体目标运动分析主要以人流、交通流及自然界的密集生物群体为对象，研究群体目标运动的表达与描述方法，分析群体目标的运动特征及边界约束对群体目标运动的影响。此时，对特殊个体的独特行为的把握有所减弱，更加关注的是对整个集合活动（对个体进行抽象）的描述。例如，有的研究借鉴宏观运动学理论，探索粒子流的运动规律，建立粒子流的运动理论。在此基础上，对群体目标活动中的聚合、消散、分化、合并等动态演变现象进行语义分析，以期解释整个场景的动向和态势。

在群体活动分析中，对参与活动的个体数量的统计是一个基本的步骤，如在许多公共场合（如广场、体育场出入口等）中，需要对人流数量进行统计。图 12-11 给出一个人流监控中对人数的统计画面。虽然场景中有许多人，并且动作形态各异，但这里关心的是在特定范围（用框围住的区域）中的人的数量。

图 12-11　人流监控中对人数的统计画面

❑ **例 12-4　监控摄像机的安放示例**

考虑监控中对人数统计的基本几何。将摄像机安置在行人的斜上方（高度为 H_c，见图 12-12），可以看到行人的脚在地面上。设摄像机光轴沿水平方向，焦距为 λ，观测人脚的角度为 α。设坐标系垂直向下的方向为 Y 轴，X 轴从纸中出来。

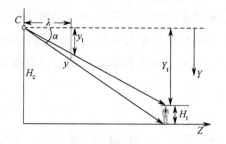

图 12-12　摄像机光轴水平时的监控几何

在图 12-12 中，水平方向的纵深 Z 为

$$Z = \frac{\lambda H_c}{y} \tag{12-26}$$

行人上部成像的高度：

$$y_t = \frac{\lambda Y_t}{Z} = \frac{y Y_t}{H_c} \tag{12-27}$$

行人自身的高度可估计为

$$H_t = H_c - Y_t = H_c \left(1 - \frac{y_t}{y} \right) \tag{12-28}$$

在实际应用中，摄像机光轴一般会稍微向下倾斜以增加观测范围（特别是观察靠近摄像机下方的目标），此时如图 12-13 所示。

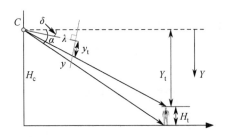

图 12-13 摄像机光轴向下倾斜时的监控几何

这时的计算公式要复杂些，首先由图 12-13 可知：

$$\tan \alpha = \frac{H_c}{Z} \qquad (12\text{-}29)$$

$$\tan(\alpha - \delta) = \frac{y}{\lambda} \qquad (12\text{-}30)$$

其中，δ 是摄像机的向下倾斜角。从式（12-29）和式（12-30）中消去 α 得到作为 y 的函数的 Z：

$$Z = H_c \frac{(\lambda - y \tan \delta)}{(y + f \tan \delta)} \qquad (12\text{-}31)$$

为了估计行人的高度，用 Y_t 和 y_t 分别替换上式中的 H_c 和 y，得到

$$Z = Y_t \frac{(\lambda - y_t \tan \delta)}{(y_t + \lambda \tan \delta)} \qquad (12\text{-}32)$$

联立式（12-31）和式（12-32），消去 Z 得到

$$Y_t = H_c \frac{(\lambda - y \tan \delta)(y_t + \lambda \tan \delta)}{(y + \lambda \tan \delta)(\lambda - y_t \tan \delta)} \qquad (12\text{-}33)$$

考虑最优的向下倾斜角 δ。参见图 12-14，摄像机的视角为 2γ，要包括最近点 Z_n 和最远点 Z_f，它们分别对应 α_n 和 α_f。

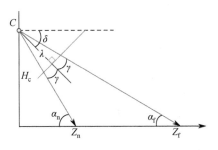

图 12-14 计算摄像机光轴向下最优倾斜角的监控几何

对于最近点和最远点，分别有

$$\frac{H_c}{Z_n} = \tan \alpha_n = \tan(\delta + \gamma) \tag{12-34}$$

$$\frac{H_c}{Z_f} = \tan \alpha_f = \tan(\delta - \gamma) \tag{12-35}$$

取式（12-34）和式（12-35）的比值，得到

$$\eta = \frac{Z_n}{Z_f} = \frac{\tan(\delta - \gamma)}{\tan(\delta + \gamma)} \tag{12-36}$$

如果取 $Z_f = \infty$，则 $\delta = \gamma$，$Z_n = H_c \cot^2 \gamma$。极限情况是 $Z_f = \infty$，$Z_n = 0$，即 $\delta = \gamma = 45°$，这覆盖了地面上的所有点。实际中 γ 要较小，此时 Z_n 和 Z_f 由 δ 决定。例如，当 $\gamma = 30°$ 时，最优的 η 是 0，此时 $\delta = 30°$ 或 $\delta = 60°$；最差的 η 是 0.072，此时 $\delta = 45°$。

最后，考虑使行人不互相遮挡的最近行人间距 Z_s。根据式（12-29），分别让 $\tan \alpha = H_t / Z_s$ 和 $\tan \alpha = H_c / Z$，可以解出：

$$Z_s = \frac{H_t Z}{H_c} \tag{12-37}$$

可见，该间距与行人高度成正比。 □

6. 场景解释

与对场景中目标的识别不同，**场景解释**主要考虑整幅图像，而不验证特定的目标。实际使用的许多方法仅考虑摄像机拍到的结果，从中通过观察目标运动（不一定确定目标的身份）来学习和识别活动。这种策略在目标足够小、可表示成 2D 空间中一个点时是比较有效的。

例如，一个用来检测非正常（异常）情况的系统要实现如下功能。首先提取目标 2D 位置、速度、尺寸和二值剪影，用矢量量化来生成一个范例的码本。考虑到互相之间的时间关系，可以使用共生统计。通过迭代定义两个码本中范例之间的概率函数来确定一个二值树结构，其中叶节点对应共生统计矩阵中的概率分布，而更高层的节点对应简单的场景活动（如行人或车的运动），它们可进一步结合起来以给出场景解释。

12.5 各节要点和进一步参考

以下结合各节的主要内容介绍一些可以进一步查阅的参考文献。

1. 时空技术

超过四分之一个世纪的图像工程综述系列可参见文献[1]，有关在该系列中增加时空技术小类的讨论可参见文献[2]。

2. 时空兴趣点检测

在时空场景中，对兴趣点的检测从空间向时空扩展趋势的讨论可参见文献[3]。对线性尺度空间的表达可参见文献[4]。对哈里斯兴趣点检测器的介绍可参见《2D 计算机视觉：原理、算法及应用》一书。

3. 时空动态轨迹学习和分析

更多关于时空动态轨迹学习和分析的内容可参见文献[5]。利用车载摄像头对路上行人进行检测的示例可参见文献[6]。借助动态轨迹对场景进行自动建模的内容可参见文献[7]。

4. 时空动作分类和识别

时空动作分类的更多技术和相关讨论可参见文献[8]。对 Weizmann 动作识别数据库的更多介绍可参见文献[9]。有关动作及活动的表达和识别内容还可参见文献[10]。对盖伯滤波器的介绍可参见文献[4]。在监控场景中对人数进行统计的示例可参见文献[11]。

视知觉

视觉的高层是视知觉。典型的视知觉主要包括形状知觉、空间知觉和运动知觉。

A.1 形状知觉

形状知觉主要讨论对想要观察或所关注物体的形状感知。人们在观察一个场景时，常常将想要观察或所关注的物体称为目标（前景、图形），而把其他部分划归为背景。区分目标和背景是理解形状知觉的基础，而形状感知的第一步是将目标从背景中分离和提取出来。

目标形状的构造有一定的规律。心理学中的**格式塔理论**认为，对刺激的感知是有自组织倾向的，形状在将视觉基本单元（如点、线）组织成有一定意义的块（连通组元）或区域时会遵循一定的规律，常用的规律包括以下4条。

（1）接近规律：在空间中相接近的元素比相分离的元素更容易被感知为"属于共同的形状"。

（2）相似规律：形状或尺寸相近的元素更容易被感知为"属于相似的集合（Collective）形状"。

（3）连续规律：如果一个形状不完整，那么有一种自然的趋势将其（连接）看作"完整"。

（4）封闭规律：当移动一个形状时，同时移动的元素被看作"属于同一个整体形状"。

形状知觉中最基本的概念是**轮廓**（目标的封闭边界）。人在知觉形状前总先看到轮廓，事实上，人看出一个物体的形状，其实就是看出了将该物体与视野中其他部分区分开的轮廓。直观地说，对形状的知觉一般要求在亮度不同的可见区域之间有一个线条分明的轮廓。

如果用数学语言来说，轮廓的构成就是轮廓对应亮度的二阶导数。换句话说，仅有亮度的（线性）变化并不会产生轮廓，必须有亮度的加速变化才可能产生轮廓。另外，当亮度变化的加速度低于知觉轮廓的域值时，即使眼睛注视着物体，也并不能看出它的形状。

轮廓与形状密切相关，但轮廓不等于形状。当视野中的两部分被轮廓分开时，尽管它们有相同的轮廓线，却可以被看成具有不同的形状。轮廓与形状的区别也可以这样解释：人在注意物体的形状时，倾向于固定地观看某些区域（一般是由经验得出的关键部位）；而人在注意轮廓时，则把轮廓看成一条要追踪的路线，所以从轮廓到形状的知觉有一个"形状构成"的过程。可以说，轮廓只是边界，是一个局部概念，而形状则是全体，是一个总体概念。

轮廓在构成形状时具有"方向性"。轮廓通常倾向于对它所包围的空间产生影响，即轮廓一般是向内部而不是向外部发挥构成形状的作用。当视野被轮廓分为目标和背景时，轮廓通常只使得目标具有形状，而背景似乎并没有形状。例如，从一幅大图中挖出一个小块，两者具有相同的轮廓，但很少有人能看出它们构成了相同的形状。这可以解释为什么在**拼图游戏**中，有具体图案的部分比大片蓝天或海水的部分好拼。因为在前一种情况下，可借助对画面的理解；而在后一种情况下，仅有图板的轮廓起作用。

在形状知觉中，对轮廓的知觉常会受到心理因素等的影响而与实际情况不同。除 1.1 节的**马赫带效应**外，还有一种有趣的现象，称为主观轮廓。人们在没有亮度差别的情况下，由于某种原因也可以看到一定的轮廓或形状。这种在没有直接刺激的情况下而产生的轮廓知觉称为**主观轮廓**或错觉轮廓。

❏ **例 A-1 主观轮廓示例**

人们可以在如图 A-1(a)所示的三个扇形圆盘之间看到一个弱的主观轮廓（实际上并没有封闭的边界）。由这个主观轮廓包围起来的正三角形看起来比实际亮度相同的背景更亮一些，给人的感觉像是一个白色的三角形平面位于由另外三个角组成的被遮掩三角形和观察者之间。图 A-1(b)和图 A-1(c)给出另外两个示例，其中图 A-1(b)不如图 A-1(c)生动。主观轮廓表明，对形状的感知依赖对边缘的提取。在图 A-1 中，尽管只有间断的边缘和线，人们还是可以看到有形状的物体。

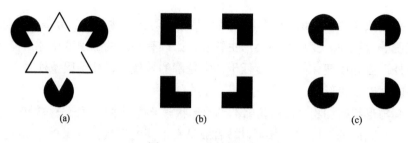

（a）　　　　　　　　　　　　（b）　　　　　　　　　　　　（c）

图 A-1　主观轮廓示例

A.2　空间知觉

人眼视网膜是一个曲面，从成像的角度来看，相当于 2D 空间中一个只有高和宽的平面，但人却能利用在其上形成的视像感知到一个 3D 空间，即还可以从中获得深度（距离）信息。这种能力就是所谓的**空间知觉**。空间知觉本质上是一个深度感知的问题，因为对另外两维的观察通常更加直接和确定（歧义少）。

2D 视像中有许多线索可帮助人来感知和解释 3D 场景。人类并没有直接或专门用来感知距离的器官，对空间的感知通常不仅依靠视力。人在空间视觉中借助一些称为**深度线索**的外部客观条件和自身机体内部条件来判断物体的空间位置，这些条件包括非视觉性深度线索、双目深度线索和单目深度线索。

A.2.1　非视觉性深度线索

非视觉性深度线索有其生理基础（近年来在机器人视觉中也有利用相关原理的方法），常见的有以下两种。

1．眼睛聚焦调节

在观看远近不同的物体时，眼睛通过眼肌调节其水晶体（相当于摄像机中的透镜）以在视网膜上获得清晰的视像。这种调节活动传递给大脑的信号提供了有关物体距离的信息，大脑据此可以给出对物体距离的估计。

2．双眼视轴的辐合

在观看远近不同的物体时，两只眼睛会自行调节以将各自的**中央凹**对准物体，从而将物体映射到视网膜感受性最高的区域中。为实现对准，双眼视轴必须完成一定的辐合运动，看近要趋于集中，看远要趋于分散。控制视轴辐合的眼肌运动也能给大脑提供有关物体距离的信息。

❑　**例 A-2　双眼视轴辐合与物距**

参见图 A-2，设物体在点 P 处，L 和 R 代表左眼、右眼的位置，d 为 L 和 R 间的距离，即目距（一般为 65mm）。当原来平行的视轴（如虚线箭头所示）向 P 点幅合时，左眼向内侧转动的角度为 θ_L，右眼向内侧转动的角度为 θ_R，并且有 $\theta = \theta_L + \theta_R$。可见，如果知道 θ 就可算出物距 D。另外，如果已知物距 D 也可算出 θ。

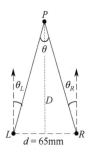

图 A-2　双眼视轴的幅合示意　　❑

A.2.2　双目深度线索

人对空间场景的深度感知主要依靠**双目视觉**实现。在双目视觉中，每只眼睛从不同角度观察，在各自视网膜上形成不同的独立视像。具体来说，左眼看到物体的左边多一点，右眼看到物体的右边多一点。换句话说，物体上被注视中心的像会落在双眼视网膜的相应点上，而其他部分的像则落在非相应部位上，这就是双眼视差，它提供了一种主要的**双目深度线索**。

双眼视差是产生立体知觉或深度知觉的重要原因。借助双眼视差可以比借助眼睛聚焦调节、双眼视轴辐合等更精确地知觉相对距离。不过要注意，当两个物体之间有一定距离时，这个距离必须超过一定限度才能让观察者辨别出两者之间的距离差别，这种辨别能力称为**深度视锐**。测定深度视锐就是确定双眼视差的最小辨别阈限。深度视锐也可用像差角来量度，一般人的双眼深度视锐的最低限度为 0.0014～0.0028 rad。

人在正常身体姿势下，双眼的视差是沿水平方向的，这称为**横向像差**，此时人的深度知觉主要由横向像差产生。沿视网膜上下方向的视差称为纵向像差，它在生活中很少出现，并且人对它也不敏感。

达·芬奇早就发现了双目视觉中的基本问题：以一个固定焦距观察同一个物体，得到的两幅视像是不同的，那么人是如何感知到这是同一个物体的呢？这里需要用到**对应点**的概念（更多内容可参见第 6 章），可以用几何证明在双眼视场中有许多点可以被感知成一个点。这些点的几何轨迹被称为**双眼单视**，这些点的左右视像组成对应点对。上述感知过程是在大脑皮层中进行的，两幅视像在传送到大脑皮层后结合起来，产生一个单一的具有深度感的视像。

实际上，当观察者将双眼的视力聚焦到一个较近的目标上时，双眼视线轴间有一定的角度，并且均不是垂直向前的。但双眼在看物体时通过幅合而朝向一个共同的视觉方向，并且得到的映像是单一的，好像是被一只眼睛看到的。如果从主观感觉的角度来看，两只眼睛可以看作一个单一的器官，可用一个理论上假想的处于双眼正中的单一眼睛来代表这个器官，称为**中央眼**。

□　例 A-3　中央眼

两只眼睛视网膜上的每对相应点都有共同的视觉方向。如图 A-3 所示，当目标在正前方 C 处时，它分别作用于左眼、右眼各自的中央凹 C_L 和 C_R 上。当 C_L 和 C_R 被假想重叠后，点 C 处目标的定位在中央眼的中央凹 F_C 上，它在中央眼的正中方向上，即主观视觉方向为正前方。当目标在点 S 处时，它分别作用于左眼和右眼的 S_L 和 S_R 处。对于中央眼，目标定位在 F_S 处。

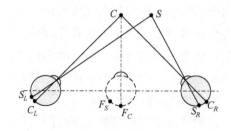

图 A-3　中央眼示意　　　　　　□

中央眼是人们在处理空间知觉时很有用的一个概念，人在对物体进行空间定向时，将自己作为视觉空间的中心，将从中央眼的中央凹朝向前方的方向作为视觉的正前方向来确定物体的方位。由于目标在主观上是沿单个方向看到的，所以这个方向称为主观方向，它将目标与上述想象中的处于双眼中间的中央眼联系起来。所有落在两个视觉方向（两个光轴）上的目标都被感知为在同一个主观方向上。这看起来就像对应两个视网膜的两个点有相同的方向值。

主观视觉方向与作用在视网膜相应点处刺激物的实际方位可能不一致。换句话说，客观视觉空间和主观视觉空间之间有差别。这里视网膜相应点指的是在感受刺激时产生同一视觉方向的那些单元，也就是说，两个视网膜上具有共同视觉方向的视网膜单元称为视网膜相应点。实际上，双眼的中央凹就是双眼的视网膜相应点，中央凹的视觉方向就是主要的视觉方向，人们依靠中央眼的主要视觉方向来确定物体在空间中的方位。

A.2.3　单目深度线索

人对空间场景的深度感知有时也可以依靠**单目视觉**来实现（只需要一只眼）。在单目视觉中，通过观察者的经验和学习，刺激物本身的一些物理条件在一定条件下也可以成为知觉深度（距离）的线索（参见第 8 章）。主要的**单目深度线索**如下。

1．大小和距离

根据视角测量的原理，如果保持视网膜上的视像尺寸不变，则物体大小和物体距离的比值不变。这称为欧几里得定律，用公式表示为

$$s = \frac{S}{D} \qquad\qquad (\text{A-1})$$

其中，S 为物体大小；D 为物距；s 为视网膜上的视像大小（眼球大小为常数，这里取为 1）。

这种物体在视网膜上的成像尺寸与物体距离成反比的现象称为**透视缩放**。据此可知，当物体的实际大小已知时，通过视觉观察就可以推算出物体距离。在观察两个尺寸相近的物体时，哪一个物体在视网膜上产生的视像更大，哪一个物体就更近。对于同一个物体，与物体轴成锐角观察比成直角观察得到的视像要小，这也称为**透视缩短**现象。

2．照明变化

照明变化包括：①光亮与阴影的分布，一般明亮的物体显得近，而灰暗或阴影中的物体显得远；②颜色分布，在人们的经验中，远方的物体一般呈蓝色，近处的物体呈黄色或红色，据此人们常认为黄色或红色的物体较近，而蓝色的物体较远；③大气透视，由于在观察者和物体之间有很多相关的大气因素（如雾等），所以人们观察到较远物体的轮廓不如较近物体的轮廓清晰。这些照明变化因素提供了关于深度的重要线索。

3．线性透视

根据几何光学的定律，通过瞳孔中心的光线一般给出中心投影的真实图像。粗略地说，这个投影变换可以描述成从一个点向一个平面的投影，称为**线性透视**。由于线性透视的存在，较近的物体占的视角大，看起来尺寸较大；较远的物体占

的视角小，看起来尺寸较小。

4．纹理梯度

场景中目标的表面上总有纹理。例如，砖墙有双重纹理，砖之间的模式包含**宏纹理**，而每块砖的自身表面有**微纹理**。当人观察含有某种纹理且与视线不垂直的表面时，纹理被投影到视网膜上并在视像中给出对应**纹理梯度**的渐进变化，这种近处稀疏、远处密集的结构密度级差给出了距离的线索（参见 8.3 节）。

5．物体遮挡

物体之间的相互遮挡是判断物体前后关系的重要条件。当观察者或被观察物处于运动状态时，遮挡的改变使人们更容易判断物体的前后关系。当一个物体遮挡另一个物体时，会出现**穿插**现象，这时可知，遮挡物体到观察者的距离比被遮挡物体到观察者的距离要近，不过依靠遮挡判断物体之间的绝对距离是比较困难的。

6．运动视差

当观察者在固定环境中运动时，物体距离的不同会导致视角变化快慢产生差异（较近物体的视角变化快，较远物体的视角变化慢），从而引起相对运动的知觉。如图 A-4 所示，当观察者以速度 v 由左向右运动并观察物体 A 和 B 时，在 f_1 处得到的视像分别是 A_1 和 B_1，在 f_2 处得到的视像分别是 A_2 和 B_2。观察者感觉到物体 A 的视像尺寸比物体 B 的视像尺寸变化得快，（静止的）物体 A 和物体 B 彼此间显得逐渐远离（好像处于运动状态中）。

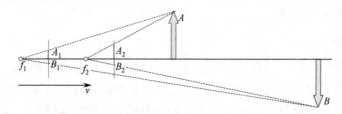

图 A-4　距离运动视差的几何解释

上述运动情况与观察者的注视点有关，在实际情境中，感觉到的运动是绕注视点的转动。如图 A-5 所示，当观察者以速度 v 自上向下运动时，如果注视点为点 P，则可观察到较近的点 A 与观察者反向运动，较远的点 B 与观察者同向运动。这可以说是借助大脑皮层感知的深度线索。

需要指出的是，尽管运动视差是由观察者运动引起的，但如果观察者静止而物体或环境运动，也会得到类似的效果。另外，由于透视投影的原理相同，运动视差与透视缩放、透视缩短是相关的。

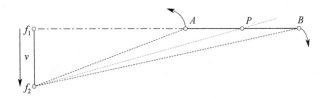

图 A-5　方向运动视差的几何解释

A.3　运动知觉

对运动的知觉也是视觉系统的重要功能之一。如果说视觉是光通过视觉器官而引起的感觉**模态**的总称，那么检测视野中物体的运动是其中的一种亚模态。下面给出一些有关运动和运动视觉关系的表述，并讨论运动感知的一些特点。

A.3.1　运动感知的条件

目前最广为接受的视觉运动感知理论有两个关键点。

（1）视觉系统中存在运动检测单元，它包括两个检测通道。一个是静态通道，检测空间频率信息，在时间频率上具有低通滤波特性；另一个是动态通道，在时间频率上具有带通特性。当且仅当两个通道同时有响应时，人眼才能感知到运动并检测出运动速度，如图 A-6 所示。

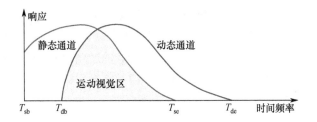

图 A-6　静态通道和动态通道共同决定运动视觉区

这一运动检测器模型能够解释视觉对时间频率和运动速度的选择性。显然，获得良好的运动视觉的条件是，当且仅当两个通道均具有响应时，才能感知运动速度，这样的区域只能是两条响应曲线的重叠部分，即图 A-6 中的阴影区，称为运动视觉区。

当目标变化的时间频率低于 T_{db} 时，只能引起静态通道响应，而动态通道响应为 0。其结果是运动检测器输出为 0，即视觉感知不到目标的变化。反映在速度上，会将目标感知为静止，如时针的走动、日月的运动等。如果运动变化的时间频率高于 T_{se} 而低于 T_{de}，只能引起动态通道的响应，而静态通道响应为 0。此时视觉虽然能感知到目标的运动却无法计算其速度，也不能分辨目标的结构细节，如奔驰的列车窗外高速掠过的树木、高速转动的电扇叶片等。对于速度更高的运动，即时间频率高于 T_{de}，动态通道与静态通道均无响应，说明既不能计算速度，也不能感知到目标在运动，甚至无法觉察到目标的存在，如一颗出膛的子弹的运动等。所以，只有当时间频率在 T_{db} 与 T_{se} 之间时，才能同时引起动态通道和静态通道的良好响应，视觉也才能有效地感知到目标的运动，并计算其运动的速度。因此，人眼对运动速度的选择性，取决于视觉系统内部的运动检测器对时间频率的响应。

由上可见，运动感知与运动速度密切相关。运动速度的上、下限受多个因素影响，包括：物体的尺寸，大尺寸的物体需要更多的运动才能被看作"是运动的"；亮度和反差，它们越大运动越容易被感知；环境，运动的感知有一定的相对性，如果有固定的参考点，则运动很容易被感知到。

（2）有关人类自身运动的知识有助于避免将人体或人眼的运动归于物体的运动。人眼的运动有多种，包括急速运动、跟踪运动、补偿运动、漂移运动，这些运动均会使视网膜感知到相对于环境的运动，相当于视觉观察的噪声源，需要消除。

A.3.2　运动物体的检测

人在观察一个运动物体时，眼球会自动跟随其运动，这种现象称为**眼球追踪运动**，简称**眼动**。这时眼球和物体的相对速度会降低，使人能更清晰地辨认物体。例如，在观看一些球类（如乒乓球）比赛时，尽管乒乓球的运动速度很快，但由于眼动的存在，人们仍能看得到球的大概轨迹。又如，当眼睛随风扇转动方向而转动时，会发现可对扇叶细节看得更清楚。眼球跟随的最大速度为 4～5°/s，因此要看清一颗子弹的飞行是不可行的。

A.3.3　深度运动的检测

人不仅能从相当于 2D 的视网膜中获得深度距离信息，还可以获得深度运动信息。这说明存在单眼性的深度运动检测机制，可借助图 A-7 来解释。在计算机屏幕上给出一个矩形图案，并使它的各边以图 A-7(a) 和图 A-7(b) 中箭头所示的方向在水平面内运动。观察者在观看图 A-7(a)和图 A-7(b)时会感觉到矩形分别在水平和垂直方向有所拉伸，不过两种情况都没有深度运动存在。但若将两者组合，即如图 A-7(c)那样使矩形的左、右边与上、下边同时在水平和垂直方向按箭头指向运动，观察者即使以单眼观察，也可感知到明显的深度运动：矩形由远而近地运动着。

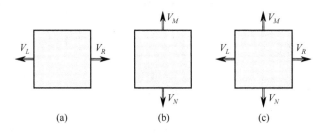

图 A-7　单眼深度运动检测示意

A.3.4　真实运动和表观运动

在一定条件下，即使场景中没有物体运动也可能感知到运动，这称为**表观运动**。例如，观察者观察空间中两个比较接近的点，将它们在不同的时间分别用两个闪光灯打亮。如果两个闪光之间的时间差很小，它们会同时被感知到；如果两个闪光之间的时间差很大，它们则会被先后感知到；只有当两个闪光之间的时间差为 $30\sim200\mu s$ 时，人才会感知到表观运动（感觉到有一个光点运动到另一个位置）。可将表观运动分成若干类，并用希腊字母标记。例如，α 运动表示扩张或收缩（两个闪光点的尺寸不同）的动作，β 运动表示从一个点向另一个点的运动。如果有些现象很不同但相关，则称为**ϕ 效果**。

A.3.5　表观运动的对应匹配

在相继呈现的两个图案中，能够**对应匹配**的部分会影响表观运动的效果。由于视觉刺激涉及许多因素，所以对应匹配的种类也很多。表观运动对应匹配的实验表明，一些常见因素可排序如下：空间位置的邻近性、形状结构的相似性、平面相对于立体的优先性。

先考虑空间位置的邻近性。设先用计算机生成图 A-8(a)中的线段 L，在显示 100 ms 后消去，再依次生成线段 M 和线段 N，在显示 100 ms 后消去。如此循环，可觉察到线段在屏幕上做来回运动。那么人眼感知到的运动方向是 $L{\to}M$ 还是 $L{\to}N$ 呢？实验表明，这种运动匹配主要取决于后继线段 M、N 与起始线段 L 的距离，据此得出第一条对应匹配法则：在两个相继呈现的图案中，空间位置最邻近的像素对应匹配（如图中双向箭头所示）。

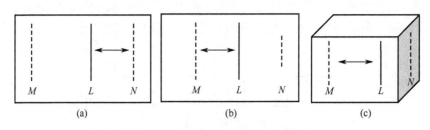

图 A-8　空间位置邻近性和形状相似性

图 A-8(b)将线段 N 缩短了，这时感知到的运动总在线段 L 与线段 M 之间来回进行。据此得出第二条对应匹配法则：在两个相继呈现的图案中，形状结构最相似的像素对应匹配。

图 A-8(c)不将线段 N 缩短，但引入一个立方体结构，使线段 L 和线段 M 看起来在同一个平面上，而 N 在另一个平面上。此时觉察到线段 N 在原处闪现，而另一条线段在线段 L 和线段 M 之间来回运动。据此得出第三条对应匹配法则：在存在 3D 结构与运动暗示的条件下，同一平面上的像素优先对应匹配。

以上讨论的都是最基本的对应匹配法则，违背其中任何一条，都会产生运动错觉。利用对应匹配法则可以很容易地解释电影中的车轮倒转现象。在图 A-9 中，相继呈现的两种十字形辐条分别以粗实线和虚线表示。当两个邻近辐条成 45° 角（见图 A-9(a)）时，看到的辐条运动状态是一会儿顺转，一会儿逆转。这种现象用上述第一条对应匹配法则很容易解释。此时用虚线表示的辐条，既可以由用粗实线表示的辐条顺时针转过 45° 而成，也可由其逆时针转过 45° 而成。由于两种辐条的形状完全相同，所以顺转、逆转都有可能。现通过计算机改变辐条显示的空间间隔，并采用不同的显示顺序依次呈现 A（用粗实线表示）、B（用细实线表示）和 C（用虚线表示）的三种十字形辐条，辐条运动方向将是确定的。如呈现次序为 A→B→C，则感知到辐条顺时针转动，并且转动方向是唯一的，如图 A-9(b)所示。因为按照第一条对应匹配法则，A→B→C 的次序在空间上最邻近。同理，从图 A-9(c)中看到的辐条转动方向是逆时针的（呈现次序为 A→C→B）。有些电影中的辐条倒转，是由于拍摄帧频与车轮转速不同步，结果把快速正转的轮子拍摄成了如图 A-9(c)所示的显示序列。按照上述对应匹配法则，便造成了车轮倒转的错觉。

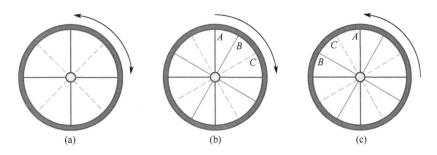

图 A-9 不同呈现次序引起辐条旋转的运动知觉

A.3.6 孔径问题

孔径问题是运动检测要考虑的一个重要问题。**孔径问题**可表述为，当通过一个圆形小孔观察某一目标（如线段组）的运动时，人眼感知到的运动方向都垂直于线段。原因是人把小孔里线段的局部运动看成了整体运动。以图 A-10(a)为例，无论线段朝左或朝上运动，通过小孔只能看到线段沿箭头所指的方向（朝左上）运动，这是一种主观上的表观运动。

上述现象也可利用表观运动的对应匹配法则进行解释。由图 A-10 可知，每个线段均与小孔有两个交点。根据对应匹配法则，当前线段的两个交点，将分别与下一时刻最近的线段的两个交点相匹配。虽然看到的这些交点的运动方向都沿着圆周，但视觉系统总倾向于将每个线段视作一个整体，因而感知到的线段运动方向将是其两交点运动方向的合成方向，即垂直于线段的方向。因此，孔径问题的严格表述应该是，感知到的线段运动方向是其两交点运动方向的合成方向。

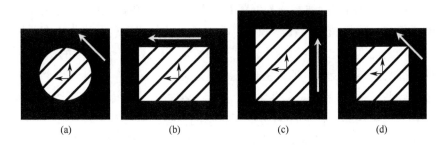

图 A-10 不同小孔情况下的表观运动方向

由此推论，当小孔的形状发生改变时，线段的表观运动方向将分别变为向左、向上、沿对角线，分别如图 A-10(b)、图 A-10(c)、图 A-10(d)所示。图 A-10(c)可很好地解释理发馆招牌的运动错觉。就观察者的视网膜投影影像而言，理发馆招牌的圆柱框相当于一个长方形的小孔。当圆柱转动时，彩条的运动方向由两交点确定。而根据对应匹配法则，彩条左右两排交点的运动方向均向上，由此合成方向也向上（如果反转则向下）。

另外，也可借助"孔径问题"来说明人脑是怎样检测运动的。如图 A-11(a)和图 A-11(b)所示，当观察者通过一个小圆孔来观察一个较大的斜纹形光栅图案的运动时，不管图案向下方运动、向右方运动或向右下方运动，观察到的运动方向似乎都是相同的，即向右下方运动。这一现象显示了运动检测中一种基本的不确定性。解决这个问题的一种方法是同时通过两个小圆孔来观察，如图 A-11(c)所示，这样就能分别检测出图案两个边缘的运动情况，获得两个运动分量，从而对运动方向做出正确的判断。

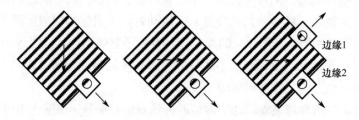

图 A-11 解决孔径问题的一种方法示意

由此看来，对运动信息的检测可分成两个层次，第一层次检测运动分量；第二层次整合运动分量，从而检测出更复杂的运动。

A.3.7 动态深度线索

A.2 节中列出的深度线索在视网膜有运动时也能提供深度信息，这称为**动态深度线索**。例如，线性透视常在感知中以动态透视的形式出现：当人在车中随车前进时，视场的连续变化在视网膜上产生一种流动（Flux，一种连续的梯度变化）。流动的速度与距离成反比，所以提供了距离信息。

还有一些其他的信息与运动有关，如**运动视差**，这是由人向两边运动（横向运动）导致的图像与视网膜相对运动所产生的信息。旋转和径向运动（当物体移向眼睛或离开眼睛）也可提供有关空间及其中物体的信息。以下两点需要注意。

（1）这些线索既是几何的也是动态的，它们主要处在大脑皮层中，而并不处在视网膜中。

（2）这些线索在平面图像中完全没有。当人在博物馆中的画像前移动时，人既感知不到视差运动，也感知不到图像中的动态透视。图像被看作单个物体而像刚体那样移动。

对于运动图像也有这样的情况，需要区分对动态线索的表达（如由运动着的摄像机拍摄的画面）和由观察者自身运动造成的动态线索。如果观察者在摄像机前面运动，那么就没有由自身运动造成的动态透视或视差。如果一个物体在拍摄的画面中被另一个物体遮挡，那么只有依靠摄像机的运动，观察者才能看到该物体，而观察者自身不管如何努力也是没有用的。

A.4　各节要点和进一步参考

以下结合各节的主要内容介绍一些可以进一步查阅的参考文献。

1. 形状知觉

主观轮廓对形状感知的生动性还可参见文献[1]。讨论形状知觉常会涉及许多视错觉的现象和问题，可参见文献[2]。

2. 空间知觉

单目深度线索中有关照明变化的更多讨论可参见文献[3]。

3. 运动知觉

有关表观运动的更多讨论可参见文献[3]。

自我检测题

以下题目既包括单选题，也包括多选题，所以须对所有选项进行判断。

第1章　计算机视觉概述

1.1　人类视觉及特性

1.1-1　对比视觉和其他与之相关的概念，有（　　　）。
　　（A）视觉和计算机视觉都主观地感知客观世界
　　（B）视觉和图像生成都通过对物体的抽象描述来生成图像
　　（C）计算机视觉系统和机器视觉系统都与人类视觉系统有可比性
　　（D）视觉过程和计算机视觉过程都是完全确定和可以预测的
［提示］考虑视觉与其他概念的不同之处。

1.1-2　马赫带效应（　　　）。
　　（A）可以用同时对比度解释
　　（B）与同时对比度表明同一个事实
　　（C）取决于人的视觉系统的亮度适应级
　　（D）表明条带上实际的亮度分布会受到主观亮度曲线的影响
［提示］马赫带效应表明，人感觉到的亮度并不仅仅与场景光强度有关。

1.1-3　主观亮度（　　　）。
　　（A）仅与场景亮度有关
　　（B）与物体所受照度成比例关系
　　（C）可能与物体亮度的绝对值无关
　　（D）决定了人类视觉系统的总体敏感度
　　［提示］主观亮度是指人眼依据视网膜感受到的光刺激的强弱判断出的被观察物体的亮度。

1.2　计算机视觉理论和框架

1.2-1　计算机视觉（　　）。

（A）的目标是揭开视觉过程的全部奥秘

（B）的研究方法参照了人类视觉系统的结构原理

（C）是探索人类视觉工作机理的一种手段

（D）借助对人类视觉系统的理解而实现

[提示] 根据计算机视觉的定义分析。

1.2-2　马尔的视觉计算理论认为（　　）。

（A）视觉过程远比人的想象更为复杂

（B）解决视觉问题的关键是信息的表达和信息的加工

（C）要完成视觉任务，必须将所有工作结合起来进行

（D）所有视觉信息问题均可用现代计算机来解决

[提示] 参见马尔视觉计算理论的 5 个要点。

1.2-3　在如图 1-7 所示的改进的视觉计算框架中，（　　）。

（A）图像获取模块提供了定性视觉的基础

（B）图像获取模块提供了选择性视觉的基础

（C）视觉目的模块要基于主动视觉的目的进行构建

（D）高层知识模块的作用是将后期的结果信息反馈到早期加工中

[提示] 分析马尔理论的不足之处。

1.3　3D 视觉系统和图像技术

1.3-1　根据 3D 视觉系统流程图，（　　）。

（A）3D 重建必须使用运动信息

（B）对物体的客观分析基于对场景的解释

（C）在对场景进行解释和理解的基础上，才能做出决策

（D）要获取运动信息，必须采集视频图像

[提示] 分析各步骤之间的联系。

1.3-2　图像理解（　　）。

（A）抽象性高，操作对象为目标，语义层次为高层

（B）抽象性高，操作对象为符号，语义层次为中层

（C）抽象性高，数据量小，语义层次为高层

（D）抽象性高，数据量大，操作对象为符号

[提示] 参考图 1-9。

1.3-3 在以下图像技术中，属于图像理解技术的有（　　）。

（A）图像分割　　　　　　　（B）场景恢复

（C）图像匹配和融合　　　　（D）目标特性提取分析

[提示] 考虑各技术的输入和输出。

1.4 本书结构框架和内容概况

1.4-1 以下内容中，依次属于本书 5 个模块的为（　　）。

（A）3D 图像采集、视频图像和运动、双目立体视觉、物体匹配、知识和场景解释

（B）3D 图像采集、双目立体视觉、单目多图像恢复、物体匹配、知识和场景解释

（C）摄像机标定、运动目标检测和跟踪、双目立体视觉、单目单图像恢复、时空行为理解

（D）摄像机标定、视频图像和运动、单目多图像恢复、运动目标检测和跟踪、时空行为理解

[提示] 对照图 1-10。

1.4-2 以下说法中，正确的有（　　）。

（A）3D 图像是一种深度图

（B）背景建模是一种针对视频中运动目标的检测和跟踪技术

（C）从物体表面影调变化恢复物体形状是一种利用多幅单目图像进行物体恢复的方法

（D）词袋/特征包模型是一种时空行为理解模型

[提示] 分别考虑各章概述中的内容。

1.4-3 以下说法中，不正确的有（　　）。

（A）基于区域的双目立体匹配技术是比较抽象的匹配技术

（B）摄像机标定可能用到非线性摄像机模型

（C）对动作进行分类是一种对运动目标进行检测和跟踪的技术

（D）基于光流场从运动求取结构的方法是一种利用多幅单目图像进行物体恢复的方法

[提示] 参考"各章概述"中的内容。

第 2 章　摄像机标定

2.1　线性摄像机模型

2.1-1　在使用介绍的摄像机校准方法时，需要获得 6 个及以上已知世界坐标的空间点，原因有（　　）。

　　（A）摄像机的校准公式涉及 12 个未知量

　　（B）摄像机的旋转和平移各需要 3 个参数描述

　　（C）世界坐标是 3D 的，而像平面坐标是 2D 的

　　（D）从世界坐标到像平面坐标的变换矩阵是一个 3×3 的矩阵

［提示］注意有些参数是相关的。

2.1-2　摄像机标定（　　）。

　　（A）可建立摄像机内参数与外参数的关系

　　（B）所确定的参数也可通过对摄像机的测量来确定

　　（C）需要确定的参数既包括摄像机内参数，也包括摄像机外参数

　　（D）要确定从给定的世界坐标到对应的像平面坐标的变换类型

［提示］考虑摄像机标定的目的和具体步骤。

2.1-3　在摄像机标定中，（　　）。

　　（A）必须先确定内参数，再确定外参数

　　（B）必须先确定外参数，再确定内参数

　　（C）必须同时确定内参数和外参数

　　（D）可以同时确定内参数和外参数

［提示］注意不同文字描述的准确含义和细微区别。

2.2　非线性摄像机模型

2.2-1　对于透镜畸变，（　　）。

　　（A）3D 空间到 2D 像平面的投影不能用线性模型描述

　　（B）产生的畸变误差在接近光轴处比较明显

　　（C）产生的畸变误差在像平面远离中心处比较明显

　　（D）可以根据 2D 像平面的像素坐标确定 3D 空间中的物点

［提示］畸变导致投影关系不再是线性投影关系。

2.2-2　对于径向畸变，（　　）。

（A）其导致的偏差关于摄像机镜头的主光轴常是对称的

（B）正向的称为桶形畸变

（C）负向的称为枕形畸变

（D）其导致的桶形畸变在像平面上远离光轴处更明显

［提示］径向畸变主要是由镜头表面曲率误差引起的。

2.2-3　在透镜畸变中，（　　）。

（A）薄棱镜畸变仅导致径向偏差

（B）偏心畸变源自光学系统光心与几何中心的不一致

（C）切向畸变主要源自透镜片组光心不共线

（D）离心畸变既包含径向畸变，也包含切向畸变

［提示］有些畸变是组合畸变。

2.2-4　根据非线性摄像机模型，在从 3D 世界坐标到计算机图像坐标的转换中，（　　）。

（A）非线性源自镜头径向畸变系数 k

（B）非线性源自图像中一点与镜头光轴之间的距离

（C）非线性源自像平面坐标受到镜头径向畸变的影响

（D）非线性源自实际像平面坐标$(x*, y*)$受到镜头径向畸变的影响

［提示］并不是非线性摄像机模型的每步都是非线性的。

2.3　传统标定方法

2.3-1　由图 2-7 可知，（　　）。

（A）标定的流程与成像的流程是一致的

（B）坐标系的每步转换都有系数需要标定

（C）需要标定的内参数比外参数多

（D）从世界坐标系到计算机图像坐标系的转换总有 4 步

［提示］注意每步转换和内容的含义。

2.3-2　在两级标定法中，（　　）。

（A）第 1 步计算 R 和 T，第 2 步计算其他参数

（B）第 1 步计算所有外参数，第 2 步计算所有内参数

（C）径向畸变系数 k 总在第 2 步中计算

（D）不确定性图像尺度因子 μ 总在第 1 步中计算

[提示] 不确定性图像尺度因子 μ 也可能事先已知。

2.3-3 在提升两级标定法的精度时，考虑镜头的切向畸变，则（　　）。

（A）标定需要 8 个基准点

（B）标定需要 10 个基准点

（C）需要标定的参数最多可有 12 个

（D）需要标定的参数最多可有 15 个

[提示] 这里考虑的畸变系数是 4 个。

2.4 自标定方法

2.4-1 自标定方法（　　）。

（A）不需要借助已知的标定物

（B）总需要采集多幅图像以进行标定

（C）只能标定摄像机的内参数

（D）在借助主动视觉技术实现时，鲁棒性不太高

[提示] 分析自标定方法的基本原理。

2.4-2 在不确定性图像尺度因子 μ 为 1 的理想情况下，（　　）。

（A）摄像机模型是线性的

（B）如果增加 x 方向上传感器元素的个数，则图像的行数也增加

（C）如果增加 x 方向上计算机在一行里的采样数，则图像的行数也增加

（D）以物理单位（如 mm）表示的像平面坐标就是以像素为单位的计算机图像坐标

[提示] 注意不确定性图像尺度因子 u 是在从像平面坐标系到计算机图像坐标系的转换过程中引入的。

2.4-3 为按照 2.4 节介绍的自标定方法进行摄像机标定，（　　）。

（A）需要让摄像机做 3 次纯平移运动

（B）需要让摄像机做 4 次纯平移运动

（C）需要让摄像机做 5 次纯平移运动

（D）需要让摄像机做 6 次纯平移运动

[提示] 分析该方法在进行标定时可得到的方程数量和需要计算的未知量数量。

第 3 章　3D 图像采集

3.1　高维图像

3.1-1　以下代表高维图像的函数有（　　）。

（A）$f(x, z)$　　　　（B）$f(x, t)$　　　　（C）$f(x, \lambda)$　　　　（D）$f(t, \lambda)$

[提示] 高维既可以指图像所在的空间高维，也可以指图像的属性高维。

3.1-2　以下代表高维图像的函数有（　　）。

（A）$f(x, z)$　　　　（B）$f(x, y, z)$　　　　（C）$f(t, \lambda)$　　　　（D）$f(z, t, \lambda)$

[提示] 基本的图像是 2D 灰度图像。

3.1-3　下列图像是高维图像的有（　　）。

（A）视频图像　　　（B）深度图　　　（C）运动图像　　　（D）多光谱图像

[提示] 从图像空间和属性的维数考虑。

3.2　深度图

3.2-1　对于深度图，（　　）。

（A）对应物体上同一外平面的像素值与外部光照条件无关

（B）对应物体上同一外平面的像素值与该平面的朝向无关

（C）对应物体上同一外平面的像素值与该平面的尺寸无关

（D）对应物体上同一外平面的像素值与该平面的反射系数无关

[提示] 深度图的属性值对应距离。

3.2-2　深度图中的边界线（　　）。

（A）总对应亮度不连续处　　　　（B）总对应深度不连续处

（C）有可能对应深度连续处　　　（D）有可能对应深度不连续处

[提示] 分析深度图中边界线的两种情况。

3.2-3　下列图像中，属于本征图像的有（　　）。

（A）灰度图　　　（B）深度图　　　（C）朝向图　　　（D）反射图

[提示] 本征图像反映场景的一种本征特性，不是多种特性的综合影响结果。

3.2-4　在双目立体成像中，光源、采集器、物体的位置情况分别为（　　）。

（A）固定、固定、自运动　　　　（B）移动、固定、固定

（C）固定、两个位置、固定　　　（D）固定、两个位置、转动

[提示] 考虑双目成像的特点。

3.3 直接深度成像

3.3-1 在基于飞行时间的深度图获取中，测量了脉冲波的（　　）。

（A）幅度差　　　（B）相位差　　　（C）时间差　　　（D）频率差

［提示］分析基于飞行时间的深度图的获取原理。

3.3-2 在幅度调制波相位差的深度图获取方法中，利用公式 $d = \dfrac{c}{2\pi f_{\text{mod}}}\theta +$

$\dfrac{c}{f_{\text{mod}}}$ 计算深度，其中，f_{mod}、θ、c 分别为（　　）。

（A）相位差、光速、调制频率　　　（B）相位差、调制频率、光速

（C）调制频率、光速、相位差　　　（D）调制频率、相位差、光速

［提示］可根据利用相位差获取深度图的原理推导公式来判断。

3.3-3 结构光测距成像系统主要由（　　）构成。

（A）摄像机、光源　　　　　　　　（B）摄像机、物体

（C）物体、光源　　　　　　　　　（D）传感器、摄像机

［提示］结构光成像要利用照明中的几何信息来提取物体的几何信息，从而成像。

3.4 立体视觉成像

3.4-1 在双目成像的公式 $Z = \lambda(1 - B/D)$ 中，Z、B、D 分别代表（　　）。

（A）视差、基线、物像距　　　　　（B）物像距、基线、视差

（C）基线、视差、物像距　　　　　（D）物像距、视差、基线

［提示］可根据成像原理进行分析。

3.4-2 在采用双目横向模式成像时，在给定基线长度的情况下，（　　）。

（A）视差小对应物体与像平面的距离远

（B）视差大对应物体与像平面的距离远

（C）视差值和物体与像平面的距离成线性关系

（D）视差值和物体与像平面的距离成非线性关系

［提示］可参考双目成像公式。

3.4-3 使用两个焦距给定且相同的摄像机进行立体成像，（　　）。

（A）采用双目横向模式时的公共视场与基线无关

（B）采用双目轴向模式时的公共视场与基线无关

（C）采用双目会聚横向模式时的公共视场仅与基线有关

（D）采用双目角度扫描模式时的公共视场仅与基线有关

［提示］分析四种模式中除基线外还有哪些因素影响公共视场。

第4章　视频图像和运动信息

4.1　视频基础

4.1-1　视频有许多不同的表示形式，在所介绍的三种格式中，（　　）。

　　（A）分量视频格式的数据量最小　　（B）S-video 格式的数据量最小

　　（C）S-video 格式的质量最差　　　（D）复合视频格式的质量最差

［提示］对三种格式分别按数据量和质量排序。

4.1-2　在实用的 YC_BC_R 彩色坐标系中，（　　）。

　　（A）C_B 的最大值只在一点能取得

　　（B）C_R 的最小值只在一点能取得

　　（C）Y 的取值范围比 C_B 和 C_R 的取值范围小

　　（D）Y 的取值范围比 C_B 和 C_R 的取值范围大

［提示］参考 RGB 彩色空间的表示。

4.1-3　NTSC 彩色电视制式的视频码率为（　　）。

　　（A）249Mbps　　（B）373Mbps　　（C）498Mbps　　（D）746Mbps

［提示］根据式（4-4）计算。

4.2　运动分类和表达

4.2-1　在前景运动和背景运动中，（　　）。

　　（A）前景运动比较复杂

　　（B）背景运动相比于前景运动更难检测

　　（C）前景运动与摄像机的运动有关

　　（D）背景运动一般具有整体性强的特点

［提示］前景运动又称为局部运动，背景运动又称为全局运动或摄像机运动。

4.2-2　通过观察将计算得到的运动矢量叠加在原始图像上而得到的图像，（　　）。

　　（A）可将图像进行分块　　　　　（B）可确定运动的空间位置

　　（C）可了解运动的大小和方向　　（D）可区分背景运动和前景运动

［提示］矢量有大小和方向，将矢量叠加在原始图像上，能描述图像块的运动速度。

4.2-3 当图题 4.2-3-1 中的图形绕中心顺时针旋转时，其叠加了光流场矢量的图形最接近（   ）。

图题 4.2-3-1

（A）图题 4.2-3-2(a)　　　　　　（B）图题 4.2-3-2(b)

（C）图题 4.2-3-2(c)　　　　　　（D）图题 4.2-3-2(d)

(a)　　　　　　(b)　　　　　　(c)　　　　　　(d)

图题 4.2-3-2

[提示] 在画表示矢量的线段时，要注意起点和长短，其中长短与运动的线速度成正比。

4.3　运动信息检测

4.3-1 摄像机的 6 种运动类型可以综合构成 3 类操作，其中平移操作包括（   ）。

　　　　（A）扫视、倾斜、变焦　　　　（B）倾斜、变焦、跟踪

　　　　（C）变焦、跟踪、升降　　　　（D）跟踪、升降、推拉

[提示] 具体分析各种运动类型所表示的摄像机运动情况。

4.3-2 设图像中一个点的运动矢量为[3, 5]，那么它的 6 参数运动模型中各系数的值为（   ）。

　　　　（A）$k_0 = 0$, $k_1 = 0$, $k_2 = 3$, $k_3 = 0$, $k_4 = 0$, $k_5 = 5$

　　　　（B）$k_0 = 0$, $k_1 = 3$, $k_2 = 0$, $k_3 = 0$, $k_4 = 0$, $k_5 = 5$

　　　　（C）$k_0 = 0$, $k_1 = 0$, $k_2 = 3$, $k_3 = 0$, $k_4 = 5$, $k_5 = 0$

　　　　（D）$k_0 = 0$, $k_1 = 3$, $k_2 = 0$, $k_3 = 0$, $k_4 = 5$, $k_5 = 0$

［提示］代入式（4-12）计算。

4.3-3 在频域里检测目标尺度的变化，（　　）。

（A）需要计算目标图像的傅里叶变换相位角

（B）需要计算目标图像的傅里叶变换功率谱

（C）如果尺度变化值大于 1，表明目标尺寸增加了

（D）如果尺度变化值小于 1，表明目标尺寸减小了

［提示］分析式（4-32）中各参数的含义。

4.4 基于运动的滤波

4.4-1 运动适应滤波（　　）。

（A）是一种基于运动检测的滤波方式

（B）是一种基于运动补偿的滤波方式

（C）利用相邻帧间的运动信息来确定滤波方向

（D）沿时间轴检测噪声强弱的变化

［提示］具体分析运动适应滤波的特点。

4.4-2 下列表述中正确的有（　　）。

（A）无限脉冲响应滤波器设计起来比较难

（B）无限脉冲响应滤波器是迭代更新其响应的

（C）有限脉冲响应滤波器使用反馈来限制输出信号的长度

（D）有限脉冲响应滤波器在输入信号为无限长时的输出信号仍为有限长

［提示］根据式（4-38）和式（4-39）进行分析。

4.4-3 在基于运动补偿的滤波中，（　　）。

（A）假设运动像素的灰度是不变的

（B）认为场景中的点都投影到 XY 平面上

（C）假定点的运动轨迹是一条沿时间轴的直线

（D）要将运动补偿滤波器作用在运动轨迹上

［提示］分析基于运动补偿的滤波的特点。

第 5 章　运动目标检测和跟踪

5.1 差分图像

5.1-1 以下描述中正确的有（　　）。

（A）如果差图像某处值不为 0，则该处的像素移动过

（B）如果差图像某处值为 0，则该处的像素没有移动过

（C）如果某处的像素没有发生移动，则差图像该处的值为 0

（D）如果某处的像素发生了移动，则差图像该处的值不为 0

［提示］差图像某处的值不为 0，对应的像素一定发生了移动，但反之不一定成立。

5.1-2　差图像中值不为 0 处的像素（　　）。

（A）一定是一个目标像素

（B）一定是一个背景像素

（C）可能源于一个目标像素、一个背景像素

（D）可能源于一个背景像素、一个目标像素

［提示］差图像中值不为 0 的原因有多种。

5.1-3　累积差图像（　　）。

（A）是两幅或多幅差图像的和

（B）是两幅或多幅差图像的差

（C）其中值不为 0 的像素区域与目标区域一样大

（D）其中值不为 0 的像素区域比目标区域大

［提示］考虑累积差图像的定义。

5.1-4　根据累积差图像，可以估计（　　）。

（A）目标的灰度　　　　　　　　（B）目标的尺寸

（C）目标的运动方向　　　　　　（D）目标的运动幅度

［提示］累积差图像统计的是位置的变化次数及运动的情况。

5.2　背景建模

5.2-1　在视频中，前后帧间像素值出现差异的原因包括（　　）。

（A）摄像机在拍摄时发生了运动　（B）场景中有物体在移动

（C）光照在拍摄期间发生了变化　（D）大气的透射度有了改变

［提示］从成像亮度的角度分析。

5.2-2　背景建模（　　）。

（A）假设背景和前景不能同时运动

（B）与计算差图像采用了相同的策略

（C）认为背景是固定的，而前景是运动的

（D）考虑背景是按照某种模型动态变化的

[提示] 根据背景建模的原理进行分析。

5.2-3　基本的背景建模方法各有特点，以下说法正确的有（　　）。

（A）只要背景中没有运动物体就可以使用单高斯模型

（B）基于视频初始化的方法需要先将运动前景从静止背景中分离出来

（C）高斯混合模型中的高斯分布个数要与场景中的运动目标个数相同

（D）基于码本的方法给出的码本既可以代表运动前景，也可以代表运动背景

[提示] 分别考虑各种背景建模方法的基本思路。

5.3　光流场与运动

5.3-1　光流方程表明（　　）。

（A）物体运动与图像上的位移矢量相对应

（B）物体中的所有位移矢量构成一个光流场

（C）运动图像中某点的灰度时间变化率与该点的灰度空间变化率成正比

（D）运动图像中某点的灰度时间变化率与该点的空间运动速度成正比

[提示] 光流场是瞬时位移矢量场。

5.3-2　图题 5.3-2 中的运动矢量代表（　　）。

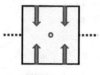

图题 5.3-2

（A）平面目标沿垂直方向的平动

（B）平面目标沿深度方向的平动

（C）平面目标与视线正交的转动

（D）平面目标绕视线的顺时针转动

[提示] 箭头指示了目标运动的方向。

5.3-3　求解光流方程是一个病态问题的原因有（　　）。

（A）光流方程求解问题是一个最优化问题

（B）一个光流方程中有两个未知量

（C）光流方程对应平滑的运动矢量场

（D）光流误差在剧烈运动中有较大的幅度

[提示] 从光流方程的定义出发来考虑求解问题。

5.4 运动目标跟踪

5.4-1 在对运动目标进行跟踪时，（   ）。

   （A）需要获得运动目标的完整轨迹

   （B）如果目标是非刚体，就无法跟踪

   （C）如果目标被遮挡了，就必须换个角度

   （D）既可以考虑目标轮廓，也可以考虑目标区域

［提示］有困难并不代表不可为。

5.4-2 卡尔曼滤波器（   ）。

   （A）是一种基于运动信息的跟踪方法

   （B）是一种基于目标轮廓的跟踪方法

   （C）可以在目标有遮挡时使用

   （D）可以解决非线性状态的问题

［提示］考虑卡尔曼滤波器的特点。

5.4-3 粒子滤波器（   ）。

   （A）需要假设状态分布是高斯的

   （B）可以通过迭代来获得最优结果

   （C）是一种基于目标区域的跟踪方法

   （D）利用称为"粒子"的随机样本代表每个跟踪目标

［提示］考虑粒子滤波器的特点。

第6章 双目立体视觉

6.1 立体视觉流程和模块

6.1-1 在如图 6-1 所示的立体视觉流程中，（   ）。

   （A）图像采集要在摄像机标定的基础上进行

   （B）特征提取模块的功能是提取像素集合的特征以用于匹配

   （C）后处理中的深度插值是用来进行立体匹配的

   （D）之所以需要后处理，是因为获得的 3D 信息经常不完整或存在一定
        的误差

［提示］考虑立体视觉流程的顺序性。

6.1-2 考虑图 6-1 中立体视觉流程的各模块，（   ）。

（A）立体匹配模块只在能直接 3D 成像的场合中使用

（B）特征提取模块可直接提取像素集合的灰度值并将其作为特征

（C）图像采集模块可直接采集 3D 图像以实现 3D 信息恢复

（D）3D 信息恢复模块的功能是建立同一个空间点在不同图像中的像点之间的关系

［提示］考虑各模块的功能和相互联系。

6.1-3 下面描述不正确的有（   ）。

（A）大尺度特征虽然定位精度差，但所含信息多且匹配比较快

（B）如果仅使用单个摄像机进行图像采集，就不需要进行标定了

（C）小区域中像素的灰度值比较相关，所以适用于灰度相关匹配

（D）如果摄像机基线比较短，采集的图像之间的差异会比较大

［提示］仔细分析各描述的含义。

6.2 基于区域的双目立体匹配

6.2-1 有模板匹配中，（   ）。

（A）所用模板必须是正方形的

（B）所用模板的尺寸必须小于待匹配图像的尺寸

（C）利用相关函数和利用最小均方误差函数确定的匹配位置一致

（D）利用相关系数计算得到的匹配位置不随模板和匹配图像的灰度值变化

［提示］匹配要确定最相关的位置。

6.2-2 在用于匹配的各种约束中，（   ）。

（A）极线约束对像素的位置进行约束

（B）唯一性约束对像素的属性进行约束

（C）连续性约束对像素的位置进行约束

（D）兼容性约束对像素的属性进行约束

［提示］像素的属性对应 f，位置对应 (x, y)。

6.2-3 以下关于极线约束的描述，正确的有（   ）。

（A）极线约束可在匹配搜索过程中将计算量减少一半

（B）一个成像平面中的极线与另一个成像平面中的极点是对应的

（C）极线模式能提供两个摄像机之间相对位置和朝向的信息

（D）对于一个成像平面上的任何点，在另一个成像平面上与其对应的

所有点都在同一条直线上

［提示］参考例 6-2～例 6-4。

6.2-4 对比本质矩阵和基本矩阵，（　　　）。

    （A）本质矩阵的自由度多于基本矩阵的自由度

    （B）基本矩阵和本质矩阵的作用或功能是类似的

    （C）本质矩阵是基于没有校正过的摄像机推导出来的

    （D）基本矩阵反映了同一空间点在两幅图像上的投影点坐标之间的联系

［提示］考虑两个矩阵在推导中的不同条件。

6.3 基于特征的双目立体匹配

6.3-1 基于特征的立体匹配技术（　　　）。

    （A）对物体表面结构及光照反射等不太敏感

    （B）所用特征点（对）是图像中根据局部性质确定的点

    （C）可将立体图像对中的每个点轮流当作特征点来进行匹配

    （D）匹配结果不是稠密的视差场

［提示］考虑特征的特殊性。

6.3-2 尺度不变特征变换（　　　）。

    （A）需要利用图像的多尺度表达

    （B）需要在 3D 空间中搜索极值

    （C）对应的 3D 空间包括位置、尺度、方向

    （D）所用高斯差算子是一个平滑算子

［提示］分析尺度不变特征变换中各计算步骤的含义。

6.3-3 顺序性约束（　　　）。

    （A）表明物体可见表面上的特征点与它们在两幅成像图像上的投影点有相同的顺序

    （B）可用来设计基于动态规划的立体匹配算法

    （C）在物体有遮挡的情况下不一定成立

    （D）在有些特征点之间的间隔退化成一个点时就不成立了

［提示］分析顺序性约束成立的条件。

6.4 视差图误差检测与校正

6.4-1 在视差图误差检测与校正方法中，（　　　）。

    （A）仅考虑了交叉数不为 0 的区域

（B）一个区域中的交叉数与该区域的尺寸成正比

（C）为计算总交叉数，进行了两次求和

（D）一个区域中的交叉数与该区域的长度成正比

[提示] 考虑交叉数与总交叉数的定义和联系。

6.4-2　分析下列说法，正确的有（　　　）。

（A）在交叉区域内，相邻点的交叉数互相差 1

（B）零交叉校正算法要使 $N_{tc} = 0$，因此得名

（C）顺序匹配约束参考了顺序性约束，所以它表明空间点的顺序与它们成像点的顺序相反

（D）零交叉校正算法是一个迭代算法，在每次迭代后，总交叉数总会下降

[提示] 对零交叉校正算法中各步骤的含义进行分析。

6.4-3　在例 6-8 中，校正前 $N_{tc} = 28$，找到对应 $f_R(160, j)$ 且能够减少 N_{tc} 的新匹配点 $f_L(187, j)$，在将对应 $f_R(160, j)$ 的视差值 $d(160, j)$ 校正为 $d(160, j) = X[f_L(187, j)] - X[f_R(160, j)] = 27$ 后，（　　　）。

（A）$N_{tc} = 16$　　　（B）$N_{tc} = 20$　　　（C）$N_{tc} = 24$　　　（D）$N_{tc} = 28$

[提示] 校正点 $f_R(160, j)$ 左边的交叉数会减少，但右边的交叉数有可能增加，需要具体计算。

6.4-4　在 6.4-3 的基础上，找到具有最大交叉数的 $f_R(161, j)$，并确定对应 $f_R(161, j)$ 且能够减少 N_{tc} 的新匹配点，据此校正能使总交叉数 N_{tc} 降到（　　　）。

（A）20　　　　（B）15　　　　（C）10　　　　（D）5

[提示] 与 $f_R(161, j)$ 对应且能够减少 N_{tc} 的新匹配点是 $f_L(188, j)$。

第 7 章　单目多图像恢复

7.1　光度立体学

7.1-1　成像涉及光源、物体和镜头，（　　　）。

（A）光源发出的光用强度衡量，物体接收的光用照度衡量

（B）物体发出的光用强度衡量，镜头接收的光用照度衡量

（C）光源的光以一定的角度入射物体

（D）物体的光以一定的角度入射镜头

［提示］参照图 7-1 中从光源经物体到镜头的流程。

7.1-2　对 3D 物体成像后，得到的图像的亮度正比于（　　）。

（A）物体本身的形状和其在空间中的姿态

（B）物体表面受到光照射时反射的光强度

（C）物体表面的光反射系数

（D）物体表面的光反射系数与物体表面受到光照射时反射的光强度的
乘积

［提示］光反射系数与反射的光强度是相关的。

7.1-3　对于朗伯表面，其入射和观测方式对应（　　）。

（A）图 7-6(a)　　（B）图 7-6(b)　　（C）图 7-6(c)　　（D）图 7-6(d)

［提示］朗伯表面也称为漫反射表面。

7.1-4　对于理想镜面反射表面，其入射和观测方式对应（　　）。

（A）图 7-6(a)　　（B）图 7-6(b)　　（C）图 7-6(c)　　（D）图 7-6(d)

［提示］理想镜面反射表面可将所有从 (θ_i, ϕ_i) 方向入射的光全部反射到 (θ_e, ϕ_e)
方向上。

7.2　由光照恢复形状

7.2-1　为表达物体表面各点的朝向，（　　）

（A）可以使用表面上各点对应的切面的朝向

（B）可以使用表面上各点对应的切面的法线矢量

（C）可以使用对应法线矢量与球面交点的两个位置变量

（D）可以使用从物体到镜头的单位观察矢量

［提示］要表达的是物体自身的特性。

7.2-2　在用点光源照射朗伯表面得到的反射图中，（　　）。

（A）每个点对应一个特定的表面朝向

（B）每个圆对应一个特定的表面朝向

（C）其包含了表面反射特性和光源分布的信息

（D）其包含了物体亮度与表面朝向的关系

［提示］反射图 $R(p, q)$ 中的 R 对应物体表面亮度，而 (p, q) 对应物体表面梯度。

7.2-3　设有一个具有理想镜面反射表面的椭球状物体 $x^2/4 + y^2/4 + z^2/2 = 1$，若
入射光强为 9，反射系数为 0.5，则在 $(1, 1, 1)$ 处观察到的反射光强度约为（　　）。

（A）3.8　　　　（B）4.0　　　　（C）4.2　　　　（D）4.4

［提示］具体计算反射光强度，注意镜面反射表面的入射角与反射角相等。

7.3 光流方程

7.3-1 光流表达了图像的变化，下面有光流存在（光流不为 0）的情况包括（   ）。

（A）用运动光源照射与摄像机相对静止的目标

（B）用固定光源照射在固定摄像机前旋转的目标

（C）用固定光源照射具有不同反射特性的表面的运动目标

（D）用运动光源照射表面具有不可见亮度模式的运动目标

［提示］考虑光流的 3 个要素。

7.3-2 仅由一个光流方程不能唯一地确定两个方向上的光流速度，但（   ）。

（A）如果将目标看作没有变形的刚体，则可利用这个条件求解光流方程

（B）如果已知光流在两个方向上的比值，也可借此算得两个方向上的光流

（C）如果设图像中目标运动的加速度很小，则可利用这个条件求解光流方程

（D）如果图像灰度整体变化均匀，仅有若干突变处存在，也可借此算得两个方向上的光流

［提示］光流方程成立并不代表其可解。

7.3-3 在对光流方程求解的过程中，从刚体运动的角度出发，引入了光流速度的空间变化率为 0 的约束；从平滑运动的角度出发，引入了运动场变化缓慢且稳定的约束，则（   ）。

（A）两个约束相比，前者比后者弱

（B）两个约束相比，前者与后者同样弱

（C）两个约束相比，前者比后者强

（D）两个约束相比，前者与后者同样强

［提示］比较两个约束的表达式。

7.4 由运动恢复形状

7.4-1 如果空间中一个点的经度为 30°，纬度为 120°，与原点之间的距离为 2，那么其直角坐标为（   ）。

（A）$x = \sqrt{6}/2$, $y = \sqrt{3}$, $z = -1$

（B）$x=\sqrt{6}/2$，$y=\sqrt{3}/2$，$z=-1$

（C）$x=\sqrt{6}/2$，$y=\sqrt{3}/4$，$z=-2$

（D）$x=\sqrt{6}/2$，$y=\sqrt{3}$，$z=-2$

［提示］根据坐标转换公式判断。

7.4-2 如果空间中一个点的直角坐标为 $x=6$，$y=3$，$z=2$，那么其球面坐标为（　　）。

（A）$\phi=30°$，$\theta=67°$，$r=10$　　（B）$\phi=40°$，$\theta=73°$，$r=9$

（C）$\phi=50°$，$\theta=67°$，$r=8$　　（D）$\phi=60°$，$\theta=73°$，$r=7$

［提示］根据坐标转换公式判断。

7.4-3 考虑图 7-25，（　　）。

（A）在图 7-25(b)中，ZOR 平面与 YZ 平面重合

（B）在图 7-25(b)中，ZOR 平面与 YZ 平面不重合

（C）在图 7-25(c)中，ZOR'平面与 XY 平面重合

（D）在图 7-25(c)中，ZOR'平面与 XY 平面不重合

［提示］从图 7-25(a)中分析。

第8章　单目单图像恢复

8.1　由影调恢复形状

8.1-1 将 3D 物体投影到 2D 像平面上会形成亮度层次，这些层次的变化分布取决于 4 个因素。在式（8-6）中，与这 4 个因素对应的分别是（　　）。

（A）$I(x, y)$：光源入射强度和方向；$\rho(x, y)$：表面反射特性；(p, q)：视线方向；(p_i, q_i)：表面法线方向

（B）$I(x, y)$：表面反射特性；$\rho(x, y)$：光源入射强度和方向；(p, q)：表面法线方向；(p_i, q_i)：视线方向

（C）$I(x, y)$：表面反射特性；$\rho(x, y)$：光源入射强度和方向，(p, q)：视线方向；(p_i, q_i)：表面法线方向

（D）$I(x, y)$：光源入射强度和方向；$\rho(x, y)$：表面反射特性；(p, q)：表面法线方向；(p_i, q_i)：视线方向

［提示］依次核准 4 个因素。

8.1-2 在梯度空间法中，（　　）。

（A）用梯度空间中的一个点代表一个面元

（B）梯度空间中的一个点仅可代表一个位置的面元

（C）用梯度空间中的一个点代表所有朝向相同的面元

（D）梯度空间中的一个点可代表不同位置的面元

[提示] 梯度空间中的一个点代表一个朝向。

8.1-3 在例 8-2 的两组解中，（   ）。

（A）第一组解对应 3 条交线会聚交点凸起结构，第二组解对应 3 条交线会聚交点凹下结构

（B）第一组解对应 3 条交线会聚交点凸起结构，第二组解对应 3 条交线会聚交点凸起结构

（C）第一组解对应 3 条交线会聚交点凹下结构，第二组解对应 3 条交线会聚交点凸起结构

（D）第一组解对应 3 条交线会聚交点凹下结构，第二组解对应 3 条交线会聚交点凸起结构

[提示] 对照图 8-5 进行分析。

8.2 亮度约束方程求解

8.2-1 图像亮度约束方程与第 7 章中的光流约束方程相比，（   ）。

（A）相似之处是都有两个未知量

（B）不同之处是前者仅包含空间信息，而后者还包含时间信息

（C）相似之处是都提供了从 2D 图像中恢复 3D 场景的信息

（D）不同之处是前者考虑了亮度变化率，而后者考虑了成像点运动速度

[提示] 具体分析两个方程中各参数的含义。

8.2-2 比较第 7 章中的光流约束方程与本章中的图像亮度约束方程，（   ）。

（A）相似之处是都建立了图像中像素特征与场景中目标特性之间的联系

（B）不同之处是前者与成像点运动速度有关，而后者与成像点反射特性有关

（C）相似之处是都利用了图像中各像素处的灰度梯度信息

（D）不同之处是前者考虑了像素灰度值的一阶时间变化率，而后者仅考虑了像素灰度值

[提示] 注意区分亮度梯度和朝向梯度。

8.2-3 求解图像亮度约束方程是要根据图像灰度信息确定目标表面的朝向，

（　　）。

    （A）在线性反射情况下，灰度函数可以是任何单调函数

    （B）在线性反射情况下，仅通过对图像灰度的测量就可确定某个特殊像点的梯度

    （C）在旋转对称情况下，得到的灰度反射图也是旋转对称的

    （D）在旋转对称情况下，仅根据目标表面亮度就可确定目标朝向梯度的值

［提示］注意在具体情况下求解图像亮度约束方程的条件。

8.3　由纹理恢复形状

8.3-1　将 3D 空间中的直线透视投影到 2D 像平面上会产生尺寸上的畸变，（　　）。

    （A）与视线垂直的直线离开摄像机越远，畸变越小

    （B）根据畸变大小可以判断直线到摄像机的距离

    （C）如果不是垂直投影，则投影结果仍是直线

    （D）如果投影结果不是直线，则不是垂直投影

［提示］分析直线透视投影是如何产生畸变的。

8.3-2　在利用水平表面纹理变化恢复朝向的过程中，（　　）。

    （A）假设表面纹理本身带有 3D 朝向信息

    （B）假设表面纹理的模式变化带有 3D 朝向信息

    （C）假设表面纹理的朝向变化带有 3D 朝向信息

    （D）假设表面纹理的大小变化带有 3D 朝向信息

［提示］表面纹理与表面的朝向相同。

8.3-3　在 3 种利用纹理元变化确定物体表面朝向的方法中，（　　）。

    （A）3 种纹理元的变化都是独立的，不会结合发生

    （B）如果确定了纹理梯度的方向，就可利用纹理元尺寸的变化确定纹理元的朝向

    （C）如果确定了纹理元的长轴和短轴长度，就可利用纹理元形状的变化确定纹理元的朝向

    （D）如果确定了两个消失点连线的方程，就可利用纹理元空间关系的变化确定纹理元的朝向

［提示］要确定纹理元的朝向，需要确定两个角度。

8.4 纹理消失点检测

8.4-1 下面有关消失点的描述中，不正确的有（ ）。

（A）消失点是将空间点投影到像平面上而得到的

（B）消失点是具有相同方向余弦的平行线在无限延伸后的相交点

（C）对于任何投影形式，都可以通过将无穷远处的纹理元投影到像平面上来得到消失点

（D）只要表面有纹理覆盖，就可通过计算消失点来恢复表面朝向信息

［提示］分析消失点形成的原理和条件。

8.4-2 在根据图 8-17 确定线段纹理消失点的过程中，（ ）。

（A）对圆的检测比对直线的检测计算量更大的原因是圆的参数比直线的参数多

（B）当 $x_v \to \infty$ 或 $y_v \to \infty$ 时，圆就成为直线了

（C）变换 $\{x, y\} \Rightarrow \{k/\lambda, \theta\}$ 将要检测的线段变换回如图 8-17(a)所示的线段

（D）变换 $\{x, y\} \Rightarrow \{k/\lambda, \theta\}$ 将图像空间中具有相同消失点(x_v, y_v)的直线集合投影到参数空间中的一个点上

［提示］参照如图 8-17 所示的各空间进行分析。

8.4-3 设纹理是由有规律的纹理元栅格组成的，栅格纹理在透视图中有一个消失点，设三条过消失点的直线分别为 $x = 0$、$y = 0$、$y = 1 - x$，令 $k = 1$，则消失点的坐标为（ ）。

（A）$x_v = \sqrt{2}$，$y_v = \sqrt{2}$ （B）$x_v = \sqrt{2}/2$，$y_v = \sqrt{2}$

（C）$x_v = \sqrt{2}$，$y_v = \sqrt{2}/2$ （D）$x_v = \sqrt{2}/2$，$y_v = \sqrt{2}/2$

［提示］借助哈夫变换进行计算。

第 9 章 3D 物体表达

9.1 曲面的局部特征

9.1-1 考虑表面 S 上的一个点 P，（ ）。

（A）过该点的切平面包含了所有过点 P 且在表面 S 上的曲线 C 的所有切线

（B）过该点且与表面 S 垂直的直线 N 称为表面 S 在点 P 处的法线

（C）过该点的切线数量和法线数量相等

（D）在过该点的切线中，至少有一条与法线在同一个平面中

[提示] 切线和法线是互相垂直的。

9.1-2　对于一个表面上的所有点，（　　　）。

（A）最大曲率的方向只有一个

（B）最小曲率的方向只有一个

（C）最大曲率总会在某个方向上取得

（D）最小曲率总会在某个方向上取得

[提示] 不同方向的曲率可能相同。

9.1-3　仅考虑平均曲率和高斯曲率的符号就可对表面做出判断，（　　　）。

（A）只要平均曲率为正，表面上就有局部最小点

（B）只要平均曲率为负，表面上就有局部最大点

（C）只要高斯曲率为正，表面上就有局部最小点

（D）只要高斯曲率为负，表面上就有局部最大点

[提示] 参考图 9-3。

9.2　3D 表面表达

9.2-1　为表达 3D 物体的外表面并描述它们的形状，（　　　）。

（A）可利用物体的外轮廓线或外轮廓面

（B）物体外轮廓线是在图像采集时得到的

（C）物体外轮廓面可分解为各种面元的集合

（D）对物体外轮廓面的表达可转换成对物体外轮廓线的表达

[提示] 分析体、面、线的关系。

9.2-2　扩展高斯图（　　　）。

（A）表达了 3D 目标表面法线的分布

（B）能精确表达表面每个点的朝向

（C）与所表达的目标具有一对一的对应性

（D）可用来恢复 3D 目标的表面

[提示] 参考对扩展高斯图的描述。

9.2-3　在将高斯球投影到一个平面上以得到梯度空间时，（　　　）。

（A）球心投影将梯度为 (p, q) 的点投影到平面上的 (p, q) 处

（B）球心投影以高斯球的中心为投影中心，把球面上的点都投影到平

面上

（C）球极投影以高斯球的南极为投影中心，把球面上的点都投影到平面上

（D）球极投影会将高斯球表面赤道上的点投影到平面的边缘处

［提示］根据两种投影的中心位置进行分析。

9.3 等值面的构造和表达

9.3-1 等值面（ ）。

（A）只存在于一个目标与其他目标或背景的交界处

（B）在 3D 图像中总是 3D 曲面

（C）由具有特定灰度值的 3D 体素构成

（D）构成封闭且完整的目标表面

［提示］注意等值面的定义。

9.3-2 在行进立方体算法中，（ ）。

（A）边界立方体被定义为包含在目标中的立方体

（B）根据目标表面与立方体相交的不同情况来确定等值面

（C）以体素为基本单位来确定边界立方体

（D）图 9-7 给出的 14 种不同的黑白体素布局包含了所有可能的布局

［提示］区分体素与立方体、立方体与边界立方体。

9.3-3 以下说法正确的有（ ）。

（A）行进立方体算法不能得到封闭的目标表面是因为存在歧义问题

（B）覆盖算法总能得到封闭的目标表面

（C）行进立方体算法和覆盖算法使用尺寸不同的立方体

（D）在覆盖算法中，所有立方体分解的方法都一样

［提示］对比行进立方体算法和覆盖算法的特点。

9.4 从并行轮廓插值 3D 表面

9.4-1 在以下关于拼接的描述中，正确的有（ ）。

（A）表面拼接是一种对 3D 目标表面用面元集合进行区域表达的方法

（B）多边形网格中每个网格是由顶点、边缘和表面构成的立体

（C）表面拼接的效果与轮廓拼接的效果是一致的

（D）线框表达的基元是多边形网格中的网格

［提示］注意线表达与面表达的区别。

9.4-2　在对轮廓进行插值以获取表面的方法中，（　　）。

（A）对应问题只需考虑对应轮廓中对应点的确定

（B）解决拼接问题需要先解决对应问题

（C）分叉问题常需要利用轮廓整体的几何信息和拓扑关系

（D）解决对应、拼接和分叉问题都需要用到轮廓的全局特征

［提示］分别分析这些问题的特点。

9.4-3　沃罗诺伊图和德劳奈三角形既互相联系又各有特点，（　　）。

（A）给定一些平面点，德劳奈三角形以这些点为顶点

（B）给定一个平面点，沃罗诺伊邻域对应一个与该点最接近的欧氏平面区域

（C）给定一些平面点，沃罗诺伊图是这些点的沃罗诺伊邻域的集合

（D）沃罗诺伊图和德劳奈三角形互为对偶，所以它们的交线是互相垂直的

［提示］参考图 9-19。

9.5　3D 实体表达

9.5-1　在几种最基本和常用的表达方案中，（　　）。

（A）空间占有数组所需的数据比八叉树多，但表达精确度比八叉树高

（B）空间占有数组所需的数据比表面分解多，但表达精确度比表面分解高

（C）刚体模型的边界表达系统以边界面为基元，所以对物体的表达与表面分解方法一致

（D）结构刚体几何表达系统以简单刚体为基元，所以其表达结果与空间占有数组的表达结果一致

［提示］分析各表达方案的特点。

9.5-2　广义圆柱体法将一个穿轴线和一个截面作为变量来表达 3D 物体，（　　）。

（A）穿轴线可以是直线段或任意形状的曲线段

（B）截面可以是任意形状的平面且沿着穿轴线移动

（C）穿轴线和截面的变型组合可构成各种基本的立体基元

（D）对于每个给定的 3D 目标，存在一个特殊的穿轴线和截面表达对

[提示] 广义圆柱体法对穿轴线和截面都没有限制。

9.5-3　当用广义圆柱体表达一辆自行车时，（　　）。

　　　（A）铃铛盖需要使用圆形的穿轴线和圆形的截面

　　　（B）车龙头需要使用弯曲的穿轴线和圆形的截面

　　　（C）车轮需要使用圆形的穿轴线和不对称的截面

　　　（D）辐丝需要使用直的穿轴线和旋转对称的截面

[提示] 截面是沿穿轴线运动的。

第 10 章　广义匹配

10.1　匹配概述

10.1-1　匹配要寻找两个表达间的对应性，（　　）。

　　　（A）图像匹配要寻找的是两幅图像表达间的对应性，如双目立体视觉中的左、右图像函数

　　　（B）目标匹配要寻找的是两个目标表达间的对应性，如视频前后两帧中的两个人

　　　（C）场景匹配要寻找的是两个场景描述间的对应性，如高速路两边的风景

　　　（D）关系匹配要寻找的是两个关系描述间的对应性，如两个人在不同时刻的相互位置

[提示] 不同匹配的对象层次是不同的。

10.1-2　匹配和配准是两个密切相关的概念，（　　）。

　　　（A）匹配比配准的概念要大

　　　（B）配准考虑的图像性质要比匹配多

　　　（C）图像配准和立体匹配都需要建立点对之间的对应关系

　　　（D）匹配和配准的目标都是建立两幅图像之间内容的相关性

[提示] 配准主要考虑低层表达，而匹配覆盖的层次更多。

10.1-3　图像匹配的各评价准则既有联系又有区别，（　　）。

　　　（A）对于一个匹配算法，准确性越高，则可靠性也越高

　　　（B）对于一个匹配算法，可靠性越高，则鲁棒性也越高

　　　（C）对于一个匹配算法，可借助准确性来判断鲁棒性

　　　　（D）对于一个匹配算法，可借助鲁棒性来判断可靠性

[提示] 根据准则的定义进行分析。

10.2　目标匹配

10.2-1　豪斯道夫距离（　　）。

　　　　（A）只能描述两个像素集之间的相似性

　　　　（B）是两个点集中相距最近的两个点间的距离

　　　　（C）是两个点集中相距最远的两个点间的距离

　　　　（D）为 0 表明两个点集不重合

[提示] 根据豪斯道夫距离的定义判断。

10.2-2　设要对编码为字符串的轮廓 A 和轮廓 B 进行匹配。已知$\|A\| = 10$，$\|B\| = 15$，则（　　）。

　　　　（A）如果已知 $M = 5$，则 $R = 1/2$

　　　　（B）如果已知 $M = 5$，则 $R = 1/4$

　　　　（C）如果已知 $M = 10$，则 $R = 2$

　　　　（D）如果已知 $M = 10$，则 $R = 1$

[提示] 直接根据式（10-12）进行计算。

10.2-3　惯量等效椭圆匹配方法可用于目标匹配，（　　）。

　　　　（A）每个惯量等效椭圆对应一个特定的目标

　　　　（B）将目标用其惯量等效椭圆来表达，可减少目标表达的复杂度

　　　　（C）当目标不是椭圆时，目标惯量等效椭圆的面积与目标的面积相等

　　　　（D）为此计算了椭圆的 4 个参数，这说明一个椭圆可由 4 个参数完全确定

[提示] 参见惯量等效椭圆的计算（《2D 计算机视觉：原理、算法及应用》第 12 章）。

10.3　动态模式匹配

10.3-1　动态模式匹配方法（　　）。

　　　　（A）利用了待匹配像素的灰度信息

　　　　（B）利用了待匹配像素的位置信息

　　　　（C）可以用来对两个点集进行匹配

　　　　（D）可以用豪斯道夫距离来衡量匹配的效果

［提示］根据动态模式的构建方式分析。

10.3-2　在动态模式匹配方法中，绝对模式是指模式（　　　）。

（A）所使用的单元个数是确定的

（B）可用固定尺寸的模板来实现

（C）在空间位置上是确定的

（D）在整个匹配过程中是不变的

［提示］参见如图 10-9 所示的模式示例。

10.3-3　对比绝对模式和相对模式，（　　　）。

（A）绝对模式比相对模式的表达更简单

（B）绝对模式的单元数比相对模式多

（C）绝对模式和相对模式具有相同的性质

（D）绝对模式和相对模式可以有不同的模式半径

［提示］分析绝对模式和相对模式的差别。

10.4　图论和图同构匹配

10.4-1　在图的几何表达中，（　　　）。

（A）边数为 1 的图可以有无穷多个几何表达

（B）顶点数为 1 的图可以有无穷多个几何表达

（C）边 a 和边 b 相邻，表明边 a 和边 b 与顶点 A 相关联

（D）顶点 A 和顶点 B 相邻，表明边 e 与顶点 A 和顶点 B 相关联

［提示］相邻仅涉及任意两条边或两个顶点，而相关联还要考虑一个特定的顶点或一条特定的边。

10.4-2　在下列有关有色图的表述中，错误的有（　　　）。

（A）一个图由 2 个集合组成，一个有色图由 2 个集合组成

（B）一个图由 2 个集合组成，一个有色图由 4 个集合组成

（C）在有色图中，边线的条数与边线的色性数相同

（D）在有色图中，顶点的个数与顶点的色性数相同

［提示］不同顶点可有相同色性，不同边也可有相同色性。

10.4-3　在下列有关图的恒等和同构的表述中，正确的有（　　　）。

（A）恒等的两个图具有相同的几何表达

（B）同构的两个图具有相同的几何表达

（C）具有相同几何表达的两个图是恒等的

（D）具有相同几何表达的两个图是同构的

［提示］分析恒等和同构的区别，以及它们与几何表达的关系。

10.4-4 在下列有关图同构的表述中，正确的有（　　　）。

（A）两个图全图同构表明这两个图具有相同的几何表达

（B）两个图子图同构表明这两个图具有相同的几何表达

（C）两个图子图同构表明这两个图是同构的

（D）两个图双子图同构表明这两个子图是同构的

［提示］区分同构与几何表达，区分图与子图。

10.5 线条图标记和匹配

10.5-1 在图题 10.5-1 中，正方形上有些刃边已有标记，其余边的标记依次是（　　　）。

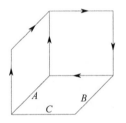

图题 10.5-1

（A）A 为 ↗，B 为 ↙，C 为 →　　（B）A 为 ↗，B 为 ↗，C 为 ←

（C）A 为 ↙，B 为 ↙，C 为 ←　　（D）A 为 ↗，B 为 ↙，C 为 ←

［提示］注意对箭头方向的约定。

10.5-2 对于如图 10-19(a)所示的目标，如果要将它贴在左边的墙上，应如（　　　）所示。

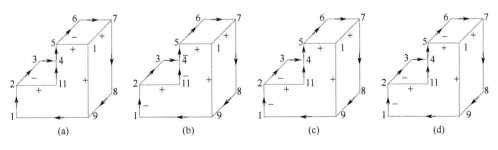

图题 10.5-2

（A）图题 10.5-2(a)　　　　　　（B）图题 10.5-2(b)

（C）图题 10.5-2(c)　　　　　　（D）图题 10.5-2(d)

［提示］内凹的折痕应该在同一个垂直面上。

10.5-3　在进行结构推理和回朔标记时，要注意的问题包括（　　）。

（A）对线条图中每条边只能赋一个标记

（B）不使用图 10-21 没有给出的连接类型

（C）几何结构相同的两个图可能有不同的解释

（D）先将顶点排序，依次列出每个顶点所有可能满足的约束并逐个验证

［提示］参照表 10-2 中的示例进行分析。

第 11 章　知识和场景解释

11.1　场景知识

11.1-1　分析下列说法，错误的有（　　）。

（A）根据不同的模型假设，有可能获得相同的数据

（B）相同的数据有可能符合不同的模型假设

（C）解决欠限定问题的一种方法是增加限定条件

（D）解决过限定逆问题的一种方法是减少限定条件

［提示］考虑模型和数据的关系。

11.1-2　对于图 11-2(a)给出的四面体，如果将不可见的表面和棱线也考虑上，则其属性超图将有（　　）。

（A）4 个超节点和 6 条超弧　　（B）4 个超节点和 12 条超弧

（C）4 个超节点和 18 条超弧　　（D）4 个超节点和 24 条超弧

［提示］每个超节点对应一个属性图，互相之间都需要通过超弧连接。

11.1-3　下列说法是两两对应的，其中不正确的有（　　）。

（A）学习者在学习中的目的是自己的目的

（B）学习者在训练中的目的是他人的目的

（C）完整的 3D 模型应包含场景的全部信息

（D）没有包含场景全部信息的模型不能解决 3D 问题

［提示］建立模型与解决问题并不是等价的。

11.2 逻辑系统

11.2-1 分析以下描述，不正确的有（　　）。

　　（A）谓词演算的 4 种基本元素可以分为两组

　　（B）谓词演算的 4 种基本元素在表达一个语句时全都会用到

　　（C）合取表达式和析取表达式都是合适公式

　　（D）合取表达式和析取表达式都可以表达同一个语句

［提示］注意通用情况和特例的区别。

11.2-2 对比子句形式句法和非子句形式句法，（　　）。

　　（A）子句形式的表达式可以转换为非子句形式的表达式

　　（B）子句形式的表达式和非子句形式的表达式都可以表达同一个命题

　　（C）遵循子句形式句法得到的表达式包括原子、逻辑连词、存在量词和全称量词

　　（D）遵循非子句形式句法得到的表达式包括原子、逻辑连词、存在量词和全称量词

［提示］子句形式句法不考虑存在量词。

11.2-3 在谓词演算中，为证明逻辑表达式的正确性，（　　）。

　　（A）可以直接对非子句形式进行操作

　　（B）对非子句形式进行推理而得到的是要证明的逻辑表达式

　　（C）可以匹配表达式中子句形式的项

　　（D）对子句形式进行匹配得到的是要证明的逻辑表达式

［提示］两种证明的思路是不同的。

11.3 模糊推理

11.3-1 模糊与精确相对立，下列表述中正确的有（　　）。

　　（A）模糊集合包含精确集合

　　（B）模糊集合与其隶属度函数是一一对应的

　　（C）模糊集合的隶属度函数是点点可导的

　　（D）因为模糊概念表达了不严格、不确定、不精确的知识和信息，所以模糊推理是近似的

［提示］模糊与精确有联系。

11.3-2 考虑模糊集合运算，（　　）。

　　（A）可借助模糊逻辑运算来进行

（B）可借助模糊代数运算来进行

（C）模糊逻辑运算和模糊代数运算可以结合进行

（D）模糊逻辑运算和模糊代数运算可以重复进行

［提示］模糊逻辑运算和模糊代数运算各有特点。

11.3-3　图题 11.3-3 给出暗灰度模糊集 D，亮灰度模糊集 B 和中灰度模糊集 M 的隶属度函数，如果 $L_M(x) = 2/3$，$L_B(x) = 1/3$，那么灰度 g 是（　　）？

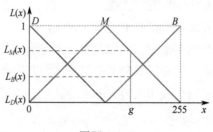

图题 11.3-3

（A）43　　　　（B）85　　　　（C）170　　　　（D）213

［提示］根据图题 11.3-3 判断。

11.4　场景分类

11.4-1　场景分类与目标识别有联系但又不同，（　　）。

（A）目标识别常是场景分类的基础

（B）场景的分类结果可用于识别目标

（C）在对目标进行识别前，就可对场景进行分类

（D）在对场景进行分类前，就可进行目标识别

［提示］场景分类一般比目标识别更高层。

11.4-2　特征包模型是图像领域中的词袋模型，（　　）。

（A）它自身考虑了特征之间的空间关系

（B）它自身考虑了特征之间的共生关系

（C）其中的特征都是局部特征

（D）每个局部特征都是一个视觉词汇

［提示］考虑特征包的构成。

11.4-3　考虑图 11-11(c)中的实线圆和椭圆，（　　）。

（A）每个都对应图 11-11(a)中的一个方块区域

（B）每个都与图 11-11(a)中的所有方块区域有关

（C）每个都对应图 11-11(b)中的一个特征矢量

（D）每个都与图 11-11(d)中的一个直方条有关

［提示］每个方块区域对应一个直方图。

第 12 章　时空行为理解

12.1　时空技术

12.1-1　时空行为理解技术涉及多个层次，（　　）。

（A）动作基元强调瞬间的运动信息

（B）动作基元在多人的动作中不会相同

（C）动作由一系列有序的动作基元构成

（D）不同的动作中没有相同的动作基元

［提示］动作比动作基元层次高。

12.1-2　有人参照词袋模型描述动作基元和动作的关系，此时可以将动作基元看作词，而将动作看作词袋，（　　）。

（A）一组给定的动作基元仅对应一个动作

（B）一个动作总对应一组给定的动作基元

（C）动作基元具有共生关系，所以多个动作基元只能构成一个动作

（D）动作基元具有共生关系，所以一个动作能包含多个动作基元

［提示］根据词袋模型的定义分析。

12.1-3　时空行为理解的后 3 个层次有许多交叉联系，（　　）。

（A）行为是动作的结果

（B）事件是一系列动作的组合

（C）动作是由一人发起的，活动是由多人发起的

（D）两元组（动作单元，动作）和（动作，活动）之间的关系是一样的

［提示］抓住每个概念的基础含义。

12.2　时空兴趣点检测

12.2-1　已知 $L^{sp}: R^2 \times R_+ \to R$ 和 $f^{sp}: R^2 \to R$，那么根据式（12-1），（　　）。

（A）$g^{sp}(x, y; \sigma_z^2): R_+ \to R$　　　　（B）$g^{sp}(x, y; \sigma_z^2): R_+^2 \to R$

（C）$g^{sp}(x, y; \sigma_z^2): R^2 \times R_+ \to R$　　（D）$g^{sp}(x, y; \sigma_z^2): R^2 \times R_+ \to R^2$

［提示］$g^{sp}(x, y; \sigma_z^2)$ 是具有方差 σ_z^2 的高斯核。

12.2-2　在检测角点函数的正极大值时，较大的 a 值适用于对更尖锐兴趣点的检测。如果 $k = 0.16$，则（　　）。

（A）$a = 2$　　　（B）$a = 4$　　　（C）$a = 6$　　　（D）$a = 8$

［提示］根据 a 与 k 的关系式计算。

12.2-3　将在 2D 空间中的兴趣点检测方法扩展到时空中以进行 3D 兴趣点检测时，会遇到各向异性（3 个方向分辨率不同）的问题，为解决此问题可以（　　）。

（A）先对每个时刻进行 2D 空间中的兴趣点检测，再进行 1D 时间上的兴趣点检测

（B）根据各向异性的情况，调整空间方差和时间方差的比值

（C）根据各向异性的情况，分别计算 3 个方向的本征值

（D）对原始数据进行重采样（或插值），将各向异性的数据转化为各向同性的数据

［提示］各向异性是由分辨率不同导致的问题。

12.3　时空动态轨迹学习和分析

12.3-1　考虑图 12-5 给出的路径学习算法的 3 种基本结构，（　　）。

（A）在图 12-5(a)中，时间动态信息在对各时刻轨迹的排序中加入

（B）在图 12-5(b)中，时间动态信息在构建路径时加入

（C）在图 12-5(c)中，时间动态信息在视频片段被分解的过程中加入

（D）3 种基本结构全都加入了时间动态信息

［提示］分析时间动态信息加入的位置。

12.3-2　考虑图 12-6 给出的轨迹学习步骤，（　　）。

（A）在轨迹预处理的归一化方法中，填零是扩展的一种特例

（B）填零将使所有轨迹的长度都与原最长轨迹的长度相同

（C）重采样结合插值也可使所有轨迹有相同的长度，该长度也是原最长轨迹的长度

（D）重采样结合插值可解决轨迹聚类中相同活动产生的轨迹有不同长度的问题

［提示］比较填零和重采样在调整轨迹长度方面的不同特点。

12.3-3　在自动活动分析中，（　　）。

（A）虚拟篱笆直接考虑了监控范围边界的位置信息

（B）速度分析直接利用了目标运动的位置变化信息

（C）路径分类直接考虑了目标在空间中的位置信息

（D）路径分类直接利用了目标运动的速度信息

［提示］路径本身是由空间位置定义的。

12.4 时空动作分类和识别

12.4-1 在进行动作分类的时间状态模型中，（   ）。

（A）隐马尔可夫模型对每个动作进行状态转移概率和观察概率的建模

（B）隐马尔可夫模型假设状态转移概率和观察概率都只依赖上一个状态

（C）条件随机场模型学习观察和动作之间的联合分布

（D）条件随机场模型对给定观察后的条件分布进行建模

［提示］对比生成模型和鉴别模型。

12.4-2 在动作识别的工作方法中，（   ）。

（A）基于表观的人体姿态估计方法通常对图像分辨率有较高要求

（B）基于动态信息的整体识别更接近对动作姿态的姿态建模

（C）基于时空兴趣点对姿态建模的方法属于基于人体模型的方法

（D）基于 3D 重构的方法要重构 3D 运动目标，所以更侧重体位姿态的建模

［提示］分别分析各种动作识别方法的主要特点。

12.4-3 设将焦距为 0.05m 的摄像机按如图 12-11 所示的方式安置在行人的斜上方（高度为 4m），以 45°观测到一个行人的脚，如果行人的成像高度为 0.02m，那么该行人的高度为（   ）。

（A）1.8m   （B）1.7m   （C）1.6m   （D）1.5m

［提示］可根据成像模型计算。

自我检测题答案

第 1 章　计算机视觉概述

1.1　人类视觉及特性

1.1-1　（C）。

1.1-2　（B）。

1.1-3　（C）。

1.2　计算机视觉理论和框架

1.2-1　（B）；（C）；（D）。

1.2-2　（A）；（B）。

1.2-3　（B）。

1.3　3D 视觉系统和图像技术

1.3-1　（C）。

1.3-2　（C）。

1.3-3　（B）；（C）。

1.4　本书结构框架和内容概况

1.4-1　（A），（C）。

1.4-2　（B）。

1.4-3　（A）；（C）。

第 2 章　摄像机标定

2.1　线性摄像机模型

2.1-1　（A），由 1 个空间点可得到 2 个方程。

2.1-2　（B）；（C）。

2.1-3　（D）。

2.2　非线性摄像机模型

2.2-1　（A）；（C）。

2.2-2　（A）；（D）。

2.2-3　（B）；（D）。

2.2-4　（C）。

2.3　传统标定方法

2.3-1　（A）；（B）。

2.3-2　（C）。

2.3-3　（A）；（D）。

2.4　自标定方法

2.4-1　（A）；（B）；（C）。

2.4-2　（C）。

2.4-3　（D）。

第3章　3D 图像采集

3.1　高维图像

3.1-1　（A）；（B）；（C）；（D）。

3.1-2　（C）；（D）。

3.1-3　（A）；（C）；（D）。

3.2　深度图

3.2-1　（A）；（D）。

3.2-2　（C）；（D）。

3.2-3　（B）；（C）；（D）。

3.2-4　（C）。

3.3 直接深度成像

3.3-1 （C）。

3.3-2 （D），深度与调制频率成反比，与光速和相位差成正比，另外，相位差以 2π 为周期。

3.3-3 （A）。

3.4 立体视觉成像

3.4-1 （B）。

3.4-2 （A）；（D）。

3.4-3 （B）；（D）。

第 4 章 视频图像和运动信息

4.1 视频基础

4.1-1 （D）。

4.1-2 （C）。

4.1-3 （B）。

4.2 运动分类和表达

4.2-1 （A）；（D）。

4.2-2 （B）；（C）。

4.2-3 （D）。

4.3 运动信息检测

4.3-1 （D）。

4.3-2 （A）。

4.3-3 （B）。

4.4 基于运动的滤波

4.4-1 （A）；（C）。

4.4-2 （B）。

4.4-3 （D）。

第5章 运动目标检测和跟踪

5.1 差分图像

5.1-1 （A）；（C）。

5.1-2 （C）；（D）。

5.1-3 （A）；（D）。

5.1-4 （B）；（C）；（D）。

5.2 背景建模

5.2-1 （A）；（B）；（C）；（D）。

5.2-2 （D）。

5.2-3 （B）。（C）并不一定总成立，因为并不是每个运动目标都会移过每个像素。

5.3 光流场与运动

5.3-1 （C）；（D）。

5.3-2 （C）。

5.3-3 （B）。

5.4 运动目标跟踪

5.4-1 （A）；（D）。

5.4-2 （A）；（C）。

5.4-3 （B）。

第6章 双目立体视觉

6.1 立体视觉流程和模块

6.1-1 （A）；（D）。

6.1-2 （B）；（C）。

6.1-3 （B）；（C）。

6.2 基于区域的双目立体匹配

6.2-1 （C）；（D）。

6.2-2　（A）；（D）。

6.2-3　（B）；（C）；（D）。

6.2-4　（B）；（D）。

6.3　基于特征的双目立体匹配

6.3-1　（B）；（D）。

6.3-2　（A）；（B）。

6.3-3　（B）；（C）。

6.4　视差图误差检测与校正

6.4-1　（A）；（C）。

6.4-2　（B）；（D）。

6.4-3　（B）。

6.4-4　（D）。

第7章　单目多图像恢复

7.1　光度立体学

7.1-1　（A）；（C）。

7.1-2　（B）；（C）。

7.1-3　（A）。

7.1-4　（D）。

7.2　由光照恢复形状

7.2-1　（A）；（B）；（C）。

7.2-2　（A）；（C）；（D）。

7.2-3　（C）。

7.3　光流方程

7.3-1　（A）；（C）。

7.3-2　（A）；（B）；（C）。

7.3-3　（C）。

7.4　由运动恢复形状

7.4-1　（B）。

7.4-2　（D）。

7.4-3　（B）；（C）。

第8章　单目单图像恢复

8.1　由影调恢复形状

8.1-1　（D）。

8.1-2　（C）；（D）。

8.1-3　（B）。

8.2　亮度约束方程求解

8.2-1　（A）；（B）；（C）。

8.2-2　（A）；（B）；（D）。

8.3-3　（C）。

8.3　由纹理恢复形状

8.3-1　（A）；（C）。

8.3-2　（B）；（C）；（D）。

8.3-3　（D）。

8.4　纹理消失点检测

8.4-1　（B）。

8.4-2　（A），圆的参数空间是 3D 的，而直线的参数空间是 2D 的。

8.4-3　（D）。

第9章　3D 目标表达

9.1　曲面的局部特征

9.1-1　（A）；（B）；（D）。

9.1-2　（C）；（D）。

9.1-3　（A）；（B）。

9.2　3D 表面表达

9.2-1　（A）；（C）；（D）。

9.2-2　（A）。

9.2-3　（C）。

9.3　等值面的构造和表达

9.3-1　（B）；（C）；（D）。

9.3-2　（B）。

9.3-3　（B）。

9.4　从并行轮廓插值 3D 表面

9.4-1　（B）。

9.4-2　（C）。

9.4-3　（A）；（B）；（C）。

9.5　3D 实体表达

9.5-1　（B）；（D）。

9.5-2　（A）；（B）；（C）。

9.5-3　（B）；（D）。

第 10 章　广义匹配

10.1　匹配概述

10.1-1　（A）；（B）；（C）；（D）。

10.1-2　（A）；（C）。

10.1-3　（C）。

10.2　目标匹配

10.2-1　（D）。

10.2-2　（A）；（C）。

10.2-3　（B）。

10.3　动态模式匹配

10.3-1　（B）；（C）。

10.3-2　（C）。

10.3-3　（B）；（D）。

10.4　图论和图同构匹配

10.4-1　（A）。

10.4-2　（A）；（C）；（D）。

10.4-3　（A）；（B）；（D）。

10.4-4　（D）。

10.5　线条图标记和匹配

10.5-1　（D）。

10.5-2　（C）。

10.5-3　（D）。

第 11 章　知识和场景解释

11.1　场景知识

11.1-1　（D）。

11.1-2　（C）。

11.1-3　（A）；（B）；（C）。

11.2　逻辑系统

11.2-1　（B）；（C）。

11.2-2　（C）。

11.2-3　（D）。

11.3　模糊推理

11.3-1　（A）；（B）。

11.3-2　（D）。

11.3-3　（C）。

11.4　场景分类

11.4-1　（A）；（B）；（D）。

11.4-2　（B）；（C）。

11.4-3　（A）；（C）。

第 12 章　时空行为理解

12.1　时空技术

12.1-1　（A）；（C）。

12.1-2　（B）；（D）。

12.1-3　（B）。

12.2　时空兴趣点检测

12.2-1　（C）。

12.2-2　（B）。

12.2-3　（B）；（D）。

12.3　时空动态轨迹学习和分析

12.3-1　（A）；（C）；（D）。

12.3-2　（A）；（B）；（D）。

12.3-3　（A）；（B）；（C）。

12.4　时空动作分类和识别

12.4-1　（A）；（D）。

12.4-2　（B）。

12.4-3　（C）。

参考文献

第1章　计算机视觉概述

[1] DAVIES E R. Computer and Machine Vision: Theory, Algorithms, Practicalities [M]. 4th ed. Amsterdam: Elsevier, 2012.

[2] 鲁永令, 傅春寅, 曾树荣, 等. 大学物理学词典[M]. 北京: 化学工业出版社, 1991.

[3] AUMONT J. The Image [M]. London: British Film Institute, 1994.

[4] 郝葆源, 张厚粲, 陈舒永. 实验心理学[M]. 北京: 北京大学出版社, 1983.

[5] 郭秀艳, 杨治良. 基础实验心理学[M]. 北京: 高等教育出版社, 2005.

[6] 钱家渝. 视觉心理学——视觉形式的思维与传播[M]. 上海: 学林出版社, 2006.

[7] SHAPIRO L, STOCKMAN G. Computer Vision [M]. London: Prentice Hall, 2001.

[8] JAIN A K, DORAI C. Practicing vision: integration, evaluation and applications [J]. PR, 1997, 30(2): 183-196.

[9] MARR D. Vision - A Computational Investigation into the Human Representation and Processing of Visual Information [M]. New York: W.H. Freeman, 1982.

[10] EDELMAN S. Representation and Recognition in Vision [M]. Boston: MIT Press, 1999.

[11] DAVIES E R. Machine Vision: Theory, Algorithms, Practicalities [M]. 3rd ed. Amsterdam: Elsevier, 2005.

[12] ALOIMONOS Y. Special Issue on Purposive, Qualitative, Active Vision [J]. CVGIP-IU, 1992, 56(1): 1-129.

[13] HUANG T, STUCKI P. Special Section on 3D Modeling in Image Analysis and Synthesis [J]. IEEE-PAMI, 1993, 15(6): 529-616.

[14] FORSYTH D, PONCE J. Computer Vision: A Modern Approach [M]. London: Prentice Hall, 2003.

[15] FORSYTH D, PONCE J. Computer Vision: A Modern Approach [M]. 2nd ed. London: Prentice Hall, 2012.

[16] 章毓晋. 图像工程(上册)——图像处理: 第4版[M]. 北京: 清华大学出版社, 2018.

[17] 章毓晋. 图像工程(中册)——图像分析: 第4版[M]. 北京: 清华大学出版社, 2018.

[18] 章毓晋. 图像工程(下册)——图像理解: 第 4 版[M]. 北京: 清华大学出版社, 2018.

[19] 章毓晋. 图像工程(合订本): 第 4 版[M]. 北京: 清华大学出版社, 2018.

[20] 章毓晋. 中国图象工程: 1995[J]. 中国图象图形学报, 1996, 1(1): 78-83.

[21] 章毓晋. 中国图象工程: 1995(续)[J]. 中国图象图形学报, 1996, 1(2): 170-174.

[22] 章毓晋. 中国图象工程: 1996[J]. 中国图象图形学报, 1997, 2(5): 336-344.

[23] 章毓晋. 中国图象工程: 1997[J]. 中国图象图形学报, 1998, 3(5): 404-414.

[24] 章毓晋. 中国图象工程: 1998[J]. 中国图象图形学报, 1999, 4(5): 427-438.

[25] 章毓晋. 中国图象工程: 1999[J]. 中国图象图形学报, 2000, 5A(5): 359-373.

[26] 章毓晋. 中国图象工程: 2000[J]. 中国图象图形学报, 2001, 6A(5): 409-424.

[27] 章毓晋. 中国图象工程: 2001[J]. 中国图象图形学报, 2002, 7A(5): 417-433.

[28] 章毓晋. 中国图象工程: 2002[J]. 中国图象图形学报, 2003, 8A(5): 481-498.

[29] 章毓晋. 中国图像工程: 2003[J]. 中国图象图形学报, 2004, 9A(5): 513-531.

[30] 章毓晋. 中国图像工程: 2004[J]. 中国图象图形学报, 2005, 10A(5): 537-560.

[31] 章毓晋. 中国图像工程: 2005[J]. 中国图象图形学报, 2006, 11(5): 601-623.

[32] 章毓晋. 中国图像工程: 2006[J]. 中国图象图形学报, 2007, 12(5): 753-775.

[33] 章毓晋. 中国图像工程: 2007[J]. 中国图象图形学报, 2008, 13(5): 825-852.

[34] 章毓晋. 中国图像工程: 2008[J]. 中国图象图形学报, 2009, 14(5): 809-837.

[35] 章毓晋. 中国图像工程: 2009[J]. 中国图象图形学报, 2010, 15(5): 689-722.

[36] 章毓晋. 中国图像工程: 2010[J]. 中国图象图形学报, 2011, 16(5): 693-702.

[37] 章毓晋. 中国图像工程: 2011[J]. 中国图象图形学报, 2012, 17(5): 603-612.

[38] 章毓晋. 中国图像工程: 2012[J]. 中国图象图形学报, 2013, 18(5): 483-492.

[39] 章毓晋. 中国图像工程: 2013[J]. 中国图象图形学报, 2014, 19(5): 649-658.

[40] 章毓晋. 中国图像工程: 2014[J]. 中国图象图形学报, 2015, 20(5): 585-598.

[41] 章毓晋. 中国图像工程: 2015[J]. 中国图象图形学报, 2016, 21(5): 533-543.

[42] 章毓晋. 中国图像工程: 2016[J]. 中国图象图形学报, 2017, 22(5): 563-574.

[43] 章毓晋. 中国图像工程: 2017[J]. 中国图象图形学报, 2018, 23(5): 617-629.

[44] 章毓晋. 中国图像工程: 2018[J]. 中国图象图形学报, 2019, 24(5): 665-676.

[45] 章毓晋. 中国图像工程: 2019[J]. 中国图象图形学报, 2020, 25(5): 864-878.

[46] 章毓晋. 中国图像工程: 2020[J]. 中国图象图形学报, 2021, 26(5): 978-990.

[47] 章毓晋. 中国图像工程: 2021[J]. 中国国象图形学报, 2022, 27(4): 1009-1022.

[48] 章毓晋. 英汉图像工程辞典[M]. 北京: 清华大学出版社, 2009.

[49] 章毓晋. 英汉图像工程辞典: 第 2 版[M]. 北京: 清华大学出版社, 2015.

[50] 章毓晋. 英汉图像工程辞典: 第 3 版[M]. 北京: 清华大学出版社, 2020.

[51] 马奎斯. 实用 MATLAB 图像和视频处理[M]. 章毓晋, 译. 北京: 清华大学出版社, 2013.

[52] 彼得斯. 计算机视觉基础[M]. 章毓晋, 译. 北京: 清华大学出版社, 2019.

[53] 章毓晋. 图像工程问题解析[M]. 北京: 清华大学出版社, 2018.

第 2 章 摄像机标定

[1] FORSYTH D, PONCE J. Computer Vision: A Modern Approach [M]. London: Prentice Hall, 2003.

[2] WENG J Y, COHEN P, HERNION M. Camera Calibration with Distortion Models and Accuracy Evaluation [J]. IEEE-PAMI, 1992, 14(10): 965-980.

[3] TSAI R Y. A versatile camera calibration technique for high - accuracy 3D machine vision metrology using off - the shelf TV camera and lenses [J]. Journal of Robotics and Automation, 1987, 3(4): 323-344.

[4] 章毓晋. 图像工程(下册)——图像理解: 第 4 版[M]. 北京: 清华大学出版社, 2018.

[5] FAUGERAS O. Three-dimensional Computer Vision: A Geometric Viewpoint [J]. Boston: MIT Press, 1993.

[6] 马颂德, 张正友. 计算机视觉——计算理论与算法基础[M]. 北京: 科学出版社, 1998.

第 3 章 3D 图像采集

[1] 刘锴, 章毓晋, 李睿. 基于磁共振图像分割的主动脉管壁剪切力计算[J]. 科学技术与工程, 2013, 13(25): 7395-7400.

[2] FAUGERAS O. Three-dimensional Computer Vision: A Geometric Viewpoint [J]. Boston: MIT Press, 1993.

[3] FORSYTH D, PONCE J. Computer Vision: A Modern Approach [M]. 2nd ed. London: Prentice Hall, 2012.

[4] BALLARD D H, BROWN C M. Computer Vision [M]. London: Prentice Hall, 1982.

[5] 章毓晋. 图像工程(下册)——图像理解, 第 4 版[M]. 北京: 清华大学出版社, 2018.

[6] 刘巽亮. 光学视觉传感[M]. 北京: 北京科学技术出版社, 1998.

[7] SHAPIRO L, STOCKMAN G. Computer Vision [M]. London: Prentice Hall, 2001.

[8] GOSHTASBY A A. 2D and 3D Image Registration - for Medical, Remote Sensing, and Industrial Applications [M]. Hoboken: Wiley Interscience, 2005.

第4章　视频图像和运动信息

[1] TEKALP A M. Digital Video Processing [M]. London: Prentice Hall, 1995.

[2] POYNTON C A. A Technical Introduction to Digital Video [M]. New York: John Wiley & Sons Inc, 1996.

[3] 俞天力, 章毓晋. 一种基于局部运动特征的视频检索方法[J]. 清华大学学报, 2002, 42(7): 925-928.

[4] JEANNIN S, JASINSCHI R, SHE A, et al. Motion descriptors for content-based video representation [J]. Signal Processing: Image Communication, 2000, 16(1-2): 59-85.

[5] ISO/IEC. JTC1/SC29/WG11. MPEG-7 requirements, Doc. N4035 [S]. 2001.

[6] VIOLA P, JONES M. Rapid object detection using a boosted cascade of simple features [J]. Proc. CVPR, 2001, 511-518.

第5章　运动目标检测和跟踪

[1] PAULUS C, ZHANG Y J. Spatially adaptive subsampling for motion detection [J]. Tsinghua Science and Technology, 2009, 14(4): 423-433.

[2] OHM J R, BUNJAMIN F, LIEBSCH W, et al. A set of visual feature descriptors and their combination in a low-level description scheme [J]. SP: IC, 2000, 16(1-2): 157-179.

[3] 俞天力, 章毓晋. 一种基于局部运动特征的视频检索方法[J]. 清华大学学报, 2002, 42(7): 925-928.

[4] DAVIES E R. Machine Vision: Theory, Algorithms, Practicalities [M]. 3rd ed. Amsterdam: Elsevier, 2005.

[5] SONKA M, HLAVAC V, BOYLE R. Image Processing, Analysis, and Machine Vision [M]. 3rd ed. Stamford: Thomson, 2008.

[6] COMANICIU D, RAMESH V, MEER P. Real-time tracking of non-rigid objects using mean shift [J]. Proc. CVPR, 2000, 2: 142-149.

[7] LIU W J, ZHANG Y J. Real time object tracking using fused color and edge cues [C]. Proc. 9th ISSPIA, 2007, 1-4.

第6章　双目立体视觉

[1] KUVICH G. Active vision and image/video understanding systems for intelligent manufacturing

[C]. SPIE, 2004, 5605: 74-86.

[2] MAITRE H, LUO W. Using models to improve stereo reconstruction [J]. IEEE-PAMI, 1992, 14(2): 269-277.

[3] 章毓晋. 图像工程(上册)——图像处理: 第 4 版[M]. 北京: 清华大学出版社, 2018.

[4] 章毓晋. 图像工程(下册)——图像理解: 第 4 版[M]. 北京: 清华大学出版社, 2018.

[5] FORSYTH D, PONCE J. Computer Vision: A Modern Approach [M]. 2nd ed. London: Prentice Hall, 2012.

[6] DAVIES E R. Machine Vision: Theory, Algorithms, Practicalities [M]. 3rd ed. Amsterdam: Elsevier, 2005.

[7] LEW M S, HUANG T S, WONG K. Learning and feature selection in stereo matching [J]. IEEE-PAMI, 1994, 16(9): 869-881.

[8] KIM Y C, AGGARWAL J K. Positioning three-dimensional objects using stereo images [J]. IEEE-RA, 1987, 1: 361-373.

[9] NIXON M S, AGUADO A S. Feature Extraction and Image Processing [M]. 2nd ed. Maryland: Academic Press, 2008.

[10] 章毓晋. 图像工程(中册)——图像分析: 第 4 版[M]. 北京: 清华大学出版社, 2018.

[11] FORSYTH D, PONCE J. Computer Vision: A Modern Approach [M]. London: Prentice Hall, 2003.

[12] 贾波, 章毓晋, 林行刚. 视差图误差检测与校正的通用快速算法[M]. 清华大学学报, 2000, 40(1): 28-31.

[13] HUANG X M, ZHANG Y J. An O(1) disparity refinement method for stereo matching [J]. Pattern Recognition, 2016, 55: 198-206.

第 7 章　单目多图像恢复

[1] JÄHNE B, HAU E H, GEI L P. Handbook of Computer Vision and Applications: Volume 1: Sensors and Imaging [M]. Maryland: Academic Press, 1999.

[2] 陈正华, 章毓晋. 一种测量高光物体的双目 Helmholtz 立体视觉方法[J]. 中国图象图形学报, 2010, 15(3): 429-434.

[3] HORN B K P. Robot Vision [M]. Boston: MIT Press, 1986.

[4] 章毓晋. 图像工程(中册)——图像分析: 第 4 版[M]. 北京: 清华大学出版社, 2018.

[5] BALLARD D H, BROWN C M. Computer Vision [M]. London: Prentice Hall, 1982.

[6] FORSYTH D, PONCE J. Computer Vision: A Modern Approach [M]. 2nd ed. London: Prentice Hall, 2012.

第 8 章　单目单图像恢复

[1] JÄHNE B, HAUE H. Computer Vision and Applications: A Guide for Students and Practitioners [M]. Maryland: Academic Press, 2000.

[2] FORSYTH D, PONCE J. Computer Vision: A Modern Approach [M]. London: Prentice Hall, 2003.

[3] TOMITA F, TSUJI S. Computer Analysis of Visual Textures [M]. Holland: Kluwer Academic Publishers, 1990.

[4] FORSYTH D, PONCE J. Computer Vision: A Modern Approach [M]. 2nd ed. London: Prentice Hall, 2012.

[5] DAVIES E R. Computer and Machine Vision: Theory, Algorithms, Practicalities [M]. 4th ed. Amsterdam: Elsevier, 2012.

第 9 章　3D 目标表达

[1] 马力. 简明微分几何[M]. 北京: 清华大学出版社, 2004.

[2] FORSYTH D, PONCE J. Computer Vision: A Modern Approach [M]. London: Prentice Hall, 2003.

[3] LOHMANN G. Volumetric Image Analysis [M]. New York: John Wiley & Sons and Teubner Publishers, 1998.

[4] SHIRAI Y. Three-Dimensional Computer Vision [M]. New York: Springer, 1987.

[5] ZHANG Y J. Quantitative study of 3D gradient operators [J]. IVC, 1993, 11: 611-622.

[6] HORN B K P. Robot Vision [M]. Boston: MIT Press, 1986.

[7] 管伟光. 体视化技术及其应用[M]. 北京: 电子工业出版社, 1998.

[8] WEISS I. 3D shape representation by contours [J]. CVGIP, 1988, 41(1): 80-100.

[9] ZHANG Y J. 3D image analysis system and megakaryocyte quantitation [J]. Cytometry, 1991, 12: 308-315.

[10] KROPATSCH W G, BISCHOF H. Digital Image Analysis-Selected Techniques and Applications [M]. New York: Springer, 2001.

[11] HARALICK R M, SHAPIRO L G. Computer and Robot Vision [M]. Vol. 2. Massachusetts: Addison Wesley, 1993.

[12] SONKA M, HLAVAC V, BOYLE R. Image Processing, Analysis, and Machine Vision [M]. 3rd ed. Stamford: Thomson, 2008.

[13] FOLEY J D, VAN Dam A, FEINER S K, et al. Computer Graphics: Principles and Practice in C [M]. 2nd ed. Massachusetts: Addison Wesley, 1996.

第 10 章　广义匹配

[1] KROPATSCH W G, BISCHOF H. Digital Image Analysis - Selected Techniques and Applications [M]. New York: Springer, 2001.

[2] LOHMANN G. Volumetric Image Analysis [M]. New York: John Wiley & Sons and Teubner Publishers, 1998.

[3] GOSHTASBY A A. 2D and 3D Image Registration - for Medical, Remote Sensing, and Industrial Applications [M]. Hoboken: Wiley Interscience, 2005.

[4] DUBUISSON M, JAIN A K. A modified Hausdorff distance for object matching [C]. Proc. 12ICPR, 1994, 566-568.

[5] BALLARD D H, BROWN C M. Computer Vision [M]. London: Prentice Hall, 1982.

[6] 章毓晋. 图像工程(下册)——图像理解: 第 4 版[M]. 北京: 清华大学出版社, 2018.

[7] ZHANG Y J. 3D image analysis system and megakaryocyte quantitation [J]. Cytometry, 1991, 12: 308-315.

[8] ZHANG Y J. Automatic correspondence finding in deformed serial sections [J]. Scientific Computing and Automation, 1990, 5: 39-54.

[9] 孙惠泉. 图论及其应用[M]. 北京: 科学出版社, 2004.

[10] SNYDER W E, QI H. Machine Vision [M]. Cambridge: Cambridge University Press, 2004.

[11] SHAPIRO L, STOCKMAN G. Computer Vision [M]. London: Prentice Hall, 2001.

第 11 章　知识和场景解释

[1] JÄHNE B. Digital Image Processing - Concepts, Algorithms and Scientific Applications [M]. New York: Springer, 1997.

[2] WITTEN I H, FRANK E. Data Mining: Practical Machine Learning Tools and Techniques [M]. 2nd ed. Amsterdam: Elsevier, 2005.

[3] GONZALEZ R C, WOODS R E. Digital Image Processing [M]. 3rd ed. Massachusetts: Addison Wesley, 1992.

[4] SONKA M, HLAVAC V, BOYLE R. Image Processing, Analysis, and Machine Vision [M]. 3rd ed. Stamford: Thomson, 2008.

[5] SIVIC J, ZISSERMAN A. Video Google: A text retrieval approach to object matching in videos [C]. Proc. ICCV, 2003, II: 1470-1477.

[6] SIVIC J, RUSSELL B C, EFROS A A, et al. Discovering objects and their location in images [C]. Proc. ICCV, 2005, 370-377.

[7] LANG P J, BRADLEY M M, CUTHBERT B N. International affective picture system (IAPS): Technical manual and affective ratings [J]. NIMH Center for the Study of Emotion and Attention, 1997.

[8] LI S, ZHANG Y J, TAN H C. Discovering latent semantic factors for emotional picture categorization [C]. Proc. 17th ICIP, 2010, 1065-1068.

第 12 章　时空行为理解

[1] 章毓晋. 中国图像工程: 2019[J]. 中国图象图形学报, 2020, 25(5): 864-878.

[2] 章毓晋. 中国图像工程: 2005[J]. 中国图象图形学报, 2006, 11(5): 601-623.

[3] LAPTEV I. On space-time interest points [J]. International Journal of Computer Vision, 2005, 64(2/3): 107-123.

[4] 章毓晋. 图像工程(上册)——图像处理: 第 4 版[M]. 北京: 清华大学出版社, 2018.

[5] MORRIS B T, TRIVEDI M M. A survey of vision-based trajectory learning and analysis for surveillance [J]. IEEE-CSVT, 2008, 18(8): 1114-1127.

[6] 贾慧星, 章毓晋. 车辆辅助驾驶系统中基于计算机视觉的行人检测研究综述[J]. 自动化学报, 2007, 33(1): 84-90.

[7] MAKRIS D, ELLIS T. Learning semantic scene models from observing activity in visual surveillance [J]. IEEE-SMC-B, 2005, 35(3): 397-408.

[8] POPPE R. A survey on vision-based human action recognition [J]. Image and Vision Computing, 2010, 28: 976-990.

[9] BLANK B, GORELICK L, SHECHTMAN E, et al. Actions as space-time shapes [C]. ICCV, 2005, 2: 1395-1402.

[10] MOESLUND T B, HILTON A, KRÜGER V. A survey of advances in vision-based human motion capture and analysis [J]. Computer Vision and Image Understanding, 2006, 104: 90-126.

[11] 贾慧星, 章毓晋. 智能视频监控中基于机器学习的自动人数统计[J]. 电视技术, 2009, (4): 78-81.

附录 A　视知觉

[1] FINKEL L H, SAJDA P. Constructing visual perception [J]. American Scientist, 1994, 82(3): 224-237.

[2] ZAKIA R D. Perception and Imaging [M]. Washington: Focal Press, 1997.

[3] AUMONT J. The Image [M]. Translation: Pajackowska C. London: British Film Institute, 1994.

术语索引

A

B

C

H

J

K

L

M

N

P

Q

R

T

W

Z

反侵权盗版声明

电子工业出版社依法对本作品享有专有出版权。任何未经权利人书面许可,复制、销售或通过信息网络传播本作品的行为;歪曲、篡改、剽窃本作品的行为,均违反《中华人民共和国著作权法》,其行为人应承担相应的民事责任和行政责任,构成犯罪的,将被依法追究刑事责任。

为了维护市场秩序,保护权利人的合法权益,我社将依法查处和打击侵权盗版的单位和个人。欢迎社会各界人士积极举报侵权盗版行为,本社将奖励举报有功人员,并保证举报人的信息不被泄露。

举报电话:(010)88254396;(010)88258888

传　　真:(010)88254397

E-mail:　dbqq@phei.com.cn

通信地址:北京市万寿路 173 信箱
　　　　　电子工业出版社总编办公室

邮　　编:100036